U0600188

国防工业出版社

"十二五"国家重点出版规划项目

《航天器和导弹制导、导航与控制》丛书　Spacecraft ⬆ Guided Missile

顾问　陆元九　屠善澄　梁思礼

主任委员　吴宏鑫

副主任委员　房建成

国防科技图书出版基金

房建成　任元　著

磁悬浮控制力矩
陀螺技术

Magnetically Suspended Control Moment
Gyroscope Technology

国防工业出版社

National Defense Industry Press

北京

图书在版编目(CIP)数据

磁悬浮控制力矩陀螺技术/房建成,任元著.一北京:国防工业出版社,2014.12

(航天器和导弹制导、导航与控制丛书)

ISBN 978 - 7 - 118 - 09919 - 5

Ⅰ.①磁… Ⅱ.①房… ②任… Ⅲ.①航天器 - 飞行控制 - 磁浮陀螺仪 - 控制力矩陀螺仪 Ⅳ.①V448.2

中国版本图书馆 CIP 数据核字(2014)第 302675 号

磁悬浮控制力矩陀螺技术

著 者	房建成 任元	
责 任 编 辑	王 华	
出 版 发 行	国防工业出版社(010 - 88540717　010 - 88540777)	
地 址 邮 编	北京市海淀区紫竹院南路23 号,100048	
经 售	新华书店	
印 刷	北京嘉恒彩色印刷有限责任公司	
开 本	710 × 1000　1/16	
印 张	30	
印 数	1 - 2000 册	
字 数	447 千字	
版 印 次	2014 年 12 月第 1 版第 1 次印刷	

定　　价　152.00 元　　　　　　(本书如有印装错误,我社负责调换)

致读者

本书由国防科技图书出版基金资助出版。

国防科技图书出版工作是国防科技事业的一个重要方面。优秀的国防科技图书既是国防科技成果的一部分,又是国防科技水平的重要标志。为了促进国防科技和武器装备建设事业的发展,加强社会主义物质文明和精神文明建设,培养优秀科技人才,确保国防科技优秀图书的出版,原国防科工委于 1988 年初决定每年拨出专款,设立国防科技图书出版基金,成立评审委员会,扶持、审定出版国防科技优秀图书。

国防科技图书出版基金资助的对象是:

1. 在国防科学技术领域中,学术水平高,内容有创见,在学科上居领先地位的基础科学理论图书;在工程技术理论方面有突破的应用科学专著。

2. 学术思想新颖,内容具体、实用,对国防科技和武器装备发展具有较大推动作用的专著;密切结合国防现代化和武器装备现代化需要的高新技术内容的专著。

3. 有重要发展前景和有重大开拓使用价值,密切结合国防现代化和武器装备现代化需要的新工艺、新材料内容的专著。

4. 填补目前我国科技领域空白并具有军事应用前景的薄弱学科和边缘学科的科技图书。

国防科技图书出版基金评审委员会在总装备部的领导下开展工作,负责掌握出版基金的使用方向,评审受理的图书选题,决定资助的图书选题和资助金额，以及决定中断或取消资助等。经评审给予资助的图书，由总装备部国防工业出版社列选出版。

国防科技事业已经取得了举世瞩目的成就。国防科技图书承担着记载和弘扬这些成就，积累和传播科技知识的使命。在改革开放的新形势下，原国防科工委率先设立出版基金，扶持出版科技图书，这是一项具有深远意义的创举。此举势必促使国防科技图书的出版随着国防科技事业的发展更加兴旺。

设立出版基金是一件新生事物，是对出版工作的一项改革。因而，评审工作需要不断地摸索、认真地总结和及时地改进，这样，才能使有限的基金发挥出巨大的效能。评审工作更需要国防科技和武器装备建设战线广大科技工作者、专家、教授，以及社会各界朋友的热情支持。

让我们携起手来，为祖国昌盛、科技腾飞、出版繁荣而共同奋斗！

国防科技图书出版基金
评审委员会

国防科技图书出版基金
第六届评审委员会组成人员

主 任 委 员 王 峰

副主任委员 宋家树 蔡 镭 杨崇新

秘 书 长 杨崇新

副 秘 书 长 邢海鹰 贺 明

委员（按姓氏笔画排序）

于景元	才鸿年	马伟明	王小谟	甘茂治
甘晓华	卢秉恒	邬江兴	刘世参	芮筱亭
李言荣	李德仁	李德毅	杨 伟	肖志力
吴有生	吴宏鑫	何新贵	张信威	陈良惠
陈冀胜	周一宇	赵万生	赵凤起	崔尔杰
韩祖南	傅惠民	魏炳波		

《航天器和导弹制导、导航与控制》丛书编委会

顾　　　问　　陆元九*　　屠善澄*　　梁思礼*

主 任 委 员　　吴宏鑫*

副主任委员　　房建成
（执行主任）

委员（按姓氏笔画排序）

马广富	王　华	王　辉	王　巍*	王子才*
王晓东	史忠科	包为民*	邢海鹰	任　章
任子西	刘　宇	刘良栋	刘建业	汤国建
孙承启	孙柏林	孙敬良*	孙富春	孙增圻
严卫钢	李俊峰	李济生*	李铁寿	杨树兴
杨维廉	吴　忠	吴宏鑫*	吴森堂	余梦伦*
张广军*	张天序	张为华	张春明	张弈群
张履谦*	陆宇平	陈士橹*	陈义庆	陈定昌*

陈祖贵　　周　军　　周东华　　房建成　　孟执中*

段广仁　　侯建文　　姚　郁　　秦子增　　夏永江

徐世杰　　殷兴良　　高晓颖　　郭　雷*　　郭　雷

唐应恒　　黄　琳*　　黄培康*　　黄瑞松*　　曹喜滨

崔平远　　梁晋才*　　韩　潮　　曾广商*　　樊尚春

魏春岭

常务委员 （按姓氏笔画排序）

任子西　　孙柏林　　吴　忠　　吴宏鑫*　　吴森堂

张天序　　陈定昌*　　周　军　　房建成　　孟执中*

姚　郁　　夏永江　　高晓颖　　郭　雷　　黄瑞松*

魏春岭

秘　书　　全　伟　　宁晓琳　　崔培玲　　孙津济　　郑　丹

注：人名有*者均为院士。

总 序

  航天器(Spacecraft)是指在地球大气层以外的宇宙空间(太空),按照天体力学的规律运行,执行探索、开发或利用太空及天体等特定任务的飞行器,例如人造地球卫星、飞船、深空探测器等。导弹(Guided Missile)是指携带有效载荷,依靠自身动力装置推进,由制导和导航系统导引控制飞行航迹,导向目标的飞行器,如战略/战术导弹、运载火箭等。

  航天器和导弹技术是现代科学技术中发展最快,最引人注目的高新技术之一。它们的出现使人类的活动领域从地球扩展到太空,无论是从军事还是从和平利用空间的角度都使人类的认识发生了极其重大的变化。

  制导、导航与控制(Guidance Navigation and Control,GNC)是实现航天器和导弹飞行性能的系统技术,是飞行器技术最复杂的核心技术之一,是集自动控制、计算机、精密机械、仪器仪表以及数学、力学、光学和电子学等多领域于一体的前沿交叉科学技术。

  中国航天事业历经50多年的努力,在航天器和导弹的制导、导航与控制技术领域取得了辉煌的成就,达到了世界先进水平。这些成就不仅为增强国防实力和促进经济发展起了重大作用,而且也促进了相关领域科学技术的进步和发展。

  1987年出版的《导弹与航天丛书》以工程应用为主,体现了工程的系统性和实用性,是我国航天科技队伍30年心血凝聚的精神和智慧成果,是多种专业技术工作者通力合作的产物。此后20余年,我国航天器和导弹的制导、导航与控制技术又有了突飞猛进的发展,取得了许多创新性成果,这些成果是航天器和导弹的制导、导航与控制领域的新理论、新方法和新技术的集中体现。为适应新形势的需要,我们决定组织撰写出版《航天器和导弹制导、导航与控制》丛书。本丛书以基础性、前瞻性和创新性研究成果为主,突出工程应用中的关键技术。这套丛书不仅是新理论、新方法、新技术的总结与提炼,而且希望推动这些理论、方法和技术在工程中推广应用,更希望通过"产、学、研、用"相结合的方式使我国制导、导航与控制技术研究取得更大进步。

本丛书分两部分:第一部分是制导、导航与控制的理论和方法;第二部分是制导、导航与控制的系统和器部件技术。

本丛书的作者主要来自北京航空航天大学、哈尔滨工业大学、西北工业大学、国防科学技术大学、清华大学、北京理工大学、华中科技大学和南京航空航天大学等高等学校,中国航天科技集团公司和中国航天科工集团公司所属的研究院所,以及"宇航智能控制技术""空间智能控制技术""飞行控制一体化技术""惯性技术"和"航天飞行力学技术"等国家级重点实验室,而且大多为该领域的优秀中青年学术带头人及其创新团队的成员。他们根据丛书编委会总体设计要求,从不同角度将自己研究的创新成果,包括一批获国家和省部级发明奖与科技进步奖的成果撰写成书,每本书均具有鲜明的创新特色和前瞻性。本丛书既可为从事相关专业技术研究和应用领域的工程技术人员提供参考,也可作为相关专业的高年级本科生和研究生的教材及参考书。

为了撰写好该丛书,特别聘请了本领域德高望重的陆元九院士、屠善澄院士和梁思礼院士担任丛书编委会顾问。编委会由本领域各方面的知名专家和学者组成,编著人员在组织和技术工作上付出了很多心血。本丛书得到了中国人民解放军总装备部国防科技图书出版基金资助和国防工业出版社的大力支持。在此一并表示衷心感谢!

期望这套丛书能对我国航天器和导弹的制导、导航与控制技术的人才培养及创新性成果的工程应用发挥积极作用,进一步促进我国航天事业迈向新的更高的目标。

丛书编委会
2010 年 8 月

序

随着我国航天事业的飞速发展,对航天器姿态控制能力的要求越来越高。惯性动量轮和控制力矩陀螺,正是卫星、飞船和空间站等航天器进行高精度姿态稳定或姿态机动所必须采用的惯性控制执行机构。传统惯性执行机构采用机械轴承支承技术,由于存在接触摩擦和高速转子的不平衡振动,成为制约航天器平台实现高精度、高稳定度和长寿命的主要技术瓶颈之一。

采用磁悬浮支承技术的磁悬浮控制力矩陀螺具有极微振动、高精度和长寿命的突出优势,是高分辨率对地观测卫星、激光通信卫星和空间望远镜等"超稳、超静"航天器平台以及空间站等大型长寿命航天器实现高精度、高稳定度姿态控制的关键执行机构。

本书是《磁悬浮惯性动量轮技术》的姊妹篇,作者房建成同志带领科研团队自20世纪90年代末开始,以高分辨率对地观测和载人航天等国家重大需求为背景,瞄准国际前沿技术,进行了长达十余年的磁悬浮惯性动量轮和磁悬浮控制力矩陀螺的探索研究,取得了一系列原创性科研成果,部分成果已经完成型号研制并逐渐进入工程应用,该团队已经成为推动我国磁悬浮惯性执行机构技术发展的中坚力量。

作为北京航空航天大学的兼职教授,我对本书作者房建成同志及其带领的科研团队是了解的,他们一贯敬业、勤奋工作,在航天相关活动中都很积极,并颇有成就。本书是他们多年科研教学成果的总结与凝练,凝聚了作者多年来从事磁悬浮惯性执行机构技术研究和工程研制的理论成果和实践经验,融合国内外最新研究进展,突出创新性和前瞻性的研究成果及工程中的关键技术,是国内第一部介绍磁悬浮控制力矩陀螺的专著。

本书力求创新、理论与实践相联系,既可供从事相关专业技术研究和应用领域的工程技术人员参考,也可作为高等学校相关专业研究生的教材或教学参考书,对于我国未来航天器姿态控制系统实现跨越式发展具有重要的推动作用。

吴宏鑫

2014 年 10 月

前　言

在航天器的三大类姿态执行机构中,控制力矩陀螺(Control Moment Gyroscope, CMG)输出力矩可高达几百牛·米,具有力矩输出放大倍数大、动态性能好等优于反作用轮和偏置动量轮的优点,同时与框架动量矩轮相比,系统实现和姿控操纵律设计相对简单。因此,控制力矩陀螺已成为空间站等大型航天器以及敏捷机动卫星实现大力矩姿态机动控制的核心执行机构,是我国未来空间站建设的关键技术之一。

磁悬浮控制力矩陀螺(Magnetically Suspended Control Moment Gyroscope, MSCMG)不仅具有长寿命、高控制精度的优良特性,而且具有极微振动的卓越特性,可以大大提高航天器姿态的控制精度和稳定度,在国外已经得到应用并引起广泛重视。从航天器姿态执行机构的发展方向来看,MSCMG已成为大型航天器高精度姿态控制和中小型航天器快速机动的姿控执行机构的首选方案,也是我国下一代高分辨率对地观测、对天观测、星间光通信和其他军事航天任务等迫切需要的"超稳、超静"卫星平台关键的惯性执行机构。

西方发达国家早在20世纪60年代就已经开始进行磁悬浮惯性执行机构技术的理论和实验研究。法国早在1986年就将Alcated Space Industries公司研制的磁悬浮反作用飞轮用于高分辨率对地观测卫星SPOT-1的姿态控制,此后的SPOT-2~SPOT-5系列均采用磁悬浮飞轮作为主要的高精度、长寿命姿态控制执行机构,尤其是2002年发射入轨的地球观测卫星SPOT-5采用了3个二自由度磁悬浮反作用飞轮。德国Teldix公司从20世纪70年代末开始相继研制出单自由度磁悬浮惯性动量轮,并于

2007 年研制成功了一种具有微框架能力的大力矩高精度洛伦兹力五自由度磁悬浮惯性动量轮。与此同时,日本也开展了多种磁悬浮惯性动量轮的研究,在 2010 年 6 月发射的新技术试验卫星 SERVIS - 2 上搭载了一种采用倾斜磁极磁轴承的五自由度磁悬浮惯性动量轮,计划用于高分辨率对地观测卫星和空间望远镜。美国在 NASA 的大力支持下,不仅成功研制磁悬浮惯性动量轮,而且从 20 世纪 90 年代开始相继开展了集成能量与姿态控制系统(IPACS)等多个基于高速磁悬浮飞轮的研究计划,主要研究目标是实现航天器的姿控储能一体化。除此之外,美国计划 2030 年前后发射的可用于探究星系与黑洞之间联系和寻找适合生命存在的太阳系外行星的太空望远镜——先进技术大孔径太空望远镜(ATLAST),其灵敏度可达"哈勃"2000 倍,将采用德国 Teldix 公司生产的五自由度磁悬浮飞轮。

苏联从"礼炮"3 号开始测试名为"Gyrodynes"的单框架 MSCMG 群。Gyrodynes 在"礼炮"5 号上开始进入操作,并在"礼炮"6 号、"礼炮"7 号和"和平号"上作为固定设备投入使用。"和平号"空间站从 1986 年升空到 2001 年完成使命,单框架 MSCMG 群 Gyrodyne 作为主要的姿态调整和稳定控制执行机构,为其超期服役功不可没。此外,法国和日本也开展了 MSCMG 的研究。

随着我国航天事业的飞速发展及其对航天器提出的高精度、长寿命、微振动的迫切需求,研制航天器姿态控制用高精度、长寿命磁悬浮惯性执行机构被提上重要日程。作者及其科研团队自"九五"末开始了高精度、长寿命磁悬浮惯性执行机构的研究;"十五"期间,重点开展了卫星新型姿控/储能两用飞轮技术的研究,突破了高精度磁悬浮支承和高速高精度驱动两大关键技术,在此基础上完成了新一代卫星高精度、长寿命磁悬浮反作用飞轮的工程化研制;"十一五"期间,研制成功我国第一个五自由度磁悬浮惯性动量轮型号产品,并首次在新技术试验卫星 SJ - 9A 中搭载试验成功。以载人航天工程为背景,从"九五"末开始进行了 MSCMG 的研究,历时 15 年,取得了一系列研究成果,同时培养了一批优秀的研究生,推动了我国磁悬浮惯性执行机构技术的发展。作者以 10 多年来北京航空航天大学在该技术领域所取得的研究成果为主,结合国内外的最新技术进展,撰写成《磁悬浮惯性动量轮技术》和《磁悬浮控制力矩陀螺技术》两部专著。其中,《磁悬浮惯性动量轮技术》一书已由国防工业出版社于2012年12月出版发行,并获得国防工业出版社优秀图书一等奖。

《磁悬浮控制力矩陀螺技术》以高速磁悬浮转子系统的稳定性分析与高精度主动振动控制,及单框架MSCMG的高精度、高稳定度控制,和双框架MSCMG的高精度解耦控制为核心内容,突出了基础性、创新性和前瞻性的研究成果及工程应用中的关键技术。全书共11章,分为六部分。第一部分包括第1章和第2章,主要介绍MSCMG的工作原理和总体结构。第二部分包括第3~第5章,主要介绍高速磁悬浮转子系统的稳定性分析和控制方法。其中:第3章提出并证明了强陀螺效应磁悬浮转子系统的涡动模态稳定判据,为后续各章磁悬浮转子系统的高稳定度、高精度和微振动控制提供理论依据;第4章介绍磁悬浮转子系统的现场动平衡方法和主动振动控制方法;第5章介绍磁悬浮高速转子系统位移传感器的多谐波电流与振动抑制。第三部分包括第6章和第7章,深入研究了单框架MSCMG的高稳定度、高精度控制方法。第6章介绍单框架MSCMG的高稳定度控制方法,第7章介绍单框架MSCMG的高精度、高带宽控制方法。第四部分包括第8章和第9章,分别介绍双框架MSCMG的解耦控制与结构弹性模态振动抑制方法。第五部分由第10章组成,主要介绍MSCMG框架伺服系统的高精度控制问题。第六部分由第11章组成,对磁悬浮惯性执行机构技术进行了总结与展望。

本书力求原创性强、理论联系实际,但由于涉及多门学科前沿,内容较新,再加上作者水平、时间有限,难免存在不妥和错误之处,恳请广大同行、读者批评指正。本书可供从事相关专业技术研究和应用领域的工程技术人员参考,也可作为高等学校相关专业研究生的教材或教学参考书。

特别感谢中国空间技术研究院的吴宏鑫院士在本书撰写过程中所给予的鼓励、支持和指导!感谢"惯性技术"国防科技重点实验室、"新型惯性仪表与导航系统技术"国防重点学科实验室、"导航制导与传感-先进惯性仪表与系统技术"国家自然科学基金委创新研究群体、"新型惯性仪表与系统技术"教育部长江学者创新团队给予的大力支持和帮助。在 10 几载的研究过程中,作者所带领科研团队中的 10 多位教授及 50 多位博士与硕士先后参加了相关课题的研究工作,在此特别感谢刘刚教授、韩邦成教授、魏彤副教授、崔培玲副教授、汤继强副教授、孙津济副教授和于灵慧博士、李海涛博士、郑世强博士、徐向波博士、王英广博士、樊亚洪博士、陈冬博士、刘强博士、王春娥博士,宋玉旺、杨昌昊和周银锋 3 位博士后,谢进进、李文琢、张会娟、彭聪和刘超博士生等的研究工作。此外,本书部分内容还参考了国内外同行专家、学者的最新研究成果,在此一并向他们致以诚挚的谢意!

还要感谢国防科技图书出版基金评审委员会、《航天器和导弹制导、导航与控制》丛书编委会和国防工业出版社在本书出版过程中给予的大力支持,以及北京航空航天大学在科研工作中给予的支持和帮助。

最后感谢在本书撰写过程中所有给予关心、支持和帮助的人们!

作 者

2014 年 10 月

目 录
CONTENTS

第6章 单框架 MSCMG 的 高稳定度控制方法 220

Chapter 6 High – Stability Control Method for a Single – Gimbal MSCMG 220

第1章
绪 论

▶ 1.1 航天器姿态控制执行机构概述

制导、导航与控制是航天器中极为重要的分系统。控制包括航天器姿态控制和轨道控制,其中姿态控制是对航天器施以控制力矩,使其绕质心转动的技术,包括姿态稳定和姿态机动,是整个制导、导航与控制系统的重点和难点。

航天器姿态控制执行机构主要包括推力器、惯性执行机构和环境力矩执行机构三大类[1]。惯性执行机构是利用动量交换定理来实现姿态控制的,具有无需消耗工质、控制力矩精度高的优点。惯性执行机构可分为惯性动量轮和控制力矩陀螺(Control Moment Gyroscope, CMG)两大类。CMG 相对其他执行机构具有力矩放大倍数大、动态性能好、输出力矩连续且精度高等优点[2,3],是空间站等大型航天器姿态控制系统的关键执行部件。

CMG 主要由高速转子系统和框架伺服系统两部分组成。按照框架的转动自由度,CMG 可以分为单框架 CMG 和双框架 CMG。前者结构相对简单,输出力矩大,但控制能力局限于单个自由度;后者虽然具有两个自由度控制能力,但是结构和控制相对复杂[4]。按照高速转子的支承方式来分,CMG 可分为机械 CMG 和磁悬浮 CMG(Magnetically Suspended Control Moment Gyroscope,

MSCMG)两类,与传统机械 CMG 相比,MSCMG 具有极微振动、高精度和长寿命的突出优势[5-10],是机、电、磁等交叉领域的一个研究热点[11-20],它的发展将带动相关产业的迅猛发展。因此,本书对 MSCMG 系统的特性、组成结构及先进控制策略的发展进行了较为全面的综述和比较,力图反映其在这些年的最新研究进展。

1.2 控制力矩陀螺的发展及应用

20 世纪 80 年代以来,以法国 SPOT 卫星为代表的许多卫星开始采用基于磁轴承支承的飞轮系统;苏联也研制了单框架 MSCMG——"Gyrodyne",并成功应用于"和平号"空间站的姿态控制。近年来,国外磁悬浮飞轮和 MSCMG 技术更是迅猛发展,美国、法国、德国、日本等发达国家在航天用磁悬浮飞轮、MSCMG 的研制和应用方面都投入了相当的人力和物力。国内北京航空航天大学和国防科技大学等多家单位根据国防的需求和 MSCMG 广阔的应用前景也开展了相应的研究。

1.2.1 国外 CMG 研究及应用现状

国外载人航天技术起步较早,在 20 世纪 50 年代末,美国和苏联针对空间实验室和空间站都进行了 CMG 的研制[21-29],而美国研制的主要是机械轴承支承的双框架 CMG,苏联研制的是磁轴承支承的大型单框架 CMG,两个国家研制的大型 CMG 都已成功应用于空间实验室和空间站的姿态控制。

1. 美国大型 CMG 研究及应用概况

美国在 20 世纪 50 年代末期开始进行 CMG 及其应用研究[21-23],于 60 年代最先研制成功基于机械轴承支承的双框架 CMG,并成功应用于空间实验室和国际空间站(ISS)上[24-27]。

1)大型双框架 CMG 在天空实验室(Skylab)上的应用及故障分析

美国 Skylab 总质量83t,其姿态控制系统由 3 个正交双框架 CMG 构成,如图 1-1 所示,主要用于对日惯性定向和对地定向等各种稳定模式[24,25]。CMG 采用滚珠机械轴承支承,三相感应电机驱动,每个 CMG 的转速为 7850r/min,飞轮直径为 0.559m,寿命达 1 万 h(约 1.1 年),每个 CMG 角动量容量为

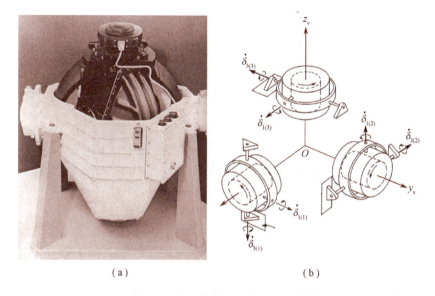

（a） （b）

图 1-1 Skylab 的双框架 CMG 及其构型

（a）双框架 CMG；（b）构型。

2700～3000N·m·s。

1973 年 11 月 2 日,在美国天空实验室第三次载人飞行前两周,空间站上一个 CMG 的转速下降,电机线圈电流增大,1h 后,转速和电流恢复了正常。当时,地面工程人员并没有注意到这一点,但就在航天员进入天空实验室的第 7 天,CMG 系统发生了严重的故障,几乎导致该次载人飞行提前结束。

1973 年 11 月 23 日,当天空实验室接近百慕大地面跟踪站时,地面观测人员发现,CMG-1 的轴承温度急剧升高,与此同时,转子转速下降且驱动电机电流增加。这次故障主要归因于 CMG-1 的轴承润滑不充分。此后,CMG-2 也出现了类似的现象,在控制人员采取了特殊的温控和减负荷措施后才避免了类似故障的再次发生。

2）双框架 CMG 在国际空间站上的应用(1998 年—)及故障分析

1998 年发射的国际空间站质量达 140t,同样采用了机械轴承支承的双框架 CMG 作为姿态控制系统的主要执行机构[26,27]（图 1-3）,4 个双框架 CMG 均安装在 Z_1 桁架上构成如图 1-4 所示的双平行构型,其总的角动量容量为 19000N·m·s。

双框架 CMG 自 1999 年投入使用至 2004 年底共出现 3 次故障,在 2002 年

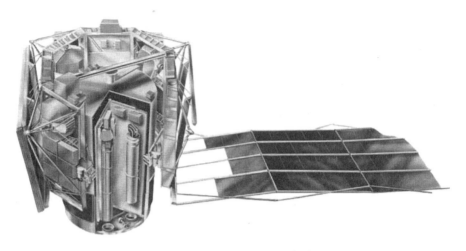

图 1 - 2 Skylab 的 DGCMG 布局

图 1 - 3 国际空间站及其使用的双框架 CMG

(a)国际空间站；(b)国际空间站使用的双框架 CMG。

6 月 8 日,其中一个双框架 CMG 出现轰鸣声,温度和电流上升,转子转速下降,之后退出工作。据推测,故障原因为润滑不足而导致机械轴承卡住。针对上述故障,主要有以下 3 点原因[27]:

(1) 润滑油的供给量不足以充满润滑槽和滚珠之间的区域,导致了润滑油不能流入轴承外套的润滑区域;

(2) 边缘油膜太厚破坏弹性液压动力膜层,从而导致了内部金属损坏;

(3) 润滑油的缺乏导致热量不能传出,从而造成局部过热,另外,金属的持续损坏也产生大量的热量,热量超过了轴承的局部承受温度而导致轴承损坏。

图 1 - 4　国际空间站上的 DGCMG 在 Z_1 桁架上的布局

国际空间站用大型 CMG 主要性能指标如表 1 - 1 所列。

表 1 - 1　国际空间站用大型 CMG 主要性能指标

项　目	数值	项　目	数值
高速转子转速/(r/min)	6600	最大输出力矩/(N·m)	250
外形尺寸/mm	1189×1341×1189	额定角动量/(N·m·s)	4800
框架最大转速/((°)/s)	3.1	框架平均转速/((°)/s)	0.2
质量/kg	279	—	—

3）美国 CMG 主要研制单位

美国在大型 CMG 研制方面的代表性研制机构有 Honeywell、BENDIX 公司等。其中,Honeywell 公司是世界上最大的 CMG 供应商,产品包括输出大力矩的单框架 CMG 和双框架 CMG,为航天器提供快速、精确的指向和跟踪机动。

CSND（Communications Space & Navigation Division）公司提供了 Skylab 和国际空间站的 CMG（图 1 - 5）。

NASA 马歇尔空间飞行中心和 Allied - Signal 航天公司共同设计、加工和测试一种角动量为 4750N·m·s 的双框架 CMG（图 1 - 6）。另外,在美国空军和 NASA 的大力支持下,美国 Honeywell 公司在 20 世纪 90 年代进行了 MSCMG 的研究（图 1 - 7）,计划用于系统级的航天器三轴姿态控制。

2. **苏联 CMG 研究及应用概况**

苏联在 20 世纪 60 年代开始把 CMG 应用于通信及气象卫星等大型航天器上,如各代"闪电号"通信卫星等;70 年代,在"礼炮"（Salyut）号系列空间站和 80 年代中期的"和平号"空间站均应用了大型单框架 MSCMG[28,29]。基于

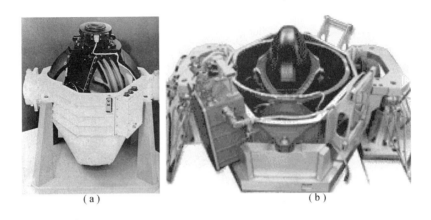

（a） （b）

图 1 - 5 L - 3 CSND 分别为 Skylab 和国际空间站研制的 CMG

（a）Skylab 用 CMG；（b）国际空间站用 CMG。

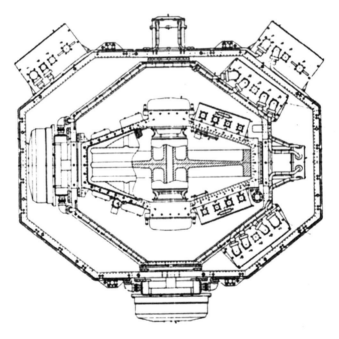

图 1 - 6 马歇尔飞行中心参与研制的双框架 CMG

长寿命和高可靠性的性能需要，"和平号"空间站采用了基于磁轴承支承的球形单框架 CMG - Gyrodyne。

图 1 - 7　Honeywell 公司研制的 MSCMG

1）大型单框架 MSCMG 在"和平号"空间站上的应用

苏联从 1971 年至 1982 年先后发射了"礼炮"1 号到"礼炮"7 号空间站，1986 年发射"和平号"（Mir）大型空间站。从"礼炮"3 号开始测试名为"Gyrodynes"的单框架 MSCMG 群。Gyrodynes 在"礼炮"5 号上开始进入操作，并在"礼炮"6 号、"礼炮"7 号和"和平号"上作为固定设备投入使用[28, 29]。

"和平号"空间站（图 1 - 8）重 94t，其上的 Kvant 1 舱和 Kvant 2 舱上各有一套 Gyrodynes，每套包含 6 个单框架 MSCMG 组成五棱锥构型（图 1 - 9），单个质量 165kg，转子直径 0.4m，转子额定转速 10000r/min，角动量 1000N·m·s，功耗 90W。

"和平号"空间站在轨运行 15 年（1986 年 2 月 20 日—2001 年 3 月 23 日），Gyrodynes 作为整个"和平号"的主要姿态调整和稳定执行机构，发挥了巨大的作用。Kvant - 1 和 Kvant - 2 上的两套 Gyrodynes 系统分别于 1987 年 4 月和 1990 年 4 月开始运行，直到 2001 年 1 月，整个"和平号"姿态控制系统关闭之前，12 个 Gyrodyne 中仍有 10 个可以正常运行。

Gyrodyne 设计寿命仅为 3 ~ 5 年，而单个 Gyrodyne 的平均使用年限约为 6.5 年，远远超出了其设计寿命。"和平号"之所以能超期服役，可靠的 Gyrodyne 设计研制功不可没。

图 1 – 8 "和平号"空间站

图 1 – 9 "和平号"空间站上的 Gyrodynes

2)"和平号"空间站用 MSCMG 故障分析

Gyrodyne CMG 设计本身还是存在一定缺陷,主要归结为以下 3 个方面[29]:

(1) Gyrodyne CMG 功耗较大。其额定功耗达 12 × 90W,当站上电源紧缺时,就不得不关闭 Gyrodynes 姿态控制系统,依靠推进装置调整姿态。

(2) 电磁轴承采用零偏置工作方式,轴承刚度小。为了减小功耗,Gyrodyne CMG 在设计时采用了无偏置电磁轴承作为陀螺转子的支承方式,这种磁轴承虽然功耗小,但相应的轴承刚度也小,不能输出大的力矩。

(3) 控制线路的可靠性设计有待提高。由于高速电机驱动、电磁轴承控制等多路信号均要通过框架轴引出,这种过多的单点连线设计,也会降低系统的可靠性,需进一步改进。

总的来说,Gyrodynes CMG 系统在 20 多年前就将磁轴承技术第一次应用到了大型航天器的姿态控制执行机构中,不能不说是航天技术史上的一大进步。Gyrodynes CMG 系统设计上存在的问题,主要还是由于当时各种技术发展的不成熟所导致的。这些成功与失败的经验教训,都将为我国空间站用 CMG 的成功研制提供借鉴。

3)代表性研究机构

苏联研制 MSCMG 的代表性研究机构主要有彼得堡指挥装置研究所和VNIIEM,其研制的产品分别如图 1 - 10 和图 1 - 11 所示,其中,VNIIEM 研制了"和平号"空间站所用的 Gyrodynes。

图 1 - 10   圣彼得堡指挥装置研究所   图 1 - 11   VNIIEM 研制的 MSCMG
研制的 MSCMG

1.2.2   国内 CMG 研究现状

国内在 CMG 方面的研究起步较晚,但近 10 年来在国家的大力支持下,取得了较快的发展。相关的主要研制单位有北京航空航天大学[30-49]、北京控制工程研究所[9]和国防科技大学[50,51]等。

北京航空航天大学早在 1998 年就开始论证基于磁悬浮高速转子的单框架 CMG,之后进行了我国空间站用高速、长寿命单框架 MSCMG 的攻关研究;2000 年 9 月成功研制我国第一台 MSCMG 关键部件(陀螺房)的原理样机 CMG - 1;2003 年 5 月成功研制国内第一台基于电磁轴承的单框架 MSCMG(CMG - 5);2004 年 10 月研制成功我国第一台基于永磁偏置混合磁轴承的低功耗单框架 MSCMG 原理样机 CMG - 6[17];为了满足敏捷机动卫星的需求,2006 年 8 月北京航空航天大学成功研制国内第一台低功耗、小体积、小质量的小型单框架 MSCMG 原理样机 CMG-8,如图 1-12 所示;分别于 2010 年 6 月和 2011 年 4 月完成了 20N·m·s 和 200N·m·s 两型 MSCMG 程样机的研制,如图 1-13 所示。

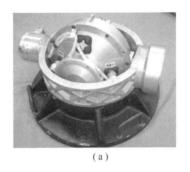 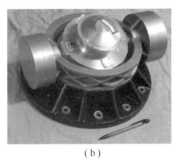

（a） （b）

图 1-12 单框架 MSCMG 原理样机

（a）200N·m·s；（b）20N·m·s。

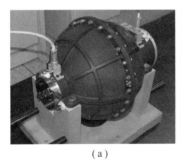 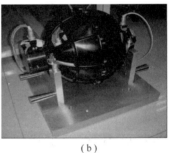

（a） （b）

图 1-13 单框架 MSCMG 工程样机

（a）20N·m·s；（b）200N·m·s。

由于技术发展的需要,在单框架 MSCMG 的研究基础上,北京航空航天大学于 2007 年开始对双框架 MSCMG 原理展开研究。与单框架 MSCMG 相比,一个双框架 MSCMG 可输出两个自由度的力矩,因此在体积、质量和奇异性方面具有综合优势。针对不同的技术指标要求,先后研制成功了国内首台 200N·m·s、20N·m·s 及 50N·m·s 的双框架 MSCMG(国际上未见报道),如图 1-14 所示。针对我国空间站及未来大型航天器的发展需求,2011 年成功研制出我国第一台 1000N·m·s 大型单框架 MSCMG 样机(图 1-15)。

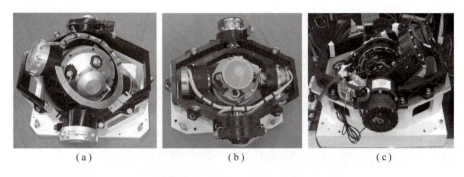

（a）　　　　　　　　　（b）　　　　　　　　　（c）

图 1 - 14　双框架 MSCMG 原理样机

（a）200N·m·s；（b）20N·m·s；（c）50N·m·s。

图 1 - 15　1000N·m·s 大型单框架 MSCMG 样机

▶ 1.3　本书的编写特点和内容安排

◁ 1.3.1　编写特点

　　本书是在《磁悬浮惯性动量轮技术》一书的基础上，重点介绍 MSCMG 所特有的问题和相关的技术。如本书中强陀螺效应磁悬浮转子系统的涡动模态稳定判据是对《磁悬浮惯性动量轮技术》中相关稳定性分析方法的进一步发展；本书中框架伺服系统与磁悬浮转子系统间的解耦控制和框架伺服系统的高精度控制，是 MSCMG 较磁悬浮惯性动量轮而言引入的新问题。

　　本书以我国载人航天和高分辨率对地观测所迫切需要的 MSCMG 为研究对象，紧紧围绕 MSCMG 的关键技术进行研究，从理论和工程的角度出发深入分析被控对象的特点，并不拘泥于现有的控制理论和控制技术，而是根据实际问题衍生出新的概念和方法,并反过来进一步指导工程实践,从而达到解决实际问题的目的。

☑1.3.2 内容安排

本书共 11 章,每一章的具体研究内容安排如下:

第 1 章 绪论。概述了航天器姿态控制执行机构,较为详细地综述了 CMG 国内外研究现状,简要介绍了主要研究内容与结构安排。

第 2 章 MSCMG 的总体结构设计和动力学建模。在介绍 MSCMG 的基本结构和工作原理的基础上,介绍了 MSCMG 机械结构设计与电磁设计,分别建立了单框架 MSCMG 和双框架 MSCMG 的动力学模型。

第 3 章 强陀螺效应磁悬浮转子系统的涡动模态稳定性分析与判据。针对具有强陀螺效应的磁悬浮刚性转子系统,提出并证明了基于正负频率特性的章动和进动稳定判据,给出了稳定裕度的解析表达式。在此基础上,进一步分析了具有强陀螺效应和弯曲模态的挠性磁悬浮转子系统的涡动模态稳定性分析方法。提出了基于转速自适应的高速磁悬浮转子交叉反馈控制方法和弹性模态校正陷波器的保相角裕度优化方法,实现了高速磁悬浮转子系统的高稳定度控制。

第 4 章 磁悬浮高速转子的现场动平衡和不平衡量的主动振动抑制方法。首先建立了含有动静不平衡量的 MSCMG 动力学模型,提出一种基于零位移控制的无试重现场动平衡方法。利用零位移控制方法使转子绕几何轴旋转在磁轴承磁中心位置,仅需获知磁轴承电流刚度值,就可解算出校正质量,使无试重现场动平衡大大简化。在此基础上,针对磁悬浮转子系统不平衡振动控制的不同需求,分别提出了不平衡振动力和力矩抑制及给定不平衡振动位移阈值的最小不平衡振动力和力矩控制两种策略,通过设计和改进幅值相位调节器(GPM)实现对功率放大器同频幅值和相位误差的自适应高精度补偿,有效保证了磁悬浮转子系统不平衡振动控制的效果。

第 5 章 磁悬浮高速转子系统位移传感器的多谐波电流与振动抑制。为有效抑制磁悬浮转子系统的多谐波电流和多谐波振动,介绍了 Sensor Runout 的产生和特点,建立了含转子不平衡和 Sensor Runout 的磁悬浮转子系统动力学模型,分析了静不平衡、动不平衡和 Sensor Runout 通过电流刚度、位移刚度、控制器、感应电动势引起多谐波电流、振动力和力矩的机理；提出了一种基于重复控制的复合控制方法，通过对磁轴承线圈电流的直接控制，实现了多谐波电流抑制；通过重复控制器、陷波器和前馈控制器进一步对同频振动力和力矩进行了抑制，实现了多谐波振动的抑制。

第6章 单框架MSCMG的高稳定度控制方法。为了有效地抑制陀螺效应和动框架效应对磁悬浮转子系统稳定性和控制精度的影响，首先提出了基于框架角速率–电流前馈的解耦控制方法；在此基础上，进一步提出了一种基于动态补偿的电流模式逆系统和内模控制相结合的高精度解耦控制方法，实现了磁悬浮转子系统和框架伺服系统之间的精确线性化解耦；最后，为了解决控制系统延时影响系统稳定性的问题，提出了基于不对称电流检测电阻网络的数控延时补偿方法，在不增加任何软件和硬件资源的条件下，实现了对数控延时和磁轴承等效电感变化的自适应相位补偿。

第7章 单框架MSCMG的高带宽、高精度控制方法。针对MSCMG高动态条件下磁轴承弹性支承严重影响磁悬浮转子系统稳定性、控制精度和响应速度的突出问题，提出了基于修正模态解耦控制的高精度强鲁棒控制方法，给出了转动模态补偿滤波器的定性设计方法，实现了对磁悬浮转子刚度和阻尼的独立调节，缓解了现有控制方法高稳定度和快响应控制之间的矛盾。针对磁悬浮转子高动态扭动给系统稳定性和控制精度带来的突出问题，结合模态解耦思想和磁悬浮转子的物理特性，提出了基于动态反馈–前馈控制的磁悬浮转子系统的高稳定度快响应扭动控制方法，通过引入动态反馈控制器，实现了对磁悬浮转子稳定性和动态性能的独立调节，突破了单框架MSCMG高带宽、高精度控制的技术瓶颈。

第8章 双框架MSCMG的解耦控制方法。针对双框架MSCMG的多体动力学耦合影响磁悬浮高速转子稳定性和系统输出力矩精度的问题，研究了耦合力矩的补偿控制策略，提出了基于鲁棒滤波的内外框架角加速度的高精度测量方法。在此基础上，提出了基于电流前馈的内外框架伺服系统的解耦控制方法。

第9章 双框架MSCMG结构模态振动鲁棒控制方法。针对双框架MSCMG由于复杂的内外框架结构引起的高速磁悬浮转子的模态振动问题，首先分析了双框架MSCMG主动磁轴承轴向控制通道各个环节的参数摄动和未建模动态,引入性能加权函数评价系统性能,在此基础上,对鲁棒控制问题规范化,应用结构奇异值理论进行鲁棒稳定性和鲁棒性能分析,通过 D – K 迭代,设计了主动磁轴承的 μ 控制器。最后进行了仿真和实验验证。

第 10 章　MSCMG 框架伺服系统高精度控制方法。首先分析了框架伺服系统的非线性摩擦力矩的特性和对框架伺服系统控制精度的影响,设计了摩擦力矩的实时现场精确补偿,提出最小二乘算法实现了框架伺服系统非线性模型参数的优化,并提出了 PID 数字调节器处理反馈误差,摩擦补偿环节处理摩擦补偿量。其次,针对 MSCMG 框架伺服系统的高频小增益振动力矩进行了建模和系统的分析研究,提出了基于自适应逆的高频小增益振动抑制方法。最后,研究了谐波干扰问题,并提出了基于扩展状态观测器的控制方法。

第 11 章　总结与展望。对磁悬浮惯性执行机构技术进行了概述,归纳了《磁悬浮惯性动量轮技术》和《磁悬浮控制力矩陀螺技术》两本书在理论方面的研究成果,总结了技术实现的要点,给出了需要进一步研究的问题。

▶ 1.4　本章小结

本章首先概述了航天器姿态控制执行机构,讲述了国内外 CMG 的发展历程和应用现状,目的在于使读者对 MSCMG 技术的重要地位有一个全面、综合的认识。在此基础上介绍了本书编写的特点和内容安排,后续章节将围绕 MSCMG 的技术细节方法逐一展开论述。

参 考 文 献

[1] 屠善澄. 卫星姿态动力学与控制(1)[M]. 北京:宇航出版社,1999:1 – 19.

[2] Lappas V J, Steyn W H, Underwood C. Design and testing of a control moment gyroscope cluster for small satellites [J]. Journal of Spacecraft and Rockets, 2005, 42 (4): 729 –739.

[3] Richie D J, Lappas Vaios J. Prassinos George. A practical small satellite variable – speed control moment gyroscope for combined energy storage and attitude control[J]. Acta Astronautica, 2009, 65(11 – 12): 1745 –1764.

[4] Lappas V J, Steyn W H. Underwood C I. Torque amplification of control moment gyros[J]. Electronics Letters, 2002, 38(15): 837 –839.

[5] 屠善澄. 卫星姿态动力学与控制(4)[M]. 北京: 宇航出版社, 2006: 245 – 275.

[6] 邓瑞清, 虎刚, 王全武. 飞轮和控制力矩陀螺高速转子轴向干扰特性的研究[J]. 航天控制, 2009, 27(4): 32 – 36.

[7] 施少范. 国外对地观测卫星高精度姿态控制系统研究[J]. 上海航天, 2000, 6: 49 – 53.

[8] Lappas V J, Steyn W H, Underwood C I. Control moment gyro (CMG) gimbal compensation using magnetic control during external disturbances[J]. Electronics Letters, 2001, 37 (9): 603 – 604.

[9] Tang L, Chen Y. Model development and adaptive imbalance vibration control of magnetic suspended system[J]. Chinese Journal of Aeronautics, 2007, 20: 434 – 442.

[10] Yu L, Fang J, Wu C. Magnetically suspended control gyro gimbal servo – system using adaptive inverse control during disturbances [J]. Electronics Letters, 2005, 41 (17): 21 – 22.

[11] Park J, Palazzolo A. Magnetically suspended VSCMGs for simultaneous attitude control and power transfer IPAC service[J]. Journal of Dynamic Systems, Measurement, and Control, 2010, 132(5): 51001 – 51015.

[12] Okada Y, Nagai B, Shimane T. Cross – feedback stabilization of the digitally controlled magnetic bearing[J]. Journal of Vibration and Acoustics, 1992, 114(1): 54 – 59.

[13] Zhang K, Zhao L, Zhao H. Research on control of flywheel suspended by active magnetic bearing system with significant gyroscopic effects[J]. Chinese Journal of Mechanical Engineering (English Edition), 2004, 17(1): 63 – 66.

[14] Markus A, Ladislav K, Ren L. Performance of a magnetically suspended flywheel energy storage device [J]. IEEE Transactions on Control Systems Technology, 1996, 4 (5): 494 – 502.

[15] 汪希平. 陀螺效应对电磁轴承系统设计的影响[J]. 机械工程学报, 2001, 37(4): 48 – 52.

[16] 沈钺, 孙岩桦, 王世琥, 等. 磁悬浮飞轮系统陀螺效应的抑制[J]. 西安交通大学学报, 2003, 37(11): 1105 – 1109.

[17] 魏彤, 房建成. 磁悬浮控制力矩陀螺的动框架效应及其角速率前馈控制方法研究 [J]. 宇航学报, 2005, 26(1): 19 – 23.

[18] 魏彤, 房建成. 磁悬浮控制力矩陀螺动框架效应的FXLMS自适应精确补偿控制方法仿真研究[J]. 宇航学报, 2006, 27(6): 1205 – 1210.

[19] 刘珠荣, 房建成, 韩邦成, 等. MSCMG永磁偏置磁轴承的低功耗控制方法研究[J]. 宇航学报, 2008, 29(3): 1036 – 1041.

[20] Kascak A F, Brown G V, Jansen R H, et al. Stability limits of a PD controller for flywheel supported on rigid rotor and magnetic bearings [C]. In AIAA Guidance, Navigation and

Control Conference Exhibit, San Francisco, CA, 2005: 2005 – 5956.

[21] Kennel H F. Individual angular momentum vector distribution and rotation laws for three double – gimbaled control moment gyros[R]. NASA TMX253696, 1968.

[22] Kennel H F. A control law for double – gimbaled control moment gyros used for space vehicle attitude control[R]. NASA TMX264536, 1970.

[23] Kennel H F. Steering law for parallel mounted double – gimbaled control moment gyros [R]. Rev. A. NASA TM – 82390, 1981.

[24] Eugene H F. Control moment gyro for skylab[R]. Alabama: George C. Marshall Space Flight Center, 1971.

[25] Dack T W. The proceedings of the committee to investigate the skylab CMG no. 2 orbital anomalies[R]. NASA: Guidance and Control Division Astrionics Laboratory, 1974.

[26] Bruce A C. International space station stabilizing gyroscope suffers bearing failure[EB/OL], http://www. ebearing. com/news2002/070201. htm, 2002 – 7 – 2.

[27] Richard R B, Richard W L. Failure analysis of international space station control moment gyro[C]. Proceedings of 10th European Space Mechanisms and Tribology Symposium, San Sebastian, Spain, 2003: 13 – 25.

[28] David M H. The MIR space station[M]. John Wiley & Sons Inc, 1997: 374 – 375.

[29] Andy S. Science on – board the Mir space station 1986 – 94[J]. The Journal of the British Interplanetary Society, 1997, 50(8): 283 – 295.

[30] Fang J, Li H, Han B. Torque ripple reduction in BLDC torque motor with nonideal back EMF[J]. IEEE Transactions on Power Electronics, 2012, 27(11): 4630 – 4637.

[31] Fang J, Zheng S, Han B. Attitude sensing and dynamic decoupling based on active magnetic bearing of MSDGCMG [J]. IEEE Transactions on Instrument and Measurement, 2012, 61(2): 338 – 348.

[32] Fang J, Zheng S, Han B. AMB vibration control for structural resonance of double – gimbal control moment gyro with speed magnetically suspended rotor[J]. IEEE/ASME Transactions on Mechatronics, 2013, 18(1): 32 – 43.

[33] Ren Y, Fang J. High – stability and fast – response twisting motion control for the magnetically suspended rotor system in a control moment gyro[J]. IEEE/ASME Transactions on Mechatronics. 2013, 18(5): 1625 – 1634.

[34] Fang J, Xu X, Tang J, et al. Adaptive complete suppression of imbalance vibration in AMB systems using gain phase modifier[J]. Journal of Sound and Vibration, 2013, 332: 6203 – 6215.

[35] Fang J, Xu X, Xie J. Acitve vibration control of rotor imbalance in active magnetic bearing systems[J]. Journal of vibration and control, 2013, DOI: 10. 1177/1077546313488792.

[36] Xu X, Fang J, Liu G, et al. Model development and harmonic current reduction in AMB

systems with rotor imbalance and sensor runout[J]. Journal of Vibration and Control, 2013, DOI: 10.1177/1077546313513624.

[37] Xu X, Fang J, Li H, et al. Acitve suppression of imbalance vibration in the magnetically suspended control moment gyro[J]. Journal of Vibration and Control, 2013, DOI: 10.1177/1077546313494955.

[38] Xu X, Fang J, Wei T. Stability analysis and imbalance compensation for active magnetic bearing with gyroscopic effects[C]. The 8th IEEE International Sysmposium on Instrumentation and Control Technology, London, UK, 2012: 295 – 300.

[39] 徐向波, 李海涛, 薛立娟, 等. 控制力矩陀螺框架高精度周期随动控制[J]. 北京航空航天大学学报, 2012, 38(8): 1017 – 1021.

[40] 徐向波, 房建成, 李海涛, 等. 控制力矩陀螺框架系统的谐振抑制与精度控制[J]. 光学精密工程, 2012, 20(2): 305 – 312.

[41] 徐向波, 房建成, 杨莲慧. 控制力矩陀螺框架系统高精度复合控制研究[J]. 载人航天, 2012, 18(5): 19 – 23.

[42] Fang J, Zheng S. AMB vibration control for structural resonance of double gimbal control moment gyro with high – Speed magnetically suspended rotor[J]. IEEE/ASME Transactions on Mechatronics, 2013, 18(1): 32 – 43.

[43] 于灵慧. 高精度磁悬浮控制力矩陀螺系统的非线性控制研究[D]. 北京: 北京航空航天大学, 2008.

[44] 李海涛. 双框架磁悬浮控制力矩陀螺框架伺服系统的高精度控制方法研究[D]. 北京: 北京航空航天大学, 2009.

[45] 郑世强. 双框架磁悬浮控制力矩陀螺磁轴承控制及应用研究. 北京: 北京航空航天大学, 2011.

[46] 郑世强, 房建成. MSCMG 磁轴承 μ 综合控制方法与实验研究[J]. 仪器仪表学报, 2010, 31(6): 1375 – 1380.

[47] 郑世强, 房建成. 提高双框架 MSCMG 动态响应能力的磁轴承补偿控制方法与实验研究[J]. 机械工程学报, 2010, 46(24): 22 – 28.

[48] Zheng S, Han B. Parameter hierarchical identification for magnetic bearing control system using frequency response testing method. [J] Advanced Science Letters, 2011, 4: 3052 – 3056.

[49] 吴刚, 刘昆, 张育林. 磁悬浮飞轮技术及其应用研究[J]. 宇航学报, 2005, 26(3): 385 – 390.

[50] Xiao K, Liu K, Chen X. Cross feedback control of hybrid magnetic bearings based on root locus[C]. Proceedings of the 11th International Symposium on Magnetic Bearings, 2008: 324 – 329.

第 2 章
MSCMG 的总体结构设计与动力学建模

▶ 2.1 引言

    MSCMG 是以高速磁悬浮转子系统为核心,集机械、电子、电磁、控制一体的精密机电系统,涉及转子动力学、固体力学、材料学、电磁学、机械学、电子学与自动控制等多个学科[1-3]。MSCMG 的总体结构设计要在综合考虑角动量容量、输出力矩、质量、体积、功耗和可靠性等因素的基础上,进行多学科优化设计,是研究的主要内容之一。由于 MSCMG 由高速转子系统和框架伺服系统两部分构成,因而总体结构设计首先要进行这两部分的优化设计,再进行总体的优化设计。

    当使用 MSCMG 进行航天器姿态控制时,必须保证 MSCMG 本体的稳定性[4,5],而由于 MSCMG 采用了磁轴承,转子系统具有 5 个可控自由度(3 个平动自由度和 2 个径向偏转自由度),整体结构、电磁和动力学模型更为复杂。本章从 MSCMG 的整体结构出发,对磁轴承基本工作原理及基本结构形式作了介绍,同时对 MSCMG 高速电机和框架电机的设计进行了说明;对于各类 MSC-MG 均涉及的强度、模态等共性技术问题,以实例的方式对其设计方法进行介绍;在此基础上,建立了单框架 MSCMG 和双框架 MSCMG 的动力学模型。

▶ 2.2　MSCMG 的基本结构与工作原理

CMG 按照转子的支承方式可分为 MSCMG 和机械 CMG;CMG 按照框架个数可分为单框架 CMG 和双框架 CMG;按照磁悬浮转子转速又可分为恒速 CMG 和变速 CMG;按照输出力矩的范围还可分为大型 CMG、中型 CMG 和小型 CMG。

☑ 2.2.1　单框架 MSCMG 的基本结构与工作原理

单框架 MSCMG 由定常(或变化)转速的磁悬浮转子系统和框架伺服系统两部分组成[2],其中高速磁悬浮转子系统提供一定的角动量,框架转动迫使高速转子的角动量改变方向,即高速转子的角动量进动将产生陀螺反作用力矩(简称陀螺力矩)作用在框架基座上,陀螺力矩等于框架转速矢量与动量轮角动量矢量的叉积。

以下就单框架 CMG 的原理进行介绍,其原理示意图如图 2－1 所示。图中所示的为一单框架 CMG,其框架轴线与转子的转轴始终垂直,并通过高速转子质心,转子角动量的进动限于框架轴的垂直平面内。令框架转角速率为 $\boldsymbol{\omega}_g$,转子的角动量为 $\boldsymbol{H}$,按照叉乘规则,输出力矩轴垂直于框架轴与角动量轴组成的平面,则 CMG 的输出力矩 $\boldsymbol{M}_G$ 为

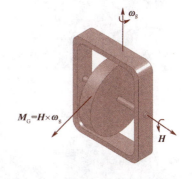

图 2－1　单框架 CMG
原理示意图

$$\boldsymbol{M}_G = \boldsymbol{H} \times \boldsymbol{\omega}_g \qquad (2-1)$$

与机械 CMG 相比,MSCMG 最大的特点在于磁轴承支承。为减小功率放大器的功率损耗,减少电磁铁的线圈匝数,缩小磁轴承的体积,提高轴承承载能力,MSCMG 高速转子采用永磁偏置混合磁轴承支承方式[6-8]。永磁偏置混合磁轴承磁路结构形式多种多样,基本原理都是采用永磁体产生偏置磁场,从而消除纯电磁轴承中偏置电流产生的功耗[7]。

图 2－2 给出了 MSCMG 的结构示意图,主要包括磁悬浮转子系统和框架伺服系统两大部分。其中,磁悬浮转子系统又包括磁轴承系统和高速电机系

统两部分。磁悬浮转子系统由两个二自由度的径向磁轴承和两个单自由度的轴向磁轴承组成,实现五自由度全主动控制(包括沿 x、y、z 的三自由度平动和绕 x、y 的二自由度偏转),绕轴向的转动由高速电机实现。

  磁悬浮转子系统具有两侧对称的结构,包括径向和轴向磁轴承、高速电机、位移传感器及保护轴承部件。从运动的角度划分,其可分为转子组件和定子组件两部分。转子组件从转子圆盘到两端依次为高速电机转子组件和径向磁轴承转子组件,转子圆盘同时充当轴向磁轴承的转子组件。相应地,定子组件依次为电机定子组件和径向磁轴承定子组件。为了在有限质量的条件下增加磁悬浮转子的转动惯量,磁悬浮转子系统的转子组件通常设计为扁平结构,图 2 - 3 给出了 MSCMG 的转子组件实物图。永磁偏置混合磁轴承转子、定子实物图如图 2 - 4 所示。

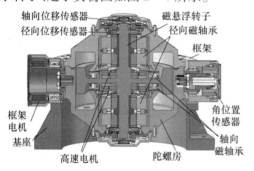

图 2 - 2 MSCMG 结构示意图

图 2 - 3 MSCMG 的转子组件实物图

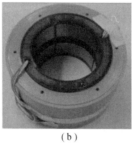

(a)   (b)   (c)

图 2 - 4 永磁偏置混合磁轴承转子、定子实物图

(a)径向磁轴承转子;(b)径向磁轴承定子;(c)轴向磁轴承定子。

  框架伺服系统主要包括框架电机、角位置传感器、框架结构体和陀螺房等部件及其相应的控制系统。其中,框架电机和角位置传感器通过框架轴与陀螺房连接,并通过框架轴承支承在框架体上。

　　基座是连接 MSCMG 与航天器的机械机构,MSCMG 输出的力矩正是通过基座作用到航天器上而实现对航天器姿态的调节。

2.2.2　双框架 MSCMG 的基本结构与工作原理

　　双框架 MSCMG 由磁悬浮高速转子系统和框架伺服系统两大部分构成,从动力学的角度看,双框架 MSCMG 由高速转子、内框架系统和外框架系统三个运动体组成[9],其剖视图如图 2-5 所示。陀螺房内部及其附带的控制系统称为磁悬浮高速转子系统,实际上又包括磁轴承系统和高速电机系统两个部分。陀螺房为两侧对称结构,内部装有轴向磁轴承、高速电机、径向磁轴承、位移传感器和保护轴承等部件;从运动的角度可以划分为转子组件和定子组件两部分。转子组件从转子圆盘向两侧依次是电机转子和径向磁轴承转子,其中转子圆盘同时充当轴向磁轴承的转子部分,而定子组件相应为轴向磁轴承定子、电机定子、径向磁轴承定子、转子位移传感器和保护轴承。转子设计成圆盘形状以获取较大的惯量比。电机驱动大惯量转子高速自转,提供恒定的角动量。转子其他 5 个自由度均由磁轴承产生的电磁力来支承,因而这种磁轴承系统

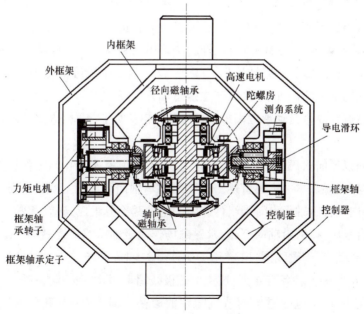

图 2-5　双框架 MSCMG 剖视图

称为五自由度磁轴承。磁轴承每个自由度都由位移传感器测量该自由度上的转子位移,如果转子不处在给定的零位上,则误差信号通过磁轴承控制器按照既定控制律运算后,由功放输出相应的控制电流,驱动磁轴承产生适当的磁力吸引转子回复到给定位置上。

内、外框架伺服系统由力矩电机、角位置传感器、导电滑环、框架轴、框架轴承、框架结构体、陀螺房等部件及附带的控制系统构成。力矩电机和角位置传感器通过框架轴与陀螺房连接,通过框架轴承支承在框架体上,而导电滑环为电信号进出陀螺房提供连接通路。框架结构同样可以划分为转子组件和定子组件两部分,转子组件包括力矩电机、角位置传感器、导电滑环、轴承的转子部分,以及框架轴和陀螺房;定子组件包括力矩电机、角位置传感器、导电滑环、轴承的定子部分以及框架体。角位置传感器实时测量陀螺房角位置,通过差分后得到角速率信息,与航天器姿态控制器给定的角速率比较后,误差值通过框架系统控制器按照既定控制律运算后,由框架系统的功放向力矩电机输出相应电流或电压,改变框架角速率直到达到给定值。

✄ 2.2.3 永磁偏置混合磁轴承的基本结构与工作原理

为减小功率放大器的功率损耗,减少电磁铁的匝数,缩小磁悬浮轴承的体积,提高轴承承载能力,MSCMG 高速转子采用永磁偏置混合磁轴承支承方式。永磁偏置混合磁轴承磁路结构形式多种多样,其基本原理都是采用永磁体取代纯电磁轴承中的偏置电流,以产生静态偏置磁场。近年来,北京航空航天大学在永磁偏置混合磁轴承方面取得重要成果,发明了多种不同结构的混合磁轴承[6-8]。

下面以径向永磁偏置混合磁轴承为例,介绍其基本结构与工作原理,轴向磁轴承与此类似,本书不再赘述。径向磁轴承轴向截面图与端面图如图 2-6 所示,径向混合磁轴承由转子组件和定子组件两部分组成,磁轴承转子组件中部安装有永磁体环,沿轴向充磁,永磁磁场作为磁轴承的偏置磁场。磁轴承定子组件中安装有电磁线圈,电磁磁场用作受控调节磁场。定子磁极沿轴向分布,共有 8 个,x、y 轴各有 4 个,这 4 个磁极线圈串、并联在一起,在同一控制电流的作用下,产生电磁磁场调节气隙中的磁密。图 2-6 中粗实线为永磁磁路,虚线为电磁磁路。

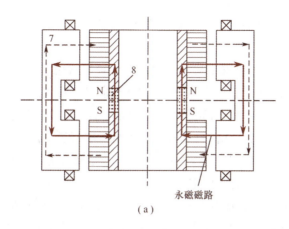

（a）

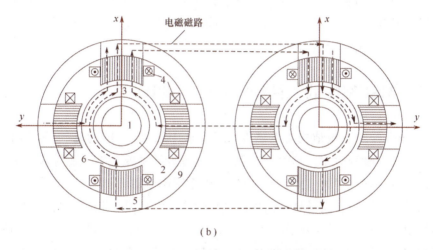

（b）

图 2-6　径向磁轴承轴向截面图与端面图

（a）径向磁轴承轴向截面图；（b）径向磁轴承端面图。

1—转子轴；2—转子导磁环；3—转子铁芯；4—线圈；5—定子导磁环；

6—气隙；7—定子铁芯；8—永磁体；9—非导磁材料。

转子在平衡位置附近运动时,永磁体产生的气隙磁密大小变化但方向不变,改变线圈电流的大小和方向,则电磁磁密的大小和方向发生变化。可以看出,永磁磁密和电磁磁密在上、下气隙中具有不同的叠加效果,如果上侧气隙中两磁密同方向,则下侧气隙两磁密反方向。转子在永磁体产生的静磁场吸力作用下处于悬浮的平衡位置(中间位置),该位置也称为参考位置;由于磁路的对称性,永磁体产生的磁通在转子上方气隙和下方气隙是相等的,此时如果不计重力,则两个气隙处的磁密是相等的,因而产生的吸力相同。

如果转子在参考位置上受到一个沿 x 轴负向的位移,转子就会偏离参考位置而向下运动,此时转子上方和下方的气隙就会发生变化,即上方气隙变大,永磁体产生的磁通减小,故产生的吸力减小;而下方气隙变小,永磁体产生的磁通增加,产生的吸力增加,此时,传感器检测出转子偏离其参考位置的位移,控制器将这一位移信号变换为控制信号,功率放大器又将该控制信号变换成控制电流,该控制电流流经定子线圈使定子铁芯内产生电磁磁通,在转子上方气隙处与永磁磁通叠加,在转子下方气隙处抵消一部分永磁磁通,这样转子下方气隙总磁通减小,转子可以重新返回到原来的平衡位置;同理,如果转子受到一个沿 x 轴正向的位移而向上运动时,通过改变电流的方向就可以使转子回到平衡位置,起到控制转子径向位移的作用。

2.3 MSCMG 的机械结构与电磁设计

MSCMG 的机械结构与电磁设计是实现 MSCMG 功能的基础,其设计水平直接影响整机性能。其中,MSCMG 的电磁设计主要包括磁悬浮轴承的电磁设计、高速电机的电磁设计和框架伺服系统的电磁设计三部分,其中磁悬浮轴承的电磁设计与磁悬浮惯性动量轮的电磁设计基本相同,已在《磁悬浮惯性动量轮技术》一书中作了较详细的介绍,本书就不再累述。这里,将在介绍 MSCMG 总体方案设计的基础上,重点介绍磁悬浮高速转子的机械机构设计及高速电机与框架伺服系统的电磁设计,它们采用的都是永磁无刷直流电机[10-14]。

2.3.1 MSCMG 总体方案设计

MSCMG 主要由磁悬浮高速转子系统(陀螺房)和框架伺服系统组成,其系统框图如图 2-7 所示。MSCMG 的设计需要考虑空间环境、高速转子的陀螺效应和不平衡力矩、动框架效应和重力等对系统的要求。总体采用工程化和模块化的设计思想,陀螺房作为一个整体,两端通过安装法兰与框架伺服系统的框架轴连接,并通过框架伺服系统提供与航天器的机电接口。

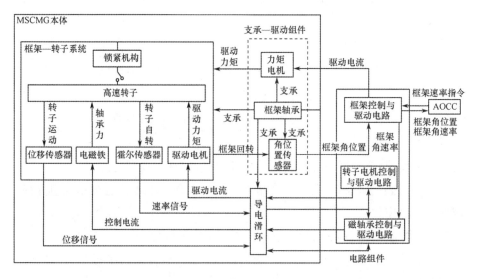

图 2-7　MSCMG 系统框图

磁悬浮高速转子系统由高速转子、磁轴承、驱动电机、锁紧/解锁装置、控制器五部分组成[15-21]。高速转子设计成扁平圆盘形状以获取较大的转动惯量—质量比。转子除绕惯性主轴的旋转自由度外,其余的 5 个自由度均由低功耗混合磁轴承实现无接触稳定悬浮(也称为五自由度磁悬浮转子系统),传感器采用集成一体化电涡流位移传感器。采用基于分散 PID 的交叉解耦控制方法抑制高速转子的陀螺效应;采用基于框架角速率的前馈校正对动框架效应加以补偿。选择滚珠轴承作为保护轴承,防止掉电或失稳时损坏系统,同时为磁轴承调试和系统不工作时提供辅助支承作用。高速转子驱动电机采用 2 对极高速无铁芯永磁无刷直流电机。根据系统的工作环境和可靠性要求,锁紧/解锁装置采用可重复使用的电磁锁紧/解锁机构。

框架伺服系统采用无减速器的直接驱动方案,主要由力矩电机、角位置传感器、导电滑环、框架轴、框架轴承、框架支承体(简称框架体)等部件构成。力矩电机和角位置传感器通过框架轴与陀螺房连接,通过框架轴承支承在框架体上,通过导电滑环实现信号和能量的传输。力矩电机选择无齿槽的永磁无刷直流电机。位置传感器采用 32 对极无接触旋转变压器,测量陀螺房的角位置,并经差分后获取角速率信息。

驱动控制器包括高速驱动电机控制器、磁轴承控制器和框架伺服控制器以及线路盒。

图2-8为MSCMG总体方案示意图,主要由高速转子系统、框架伺服系统和锁紧机构构成。此方案在原理样机的基础上新增了锁紧机构、球形框架,并实现了部分电路内置。系统各组成部分的功能如下:

(1)磁悬浮支承系统:实现高速转子的高稳定性高精度支承和输出陀螺力矩。

(2)高速转子系统:保证转子的稳速精度,实现大角动量。

(3)框架伺服系统:通过改变角动量方向实现与航天器进行角动量交换,调整航天器姿态。

(4)控制电路:用于MSCMG上述3个子系统的控制。

(5)锁紧机构:当航天器处于发射段时,锁紧装置将转子锁紧;在轨运行段则解除锁紧,使转子处于自由状态便于悬浮。

(6)正弦波力矩电机:驱动框架轴,控制磁悬浮高速转子角动量的方向,从而输出陀螺力矩控制航天器姿态。

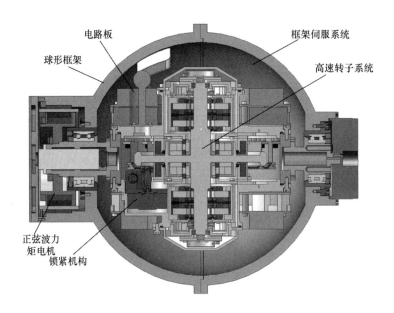

图2-8 MSCMG总体方案示意图

2.3.2　磁悬浮高速转子系统的机械结构设计

磁悬浮高速转子系统是 MSCMG 系统的关键技术之一,决定了系统的寿命、精度和角动量等主要性能参数[22-27]。由于磁轴承实现了无接触稳定支承,具有无摩擦和磨损、长寿命和高精度等优点,是高速转子的理想支承部件。分析和研究结果表明,常规的单通道位移传感器、纯电磁轴承和被动磁轴承、普通的无刷直流电机等都很难满足航天领域对可靠性、寿命、体积、质量、功耗和精度等方面的性能要求。本书为减小磁轴承的功耗和体积,采用永磁偏置径向混合磁轴承和轴向混合磁轴承实现高速转子的 5 个自由度支承;为突破总体集成的技术瓶颈,采用传感器探头、处理电路等集成一体化的径向电涡流位移传感器和轴向电涡流位移传感器作为磁轴承系统的传感器;为减小驱动电机的功耗,采用基于空心杯绕组的无定子铁芯永磁无刷直流高速电机作为驱动电机[28-38]。

1. 磁悬浮高速转子系统结构优化设计

磁悬浮高速转子系统结构示意图如图 2 - 9 所示。

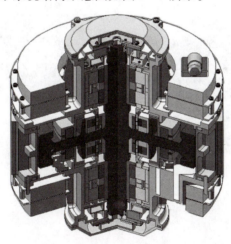

图 2 - 9　磁悬浮高速转子系统结构示意图

磁悬浮高速转子系统中各部分的主要功能如下:

(1) 高速转子:高速旋转,提供角动量。

(2) 高速驱动电机:驱动转子,高速稳定旋转。

（3）径向混合磁轴承：实现高速转子径向方向的稳定和悬浮，并输出陀螺力矩。

（4）轴向混合磁轴承：实现高速转子轴向方向的稳定悬浮。

（5）轴向位移传感器：探测磁悬浮高速转子的轴向位移和振动信号。

（6）径向位移传感器：探测磁悬浮高速转子的径向位移及其振动信号，同时根据转子的同频振动信号观测转子的转速。

（7）机械保护轴承：在系统静止、调试或过载等情况下起保护作用。

（8）壳体：安全防护、密封并提供机械和电气接口。

（9）锁紧机构：当卫星处于发射段时，锁紧装置将高速转子锁紧；在轨运行段则解除高速转子原有的锁紧关系，使转子处于自由状态便于悬浮。

（10）电路板：用于单框架 CMG 磁悬浮支承系统、高速转子驱动系统以及框架伺服系统的控制。

磁悬浮高速转子（图 2-10）的质量、静力学和动力学性能直接影响系统的整体性能（如系统的功耗、振动情况及可靠性等），因此需要对其进行优化设计。

（a） （b）

图 2-10 磁悬浮高速转子

(a) 实体模型；(b) 实物。

以下以多学科设计优化软件 iSIGHT 为平台，并集成大型通用有限元分析软件 ANSYS 的静力学和动力学分析模块，以磁悬浮转子为分析对象，以质量为优化目标，在满足强度、一阶弹性共振频率、极转动惯量、几何尺寸、形状和控制系统等多学科约束条件下进行了优化设计。其优化设计流程如图 2-11 所示，磁悬浮高速转子在 20000r/min 下的应力云图如图 2-12 所示，满足实际

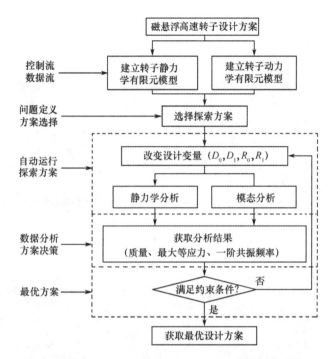

图 2-11　磁悬浮高速转子的优化设计流程

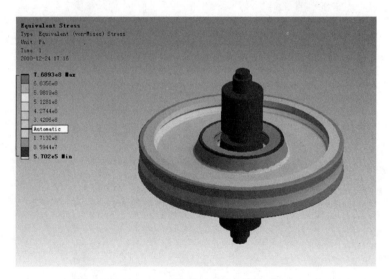

图 2-12　磁悬浮高速转子应力云图

工作的安全系数要求；支承刚度为 $0.5\mathrm{N/\mu m}$ 条件下，磁悬浮高速转子的前五阶固有振动频率模态如图 2-13 所示，模态计算结果如表 2-1 所列。经过多学科设计优化的磁悬浮转子组件完全满足系统的性能要求。

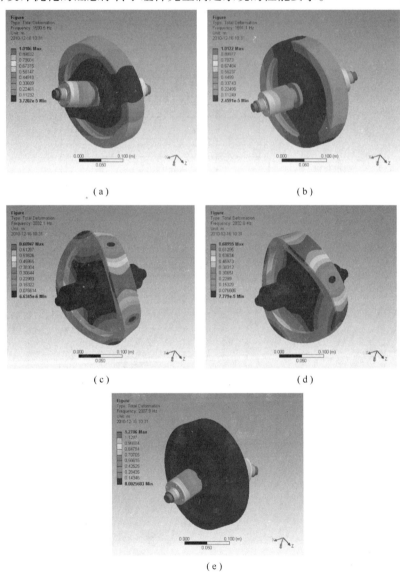

图 2-13　磁悬浮高速转子的前五阶固有振动频率模态

(a)一阶；(b)二阶；(c)三阶；(d)四阶；(e)五阶。

表 2-1　支承刚度为 0.5N/μm 条件下磁悬浮高速转子的模态计算结果

阶次	固有频率/Hz	固有振型
一阶	1590	转子轴体和轮体相对弯曲
二阶	1591	转子轴体和轮体相对弯曲
三阶	2032	转子轮体的弯曲
四阶	2032	转子轮体的弯曲
五阶	2307	转子轴体的弯曲

2. 磁悬浮高速电机的电磁设计

控制力矩陀螺驱动电机早期采用交流感应电机和有刷直流电机,目前多采用无刷直流电机进行驱动,也可采用永磁同步电机进行驱动。

永磁无刷直流电机工作原理如下:无刷直流电机利用转子位置传感器的输出信号,通过电子换向线路驱动与电枢绕组连接的相应功率开关元件,使电枢绕组依次馈电,从而在定子上产生跳跃式的旋转磁场,驱动永磁转子旋转。随着转子的转动,位置传感器不断地送出信号,以改变电枢绕组的通电状态,使得在某一磁极下导体中的电流方向始终保持不变[39-42]。位置传感器在无刷直流电机中起着测定转子磁极位置的作用,为逻辑开关电路提供正确的换相信息,即将转子永磁体磁极的位置信号转换成电信号,然后去控制定子绕组换相。位置传感器的种类很多,有磁敏式、光电式、电磁式等。在磁敏式位置传感器中,以霍尔效应原理构成的霍尔传感器应用最为广泛,具有结构简单、体积小、安装灵活方便、易于机电一体化等优点。而以光电码盘为代表的光电式位置传感器则是利用光电效应制成,由跟随电机转子一起旋转的遮光板和固定不动的光源及光电管等部件组成,具有转速检测精度高等优点[43-46]。另外,也可采用反电动势检测等方法对转子位置进行检测,以实现无刷直流电机的无位置传感器控制,提高电机控制系统的可靠性。

永磁无刷直流电机具有可靠性高、寿命长、功耗小、效率高、启动力矩大、速度范围宽、调速特性好且控制方式简单等优点,应用广泛。传统的无刷直流电机本体与永磁同步电机相同,由于定子铁芯的存在,在电机运转时,会在定子铁芯中产生磁滞和涡流损耗,这些损耗与转子旋转频率的 1.3 次方成正比,特别是当转子在高速旋转时,会在定子铁芯中产生巨大的损耗,从而大大增加了电机的功耗。同时,由于定子齿槽的存在,会使转子旋转时产生齿槽转矩和齿谐波,从而使转矩发生脉动并产生一定的损耗。无齿槽无刷直流电机可以消除齿槽转矩以及齿谐波[47,48],这样可以有利于转子转动的平稳,但是由于定子铁芯与转子磁体仍然存在相对运动,故定子损耗依然很大。本节所提出的具有空心杯形定子的无刷直流电机,使得定子铁芯变为外转子铁芯,同内转子铁芯一同旋转,这样永磁体相对于内、外转子铁芯均没有相对运动,从而不会在转子铁芯中产生铁耗。另外,由于杯形定子独立于转子铁芯,不但消除了齿槽转矩和齿谐波,而且还利于散热。由于该种电机的电枢反应较弱,所以有利于多种控制方法的实现。本节采用的电机形式为无定子铁芯无齿槽永磁无刷直流电机结构。

在 MSCMG 用永磁无刷直流电机的设计中[49],漏磁系数及计算极弧系数的准确与否直接影响电磁计算的精确性。对于一般结构的电机,二者通常根据经验选取。为保证 MSCMG 运行的稳定性和可靠性,降低其控制难度,无刷直流电机必须采用无齿槽绕组,以使其具有尽可能小的单边磁拉力和转矩脉动,这导致电机的等效气隙很大;另外,MSCMG 具有径向大、轴向小的结构要求,这决定了电机长径比很小,对这种大气隙、小长径比结构的电机设计没有现成的经验可寻,计算漏磁系数及计算极弧系数不能按照传统的工程曲线得出,也没有成熟的方法遵循,因此电机的漏磁系数和计算极弧系数的意义及计算方法将发生变化。

永磁无刷直流电机的设计原理和方法与普通无刷直流电机基本相同,分为磁路设计和电路设计。磁路设计要求出永磁体的尺寸、外磁路特性,并由永磁体工作图求出工作点的气隙磁通密度和磁通量;电路设计是在电机总体方案和磁路设计的基础上对绕组参数进行设计计算,同时校核电机的各项指标要求。由于永磁无刷直流电机是永磁体励磁,因而与普通无刷直流电机相比,在计算中的参数选取、性能计算等许多方面存在差异。

电机设计的思想是要获得大的气隙磁通密度 B_δ(或气隙中的磁通量 Φ_δ),这样不仅可以提高电机出力,还可以改善电机动态品质。因此,气隙磁通密度(或气隙中的磁通量)成为决定电机尺寸、影响电机性能的重要参数之一,在电机设计中准确计算它十分重要。本节引入等效漏磁系数和等效气隙磁通密度计算系数的概念,利用三维场有限元计算方法,对 MSCMG 用电机气隙磁场进行了分析研究,给出了一种系统、完整的等效气隙磁通密度计算系数和等效漏磁系数确定方法[13,14]。

1）分析模型

图 2-14 为一台 MSCMG 用永磁无刷直流电机三维场模型。由于电机在运行时磁场是对称分布的，因此只需对一个极距下的电机模型进行求解，求解模型如图 2-14(b)所示，在计算时考虑了模型周围的空气层，采用 ANSYS 四边形四节点单元剖分并进行电磁场求解，得到的磁通密度分布如图 2-14(c)所示。

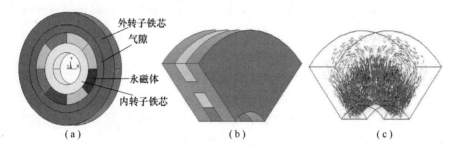

图 2-14　电机三维场模型

(a) 结构模型；(b) ANSYS 求解模型；(c) 一个极距下的磁通密度分布。

由于电机有效气隙很大，气隙不同位置处气隙磁密不同，并且电机的绕组分布于电机的整个有效气隙中，因此需要计算电机不同气隙位置处的磁通密度大小。为方便计算，在该模型沿周向及轴向中心截面处将气隙五等分（图 2-15），其中径向路径为 A1A2,B1B2,C1C2,D1D2,E1E2,F1F2,G1G2；轴向路径为 a1a2,b1b2,c1c2,d1d2,e1e2,f1f2,g1g2。

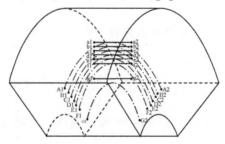

图 2-15　电机不同气隙位置标志

2）等效气隙磁通密度计算系数

运用 ANSYS 有限元方法可计算得到沿以上径向和轴向各路径的磁通密度分布图,对不同气隙处的磁通密度求平均值,得到了径向和轴向等效气隙磁通密度分布图。

径向（或轴向）等效计算极弧系数 $\alpha_{\mathrm{rad(ax)},eq}$ 为

$$\alpha_{\mathrm{rad(ax)},eq} = \frac{B_{\mathrm{rad(ax)},eq,av}}{B_{\mathrm{rad(ax)},eq,max}} \qquad (2-2)$$

式中：$B_{\mathrm{rad(ax)},eq,av}$ 为径向（或轴向）等效气隙磁通密度平均值；$B_{\mathrm{rad(ax)},eq,max}$ 为径向（或轴向）等效气隙磁通密度最大值。

等效气隙磁通密度计算系数可通过径向等效计算极弧系数和轴向等效计算极弧系数来计算，即

$$\alpha_{eq} = \frac{\alpha_{\mathrm{rad},eq} + \alpha_{\mathrm{ax},eq}}{2} \qquad (2-3)$$

3）等效漏磁系数

三维场分析表明，可以将永磁电机的空间漏磁分成两部分。一部分存在于电枢铁芯径向长度范围内的漏磁，称为极间漏磁。另一部分存在于电枢长度以外的漏磁，称为端部漏磁。通过 ANSYS 磁场计算，求解极间漏磁可采用磁矢位 A 计算，不同气隙 X1X2 处（X 可取 B，C，D，E，F）的漏磁系数为

$$\sigma_{\mathrm{X1X2},rad} = \frac{A_{\mathrm{G1}} - A_{\mathrm{G2}}}{A_{\mathrm{X1}} - A_{\mathrm{X2}}} \qquad (2-4)$$

式中：A_{X1}，A_{X2}，A_{G1}，A_{G2} 分别为 X1，X2，G1，G2 处的磁矢位。

将以上计算出的不同气隙处漏磁系数求平均值，得到极间等效漏磁系数 $\sigma_{\mathrm{rad},eq}$。同理，按照上述方法可以得到端部等效漏磁系数 $\sigma_{\mathrm{ax},eq}$，其中，x 可取 b，c，d，e，f。

等效漏磁系数表征电机的整体漏磁情况，需要同时考虑径向漏磁和轴向漏磁，可由下式得到：

$$\sigma_{eq} = \frac{\sigma_{\mathrm{rad},eq} + \sigma_{\mathrm{ax},eq}}{2} \qquad (2-5)$$

至此，得到了电机设计的两个重要参数，即等效气隙磁通密度计算系数及等效漏磁系数。

2.3.3 框架伺服系统的机械结构与电磁设计

1. 框架伺服系统的机械结构设计

双框架 MSCMG 的内、外框架（又称双框架）伺服系统主要由力矩电机、减

速器、角位置传感器、导电滑环、框架轴、框架轴承、框架体等部件及附带的控制系统构成(图 2 - 16),组装后的实物图如图 2 - 17 所示。力矩电机、减速器和角位置传感器通过框架轴与磁悬浮高速转子系统连接,通过框架轴承支承在框架体上,而导电滑环为电信号进出陀螺房提供连接通路。内框架组件划分为转子组件和定子组件两部分:转子组件包括内框架力矩电机、内框架减速器、内框架角位置传感器、内框架滑环、内框架轴承的转子部分,以及内框架轴和陀螺房;定子组件包括内框架力矩电机、内框架减速器、内框架角位置传感器、内框架滑环、内框架轴承的定子部分以及框架体。外框架组件的转子组件包括内框架组件及外框架力矩电机、外框架减速器、外框架角位置传感器、外

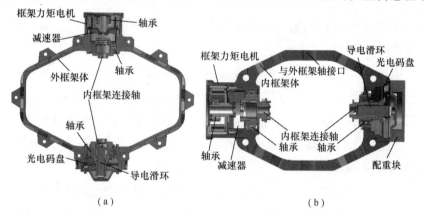

（a）　　　　　　　　　　　（b）

图 2 - 16　内、外框伺服架系统的结构

(a)外框架伺服系统结构;(b)内框架伺服系统结构。

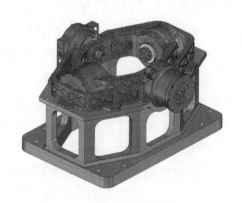

图 2 - 17　双框架伺服系统实物图

框架滑环、外框架轴承的转子部分;定子组件包括外框架力矩电机、外框架减速器、外框架角位置传感器、外框架滑环、外框架轴承的定子部分以及框架体。双框架伺服系统通过基座支承。

在双框架 MSCMG 中,框架体的结构、设计及加工精度、力学性能等因素直接影响系统的总体性能,在满足系统强度、精度等要求的前提下,还需要对其固有频率进行分析和设计,因其固有频率直接影响磁悬浮高速转子系统的精度和稳定性,最终将影响系统输出力矩精度,并要求满足性能指标的条件下,其质量最小。

为了合理装配磁悬浮高速转子系统,并减小系统的体积和质量,内框架和外框架结构分别采用回转体和多边形结构,并设计出两端凸台结构,用于电机、码盘和各种反馈元件的安装。在框架体中采用质量和扭转刚度比相对较高的十字筋条结构类型,这样有利于提高框架的结构强度和扭转刚度,并减小框架的体积和质量。在此基础上,对该结构进行有限元分析,确定其框架结构的固有频率和各阶振型,从而避免系统在工作时发生共振或出现有害的振型,这样可以提高整个结构系统的动力学特性,同时可以对各阶振型进行合理配置和框架结构的优化设计。

在框架系统研制过程中,采用有限元法对框架结构刚度进行分析设计,其主要目的是测试框架结构及其轴系的模态参数,其中包括各阶相应的频率、振型、质量、刚度和阻尼,然后按照这些参数值,就可以合理安排系统谐振点的位置。同时,框架模态参数也直接关系到以后控制器的设计和具体控制律实现的可行性。有限元模态分析原理,就是通过对机械结构进行单位离散化,赋予有限单元具体的类型和常数,并给出具体的材料属性,通过加载约束和载荷进行求解。

基于有限元分析软件 ANSYS,建立整体结构的有限元模型如图 2 – 18 所示。整体结构前两阶固有振型如图 2 – 19 所示。整体结构有限元模型共 1226600 个节点,629856 个单元。整体结构的前十阶固有频率如表 2 – 2所列。框架的一阶弹性固有振动频率为 223.0 Hz,满足控制系统稳定性要求。

图 2 - 18　整体结构的有限元模型

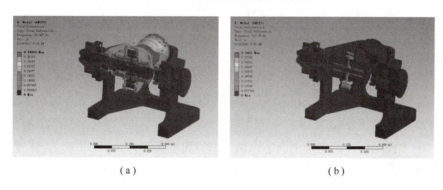

（a）　　　　　　　　　　　　　　　　（b）

图 2 - 19　整体结构前两阶固有振型

（a）整体结构第一阶模态；（b）整体结构第二阶模态。

表 2 - 2　整体结构的前十阶固有频率

阶次	固有频率/Hz	阶次	固有频率/Hz
一	92.4	六	280.48
二	116.47	七	286.24
三	192.71	八	468.75
四	194.04	九	496.19
五	222.95	十	518.45

2. 框架伺服系统的电磁设计

对于框架伺服系统的电磁设计而言,主要指的是其框架力矩电机的设计,其与磁悬浮转子系统的高速电机不同,为了提高框架伺服系统的气隙磁密,以提高框架伺服系统的控制精度,框架伺服系统的电机通常设计成 Halbach 结构[50-54]。

通常的电机永磁体充磁方式多采用径向充磁或平行充磁方式,如图 2-20 所示,而 Halbach 磁体阵列中的永磁体则是采用按一定规律形成的多向充磁方式,特别适合于永磁体采用表面式安装的转子结构。

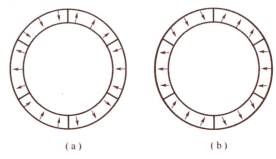

（a）   （b）

图 2-20　常规磁体充磁方式
（a）径向充磁；（b）平行充磁。

对于前面所述的无定子铁芯永磁无刷直流电机而言,当 Halbach 磁体置于内转子铁芯时,如果电机极对数为 p,每极由 n 块 Halbach 磁体组成,则第 i 块磁体($i = 1 \sim 2pn$)充磁方向的角度 θ_i 由 $\theta_i = (1 - p) \cdot \dfrac{360 \cdot (i-1)}{2pn}$ 确定;当 Halbach 磁体置于外转子铁芯时,则第 i 块磁体充磁方向的角度 θ_i 由 $\theta_i = (1 + p) \cdot \dfrac{360 \cdot (i-1)}{2pn}$ 确定。

图 2-21 给出了 Halbach 磁体与常规磁体结构(平行充磁方式)的磁力线分布图,可以看出,两种磁体结构电机磁场最明显的差别为一端铁芯轭部磁密明显不同,Halbach 磁体结构电机具有很强的磁屏蔽作用,其铁芯轭部磁密很低,故可以采用非导磁材料以减小电机体积和质量。

由此可见,永磁体采用 Halbach 磁体阵列后,不仅可增强电机气隙磁通,而且可减弱转子铁芯轭部磁密,对减小电机体积和提高能量密度十分有利。但 Halbach 磁极在具体应用时还应考虑制造工艺复杂且充磁方向不精确等问题[55-59]。

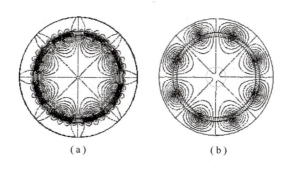

（a）　　　　　　　　　　（b）

图 2 - 21　磁力线分布图

（a）Halbach 磁体；（b）常规磁体结构（平行充磁方式）。

　　具有 Halbach 磁体结构的电机中，气隙磁密的正弦性远好于常规磁体结构，每极磁体块数越多，气隙磁密的正弦分布性越好[19,20]，但制造成本也就越高。Halbach 磁体结构电机的转子铁芯轭部磁密很小，远低于常规磁体结构电机，因此 Halbach 磁体结构电机如果省去导磁转子铁芯仅会导致电机气隙磁密稍有降低，而不会影响电机其他性能；反之，如果转子无导磁铁芯，则电机应采用 Halbach 磁体结构，以提高气隙磁密，这对提高电机的转矩密度、功率密度，降低电机的体积、质量及功耗具有重要意义。

　　Halbach 磁体结构电机的设计计算框图如图 2 - 22 所示，其中气隙磁场的

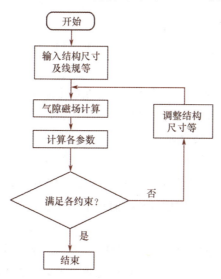

图 2 - 22　Halbach 磁体结构电机的设计计算框图

计算采用电磁场的数值计算方法,其他的计算采用磁路的方法,包括性能参数(如转速、转矩、损耗和效率等)、各约束条件(如磁路各段磁路磁密及其约束值、热负荷及其约束值、槽满率及其约束值等)。

对于 Halbach 磁体结构和普通磁体结构的永磁无刷直流电机,测试表明,同一转速下前者绕组反电势的幅值明显大于后者。

根据电磁学基本公式:

$$E_a = C_e n \Phi \qquad (2-6)$$

式中:E_a 为电机感应电势(V);C_e 为结构常数;n 为电机转速(r/min);Φ 为每极磁通量(Wb)。

$$\phi = B_{av} l \tau \qquad (2-7)$$

式中:B_{av} 为每一极面下平均磁通密度(T);l 为导体有效长度(m);τ 为极距(m)。

$$T = C_T \phi I_a \qquad (2-8)$$

式中:T 为电磁转矩(N·m);C_T 为转矩常数;I_a 为电枢电流(A)。

可知,在同一转速下电机感应电势应与磁极的平均磁密成正比;电枢电流应与电机感应电势和磁极的平均磁密成反比。

由此可见,在相同的电机结构下,提高每极磁通量即转子磁场提供的气隙磁密是降低电机功耗的重要手段,这也证明了 Halbach 磁体结构的优势所在。

▶ 2.4 单框架 MSCMG 整机动力学建模

理想情况下,MSCMG 动力学建模时遵循以下基本假设[60]:

(1)假设基座和各组件均为刚体。

(2)初始时框架的转动轴与刚体的惯性主轴重合;磁悬浮转子为轴对称刚体,其旋转轴与极轴重合。

(3)忽略重力作用,并假设磁悬浮转子完全均匀和对称,即几何中心和质心重合,几何主轴与惯性主轴重合,因而转子不存在动静不平衡及其造成的不平衡振动。

磁轴承为具有间隙的弹性支承,磁悬浮转子正常悬浮时除自转外还有相对陀螺房的小角度转动和平动,同时,磁悬浮高速转子的角运动还与框架的转动有关。因此,为描述转子的运动,首先必须确定参考坐标系。

◿ 2.4.1　参考坐标系

　　MSCMG 安装在航天器上时,基座相对惯性系有 3 个转动自由度。由于高速转子实际上存在 6 个自由度的运动,因此 MSCMG 的整体形象是一个置于陀螺房内的二自由度陀螺,该陀螺的内环和外环实体实际上并不存在,故称为虚拟内环和虚拟外环。转子无摩擦、无间隙地虚拟支承在虚拟内环上,虚拟内环以同样方式支承在虚拟外环上。虚拟外环与陀螺房之间仍然是无摩擦虚拟支承,但存在对应于转子平动的三自由度相对平动。定义初态为计时零点时刻,转子悬浮于给定位置即电磁间隙中心,框架角位置、框架角速度、基座角位置和基座角速度均为零的状态。为方便基于 MSCMG 的航天器动力学建模,以下定义了建模中使用的各坐标系,其中部分参考坐标系的定义示意图如图 2 – 23 所示。

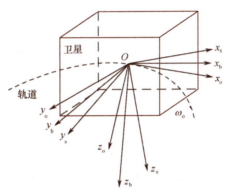

图 2 – 23　部分参考坐标系定义示意图

　　(1) 惯性坐标系 $O_i x_i y_i z_i$:选用地心赤道坐标系代替惯性坐标系,原点 O_i 位于地心,x_i 和 z_i 轴分别指向春分点和北极,并与 y_i 轴构成右手坐标系。

　　(2) 质心轨道坐标系 $O x_o y_o z_o$:以航天器质心 O 为原点的正交坐标系,滚动轴 $O x_o$ 轴沿轨道平面与当地水平面的交线指向前进方向;偏航轴 $O z_o$ 轴沿当地垂线指向地心;俯仰轴 $O y_o$ 轴垂直于轨道平面。这个坐标系在空间以卫星的轨道角速度 ω_o 绕 $O y_o$ 轴负方向旋转。

　　(3) 星体主轴坐标系(本体系) $O x_b y_b z_b$:在此坐标系中,$O x_b$、$O y_b$,$O z_b$ 三轴固定在卫星本体上,且分别与卫星的三个惯量主轴重合。设 $[\varphi \quad \theta \quad \psi]^T$ 为航

天器相对轨道坐标系的 3 - 1 - 2 欧拉(Euler)角。

（4）零位置坐标系（零系）$Ox_sy_sz_s$：框架坐标系在零位置时与之重合。零系与本体系固连。

（5）框架坐标系 $Ox_gy_gz_g$：与框架固连，相对基座具有关于 x_g 轴的自由度，θ_g 为框架相对转动角度。

（6）定子坐标系 $Ox_1y_1z_1$：与陀螺房或磁轴承定子固连，简称定子系。定子系与框架坐标系相对静止，在通常情况下存在 45° 夹角，Ox_1 轴和 Oy_1 轴指向径向磁轴承的两个中心方向。定子系相当于二自由度陀螺中的动参考系。

（7）内环坐标系 $O_1x_2y_2z_2$ 与外环坐标系 $O_1x_{g1}y_{g1}z_{g1}$：分别与转子的虚拟内环和虚拟外环固连，相对定子系具有三自由度平动和二自由度转动，其中 O_1 为转子的几何中心，初态或未发生平动时与 O 点重合，如图 2 - 24 所示。$O_1x_{g1}y_{g1}z_{g1}$ 相对于 $Ox_1y_1z_1$ 的欧拉角及 $O_1x_2y_2z_2$ 相对于 $O_1x_{g1}y_{g1}z_{g1}$ 的欧拉角分别为卡尔丹角 α、β，且 $|\alpha|$、$|\beta| < 1 \times 10^{-3}$ rad。

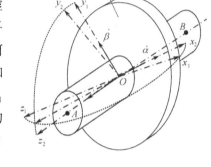

图 2 - 24　磁轴承定子坐标系到
内环坐标系的坐标变换

（8）转子坐标系 $O_1x_ry_rz_r$：与转子固连，相对内环坐标系仅有关于 z_r 轴的自转自由度，转子自转角为 Ωt。$\boldsymbol{\Omega}$ 为常值角速度矢量，在转子坐标系中表示为 $[0, 0, \Omega]^T$。

（9）平动坐标系 $O_1x_ty_tz_t$：跟随转子平动但不随转子做三自由度转动的坐标系，初态时与定子系重合。平动系相对定子系的运动即转子的三自由度平动。

令 $\boldsymbol{C}_a^b$ 表示从坐标系 a 到坐标系 b 的正交坐标转换矩阵，则转子未发生平动时各坐标系间的坐标转换矩阵可表示为 $\boldsymbol{C}_o^b$、$\boldsymbol{C}_b^s$、$\boldsymbol{C}_s^g$、$\boldsymbol{C}_g^1$、$\boldsymbol{C}_1^2$、$\boldsymbol{C}_2^r$，在小角度变换条件下有如下关系：

$$\boldsymbol{C}_o^b = \begin{bmatrix} \cos\theta & 0 & -\sin\theta \\ 0 & 1 & 0 \\ \sin\theta & 0 & \cos\theta \end{bmatrix} \begin{bmatrix} 1 & 0 & 0 \\ 0 & \cos\varphi & \sin\varphi \\ 0 & -\sin\varphi & \cos\varphi \end{bmatrix} \begin{bmatrix} \cos\psi & \sin\psi & 0 \\ -\sin\psi & \cos\psi & 0 \\ 0 & 0 & 1 \end{bmatrix}$$

$$\approx \begin{bmatrix} 1 & \psi & -\theta \\ -\psi & 1 & \varphi \\ \theta & -\varphi & 1 \end{bmatrix} \qquad (2-9)$$

$$\begin{cases} \boldsymbol{C}_s^g = \begin{bmatrix} 1 & 0 & 0 \\ 0 & \cos\theta_g & \sin\theta_g \\ 0 & -\sin\theta_g & \cos\theta_g \end{bmatrix} \\[2mm] \boldsymbol{C}_g^1 = \begin{bmatrix} \sqrt{2}/2 & \sqrt{2}/2 & 0 \\ -\sqrt{2}/2 & \sqrt{2}/2 & 0 \\ 0 & 0 & 1 \end{bmatrix} \\[2mm] \boldsymbol{C}_2^r = \begin{bmatrix} \cos\Omega t & \sin\Omega t & 0 \\ -\sin\Omega t & \cos\Omega t & 0 \\ 0 & 0 & 1 \end{bmatrix} \end{cases} \qquad (2-10)$$

$$\boldsymbol{C}_1^2 = \begin{bmatrix} 1 & 0 & 0 \\ 0 & \cos\alpha & \sin\alpha \\ 0 & -\sin\alpha & \cos\alpha \end{bmatrix} \begin{bmatrix} \cos\beta & 0 & -\sin\beta \\ 0 & 1 & 0 \\ \sin\beta & 0 & \cos\beta \end{bmatrix} \approx \begin{bmatrix} 1 & 0 & -\beta \\ 0 & 1 & \alpha \\ \beta & -\alpha & 1 \end{bmatrix}$$

$$(2-11)$$

另外，$\boldsymbol{C}_b^s$ 表示安装转换矩阵，由 MSCMG 在航天器上安装的位置（构型）决定，为一常值矩阵。

☑ 2.4.2　磁悬浮转子动力学建模

磁悬浮转子包括 6 个刚体自由度：沿 x、y、z 方向的 3 个平动以及绕 x、y、z 轴的 3 个转动，其中绕转轴 z 的转动由电机来控制，磁轴承控制其余的 5 个自由度：质心在 x、y、z 方向上的 3 个平动运动及绕径向方向 x、y 轴的转动。磁悬浮转子与陀螺房定子之间唯一的力学联系是磁轴承力，其中径向轴承力 f_{ax}、f_{bx}、f_{ay} 和 f_{by} 可以合成为两个径向力 f_x 和 f_y，以及两个径向力矩 p_y 和 p_x，分别影响磁悬浮转子径向的二自由度平动和二自由度转动，方向如图 2－25 所示。当磁轴承绕质心作定点转动时，可以把转子质心的移动和绕质心的转动分开考虑。因此，首先分别建立转子的平动和转动运动方程，再合成可得到整个磁悬浮转子的动力学模型。

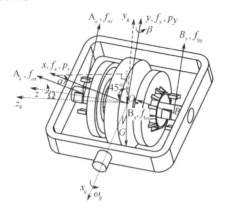

图 2 – 25　磁悬浮转子受力分析和坐标系定义

转子的相对平动即平动系相对于定子系的运动,可以用广义坐标 x、y 和 z 来描述。根据质点相对动力学可得磁悬浮转子相对平动微分方程:

$$m\boldsymbol{a}_t = \boldsymbol{F} + \boldsymbol{N} + \boldsymbol{Q}_e + \boldsymbol{Q}_k \qquad (2-12)$$

式中:m 为转子质量;$\boldsymbol{a}_t$ 为转子相对平动加速度;$\boldsymbol{F}$ 为主动力即轴承力;$\boldsymbol{N}$ 为约束反力,这里为 0;$\boldsymbol{Q}_e$ 和 $\boldsymbol{Q}_k$ 分别为牵连惯性力和哥氏惯性力。

由于相对平动加速度比牵连加速度和哥氏加速度大得多,因而可以忽略牵连惯性力和哥氏惯性力。于是转子的平动方程可简化为

$$\begin{cases} m\ddot{x} = f_x \\ m\ddot{y} = f_y \\ m\ddot{z} = f_z \end{cases} \qquad (2-13)$$

与磁悬浮转子平动类似,磁悬浮转子在惯性系中的转动运动也是受到两种力矩的作用:一是磁轴承主动控制力矩的作用;二是非惯性系的牵连运动而引起的牵连惯性力矩和哥氏惯性力矩。考虑在地面实验条件下,根据上述定义的坐标系,在 MSCMG 中,磁悬浮转子的绝对角运动是以下两种角运动的合成:

(1) 转子坐标系相对磁轴承定子坐标系的转动,用卡尔丹角 α、β、γ 来描述(其中 $\gamma = \Omega$),分别绕外环轴、内环轴和自转轴旋转。

（2）磁轴承定子坐标系相对于框架坐标系的转动，用 θ_{g} 来描述。

下面采用欧拉动力学方程推导磁悬浮转子系统的转动动力学方程，取参考系为磁轴承定子坐标系 $Ox_1y_1z_1$，动坐标系为内环系 $O_1x_2y_2z_2$，具体步骤如下：

根据刚体复合运动关系，磁悬浮转子的空间旋转角速度矢量 $\boldsymbol{\omega}_{ir}$ 等于转子系相对于定子系的角速度矢量 $\boldsymbol{\omega}_{1r}$、定子系相对于框架系的角速度矢量 $\boldsymbol{\omega}_{g1}$、框架系相对于零位置坐标系的角速度矢量 $\boldsymbol{\omega}_{sg}$、零位置坐标系相对于星体坐标系的角速度矢量 $\boldsymbol{\omega}_{bs}$ 和星体系相对于惯性系的牵连角速度矢量 $\boldsymbol{\omega}_{ib}$ 之和：$\boldsymbol{\omega}_{ir}=\boldsymbol{\omega}_{ib}+\boldsymbol{\omega}_{bs}+\boldsymbol{\omega}_{sg}+\boldsymbol{\omega}_{g1}+\boldsymbol{\omega}_{1r}$。由于 $|\alpha|$、$|\beta|<1\times10^{-3}\mathrm{rad}$，因此可以作如下简化：$\cos\alpha\approx1,\cos\beta\approx1,\sin\alpha\approx0,\sin\beta\approx0$。

（1）推导动坐标系的角速度在动坐标系中各轴上的投影表达式。转子系相对于定子系的角速度为 $\boldsymbol{\omega}_{1r}=\dot{\boldsymbol{\alpha}}+\dot{\boldsymbol{\beta}}+\dot{\boldsymbol{\gamma}}$，在内环系中的投影为

$$\boldsymbol{\omega}_{1r}^2=\begin{bmatrix}\dot{\alpha}\\0\\0\end{bmatrix}+\boldsymbol{C}_1^{g1}\begin{bmatrix}0\\\dot{\beta}\\0\end{bmatrix}+\begin{bmatrix}0\\0\\\dot{\gamma}\end{bmatrix}=\begin{bmatrix}\dot{\alpha}\\\dot{\beta}\cos\alpha\\\dot{\gamma}-\dot{\beta}\sin\alpha\end{bmatrix}\qquad(2-14)$$

由于定子系与框架系相对静止，角速度矢量为 $\boldsymbol{\omega}_{g1}=0$。

框架系相对于零位置坐标系的角速度矢量为 $\boldsymbol{\omega}_{sg}$，在内环系中的投影为

$$\boldsymbol{\omega}_{sg}^2=\boldsymbol{C}_1^2\boldsymbol{C}_g^1\boldsymbol{\omega}_{sg}^g\approx\begin{bmatrix}\sqrt{2}/2\;\dot{\theta}_{\mathrm{g}}\\-\sqrt{2}/2\;\dot{\theta}_{\mathrm{g}}\\0\end{bmatrix}\qquad(2-15)$$

零位置坐标系与本体坐标系相对静止，角速度矢量 $\boldsymbol{\omega}_{bs}=0$。

星体系相对于质心轨道坐标系 $Ox_oy_oz_o$ 的转速为 $\begin{bmatrix}\dot{\varphi}&\dot{\theta}&\dot{\psi}\end{bmatrix}^{\mathrm{T}}$，其分量分别为滚动角、俯仰角、偏航角，而质心轨道坐标系在空间的转速为 $\begin{bmatrix}0&-\omega_0&0\end{bmatrix}^{\mathrm{T}}$，其中 ω_0 为轨道角速度。因此，星体在空间的转速 $\boldsymbol{\omega}_{ib}$ 在星体主轴坐标系 $Ox_by_bz_b$ 中可表示为

$$\boldsymbol{\omega}_{ib}^{\mathrm{b}}=\begin{bmatrix}\boldsymbol{\omega}_{ibx}^{\mathrm{b}}\\\boldsymbol{\omega}_{iby}^{\mathrm{b}}\\\boldsymbol{\omega}_{ibz}^{\mathrm{b}}\end{bmatrix}=\begin{bmatrix}\dot{\varphi}\\\dot{\theta}\\\dot{\psi}\end{bmatrix}+\begin{bmatrix}1&\psi&-\theta\\-\psi&1&\varphi\\\theta&\varphi&1\end{bmatrix}\begin{bmatrix}0\\-\omega_0\\0\end{bmatrix}=\begin{bmatrix}\dot{\varphi}-\omega_0\psi\\\dot{\theta}-\omega_0\\\dot{\psi}+\omega_0\varphi\end{bmatrix}\qquad(2-16)$$

因而星体在空间的转速 $\boldsymbol{\omega}_{ib}$ 在内环坐标系 $O_1x_2y_2z_2$ 中可表示为

$$\boldsymbol{\omega}_{ib}^2 = \begin{bmatrix} \boldsymbol{\omega}_{ibx}^2 \\ \boldsymbol{\omega}_{iby}^2 \\ \boldsymbol{\omega}_{ibz}^2 \end{bmatrix} = \boldsymbol{C}_1^2 \boldsymbol{C}_g^1 \boldsymbol{C}_s^g \boldsymbol{C}_b^s \boldsymbol{\omega}_{ib}^b \quad (2-17)$$

因此,磁悬浮转子的绝对角速度矢量 $\boldsymbol{\omega}_{ir}$ 在内环系的投影可表示为

$$\boldsymbol{\omega}_{ir}^2 = \boldsymbol{C}_b^2 \boldsymbol{\omega}_{ib} + \boldsymbol{C}_g^2 \boldsymbol{\omega}_{sg}^g + \boldsymbol{\omega}_{1r}^2 = \boldsymbol{\omega}_{ib}^2 + \boldsymbol{\omega}_{sg}^2 + \boldsymbol{\omega}_{1r}^2 \quad (2-18)$$

式(2-18)写成分量形式为

$$\boldsymbol{\omega}_{ir}^2 = \begin{bmatrix} \boldsymbol{\omega}_{ibx}^2 + \dot{\alpha} + \sqrt{2}/2\,\dot{\theta}_g \\ \boldsymbol{\omega}_{iby}^2 + \dot{\beta}\cos\alpha - \sqrt{2}/2\,\dot{\theta}_g \\ \boldsymbol{\omega}_{ibz}^2 + \dot{\gamma} - \dot{\beta}\sin\alpha \end{bmatrix} \quad (2-19)$$

内环系角速度与转子系角速度的差别在于没有自转角速度 $\dot{\gamma}$,因此内环角速度在内环系的投影可简化为

$$\boldsymbol{\omega}_{i2}^2 = \begin{bmatrix} \boldsymbol{\omega}_{ibx}^2 + \dot{\alpha} + \sqrt{2}/2\,\dot{\theta}_g \\ \boldsymbol{\omega}_{iby}^2 + \dot{\beta}\cos\alpha - \sqrt{2}/2\,\dot{\theta}_g \\ \boldsymbol{\omega}_{ibz}^2 - \dot{\beta}\sin\alpha \end{bmatrix} \quad (2-20)$$

(2) 设磁轴承相对于 $O_1x_ry_rz_r$ 的惯量张量为 $\boldsymbol{J}_r = \mathrm{diag}(J_{rx},J_{ry},J_{rz})$,由于转子为对称结构,转子的赤道转动惯量 $J_{rx} = J_{ry} = J_r$,转子的极转动惯量 $J_{rz} = J_z$,则转子相对于内环系的惯量张量 $\boldsymbol{J}_2$ 与 $\boldsymbol{J}_r$ 有如下关系:

$$\boldsymbol{J}_2 = \left[\boldsymbol{C}_2^r\right]^{\mathrm{T}} \boldsymbol{J}_r \boldsymbol{C}_2^r \approx \begin{bmatrix} J_r & 0 & 0 \\ 0 & J_r & 0 \\ 0 & 0 & J_z \end{bmatrix} \quad (2-21)$$

相应地,转子角动量在内环系的分量式为

$$\begin{aligned} \boldsymbol{H}_r^2 &= \boldsymbol{J}_2 \cdot \boldsymbol{\omega}_{ir}^2 \approx \boldsymbol{J}_r \cdot (\boldsymbol{C}_b^2 \boldsymbol{\omega}_{ib}^b + \boldsymbol{C}_g^2 \boldsymbol{\omega}_{sg}^g + \boldsymbol{\omega}_{1r}^2) \\ &= \begin{bmatrix} J_r(\boldsymbol{\omega}_{ibx}^2 + \dot{\alpha} + \sqrt{2}/2\,\dot{\theta}_g) \\ J_r(\boldsymbol{\omega}_{iby}^2 + \dot{\beta}\cos\alpha - \sqrt{2}/2\,\dot{\theta}_g) \\ J_z(\boldsymbol{\omega}_{ibz}^2 + \dot{\gamma} - \dot{\beta}\sin\alpha) \end{bmatrix} \end{aligned} \quad (2-22)$$

据此,转子角动量的一阶微分在内环系的分量为

$$\dot{\boldsymbol{H}}_r^2 = \boldsymbol{J}_2 \cdot \dot{\boldsymbol{\omega}}_{ir}^2 \approx \boldsymbol{J}_r\{ (- \boldsymbol{\omega}_{1r}^\times \boldsymbol{C}_b^2 - \boldsymbol{C}_g^2 \boldsymbol{\omega}_{sg}^\times \boldsymbol{C}_b^g) \boldsymbol{\omega}_{ib}^b +$$
$$\boldsymbol{C}_b^2 \dot{\boldsymbol{\omega}}_{ib}^b + (- \boldsymbol{\omega}_{1r}^\times \boldsymbol{C}_g^2 \boldsymbol{\omega}_{sg}^g) + \boldsymbol{C}_g^2 \dot{\boldsymbol{\omega}}_{sg}^g + \dot{\boldsymbol{\omega}}_{1r}^2 \}$$

$$= \begin{bmatrix} J_r(\dot{\omega}_{ibx}^2 + \ddot{\alpha} + \sqrt{2}/2\, \ddot{\theta}_g) \\ J_r(\dot{\omega}_{iby}^2 + \ddot{\beta}\cos\alpha - \dot{\beta}\,\dot{\alpha}\sin\alpha - \sqrt{2}/2\, \ddot{\theta}_g) \\ J_z(\dot{\omega}_{ibz}^2 + \ddot{\gamma} - \dot{\beta}\sin\alpha - \dot{\beta}\,\dot{\alpha}\cos\alpha) \end{bmatrix} \quad (2-23)$$

式中:$\boldsymbol{\omega}_{1r}^\times$ 为向量 $\boldsymbol{\omega}_{1r}$ 的斜对称阵。

(3) 推导外力矩在动坐标系各轴上的投影表达式。本书所采用的是五自由度支承方式,轴向磁轴承在轴向方向只提供平动力,不对转子输出力矩,因此,转子所受力矩可以表示为

$$\boldsymbol{M}_{r1}^2 = \begin{bmatrix} p_x \\ p_y \\ 0 \end{bmatrix} \quad (2-24)$$

(4) 在内环坐标系 $O_1 x_2 y_2 z_2$ 下,可得到磁悬浮转子的欧拉动力学方程为

$$\boldsymbol{\omega}_{i2}^2 \times \boldsymbol{H}_r^2 + \dot{\boldsymbol{H}}_r^2 = \boldsymbol{M}_{r1}^2 \quad (2-25)$$

根据欧拉动力学方程的第一种形式,可得式(2-25)的分量表达式为

$$\begin{cases} \dot{H}_{rx} + H_{rz}\omega_{i2y}^2 - H_{ry}\omega_{i2z}^2 = M_{r1x}^2 \\ \dot{H}_{ry} + H_{rx}\omega_{i2z}^2 - H_{rz}\omega_{i2x}^2 = M_{r1y}^2 \\ \dot{H}_{rz} + H_{ry}\omega_{i2x}^2 - H_{rx}\omega_{i2y}^2 = M_{r1z}^2 \end{cases} \quad (2-26)$$

其中,M_{r1x}^2、M_{r1y}^2 和 M_{r1z}^2 为 $\boldsymbol{M}_{r1}^2$ 的 3 个分量,根据式(2-20)、式(2-22)~式(2-24),可得磁悬浮转子的径向两自由度转动动力学方程为

$$\begin{cases} J_r(\dot{\omega}_{ibx}^2 + \ddot{\alpha} + \sqrt{2}/2\, \ddot{\theta}_g) + J_z(\omega_{ibz}^2 + \dot{\gamma} - \dot{\beta}\sin\alpha)(\omega_{iby}^2 + \dot{\beta}\cos\alpha - \sqrt{2}/2\, \dot{\theta}_g) - \\ \quad J_r(\omega_{iby}^2 + \dot{\beta}\cos\alpha - \sqrt{2}/2\, \dot{\theta}_g)(\omega_{ibz}^2 - \dot{\beta}\sin\alpha) = p_x \\ J_r(\dot{\omega}_{iby}^2 + \ddot{\beta}\cos\alpha - \dot{\beta}\,\dot{\alpha}\sin\alpha - \sqrt{2}/2\, \ddot{\theta}_g) + \\ \quad J_r(\omega_{ibx}^2 + \dot{\alpha} + \sqrt{2}/2\, \dot{\theta}_g)(\omega_{ibz}^2 - \dot{\beta}\sin\alpha) - \\ \quad J_z(\omega_{ibz}^2 + \dot{\gamma} - \dot{\beta}\sin\alpha)(\omega_{ibx}^2 + \dot{\alpha} + \sqrt{2}/2\, \dot{\theta}_g) = p_y \end{cases}$$

$$(2-27)$$

由于受保护间隙的限制，α、β 实际上很小，且 $\dot{\gamma} \gg \dot{\alpha}$，$\dot{\gamma} \gg \dot{\beta}$，$J_r < J_z$，因而式（2-27）可简化为

$$\begin{cases} J_r(\dot{\omega}_{ibx}^2 + \ddot{\alpha} + \sqrt{2}/2\ \ddot{\theta}_g) + H_{rz}(\dot{\omega}_{iby}^2 + \dot{\beta} - \sqrt{2}/2\ \dot{\theta}_g) = p_x \\ J_r(\dot{\omega}_{iby}^2 + \ddot{\beta} - \sqrt{2}/2\ \ddot{\theta}_g) - H_{rz}(\dot{\omega}_{ibx}^2 + \dot{\alpha} + \sqrt{2}/2\ \dot{\theta}_g) = p_y \end{cases} \quad (2-28)$$

☑ 2.4.3　框架动力学建模

框架转动的绝对角速度等于框架系相对于零位置坐标系的角速度矢量 $\boldsymbol{\omega}_{sg}$、零位置坐标系相对于星体坐标系的角速度矢量 $\boldsymbol{\omega}_{bs}$、星体系相对于惯性系的牵连角速度矢量 $\boldsymbol{\omega}_{ib}$ 之和，即

$$\boldsymbol{\omega}_{ig} = \boldsymbol{\omega}_{ib} + \boldsymbol{\omega}_{bs} + \boldsymbol{\omega}_{sg}$$

（1）取框架（陀螺房）坐标系 $Ox_g y_g z_g$ 为动坐标系，显然

$$\boldsymbol{\omega}_{sg} = \begin{bmatrix} \dot{\theta}_g \\ 0 \\ 0 \end{bmatrix} \quad (2-29)$$

零位置坐标系与本体坐标系相对静止，角速度 $\boldsymbol{\omega}_{bs} = 0$。

星体在空间的转速 $\boldsymbol{\omega}_{ib}$ 在框架坐标系中可表示为

$$\boldsymbol{\omega}_{ib}^g = \begin{bmatrix} \omega_{ibx}^g \\ \omega_{iby}^g \\ \omega_{ibz}^g \end{bmatrix} = \boldsymbol{C}_s^g \boldsymbol{C}_b^s \boldsymbol{\omega}_{ib}^b \quad (2-30)$$

因此，框架的绝对角速度 $\boldsymbol{\omega}_{ig}$ 及其导数 $\dot{\boldsymbol{\omega}}_{ig}$ 在框架系可表示为

$$\boldsymbol{\omega}_{ig}^g = \boldsymbol{\omega}_{ib}^g + \boldsymbol{\omega}_{sg}^g = \begin{bmatrix} \omega_{ibx}^g + \dot{\theta}_g \\ \omega_{iby}^g \\ \omega_{ibz}^g \end{bmatrix} \quad (2-31)$$

$$\dot{\boldsymbol{\omega}}_{ig}^g = \begin{bmatrix} \dot{\omega}_{ibx}^g + \ddot{\theta}_g \\ \dot{\omega}_{iby}^g \\ \dot{\omega}_{ibz}^g \end{bmatrix} \quad (2-32)$$

（2）框架受到的力矩包括磁轴承作用力矩和航天器作用力矩两部分，其所受到的轴承力矩与作用在转子上的轴承力矩互为反作用力矩，即

$$M_{gr}^1 = \begin{bmatrix} -p_x \\ -p_y \\ 0 \end{bmatrix} \qquad (2-33)$$

该力矩在框架坐标系的投影为

$$M_{gr}^g = C_1^g M_{gr}^1 = \begin{bmatrix} -\dfrac{\sqrt{2}}{2}(p_x - p_y) \\ -\dfrac{\sqrt{2}}{2}(p_x + p_y) \\ 0 \end{bmatrix} \qquad (2-34)$$

航天器作用在框架上的力矩可以表示为

$$M_{gi}^g = \begin{bmatrix} p_{gx} \\ p_{gy} \\ p_{gz} \end{bmatrix} \qquad (2-35)$$

式中：p_{gx} 为在 x_g 方向的电机驱动力矩；p_{gy}、p_{gz} 分别为在 y_g、z_g 方向上的约束力矩。

因此，框架受到的总力矩为

$$M_g^g = M_{gr}^g + M_{gi}^g = \begin{bmatrix} p_{gx} - \dfrac{\sqrt{2}}{2}(p_x - p_y) \\ p_{gy} - \dfrac{\sqrt{2}}{2}(p_x + p_y) \\ p_{gz} \end{bmatrix} \qquad (2-36)$$

（3）在框架坐标系 $Ox_g y_g z_g$ 下，MSCMG 的框架动力学方程可表示为

$$\boldsymbol{\omega}_{ig}^g \times \boldsymbol{H}_g + \dot{\boldsymbol{H}}_g = \boldsymbol{M}_g^g \qquad (2-37)$$

式中：$\boldsymbol{H}_g$ 为 MSCMG 的框架角动量，$\boldsymbol{H}_g = J_g (C_s^g C_b^s \boldsymbol{\omega}_{ib} + \boldsymbol{\omega}_{sg})$，对其求导为

$$\dot{\boldsymbol{H}}_g = J_g (-\boldsymbol{\omega}_{sg}^\times C_b^g \boldsymbol{\omega}_{ib} + C_b^g \dot{\boldsymbol{\omega}}_{ib} + \dot{\boldsymbol{\omega}}_{sg}) \qquad (2-38)$$

设框架沿三轴的转动惯量为 J_{gx}，J_{gy}，J_{gz}，据欧拉方程的第二种形式有

$$\begin{cases} J_{gx}\dot{\omega}_{igx}^{g} + (J_{gz} - J_{gy})\omega_{igy}^{g}\omega_{igz}^{g} = M_{gx}^{g} \\ J_{gy}\dot{\omega}_{igy}^{g} + (J_{gx} - J_{gz})\omega_{igz}^{g}\omega_{igx}^{g} = M_{gy}^{g} \\ J_{gz}\dot{\omega}_{igz}^{g} + (J_{gy} - J_{gx})\omega_{igx}^{g}\omega_{igy}^{g} = M_{gz}^{g} \end{cases} \quad (2-39)$$

将式(2-31)、式(2-32)、式(2-36)代入式(2-39),可得框架组件的动力学方程为

$$\begin{cases} J_{gx}(\dot{\omega}_{ibx}^{g} + \ddot{\theta}_{g}) + (J_{gz} - J_{gy})\omega_{iby}^{g}\omega_{ibz}^{g} = p_{gx} - \dfrac{\sqrt{2}}{2}(p_x - p_y) \\ J_{gy}\dot{\omega}_{iby}^{g} + (J_{gx} - J_{gz})\omega_{igz}^{g}\omega_{igx}^{g} = p_{gy} - \dfrac{\sqrt{2}}{2}(p_x + p_y) \\ J_{gz}\dot{\omega}_{ibz}^{g} + (J_{gy} - J_{gx})\omega_{ibx}^{g}\omega_{iby}^{g} = p_{gz} \end{cases} \quad (2-40)$$

由磁悬浮转子平动方程式(2-13)及转动动力学方程式(2-27)、框架动力学方程式(2-40)构成航天器中的 MSCMG 整体动力学模型为

$$\begin{cases} m\ddot{x} = f_x \\ m\ddot{y} = f_y \\ m\ddot{z} = f_z \\ J_r\left(\dot{\omega}_{ibx}^{2} + \ddot{\alpha} + \sqrt{2}/2\,\ddot{\theta}_{g}\right) + H_{rz}\left(\omega_{iby}^{2} + \dot{\beta} - \dfrac{\sqrt{2}}{2}\dot{\theta}_{g}\right) = p_x \\ J_r\left(\dot{\omega}_{iby}^{2} + \ddot{\beta} - \dfrac{\sqrt{2}}{2}\ddot{\theta}_{g}\right) - H_{rz}\left(\omega_{ibx}^{2} + \dot{\alpha} + \dfrac{\sqrt{2}}{2}\dot{\theta}_{g}\right) = p_y \\ J_{gx}(\dot{\omega}_{ibx}^{g} + \ddot{\theta}_{g}) + (J_{gz} - J_{gy})\omega_{iby}^{g}\omega_{ibz}^{g} = p_{gx} - \dfrac{\sqrt{2}}{2}(p_x - p_y) \\ J_{gy}\dot{\omega}_{iby}^{g} + (J_{gx} - J_{gz})\omega_{igz}^{g}\omega_{igx}^{g} = p_{gy} - \dfrac{\sqrt{2}}{2}(p_x + p_y) \\ J_{gz}\dot{\omega}_{ibz}^{g} + (J_{gy} - J_{gx})\omega_{ibx}^{g}\omega_{iby}^{g} = p_{gz} \end{cases} \quad (2-41)$$

若基座与地面固连,即 $\boldsymbol{\omega}_{ib}^{2} = \begin{bmatrix} \omega_{ibx}^{2} \\ \omega_{iby}^{2} \\ \omega_{ibz}^{2} \end{bmatrix} = \begin{bmatrix} 0 \\ 0 \\ 0 \end{bmatrix}$, $\boldsymbol{\omega}_{ib}^{b} = \begin{bmatrix} \omega_{ibx}^{b} \\ \omega_{iby}^{b} \\ \omega_{ibz}^{b} \end{bmatrix} = \begin{bmatrix} 0 \\ 0 \\ 0 \end{bmatrix}$,式(2-41)可

简化为

$$\begin{cases} m\,\ddot{x} = f_x \\[4pt] m\,\ddot{y} = f_y \\[4pt] m\,\ddot{z} = f_z \\[4pt] J_r(\ddot{\alpha} + \sqrt{2}/2\,\ddot{\theta}_g) + H_{rz}(\dot{\beta} - \sqrt{2}/2\,\dot{\theta}_g) = p_x \\[4pt] J_r(\ddot{\beta} - \sqrt{2}/2\,\ddot{\theta}_g) - H_{rz}(\dot{\alpha} + \sqrt{2}/2\,\dot{\theta}_g) = p_y \\[4pt] J_{gx}\,\ddot{\theta}_g = p_{gx} - \sqrt{2}/2(p_x - p_y) \\[4pt] 0 = p_{gy} - \sqrt{2}/2(p_x + p_y) \\[4pt] 0 = p_{gz} \end{cases} \qquad (2-42)$$

若进一步使框架也和地面固连,即令 $\theta_g = 0$,则得到框架固定时磁悬浮转子系统的动力学模型为

$$\begin{cases} m\,\ddot{x} = f_x \\[4pt] m\,\ddot{y} = f_y \\[4pt] m\,\ddot{z} = f_z \\[4pt] J_r\,\ddot{\alpha} + H_{rz}\,\dot{\beta} = p_x \\[4pt] J_r\,\ddot{\beta} - H_{rz}\,\dot{\alpha} = p_y \end{cases} \qquad (2-43)$$

式(2-43)便是高速转子的经典陀螺技术方程。

式(2-41)实际上是航天器机动时 MSCMG 系统的转子系统、框架伺服系统和航天器 3 个单体之间相对运动的非线性动力学模型,且所采用的坐标系不同,磁悬浮转子和框架分别建立在内环坐标系和框架坐标系上。由于系统稳定性和精度只要关注三者的相对运动,因而采用上述模型是合理的,以下所述的运动均默认为这种相对运动。

由于 MSCMG 引入了有间隙的磁轴承支承,磁轴承增加了五自由度运动,并且磁悬浮转子运动不仅取决于轴承力,同时还受框架伺服系统及航天器运动的影响;框架系统和磁悬浮转子系统之间存在很强的动力学耦合;航天器机动时,航天器对磁悬浮转子系统和框架系统也都产生耦合力矩,进一步增加了

控制的难度。对于地面实验而言,首先关心的是基座静止时磁悬浮转子系统的稳定性,这种情况下采用式(2-42)所示的简化模型是合理的。

2.5 双框架 MSCMG 的动力学建模

双框架 MSCMG 包含转子、内框架(陀螺房)和外框架 3 个运动单体。以下采用欧拉动力学方程建立各个刚体部件的动力学模型。理想情况下,双框架 MSCMG 动力学建模时遵循以下基本假定:

(1)假设基座和各组件均为刚体。

(2)内外框架的转轴之间,内框架与内环系转轴之间初始时相互正交,内外框架的轴承约束为理想约束,约束力垂直于转动轴,仅能传递垂直于转动轴的侧力矩矢量。

(3)初始时内外框架的转动轴与刚体的惯性主轴重合。转子为轴对称刚体,其旋转轴与极轴重合。

(4)忽略重力作用,并假定转子完全均匀和对称,即几何中心和质心重合,几何主轴与惯性主轴重合,因而转子不存在动静不平衡及其造成的不平衡振动。

磁轴承是有间隙的弹性支承,正常悬浮时磁悬浮转子除自转外还有相对陀螺房的小角度转动和平动,同时,磁悬浮高速转子的角运动还与内、外框架的转动有关。因此,为描述转子的运动,首先必须确定参考坐标系。

2.5.1 参考坐标系

双框架 MSCMG 部分参考坐标系示意图如图 2-26 所示,其安装在航天器上时,基座相对惯性系有 3 个转动自由度,但在地面实验时与地面固连。由于高速转子实际上存在 6 个自由度的运动,因而双框架 MSCMG 的整体形状是一个置于陀螺房内的二自由度陀螺,该陀螺的内环和外环实体实际上并不存在,因此称为虚拟内环和虚拟外环。定义初态为计时零点时刻,转子悬浮于给定位置即电磁间隙中心,框架角位置、框架角速度、基座角位置和基座角速度均为零的状态。下面仿照框架陀螺动力学确立在双框架 MSC-MG 的参考坐标系。

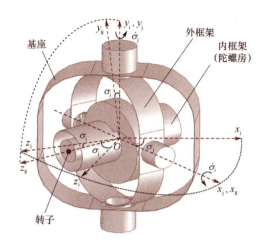

图 2 - 26　双框架 MSCMG 部分参考坐标系示意图

（1）惯性坐标系 $Ox_iy_iz_i$。按一般意义讲,它是相对恒星固定的坐标系。由于本书仅限于研究在地面条件下双框架 MSCMG 的动力学建模问题,因此选用大地坐标系为惯性坐标系,本书中整机的基座即在惯性坐标系中。

（2）外框架坐标系 $Ox_jy_jz_j$。初态时与惯性系重合,相对惯性系具有关于 y_j 轴的自由度。设外框架转角为 σ_j,则外框架坐标系与惯性坐标系之间的变换矩阵为

$$\begin{bmatrix} x_j \\ y_j \\ z_j \end{bmatrix} = \begin{bmatrix} \cos\sigma_j & 0 & -\sin\sigma_j \\ 0 & 1 & 0 \\ \sin\sigma_j & 0 & \cos\sigma_j \end{bmatrix} \begin{bmatrix} x_i \\ y_i \\ z_i \end{bmatrix} = \boldsymbol{C}_i^j \begin{bmatrix} x_i \\ y_i \\ z_i \end{bmatrix} \qquad (2-44)$$

（3）内框架（陀螺房）坐标系 $Ox_gy_gz_g$。初态时与惯性系重合,相对外框架坐标系具有关于 x_g 轴的自由度。设内框架转角为 σ_i,则内框架坐标系与外框架坐标系之间的变换矩阵为

$$\begin{bmatrix} x_g \\ y_g \\ z_g \end{bmatrix} = \begin{bmatrix} 1 & 0 & 0 \\ 0 & \cos\sigma_i & \sin\sigma_i \\ 0 & -\sin\sigma_i & \cos\sigma_i \end{bmatrix} \begin{bmatrix} x_i \\ y_i \\ z_i \end{bmatrix} = \boldsymbol{C}_j^g \begin{bmatrix} x_j \\ y_j \\ z_j \end{bmatrix} \qquad (2-45)$$

（4）磁轴承定子坐标系 $Ox_by_bz_b$。与内框架（陀螺房）坐标系固连,在双框架 MSCMG 中,磁轴承定子坐标系与内框架坐标系重合,因而磁轴承定子坐标系与内框架（陀螺房）坐标系之间的变换矩阵为

$$\begin{bmatrix} x_{\mathrm{b}} \\ y_{\mathrm{b}} \\ z_{\mathrm{b}} \end{bmatrix} = \begin{bmatrix} 1 & 0 & 0 \\ 0 & 1 & 0 \\ 0 & 0 & 1 \end{bmatrix} \begin{bmatrix} x_{\mathrm{g}} \\ y_{\mathrm{g}} \\ z_{\mathrm{g}} \end{bmatrix} = \boldsymbol{C}_{\mathrm{g}}^{\mathrm{b}} \begin{bmatrix} x_{\mathrm{g}} \\ y_{\mathrm{g}} \\ z_{\mathrm{g}} \end{bmatrix} \qquad (2-46)$$

（5）内环坐标系 $O_{\mathrm{f}}x_{\mathrm{f}}y_{\mathrm{f}}z_{\mathrm{f}}$。与转子的虚拟内环固连,相对磁轴承定子坐标系具有三自由度平动和关于 x_{f} 轴和 y_{f} 轴的两自由度转动,分别用卡尔丹角 α、β 表示,初态时与定子重合。O_{f} 为转子的几何中心,初态或没有平动时与 O 点重合。因而,内环坐标系与磁轴承定子坐标系之间的变换矩阵为

$$\begin{bmatrix} x_{\mathrm{f}} \\ y_{\mathrm{f}} \\ z_{\mathrm{f}} \end{bmatrix} = \begin{bmatrix} 1 & 0 & 0 \\ 0 & \cos\alpha & \sin\alpha \\ 0 & -\sin\alpha & \cos\alpha \end{bmatrix} \begin{bmatrix} \cos\beta & 0 & -\sin\beta \\ 0 & 1 & 0 \\ \sin\beta & 0 & \cos\beta \end{bmatrix} \begin{bmatrix} x_{\mathrm{b}} \\ y_{\mathrm{b}} \\ z_{\mathrm{b}} \end{bmatrix}$$

$$= \begin{bmatrix} \cos\beta & 0 & -\sin\beta \\ \sin\alpha\sin\beta & \cos\alpha & \sin\alpha\cos\beta \\ \cos\alpha\sin\beta & -\sin\alpha & \cos\alpha\cos\beta \end{bmatrix} \begin{bmatrix} x_{\mathrm{b}} \\ y_{\mathrm{b}} \\ z_{\mathrm{b}} \end{bmatrix} = \boldsymbol{C}_{\mathrm{b}}^{f} \begin{bmatrix} x_{\mathrm{b}} \\ y_{\mathrm{b}} \\ z_{\mathrm{b}} \end{bmatrix} \qquad (2-47)$$

（6）转子坐标系 $O_{\mathrm{f}}x_{\mathrm{r}}y_{\mathrm{r}}z_{\mathrm{r}}$。与转子固连,相对内环坐标系仅有关于 z_{r} 轴的自转自由度。设转子转速为 $\varOmega$,则转子坐标系与内环坐标系之间的变换矩阵为

$$\begin{bmatrix} x_{\mathrm{r}} \\ y_{\mathrm{r}} \\ z_{\mathrm{r}} \end{bmatrix} = \begin{bmatrix} \cos\varOmega t & \sin\varOmega t & 0 \\ -\sin\varOmega t & \cos\varOmega t & 0 \\ 0 & 0 & 1 \end{bmatrix} \begin{bmatrix} x_{\mathrm{f}} \\ y_{\mathrm{f}} \\ z_{\mathrm{f}} \end{bmatrix} = \boldsymbol{C}_{\mathrm{f}}^{r} \begin{bmatrix} x_{\mathrm{f}} \\ y_{\mathrm{f}} \\ z_{\mathrm{f}} \end{bmatrix} \qquad (2-48)$$

（7）平动坐标系 $O_{\mathrm{t}}x_{\mathrm{t}}y_{\mathrm{t}}z_{\mathrm{t}}$。跟随转子平动但不跟随转子做三自由度转动的坐标系,初态时与定子系重合。

2.5.2 转子运动方程

为使双框架 MSCMG 在转子同等质量前提下获取尽可能大的角动量,需要将转子设计成圆盘形状以提高转动惯量,因此磁悬浮转子为大惯量的扁平转子,具有较大的转子的极转动惯量和赤道转动惯量比,如图 2-27 所示。通常磁轴承大多应用于回转机械中对细长转子进行支承,其模型不完全适于对磁悬浮高速转子的支承。要对 MSCMG 磁轴承进行动力学分析和控制系统设计

必须建立反映高速转子动力学特性的动力学方程,模型的正确与否直接影响所设计控制系统的性能。

转子与陀螺房定子之间唯一的力学联系是磁轴承力,其中径向轴承力 f_{ax}、f_{bx}、f_{ay} 和 f_{by} 可以合成为两个径向力 f_x 和 f_y,以及两个径向力矩 p_y 和 p_x,分别影响转子径向的二自由度平动和二自由度转动,方向如图 2 - 28 所示。当磁悬浮转子绕质心作定点转动时,可以把转子质心的移动和绕质心的转动分开考虑。因此首先分别建立转子的平动和转动运动方程,再合成可得到整个转子的动力学模型。

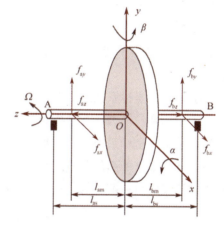

图 2 - 27　磁悬浮高速转子组件实物　　图 2 - 28　磁悬浮转子动力学模型示意图

转子的相对运动在非惯性系中受到两种力的作用:一是磁轴承主动控制力;二是由于内外框架的牵连运动而形成的牵连惯性力 ma_e 和哥氏惯性力 ma_c。由此可得转子在非惯性系中物体相对平动运动的动力学基本方程为

$$ma_r = F + (-ma_e) + (-ma_c) \qquad (2-49)$$

式中:m 为转子质量;a_r 为转子相对平动加速度;F 为主动力即轴承力;a_e 和 a_c 分别为牵连加速度和哥氏加速度。

由于相对平动加速度比牵连加速度和哥氏加速度大得多,因而可以忽略牵连惯性力和哥氏惯性力。因此转子的相对平动模型简化为

$$ma_r = F \qquad (2-50)$$

其中,$\boldsymbol{a}_{\mathrm{r}} = \begin{bmatrix} \ddot{x}_{\mathrm{r}} \\ \ddot{y}_{\mathrm{r}} \\ \ddot{z}_{\mathrm{r}} \end{bmatrix}$,$\boldsymbol{F} = \begin{bmatrix} f_x \\ f_y \\ f_z \end{bmatrix}$。

与转子平动类似,转子在惯性系中的转动运动,也是受到两种力矩的作用:一是磁轴承主动控制力矩的作用;二是非惯性系的牵连运动而引起的牵连惯性力矩和哥氏惯性力矩。考虑在地面试验条件下,根据上述所定义的坐标系,在双框架 MSCMG 中,磁悬浮转子的绝对角运动是以下 3 种角运动的合成:

(1)转子坐标系相对磁轴承定子坐标系的转动,用卡尔丹角 α、β、γ 来描述,分别绕外环轴、内环轴和自转轴旋转。

(2)磁轴承定子坐标系相对于外框架坐标系的转动,用欧拉角 σ_{i} 来描述。

(3)外框架坐标系相对于惯性坐标系的转动,用欧拉角 σ_{j} 来描述。

下面采用欧拉动力学方程推导双框架 MSCMG 转子的动力学方程,取参考系为磁轴承定子坐标系 $Ox_{\mathrm{b}}y_{\mathrm{b}}z_{\mathrm{b}}$,动坐标系为内环系 $Ox_{\mathrm{f}}y_{\mathrm{f}}z_{\mathrm{f}}$。步骤如下:

(1)推导动坐标系的角速度在动坐标系中各轴上的投影表达式。转子系相对于定子系的角速度为 $\boldsymbol{\omega}_{\mathrm{br}} = \dot{\alpha} + \dot{\beta} + \dot{\gamma}$,它在内环系中的投影为

$$\boldsymbol{\omega}_{\mathrm{br}}^{\mathrm{f}} = \boldsymbol{\omega}_{\mathrm{bf}}^{\mathrm{f}} + \boldsymbol{\omega}_{\mathrm{fr}}^{\mathrm{f}} \qquad (2-51)$$

式中:$\boldsymbol{\omega}_{\mathrm{bf}}^{\mathrm{f}} = \begin{bmatrix} \dot{\alpha} \\ 0 \\ 0 \end{bmatrix} + \begin{bmatrix} 1 & 0 & 0 \\ 0 & \cos\alpha & \sin\alpha \\ 0 & -\sin\alpha & \cos\alpha \end{bmatrix} \begin{bmatrix} 0 \\ \dot{\beta} \\ 0 \end{bmatrix} = \begin{bmatrix} \dot{\alpha} \\ \dot{\beta}\cos\alpha \\ -\dot{\beta}\sin\alpha \end{bmatrix}$;$\boldsymbol{\omega}_{\mathrm{fr}}^{\mathrm{f}} = \begin{bmatrix} 0 \\ 0 \\ \dot{\gamma} \end{bmatrix}$。

(2)推导内外框架角运动在动坐标系各轴上的投影表达式,进而可得转子角动量在动坐标系各轴上的投影。内框架系相对于惯性坐标系的合成角速度为 $\boldsymbol{\omega}_{\mathrm{zg}} = \dot{\boldsymbol{\sigma}}_{\mathrm{i}} + \dot{\boldsymbol{\sigma}}_{\mathrm{j}}$,它在内环系中的投影为

$$\boldsymbol{\omega}_{\mathrm{ig}}^{\mathrm{f}} = \boldsymbol{C}_{\mathrm{b}}^{\mathrm{f}} \boldsymbol{C}_{\mathrm{g}}^{\mathrm{b}} \boldsymbol{\omega}_{\mathrm{ig}}^{\mathrm{g}} \qquad (2-52)$$

其中,$\boldsymbol{\omega}_{\mathrm{ig}}^{\mathrm{g}} = \begin{bmatrix} \dot{\sigma}_{\mathrm{i}} \\ 0 \\ 0 \end{bmatrix} + \begin{bmatrix} 1 & 0 & 0 \\ 0 & \cos\sigma_{\mathrm{i}} & \sin\sigma_{\mathrm{i}} \\ 0 & -\sin\sigma_{\mathrm{i}} & \cos\sigma_{\mathrm{i}} \end{bmatrix} \begin{bmatrix} 0 \\ \dot{\sigma}_{\mathrm{j}} \\ 0 \end{bmatrix} = \begin{bmatrix} \dot{\sigma}_{\mathrm{i}} \\ \dot{\sigma}_{\mathrm{j}}\cos\sigma_{\mathrm{i}} \\ -\dot{\sigma}_{\mathrm{j}}\sin\sigma_{\mathrm{i}} \end{bmatrix}$。

因此转子的绝对角速度 $\boldsymbol{\omega}_{ir}$ 在内环系的可表示为

$$\boldsymbol{\omega}_{ir}^{f} = \boldsymbol{\omega}_{br}^{f} + \boldsymbol{\omega}_{ig}^{f} \qquad (2-53)$$

写成分量形式为

$$\boldsymbol{\omega}_{ir}^{f} = \boldsymbol{\omega}_{bf}^{f} + \boldsymbol{\omega}_{fr}^{f} + \boldsymbol{C}_{b}^{f}\boldsymbol{C}_{g}^{b}\boldsymbol{\omega}_{zi}^{g}$$

$$= \begin{bmatrix} \dot{\alpha} \\ \dot{\beta}\cos\alpha \\ \dot{\gamma} - \dot{\beta}\sin\alpha \end{bmatrix} + \begin{bmatrix} \cos\beta & 0 & -\sin\beta \\ \sin\alpha\sin\beta & \cos\alpha & \sin\alpha\cos\beta \\ \cos\alpha\sin\beta & -\sin\alpha & \cos\alpha\cos\beta \end{bmatrix} \begin{bmatrix} \dot{\sigma}_i \\ \dot{\sigma}_j\cos\sigma_i \\ -\dot{\sigma}_j\sin\sigma_i \end{bmatrix} +$$

$$\begin{bmatrix} \cos\beta & 0 & -\sin\beta \\ \sin\alpha\sin\beta & \cos\alpha & \sin\alpha\cos\beta \\ \cos\alpha\sin\beta & -\sin\alpha & \cos\alpha\cos\beta \end{bmatrix} \begin{bmatrix} 1 & 0 & 0 \\ 0 & \cos\sigma_i & \sin\sigma_i \\ 0 & -\sin\sigma_i & \cos\sigma_i \end{bmatrix}$$

$$\begin{bmatrix} \cos\sigma_j & 0 & -\sin\sigma_j \\ 0 & 1 & 0 \\ \sin\sigma_j & 0 & \cos\sigma_j \end{bmatrix} \qquad (2-54)$$

设磁悬浮转子相对于 $Ox_ry_rz_r$ 的惯量张量为 $\boldsymbol{J}_r = \mathrm{diag}(J_{rx}\ \ J_{ry}\ \ J_{rz})$，由于转子沿为 Oz_r 轴完全对称，转子的赤道转动惯量 $J_{rx} = J_{ry} = J_r$，则转子相对于 $Ox_fy_fz_f$ 的惯量张量 $\boldsymbol{J}_f$ 与 $\boldsymbol{J}_r$ 有如下关系：

$$\boldsymbol{J}_f = \left[\boldsymbol{C}_f^r\right]^T\boldsymbol{J}_r\boldsymbol{C}_f^r \approx \begin{bmatrix} J_r & 0 & \beta(J_p - J_r) \\ 0 & J_r & \alpha(J_r - J_p) \\ \beta(J_p - J_r) & \alpha(J_r - J_p) & J_p \end{bmatrix} \qquad (2-55)$$

如果将式(2-54)和式(2-55)用于以后欧拉动力学的推导，由于两式过于复杂，给后续的推导带来诸多不便，下面考虑对以上两式进行简化，假设如下：由于保护间隙很小，转子运动在磁轴承控制系统的作用下被限制在保护间隙内，卡尔丹角 α、β 的最大径向转角不超过 $3\times10^{-3}\mathrm{rad}$，可以认为 $\cos\alpha\approx1$，$\cos\beta\approx1$，$\sin\alpha\approx0$，$\sin\beta\approx0$，因而，式(2-54)和式(2-55)可简化为

$$\boldsymbol{\omega}_{ir}^{f} = \begin{bmatrix} \dot{\alpha} \\ \dot{\beta} \\ \dot{\gamma} \end{bmatrix} + \begin{bmatrix} \dot{\sigma}_i \\ \dot{\sigma}_j\cos\sigma_i \\ -\dot{\sigma}_j\sin\sigma_i \end{bmatrix} = \begin{bmatrix} \dot{\alpha} + \dot{\sigma}_i \\ \dot{\beta} + \dot{\sigma}_j\cos\sigma_i \\ \dot{\gamma} - \dot{\sigma}_j\sin\sigma_i \end{bmatrix} \qquad (2-56)$$

$$\boldsymbol{J}_{\mathrm{f}} = \left[\boldsymbol{C}_{\mathrm{f}}^{\mathrm{r}} \right]^{\mathrm{T}} \boldsymbol{J}_{\mathrm{r}} \boldsymbol{C}_{\mathrm{f}}^{\mathrm{r}} \approx \begin{bmatrix} J_{\mathrm{r}} & 0 & 0 \\ 0 & J_{\mathrm{r}} & 0 \\ 0 & 0 & J_{z} \end{bmatrix} \qquad (2-57)$$

相应地,转子角动量在内环系的分量式为

$$\boldsymbol{H} = \boldsymbol{\omega}_{\mathrm{ir}}^{\mathrm{f}} \cdot \boldsymbol{J}_{\mathrm{f}} \qquad (2-58)$$

据此,转子的一阶微分在内环系的分量为

$$\dot{\boldsymbol{H}} = \boldsymbol{\omega}_{\mathrm{ir}}^{\mathrm{f}} \cdot \boldsymbol{J} \qquad (2-59)$$

联合式(2-51)~式(2-59),可得 $\boldsymbol{H}$ 和 $\dot{\boldsymbol{H}}$ 的在内环系上分量形式为

$$\begin{cases} H_x = J_{\mathrm{r}} (\dot{\alpha} + \dot{\sigma}_{\mathrm{i}}) \\ H_y = J_{\mathrm{r}} (\dot{\beta} + \dot{\sigma}_{\mathrm{j}} \cos\sigma_{\mathrm{i}}) \\ H_z = J_z (\dot{\gamma} + \dot{\sigma}_{\mathrm{j}} \sin\sigma_{\mathrm{i}}) \end{cases} \qquad (2-60)$$

$$\begin{cases} \mathrm{d}H_x / \mathrm{d}t = J_{\mathrm{r}} (\ddot{\alpha} + \ddot{\sigma}_{\mathrm{i}}) \\ \mathrm{d}H_y / \mathrm{d}t = J_{\mathrm{r}} (\ddot{\beta} + \ddot{\sigma}_{\mathrm{j}} \cos\sigma_{\mathrm{i}} - \dot{\sigma}_{\mathrm{j}} \dot{\sigma}_{\mathrm{i}} \sin\sigma_{\mathrm{i}}) \\ \mathrm{d}H_z / \mathrm{d}t = J_z (\ddot{\gamma} - \ddot{\sigma}_{\mathrm{j}} \sin\sigma_{\mathrm{i}} - \dot{\sigma}_{\mathrm{j}} \dot{\sigma}_{\mathrm{i}} \cos\sigma_{\mathrm{i}}) \end{cases} \qquad (2-61)$$

内环系角速度与转子系角速度的差别在于没有自转角速度,因此内环角速度在内环系的投影可简化为

$$\boldsymbol{\omega}_{\mathrm{ir}}^{\mathrm{f}} = \begin{bmatrix} \dot{\alpha} + \dot{\sigma}_{\mathrm{i}} \\ \dot{\beta} + \dot{\sigma}_{\mathrm{j}} \cos\sigma_{\mathrm{i}} \\ -\dot{\sigma}_{\mathrm{j}} \sin\sigma_{\mathrm{i}} \end{bmatrix} \qquad (2-62)$$

(3)推导外力矩在动坐标系各轴上的投影表达式。本书所采用的是五自由度支承方式,轴向磁轴承在轴向方向只提供平动力,不对转子输出力矩,因此,转子所受力矩可以表示为

$$\boldsymbol{M}_{\mathrm{rb}}^{\mathrm{f}} = \begin{bmatrix} p_x \\ p_y \\ 0 \end{bmatrix} \qquad (2-63)$$

（4）将这些关系代入欧拉动力学方程，得到磁悬浮转子的动力学方程。根据欧拉动力学方程的第一种形式

$$
\begin{cases}
\dot{H}_x + H_z \omega_{\mathrm{ify}}^{\mathrm{f}} - H_y \omega_{\mathrm{ifz}}^{\mathrm{f}} = M_{\mathrm{rbx}}^{\mathrm{f}} \\
\dot{H}_y + H_x \omega_{\mathrm{ifz}}^{\mathrm{f}} - H_z \omega_{\mathrm{ifx}}^{\mathrm{f}} = M_{\mathrm{rby}}^{\mathrm{f}} \\
\dot{H}_z + H_y \omega_{\mathrm{ifx}}^{\mathrm{f}} - H_x \omega_{\mathrm{ify}}^{\mathrm{f}} = M_{\mathrm{rbz}}^{\mathrm{f}}
\end{cases} \tag{2-64}
$$

根据式（2-60）~式（2-64），可得双框架 MSCMG 磁悬浮转子的转动动力学方程为

$$
\begin{cases}
J_{\mathrm{r}} (\ddot{\alpha} + \ddot{\sigma}_{\mathrm{i}}) + H_z (\dot{\beta} + \dot{\sigma}_{\mathrm{j}} \cos\sigma_{\mathrm{i}}) - J_{\mathrm{r}} (\dot{\beta} + \dot{\sigma}_{\mathrm{j}} \cos\sigma_{\mathrm{i}})(- \dot{\sigma}_{\mathrm{j}} \sin\sigma_{\mathrm{i}}) = p_x \\
J_{\mathrm{r}} (\ddot{\beta} + \ddot{\sigma}_{\mathrm{j}} \cos\sigma_{\mathrm{i}} - \dot{\sigma}_{\mathrm{j}} \dot{\sigma}_{\mathrm{i}} \sin\sigma_{\mathrm{i}}) + J_{\mathrm{r}} (\dot{\alpha} + \dot{\sigma}_{\mathrm{i}})(- \dot{\sigma}_{\mathrm{j}} \sin\sigma_{\mathrm{i}}) - \\
H_z (\dot{\alpha} + \dot{\sigma}_{\mathrm{i}}) = p_y
\end{cases}
$$

$$\tag{2-65}$$

双框架 MSCMG 的安装基座为地面条件下，内外框架静止时转子转动的动力学方程式（2-65）可简化为

$$
\begin{cases}
J_{\mathrm{r}} \ddot{\alpha} + H_z \dot{\beta} = p_x \\
J_{\mathrm{r}} \ddot{\beta} - H_z \dot{\alpha} = p_y
\end{cases} \tag{2-66}
$$

以上便是高速转子的经典陀螺技术方程。

☑ 2.5.3　内框架运动方程

取内框架（陀螺房）坐标系 $Ox_{\mathrm{g}}y_{\mathrm{g}}z_{\mathrm{g}}$ 为动坐标系，内框架的绝对角速度可表示为

$$
\boldsymbol{\omega}_{\mathrm{ig}} = \dot{\boldsymbol{\sigma}}_{\mathrm{i}} + \dot{\boldsymbol{\sigma}}_{\mathrm{j}} \tag{2-67}
$$

将 $\boldsymbol{\omega}_{\mathrm{ig}}$ 投影于 $Ox_{\mathrm{g}}y_{\mathrm{g}}z_{\mathrm{g}}$，其分量为

$$
\begin{cases}
\omega_{\mathrm{igx}}^{\mathrm{g}} = \dot{\sigma}_{\mathrm{i}} \\
\omega_{\mathrm{igy}}^{\mathrm{g}} = \dot{\sigma}_{\mathrm{j}} \cos\sigma_{\mathrm{i}} \\
\omega_{\mathrm{igz}}^{\mathrm{g}} = - \dot{\sigma}_{\mathrm{j}} \sin\sigma_{\mathrm{i}}
\end{cases} \tag{2-68}
$$

相应地，其一阶微分为

$$\begin{cases} \dot{\omega}_{igx}^{g} = \ddot{\sigma}_{i} \\ \dot{\omega}_{igy}^{g} = \ddot{\sigma}_{j}\cos\sigma_{i} - \dot{\sigma}_{i}\sin\sigma_{i} \\ \dot{\omega}_{igz}^{g} = -\ddot{\sigma}_{j}\sin\sigma_{i} - \dot{\sigma}_{i}\cos\sigma_{i} \end{cases} \quad (2-69)$$

内框架受到的力矩包括磁轴承作用力矩和外框架作用力矩两部分,其所受到的轴承力矩与作用在转子上的轴承力矩互为反作用力矩,即

$$\boldsymbol{M}_{br}^{b} = \begin{bmatrix} -p_{x} \\ -p_{y} \\ 0 \end{bmatrix} \quad (2-70)$$

该力矩在内框架坐标系的投影为

$$\boldsymbol{M}_{gr}^{g} = \boldsymbol{C}_{b}^{g}\boldsymbol{M}_{br}^{b} = \begin{bmatrix} -p_{x} \\ -p_{y} \\ 0 \end{bmatrix} \quad (2-71)$$

由外框架施加到在内框架上的力矩可以表示为

$$\boldsymbol{M}_{gj}^{g} = \begin{bmatrix} p_{gx} \\ p_{gy} \\ p_{gz} \end{bmatrix} \quad (2-72)$$

式中:p_{gx} 为在 x_{g} 方向的电机驱动力矩;p_{gy}、p_{gz} 分别为在 y_{g}、z_{g} 方向上的约束力矩。

因此内框架受到的外框架总力矩为

$$\boldsymbol{M}_{g}^{g} = \boldsymbol{M}_{gr}^{g} + \boldsymbol{M}_{gj}^{g} = \begin{bmatrix} p_{gx} - p_{x} \\ p_{gy} - p_{y} \\ p_{gz} \end{bmatrix} \quad (2-73)$$

设内框架沿三轴的转动惯量为 J_{gx}, J_{gy}, J_{gz},据欧拉方程的第二种形式有

$$\begin{cases} J_{gx}\dot{\omega}_{igx}^{g} + (J_{gz} - J_{gy})\omega_{igy}^{g}\omega_{igz}^{g} = M_{gx}^{g} \\ J_{gy}\dot{\omega}_{igy}^{g} + (J_{gx} - J_{gz})\omega_{igz}^{g}\omega_{igx}^{g} = M_{gy}^{g} \\ J_{gz}\dot{\omega}_{igz}^{g} + (J_{gy} - J_{gx})\omega_{igx}^{g}\omega_{igy}^{g} = M_{gz}^{g} \end{cases} \quad (2-74)$$

将式(2-68)、式(2-73)代入式(2-74),可得内框架组件的动力学方

程为

$$
\begin{cases}
J_{gx}\ddot{\sigma}_i - (J_{gz} - J_{gy})\,\dot{\sigma}_j^2\cos\sigma_i\sin\sigma_i = p_{gx} - p_x \\[2mm]
J_{gy}(\ddot{\sigma}_j\cos\sigma_i - \dot{\sigma}_j\sin\sigma_i) - (J_{gx} - J_{gz})\,\dot{\sigma}_j\dot{\sigma}_i\sin\sigma_i = p_{gy} - p_y \\[2mm]
J_{gz}(-\ddot{\sigma}_j\sin\sigma_i - \dot{\sigma}_j\cos\sigma_i) + (J_{gy} - J_{gx})\,\dot{\sigma}_i\dot{\sigma}_j\cos\sigma_i = p_{gz}
\end{cases} \quad (2-75)
$$

✍ 2.5.4　外框架运动方程

取外框架坐标系 $Ox_jy_jz_j$ 为动坐标系,框架坐标系的绝对角速度可表示为

$$
\boldsymbol{\omega}_{ij} = \dot{\boldsymbol{\sigma}}_j \qquad (2-76)
$$

将 $\boldsymbol{\omega}_{ij}$ 投影于 $Ox_jy_jz_j$,其分量为

$$
\begin{cases}
\omega_{ijx}^j = 0 \\[2mm]
\omega_{ijy}^j = \dot{\sigma}_j \\[2mm]
\omega_{ijz}^j = 0
\end{cases} \qquad (2-77)
$$

同内框架一样,外框架受到的两部分力矩,分别为基座作用力矩和内框架作用力矩。其中,内框架作用力矩在外框架的投影分别为

$$
\boldsymbol{M}_{jg}^j = \boldsymbol{C}_g^j \boldsymbol{M}_{jg}^g = \begin{bmatrix} -p_{gx} \\ -p_{gy}\cos\sigma_i - p_{gz}\sin\sigma_i \\ p_{gy}\sin\sigma_i - p_{gz}\cos\sigma_i \end{bmatrix} \qquad (2-78)
$$

基座作用在外框架上的力矩可以表示为

$$
\boldsymbol{M}_{ji}^j = \begin{bmatrix} p_{jx} \\ p_{jy} \\ p_{jz} \end{bmatrix} \qquad (2-79)
$$

式中:p_{jy} 为在 y_j 方向的外框架电机驱动力矩;p_{jx}、p_{jz} 分别为在 x_j、z_j 方向上基座对外框架的约束力矩。

因此外框架受到的总力矩为

$$
\boldsymbol{M}_j^j = \boldsymbol{M}_{jg}^j + \boldsymbol{M}_{ji}^j = \begin{bmatrix} p_{jx} - p_{gx} \\ p_{jy} - p_{gy}\cos\sigma_i - p_{gz}\sin\sigma_i \\ p_{jz} + p_{gy}\sin\sigma_i - p_{gz}\cos\sigma_i \end{bmatrix} \qquad (2-80)
$$

外框架沿三轴的转动惯量为 J_{jx},J_{jy},J_{jz}，据欧拉方程的第二种形式有

$$\begin{cases} J_{jx}\dot{\omega}^j_{ijx} + (J_{jz} - J_{jy})\omega^j_{ijy}\omega^j_{ijz} = M^j_{jx} \\ J_{jy}\dot{\omega}^j_{ijy} + (J_{jx} - J_{jz})\omega^j_{ijz}\omega^j_{ijx} = M^j_{jy} \\ J_{jz}\dot{\omega}^j_{ijz} + (J_{jy} - J_{jx})\omega^j_{ijx}\omega^j_{ijy} = M^j_{jz} \end{cases} \quad (2-81)$$

将式(2-77)、式(2-80)代入式(2-81)可得外框架动力学方程为

$$\begin{cases} p_{jx} = p_{gx} \\ p_{jy} = J_{jy}\ddot{\sigma}_j + p_{gy}\cos\sigma_i + p_{gz}\sin\sigma_i \\ p_{jz} = -p_{gy}\sin\sigma_i + p_{gz}\cos\sigma_i \end{cases} \quad (2-82)$$

▶ 2.6 本章小结

本章介绍了 MSCMG 整体结构及其工作原理，对 MSCMG 中永磁偏置混合磁轴承、高速电机以及框架伺服系统的结构设计进行了较为详细的分析，重点给出了 MSCMG 高速转子的强度和模态分析方法及多学科优化设计方法，以使读者对 MSCMG 的总体结构有一个全面的了解和认识。本章最后介绍了单框架和双框架 MSCMG 的动力学建模，关于 MSCMG 中控制系统的分析和设计将在后续章节中进行详细介绍。

参 考 文 献

[1] 王志强,房建成,刘刚. 高速无刷直流电机在磁悬浮惯性执行机构中的应用研究进展[J]. 航天控制, 2009, 27(1):98-103.

[2] Fang J, Ren Y. High-precision control for a single-gimbal magnetically suspended control moment gyro based on inverse system method. IEEE Transactions on Industrial Electronics, 2011, 58(9): 4331-4342.

[3] Okada Y, Nagai B, Shimane T. Cross-feedback stabilization of the digitally controlled magnetic beareing. J. Vib. Acoustics, 1992, 114: 54-59.

[4] Okada Y, Nagai B, Shimane T. Digital control of magnetic bearing with rotationally synchronized interruption. in Proc. of First Int. Sym. on Magn. Bearings, Zurich, Switerland, Jun. 1988.

［5］ Ahrens M, Kucera L, Larsonneur R. Performance of a magnetically suspended flywheel energy storage device. IEEE Transactions on Control System Technology, 1996, 4(5)：494 – 502.

［6］ Sun J, Fang J. A novel structure of permanent – magnet – biased radial hybrid magnetic bearing. Journal of Magnetism and Magnetic Materials, 2011, 323(2)：202 – 208.

［7］ Fang J, Sun J, Liu H, et al. A novel 3 – DOF axial hybrid magnetic bearing. IEEE Transactions on Magnetics, 2010, 46(12)：4034 – 4045.

［8］ Fang J, Sun J, Xu Y, et al. A new structure of permanent magnet biased axial hybrid magnetic bearing. IEEE Transactions on Magnetics, 2009, 45(12)：5319 – 5325.

［9］ Fang J, Zheng S, Han B. AMB vibration control for structural resonance of double – gimbal control moment gyro with speed magnetically suspended rotor[J]. IEEE/ASME Transactions on Mechatronics, 2013, 18(1)：32 – 43.

［10］ 赵振卫, 王秀和, 王旭国. 永磁直流电机计算极弧系数的确定[J]. 山东工业大学学报, 2000, 30(6)：540 – 546.

［11］ 徐衍亮, 房建成. 姿控、储能飞轮用永磁无刷直流电动机的参数计算[J]. 山东大学学报, 2004, 34(3), 28 – 32.

［12］ 徐衍亮, 空间飞行器用高速飞轮系统电磁设计计算研究, 博士后研究工作报告[R]. 北京航空航天大学, 2003.

［13］ 夏旋. 高速磁悬浮飞轮系统电磁设计计算研究[D]. 北京：北京航空航天大学, 2005.

［14］ 夏旋, 李红, 房建成, 等. 磁悬浮飞轮用永磁无刷直流电机参数的三维场计算方法[J]. 微电机, 2006, 39(1)：9 – 12.

［15］ Jang S M, Jeong S S, Ryu D W, et al. Design and analysis of high speed slotless PM machine with halbach array[J], IEEE Transactions on Magnetics, 2001, 37(4)：2827 – 2830.

［16］ Atallah K, Howe D. The application of halbach cylinders to brushless AC servo motors[J]. IEEE Transactions on Magnetics, 1998, 34(4)：2060 – 2062.

［17］ Zhu Z Q, Howe D. Halbach permanent magnet machines and applications：a review[J]. IEE Proceedings Electronics Power, 2001, 148(4)：299 – 308.

［18］ Jang S – M, Jeong S – S, Cha S – D, The application of linear halbach array to eddy current rail brake system[J]. IEEE Transactions on Magnetics, 2001, 37(4)：2627 – 2629.

［19］ 徐衍亮, 姚福安, 房建成. Halbach 磁体结构电动机及其与常规磁体结构电动机的比较研究（Ⅰ）——磁体结构及有导磁铁芯电动机的对比研究[J]. 电工技术学报, 2004, 19(2)：79 – 83.

［20］ 徐衍亮, 姚福安, 房建成. Halbach 磁体结构电动机及其与常规磁体结构电动机的比较研究（Ⅱ）——无导磁铁芯电机的对比研究及样机实验[J]. 电工技术学报, 2004, 19(6)：58 – 62.

［21］ 房建成, 孙津济, 马善振. 一种 Halbach 磁体结构无刷直流电动机[P], 中国发明专利：

ZL 200510011242.1.2005 – 01 – 24.

[22] 王志强. 磁悬浮飞轮电机高精度控制技术研究与应用[D]. 北京：北京航空航天大学, 2008.

[23] Fang J, Zhou X, Liu G. Instantaneous torque control of small inductance brushless DC motor[J]. IEEE Transactions on Power Electronics, 2012, 27(2): 4952 – 4964.

[24] Grabner H, Amrhein W, Silber S, et al. Nonlinear feedback control of a bearing brushless dc motor. IEEE/ASME Transactions on Mechatronics, 2010, 15(1): 40 – 47.

[25] Fang J, Zhou X, Liu G. Precise accelerated torque control for small inductance brushless DC motor[J]. IEEE Transactions on Power Electronics, 2013, 28(3): 1400 – 1412.

[26] Lee K, Lee J, Shin D, et al. A novel grid synchronization PLL method based on adaptive low – pass notch filter for grid – connected PCS. IEEE Transactions on Industrial Electronics, 2014, 61(1): 292 – 301.

[27] Inazuma K, Utsugi H, Ohishi K, et al. High – power – factor single – phase diode rectifier driven by repetitively controlled IPM motor[J]. IEEE Transactions on Industrial Electronics, 2013, 60(10): 4427 – 4437.

[28] Lai Y S, Lin Y K. A unified approach to zero – crossing point detection of back EMF for brushless DC motor drives without current and hall sensors[J]. IEEE Transactions on Power Electronics, 2011, 26(6): 1704 – 1713.

[29] Milivojevic N, Krishnamurthy M, Emadi A, et al. Theory and implementation of a simple digital control strategy for brushless DC generators[J]. IEEE Transactions on Power Electronics, 2011, 26(11): 3345 – 3356.

[30] Shi T, Guo Y, Song P, et al. A new approach of minimizing commutation torque ripple for brushless dc motor based on DC – DC converter[J]. IEEE Transactions on Industrial Apxplications on Industrial Electronics, 2010, 57(10): 3483 – 3490.

[31] Iwasaki S, Deodhar R P, Liu Y, et al. Bremner influence of PWM on the proximity loss in permanent – magnet brushless ac machines[J]. IEEE Transactions on Industrial Applications, 2009, 45(4): 1359 – 1367.

[32] Machida H, Kambara M, Tanaka K, et al. A motor speed control system using a hybrid dual – loop PLL and feed – forward[C]. The 11th IEEE International Workshop on Advanced Motion Control, 2010: 185 – 190.

[33] Po – ngam S, Sangwongwanich S. Stability and dynamic performance improvement of adaptive full – order observers for sensorless PMSM drive[J]. IEEE Transactions on Power Electronics, 2012, 27(2): 588 – 600.

[34] Wu Y, Deng Z, Wang X, et al. Position sensorless control based on coordinate transformation for brushless dc motor drives[J]. IEEE Transactions on Power Electronics, 2010, 25(9): 2365 – 2371.

［35］ Lu M, Li Y. A novel sensorless starting method of BLDC motor for large inertia systems ［C］. 2011 International Conference on Electronic & Mechanical Engineering and Information Technology, 3449 – 3452.

［36］ Damodharan P, Vasudevan K. Sensorless brushless DC motor drive based on the zero – crossing detection of back electromotive force (EMF) from the line voltage difference［J］. IEEE Trans actions on Energy Convers. , 2010, 25(3): 661 – 668.

［37］ Chen H, Huang H. Design of buck – type current source inverter fed brushless DC motor drive and its application to position sensorless control with square – wave current［J］. IET Electr. Power Appl. , 2013, 7(5): 416 – 426.

［38］ Tawadros M, Rizk J, Nagrial M. Estimation of commutation instances using back emf mapping for sensorless control of brushless permanent magnet motors［J］. IET Electr. Power Appl. , 2013, 7(4): 270 – 277.

［39］ 唐任远, 等. 现代永磁电机理论与设计［M］. 北京: 机械工业出版社, 1997.

［40］ 李钟明, 刘卫国, 刘景林, 等. 稀土永磁电机［M］. 北京: 国防工业出版社, 1999.

［41］ 张琛. 直流无刷电动机原理及应用［M］. 北京: 机械工业出版社, 2004.

［42］ 叶金虎. 现代无刷直流永磁电动机的原理与设计［M］. 北京: 科学出版社, 2007.

［43］ Praveen R P, Ravichandran M H, Achari V T S, et al. Optimal design of a surface mounted permanent – magnet BLDC motor for spacecraft applications. Emerging Trends in Electrical and Computer Technology (ICETECT)［C］, 2011 International Conference on, 413 – 419, 2011.

［44］ Zhu C, Zhang H. Mathematical model and system simulation of the brushless DC motor ［C］. Distributed Computing and Applications to Business, Engineering and Science (DCABES), 2011 Tenth International Symposium on, 14 – 17, 2011.

［45］ Pfister, P – D, Perriard Y. Slotless permanent – magnet machines: general analytical magnetic field calculation［J］. IEEE Transactions on Magnetics, 2011, 47(6): 1739 – 1752.

［46］ Ishikawa T, Takahashi K, Quang V H, et al. Analysis of novel brushless DC motors made of soft magnetic composite core［J］. IEEE Transactions on Magnetics, 2012, 48(2): 971 – 974.

［47］ Choi J, Lee S, Ko K, et al. Improved analytical model for electromagnetic analysis of axial flux machines with double – sided permanent magnet rotor and coreless stator windings. IEEE Transactions on Magnetics, 2011, 47(10): 2760 – 2763.

［48］ Seo J – M, Kim J – H, Jung I – S, et al. Design and analysis of slotless brushless DC motor［J］. IEEE Transactions on Industry Applications, 2011, 47(2): 730 – 735.

［49］ 房建成, 孙津济, 樊亚洪. 磁悬浮惯性动量轮技术［M］. 北京: 国防工业出版社, 2012.

［50］ Wu B, Li Y, Zhu D, et al. Optimal design of a high power density PM motor with discrete halbach array and concentrated windings［C］. 2011 International Conference on Electrical Machines and Systems (ICEMS), 2011: 1 – 5.

[51] Shi T, Qiao Z, Changliang X, et al. Modeling, analyzing, and parameter design of the magnetic field of a segmented halbach cylinder[J]. IEEE Transactions on Magnetics, 2012, 48(5): 1890 – 1898.

[52] Wang X, Ma Xi, Yuan X. Analysis of magnetic field for inner rotor coreless permanent magnet machines with Halbach array. 2011 International Conference on Applied Superconductivity and Electromagnetic Devices (ASEMD), 14 – 16, 2011.

[53] Yali Y, Wang Y, Sun F. Design of permanent magnet motor/generator using Halbach magnetized structure for the flywheel energy storage system[C]. 2011 6th International Forum on Strategic Technology (IFOST), 22 – 24, 2011.

[54] Praveen R P, Ravichandran M H, Achari V T S, et al. A novel slotless halbach – array permanent – magnet brushless DC motor for spacecraft applications[J]. IEEE Transactions on Industrial Electronics, 2012, 59(9): 3553 – 3560.

[55] Fang J, Li H, Han B. Torque ripple reduction in BLDC torque motor with nonideal back EMF[J]. IEEE Transactions on Power Electronics, 2012, 27(11): 4630 – 4637.

[56] Lee J, Hong J, Nam K, et al. Sensorless control of surface – mount permanent – magnet synchronous motors based on a nonlinear observer[J]. IEEE Transactions on Power Electronics, 2010, 25(2): 290 – 297.

[57] Park J S, Jung S M, Ki H W, et al. Design and analysis of position tracking observer based on instantaneous power for sensorless drive of permanent magnet synchronous motor[J]. IEEE Transactions on Power Electronics, 2012, 27(5): 2585 – 2594.

[58] Qiao Z, Shi T, Wang Y, et al. New sliding – mode observer for position sensorless control of permanent – magnet synchronous motor[J]. IEEE Transactions on Industrial Electronics, 2013, 60(2): 710 – 719.

[59] Zhao Y, Qiao W, Wu L. An adaptive quasi – sliding – mode rotor position observer – based sensorless control for interior permanent magnet synchronous machines[J]. IEEE Transactions on Power Electronics, 2013, 28(12): 5618 – 5629.

[60] 任元. 大型 CMG 磁悬浮转子系统高稳定度高精度控制方法及实验研究[D]. 北京: 北京航空航天大学, 2012.

第 3 章
强陀螺效应磁悬浮转子系统的涡动模态稳定性分析与判据

▶ 3.1 引言

对于磁悬浮惯性执行机构,为了提高角动量,其转子通常采用扁平结构,在高速下会产生强烈的陀螺效应,从而给系统的稳定控制带来困难[1]。对于具有强陀螺效应的刚性磁悬浮高速转子系统,章动和进动是影响其稳定性的两个主要涡动模态[2~4];此外,磁悬浮转子的低阶弹性涡动模态也是影响系统稳定性的主要因素。

为了抑制涡动模态对系统稳定性的影响,国内外学者近年来提出了多种方法。Okada 等提出交叉反馈控制的思想[2],Ahrens 等采用分散 PID 加交叉反馈控制来改进系统的章动稳定性[4]。为了抑制微分运算导致噪声放大的问题,滤波交叉反馈控制已广泛应用,其中低通和高通滤波器分别用于控制进动和章动模态[5,6]。同时,为了实现对刚度和阻尼的独立调节,Dever 等提出了模态控制器[7]。基于模态控制和交叉反馈策略,Brown 进一步提出了集中控制加交叉轴比例增益控制[8]。除此以外,还有反馈线性化方法[9,10]、鲁棒控制[11,12]和最优控制[13,14]等[15]。但这些方法相对复杂,在工程应用中采用最多的还是各种类型的交叉反馈控制方法。

稳定性分析是控制器设计的基础。传统的判别转轴系统稳定性的方法通常是求取运动方程的特征根[16-19]。由于交叉反馈控制的强陀螺效应磁悬浮转子系统却具有较高的阶数,这种求取特征值的方法很难适用。为了避免特征值的求取,很多成熟的稳定性判别方法可以直接用于分析磁悬浮转子系统的稳定性,比如劳斯(Routh)判据[20-23]、李雅普诺夫(Lyapunov)判据[24-27]和多变量频率法[28,29]等,然而这些方法只能判别系统在某一特定转速下的稳定性,并不能得出其稳定裕度与转速的关系。转速根轨迹方法[30,31]由于能够给出系统在某一转速范围内的稳定性信息而被广泛应用。然而,与传统方法一样,该方法无法给出系统稳定裕度与控制系统参数之间的解析关系,从而使得系统高稳定度控制的分析和设计非常困难。除此之外,这些方法往往较为间接和抽象,对磁轴承控制系统要求的性能指标,如稳定裕度、超调量、调节时间以及稳态误差等,都难以与控制系统的设计相结合。特别地,现有的稳定性分析方法无法从理论上区分章动和进动模态各自的稳定性,从而不便于指导控制器的设计[32]。因此,强陀螺效应磁悬浮转子系统稳定性的定量分析是实现磁悬浮转子系统高稳定度、高精度控制的重点和难点。

《磁悬浮惯性动量轮技术》一书给出了磁悬浮惯性动量轮交叉反馈控制系统稳定性判据[33],但是该方法是一种图解的方法[34],不便于从机理上进行分析。对于强陀螺效应磁悬浮转子系统而言,理想的稳定判据不仅能够判断系统的绝对稳定性和相对稳定性,能够给出系统参数与稳定裕度间的解析关系,而且能够从理论上区分不同涡动模态的绝对和相对稳定性。本章为了实现这样的目标而开展了相关研究,并用提出的稳定判据指导控制器的设计。

本章内容和结构安排如下:首先针对刚性磁悬浮转子的章动和进动模态,分析变量重构前后系统稳定性的等价性及复系数闭环特征根的分布与涡动模态稳定性的关联性,利用幅角原理扩展了奈奎斯特(Nyquist)稳定判据,并进一步提出了基于正、负频率特性的章动和进动稳定判据及其相对稳定性分析方法;然后分析了磁悬浮高速转子弹性振动模态的稳定性分析方法,提出了基于复系数频率特性的涡动模态稳定性判据;最后,根据以上稳定性判据,针对刚性模态和弹性模态的高稳定度控制问题,分别提出了基于转速自适应的高速磁悬浮转子交叉反馈控制方法和校正陷波器的保相位裕度优化设计方法。

3.2　强陀螺效应磁悬浮刚性转子章动和进动稳定判据

本节首先分析了章动和进动的临界稳定条件,给出了临界章动和进动频率及其对应的临界转速的计算公式,在此基础上提出了一种基于控制通道正负频率特性方法的章动和进动稳定判据;然后利用控制通道正负频率特性进一步研究了章动和进动的相对稳定性判别方法,给出了在不同转速点章动和进动模态的转速裕度、相位裕度和幅值裕度的解析表达式。最后进行了仿真和实验验证。

3.2.1　磁悬浮刚性转子交叉反馈控制系统的建模及变量重构

由第 2 章磁悬浮转子的动力学模型可得,在框架固定时磁悬浮转子径向动力学模型为[35-37]:

$$\begin{cases} m\ddot{x} = f_{ax} + f_{bx} \\ J_r\ddot{\beta} - J_z\Omega\dot{\alpha} = l_m(f_{ax} - f_{bx}) \\ m\ddot{y} = f_{ay} + f_{by} \\ J_r\ddot{\alpha} + J_z\Omega\dot{\beta} = l_m(f_{by} - f_{ay}) \end{cases} \tag{3-1}$$

交叉反馈控制主要包括分散加交叉反馈控制[4,5]和模态分离加交叉反馈控制[9]两种方式。无论哪种方式,其转动部分的控制系统都可以简化成图 3-1 的形式。其中,$g_b(s)$ 表示基本的控制器传递函数,$g_{cr}(s)$ 表示交叉控制器传递函数,$g_a(s)$ 表示磁轴承开关功放系统的传递函数,$g_f(s)$ 表示抗混叠滤波器传递函数,$g_\tau(s)$ 表示控制系统延时的传递函数,即 $g_\tau(s) = \mathrm{e}^{-\tau s}$。

对于对称的磁悬浮转子系统,无论是永磁偏置混合磁轴承支承还是纯电磁轴承支承,其磁力都可以分段线性化成[38]

$$f_\lambda = k_i i_\lambda + k_h h_\lambda, \quad \lambda = ax, ay, bx, by \tag{3-2}$$

式中:k_i 和 k_h 分别为磁轴承的电流刚度和位移刚度。

由于采样、计算、调制等环节的存在,控制系统延时在磁轴承的数控系统中是不可避免的[15,39]。对于永磁偏置混合磁轴承,偏置磁场是由永磁体产生而非偏置电流产生,因此控制系统延时只存在于电磁力中。对于纯电磁轴承

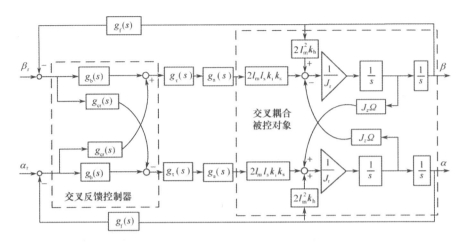

图 3 - 1   交叉反馈控制系统的等效控制框图

而言,尽管偏置磁场由偏置电流提供,但在 MSCMG 中,偏置电流是一个基本恒定的值,其变化频率远远低于磁悬浮转子的章动和进动频率。因此,在分析强陀螺效应磁悬浮转子的章动和进动稳定性时,其偏置电流延时可以忽略不计。

因此,具有交叉反馈控制的闭环磁悬浮刚性转子系统的转动动力学方程组可以表示为[34]

$$
\begin{cases}
J_r \ddot{\beta}(t) - J_z \Omega \dot{\alpha}(t) - 2k_h l_m^2 \beta(t) \\
\quad = -2l_m l_s k_i k_s g_a g_f \big[g_b(\beta(t-\tau)) + g_{cr}(\alpha(t-\tau)) \big] \\
J_r \ddot{\alpha}(t) + J_z \Omega \dot{\beta}(t) - 2k_h l_m^2 \alpha(t) \\
\quad = -2l_m l_s k_i k_s g_a g_f \big[g_b(\alpha(t-\tau)) - g_{cr}(\beta(t-\tau)) \big]
\end{cases}
\tag{3-3}
$$

式中:k_s 为磁轴承位移传感器的比例增益;l_s 为从磁悬浮转子中心到径向传感器探头中心的距离。

按照如图 2 - 25 所示的磁悬浮转子的坐标系定义,对于磁悬浮转子系统的转动运动而言,$\alpha(t)$ 超前 $\beta(t)$ 90°相位角,因此,可以定义复变量 $\varphi = \alpha + j\beta$,其中 j 是虚数单位且 $j^2 = -1$。可以证明,变量重构并没有改变系统的稳定性,其证明过程将在 3.2.2 节中给出。考虑到式(3 - 3)的反对称性,将其第一个方程乘上 j 加到第二个方程上,得

$$
J_r \ddot{\varphi}(t) - jJ_z \Omega \dot{\varphi}(t) - 2k_h l_m^2 \varphi(t) = -2l_m l_s k_i k_s g_a g_f (g_b + jg_{cr}) \varphi(t-\tau)
$$

$$
\tag{3-4}
$$

上述微分方程的拉普拉斯（Laplace）变换为

$$J_r\left(s^2\varphi(s) - s\varphi(0) - \dot\varphi(0)\right) - jJ_z\Omega\left(s\varphi(s) - \varphi(0)\right) - 2k_h l_m^2\varphi(s)$$
$$= -2l_m l_s k_i k_s g_a(s) g_f(s)\left[g_b(s) + jg_{cr}(s)\right]\varphi(s)e^{-\tau s} \qquad (3-5)$$

因此,有

$$J_r s^2\varphi(s) - jJ_z\Omega s\varphi(s) - 2k_h l_m^2\varphi(s) +$$
$$2l_m l_s k_i k_s g_a(s) g_f(s)\left[g_b(s) + jg_{cr}(s)\right]\varphi(s)e^{-\tau s}$$
$$= (J_r s - jJ_z\Omega)\varphi(0) + J_r\dot\varphi(0) \qquad (3-6)$$

于是,有

$$\varphi(s) = \frac{(J_r s - jJ_z\Omega)\varphi(0) + J_r\dot\varphi(0)}{J_r s^2 - jJ_z\Omega s - 2k_h l_m^2 + 2l_m l_s k_i k_s g_a(s) g_f(s)\left[g_b(s) + jg_{cr}(s)\right]e^{-\tau s}}$$

$$(3-7)$$

因此可以得到系统的闭环特征方程为

$$J_r s^2 - jJ_z\Omega s - 2k_h l_m^2 + 2l_m l_s k_i k_s g_a(s) g_f(s)\left[g_b(s) + jg_{cr}(s)\right]e^{-\tau s} = 0$$

$$(3-8)$$

这样,式(3-4)描述的微分方程可以等效成一个反馈控制系统,其相应的被控对象和控制通道可分别表示为

$$H(s) = \frac{2l_m l_s k_i k_s}{J_r s^2 - jJ_z\Omega s - 2k_h l_m^2} \qquad (3-9)$$

$$G(s) = g_a(s) g_f(s)\left[g_b(s) + jg_{cr}(s)\right]e^{-\tau s} \qquad (3-10)$$

因此,整个控制系统的开环传递函数可表示为

$$G(s)H(s) = \frac{2l_m l_s k_i k_s g_a(s) g_f(s)\left[g_b(s) + jg_{cr}(s)\right]e^{-\tau s}}{J_r s^2 - jJ_z\Omega s - 2k_h l_m^2} \qquad (3-11)$$

✍ 3.2.2 复系数 SISO 系统闭环特征根的分布与涡动模态的关联性

转速不为零时,具有强陀螺效应的刚性磁悬浮转子涡动模态分叉为章动模态和进动模态,其中章动模态涡动方向与转子旋转方向相同,进动模态涡动方向与转子旋转方向相反,如图3-2所示。

根据变量重构 $\varphi = \alpha + j\beta$, $\varphi(t)$ 的拉普拉斯变换可在零初始状态下通过求

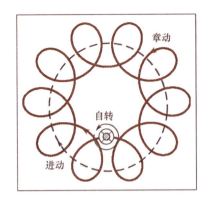

图 3 - 2 同时存在章动和进动时的磁悬浮转子轴心轨迹

解控制系统微分方程组得到,即

$$L(\varphi(t)) = \varphi(s) = \hat{g}_{cl}(s)\hat{u}(s) \triangleq \frac{\hat{M}_{cl}(s)}{\hat{N}_{cl}(s)}\hat{u}(s) \qquad (3-12)$$

式中:$\hat{g}_{cl}(s)$ 为复系数 SISO 系统的闭环传递函数;$\hat{M}_{cl}(s)$ 和 $\hat{N}_{cl}(s)$ 彼此互质;$\hat{u}(s)$ 为输入复函数 $\hat{u}(t)$ 的拉普拉斯变换。定义 $\hat{N}_{cl}(s)$ 的零点集合 $\Theta = \{\zeta_i \mid N_{cl}(\zeta_i) = 0\}$,根据线性系统理论[40],$\Theta$ 即为系统闭环极点集合。记集合 $\Theta_f = \{\zeta_i \mid \mathrm{Im}(\zeta_i) > 0, \zeta_i \in \Theta\}$,集合 $\Theta_b = \{\zeta_i \mid \mathrm{Im}(\zeta_i) < 0, \zeta_i \in \Theta\}$。

为了激励出系统所有模态而不引入额外的极点,可以选择脉冲信号作为输入,即 $u(t) = c\delta(t)$,其中,c 为不为零的复数,$\delta(t)$ 为脉冲信号,通过反拉普拉斯变换可得 $\varphi(t)$ 具有如下形式:

$$\varphi(t) = L^{-1}(\varphi) = \sum_{\zeta_i \in \Theta_f \cup \Theta_b} A_i t^{n_i} e^{\zeta_i t} + \sum_{\zeta_k \in (\Theta - \Theta_f \cup \Theta_b)} \tilde{A}_k t^{\tilde{n}_k} e^{\zeta_k t} \qquad (3-13)$$

式中:$n_i, \tilde{n}_k$ 均为自然数;$A_i = a_i + jb_i$,$\tilde{A}_k = \tilde{a}_k + j\tilde{b}_k$ 为不为 0 的复数,其主要由 $\hat{g}_{cl}(s)$ 的零点决定;a_i,b_i,$\tilde{a}_k$,$\tilde{b}_k$ 均为实数。

根据式(3 - 13),得

$$
\begin{aligned}
\sum_{\zeta_i \in \Theta_f \cup \Theta_b} A_i t^{n_i} e^{\zeta_i t} &= \sum_{\zeta_i \in \Theta_f \cup \Theta_b} t^{n_i} e^{\sigma_i t} \big((a_i \cos\omega_i t - b_i \sin\omega_i t) + j(a_i \sin\omega_i t + b_i \cos\omega_i t) \big) \\
&= \sum_{\zeta_i \in \Theta_f \cup \Theta_b} c_i t^{n_i} e^{\sigma_i t} \big(\sin(\omega_i t + \phi_i + \pi/2) + j\sin(\omega_i t + \phi_i) \big)
\end{aligned}
$$

$$(3-14)$$

其中，$c_i = (a_i^2 + b_i^2)^{1/2}$，$\phi_i = \arctan(b_i/a_i)$，$\omega_i = \mathrm{Im}(\zeta_i)$，$\sigma_i = \mathrm{Re}(\zeta_i)$。

结合式（3-13）、式（3-14）和 $\varphi(t) = \alpha(t) + \mathrm{j}\beta(t)$，得

$$\alpha(t) = \sum_{\zeta_i \in \Theta_f \cup \Theta_b} c_i t^{n_i} e^{\sigma_i t} \sin(\omega_i t + \phi_i + \pi/2) + \sum_{\zeta_k \in (\Theta - \Theta_f \cup \Theta_b)} \tilde{a}_k t^{\tilde{n}_k} e^{\zeta_k t}$$

(3-15)

$$\beta(t) = \sum_{\zeta_i \in \Theta_f \cup \Theta_b} c_i t^{n_i} e^{\sigma_i t} \sin(\omega_i t + \phi_i) + \sum_{\zeta_k \in (\Theta - \Theta_f \cup \Theta_b)} \tilde{b}_k t^{\tilde{n}_k} e^{\zeta_k t} \quad (3-16)$$

根据式（3-15）和式（3-16），当 $\omega_i > 0$，就 $\alpha(t)$ 和 $\beta(t)$ 中的正弦分量而言，$\alpha(t)$ 超前 $\beta(t)$ $90°$ 相位角，因此闭环极点 $\zeta_i \in \Theta_f$ 代表前向涡动模态。当 $\omega_i < 0$，就 $\alpha(t)$ 和 $\beta(t)$ 中的正弦分量而言，$\beta(t)$ 超前 $\alpha(t)$ $90°$ 相位角，即闭环极点 $\zeta_i \in \Theta_b$ 代表后向涡动模态。

根据复系数常微分方程理论[41]，当特征方程具有实部大于零的特征根时，微分系统为不稳定系统。结合以上分析可以得出，当涡动模态不稳定时，复系数闭环 SISO 系统必定具有右半平面的复极点，因此具有正负虚部的右半平面极点分别导致前向涡动模态和后向涡动模态的不稳定，而章动和进动临界稳定则分别意味着复系数闭环特征方程中 $s = \mathrm{j}\omega, \omega > 0$ 和 $s = \mathrm{j}\omega, \omega < 0$。

⌖ 3.2.3　磁悬浮刚性转子章动和进动稳定判据

由于经过变量重构 $\varphi = \alpha + \mathrm{j}\beta$ 前后的系统稳定性等价，结合复系数系统稳定性的定义[41]，容易得到与变量重构前的双输入双输出系统一样，变量重构后的复系数 SISO 系统临界稳定的必要条件[42]仍为 $s = \mathrm{j}\omega$，即 $s = \mathrm{j}\omega$ 时变量重构后的复变量 SISO 系统临界稳定或不稳定。又根据复系数 SISO 系统闭环特征根的分布与涡动模态的关联性可知，对于章动模态，章动临界稳定必有 $s = \mathrm{j}\omega$ 且 $\omega > 0$。相反地，对于进动而言，进动模态临界稳定意味着 $s = \mathrm{j}\omega$ 且 $\omega < 0$（关于章动和进动与正负频率的关联性的详细证明见 3.2.2 节）。将 $s = \mathrm{j}\omega$ 代入式（3-8）中，得

$$g_a(\mathrm{j}\omega) g_f(\mathrm{j}\omega) \left[g_b(\mathrm{j}\omega) + \mathrm{j} g_{cr}(\mathrm{j}\omega) \right] e^{-\tau \mathrm{j}\omega} = \frac{J_r \omega^2 - J_z \Omega \omega + 2 k_h l_m^2}{2 l_m l_s k_i k_s} \quad (3-17)$$

因此，式（3-17）即为交叉反馈控制下的涡动模态临界稳定的条件。相应地，当只有基本控制器而没有交叉反馈控制时（即 $g_{cr}(\mathrm{j}\omega) \equiv 0$），系统的涡动模态临界稳定条件简化为

$$g_a(j\omega)g_f(j\omega)g_b(j\omega)e^{-\tau j\omega} = \frac{J_r\omega^2 - J_z\Omega\omega + 2k_h l_m^2}{2l_m l_s k_i k_s} \qquad (3-18)$$

为便于描述,定义控制通道的正频频率特性为

$$G_n(j\omega) = g_a(j\omega)g_f(j\omega)[g_b(j\omega) + jg_{cr}(j\omega)]e^{-\tau j\omega} \qquad \omega > 0 \quad (3-19)$$

其幅频和相频响应曲线分别称为正频幅频响应曲线和正频相频响应曲线。同样地,定义控制通道的负频频率特性为

$$G_p(j\omega) = g_a(j\omega)g_f(j\omega)[g_b(j\omega) + jg_{cr}(j\omega)]e^{-\tau j\omega} \qquad \omega < 0 \quad (3-20)$$

其幅频和相频响应曲线分别称为负频幅频响应曲线和负频相频响应曲线。

从式(3-17)可得,磁悬浮转子交叉反馈控制系统涡动模态临界稳定,就意味着式(3-17)的右半部分是一个实数,即其相应的相频响应特性曲线穿越 $k\pi, k = 0, \pm 1, \pm 2, \cdots$。对于章动模态而言,其穿越频率必定为正,而对进动模态而言,其穿越频率只能为负。

为便于描述,正、负频率特性曲线穿越 $k\pi$ 的方式分为正穿越和负穿越两种形式,如图3-3所示。随着 ω 绝对值的增加,相频特性曲线自下往上的穿越为正穿越,即相频特性曲线的相位随着 ω 绝对值的增加而增加;反之,随着 ω 绝对值的增加,相频特性曲线自上而下的穿越为负穿越。需要说明的是,当控制通道相频特性曲线与 $k\pi$ 线相切时,可以认为是同时出现一次具有相同穿越频率的正穿越和负穿越。

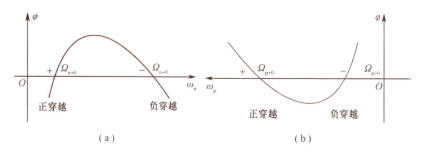

图3-3　正、负相频特性曲线正穿越和负穿越方式的定义

(a)正频相频特性曲线的穿越方式; (b)负频相频特性曲线的穿越方式。

定义 $\omega_{n\pm k}$ 为正频相频特性曲线以正穿越或负穿越的方式穿越 $k\pi$ 时对应的频率,其中符号"＋"和"－"分别代表正穿越和负穿越,在穿越频率 $\omega_{n\pm k}$ 处对应的幅频响应特性曲线的幅值记为 $i_{n\pm k}$,即

$$i_{n\pm k} = |g_a(j\omega)g_f(j\omega)[g_b(j\omega) + jg_{cr}(j\omega)]e^{-\tau j\omega}\|_{\omega = \omega_{n\pm k}} \qquad (3-21)$$

其中，$k = 0, \pm 1, \pm 2, \cdots, \omega_{n\pm k} > 0$。由于 $i_{n\pm k}$ 表示在穿越频率 $\omega_{n\pm k}$ 处的增益，因此其必定是一个实常数。

结合式(3-17)和式(3-21)，得

$$i_{n\pm k} = \text{sgn}(R_n)\frac{J_r\omega_{n\pm k}^2 - J_z\Omega_{n\pm k}\omega_{n\pm k} + 2k_hl_m^2}{2l_ml_sk_ik_s} \qquad (3-22)$$

式中：R_n 为 $\dfrac{J_r\omega_{n\pm k}^2 - J_z\Omega_{n\pm k}\omega_{n\pm k} + 2k_hl_m^2}{2l_ml_sk_ik_s}$ 的实部。

在实际磁轴承系统中，$2l_ml_sk_ik_s \neq 0$，式(3-22)是一个关于 $\Omega_{n\pm k}$ 的一元一次方程，求解该方程可得在不同穿越频率处对应的磁悬浮转子的临界转速为

$$\Omega_{n\pm k} = \frac{J_r\omega_{n\pm k}}{J_z} + \frac{2k_hl_m^2 - 2l_ml_sk_ik_si_{n\pm k}\text{sgn}(R_n)}{J_z\omega_{n\pm k}} \qquad (3-23)$$

这表明磁悬浮转子的临界转速 $\Omega_{n\pm k}$ 可以由 $i_{n\pm k}$ 和 $\omega_{n\pm k}$ 唯一确定，也即由控制通道的正频幅频和正频相频特性曲线决定。

同时，式(3-23)是一个关于 $\omega_{n\pm k}$ 的一元二次方程，求解该方程可得其对应的根为

$$\omega_{n\pm k1,2} = \frac{1}{2}\left[\frac{J_z}{J_r}\Omega_{n\pm k} \pm \sqrt{\left(\frac{J_z}{J_r}\Omega_{n\pm k}\right)^2 + \frac{8l_m(l_sk_ik_si_{n\pm k}\text{sgn}(R_n) - l_mk_h)}{J_r}}\right]$$
$$(3-24)$$

对于实际的控制系统，有

$$l_sk_ik_si_{n\pm k}\text{sgn}(R_n) - l_mk_h = l_sk_ik_s\frac{J_r\omega_{n\pm k}^2 - J_z\Omega_{n\pm k}\omega_{n\pm k} + 2k_hl_m^2}{2l_ml_sk_ik_s} - l_mk_h$$
$$= \frac{\omega_{n\pm k}(J_r\omega_{n\pm k} - J_z\Omega_{n\pm k})}{2l_m} \qquad (3-25)$$

由刚性转子的陀螺效应理论可知，稳定条件下磁悬浮转子的章动频率与转速之间满足 $\omega_{n\pm k} > \dfrac{J_z\Omega_{n\pm k}}{J_r}$ 且 $\lim\limits_{\Omega_{n\pm k} \to +\infty}\omega_{n\pm k} = \dfrac{J_z\Omega_{n\pm k}}{J_r}$。因此 $J_r\omega_{n\pm k} - J_z\Omega_{n\pm k} > 0$，将其代入式(3-25)中且结合 $\omega_{n\pm k} > 0$ 可得

$$l_sk_ik_si_{n\pm k}\text{sgn}(R_n) - l_mk_h > 0 \qquad (3-26)$$

结合式(3-24)和式(3-26)可得临界章动频率与临界章动转速对应关

系为

$$\omega_{n \pm k} = \omega_{n \pm k1} = \frac{1}{2}\left[\frac{J_z}{J_r}\Omega_{n \pm k} + \sqrt{\left(\frac{J_z}{J_r}\Omega_{n \pm k}\right)^2 + \frac{8l_m(l_s k_i k_s i_{n \pm k}\mathrm{sgn}(R_n) - l_m k_h)}{J_r}}\right]$$

$$(3-27)$$

其中，$k = 0, \pm 1, \pm 2, \cdots$。

同样地，对于进动模态而言，$\omega_{p \pm k}$用于表示负频相频特性曲线正、负穿越$k\pi$的穿越频率，在该穿越频率处对应的幅值表示为$i_{p \pm k}$，因此

$$i_{p \pm k} = |g_a(\mathrm{j}\omega)g_f(\mathrm{j}\omega)[g_b(\mathrm{j}\omega) + \mathrm{j}g_{cr}(\mathrm{j}\omega)]\mathrm{e}^{-\tau \mathrm{j}\omega}\|_{\omega = \omega_{p \pm k}} \quad (3-28)$$

其中，$k = 0, \pm 1, \pm 2, \cdots, \omega_{p \pm k} < 0$。

结合式(3-17)和式(3-28)可得

$$i_{p \pm k} = \mathrm{sgn}(R_p)\frac{J_r\omega_{p \pm k}^2 - J_z\Omega_{p \pm k}\omega_{p \pm k} + 2k_h l_m^2}{2l_m l_s k_i k_s} \quad (3-29)$$

其中，R_p是$\dfrac{J_r\omega_{p \pm k}^2 - J_z\Omega_{p \pm k}\omega_{p \pm k} + 2k_h l_m^2}{2l_m l_s k_i k_s}$的实部。

这样可求得在不同穿越频率处的临界转速为

$$\Omega_{p \pm k} = \frac{J_r\omega_{p \pm k}}{J_z} + \frac{2k_h l_m^2 - 2l_m l_s k_i k_s i_{p \pm k}\mathrm{sgn}(R_p)}{J_z\omega_{p \pm k}} \quad (3-30)$$

式(3-30)是一个关于$\omega_{p \pm k}$的一元二次方程，其根可表示为

$$\omega_{p \pm k1,2} = \frac{1}{2}\left[\frac{J_z}{J_r}\Omega_{p \pm k} \pm \sqrt{\left(\frac{J_z}{J_r}\Omega_{p \pm k}\right)^2 + \frac{8l_m(l_s k_i k_s i_{p \pm k}\mathrm{sgn}(R_p) - l_m k_h)}{J_r}}\right]$$

$$(3-31)$$

由于$\omega_{p \pm k} < 0$，且

$$l_s k_i k_s i_{p \pm k}\mathrm{sgn}(R_p) - l_m k_h = l_s k_i k_s \frac{J_r\omega_{p \pm k}^2 - J_z\Omega_{p \pm k}\omega_{p \pm k} + 2k_h l_m^2}{2l_m l_s k_i k_s} - l_m k_h$$

$$= \frac{J_r\omega_{p \pm k}^2 - J_z\Omega_{p \pm k}\omega_{p \pm k}}{2l_m} > 0 \quad (3-32)$$

结合式(3-31)和式(3-32)可得临界进动频率为

$$\omega_{p \pm k} = \frac{1}{2}\left[\frac{J_z}{J_r}\Omega_{p \pm k} - \sqrt{\left(\frac{J_z}{J_r}\Omega_{p \pm k}\right)^2 + \frac{8l_m(l_s k_i k_s i_{p \pm k}\mathrm{sgn}(R_p) - l_m k_h)}{J_r}}\right]$$

$$(3-33)$$

根据以上分析,可以得到如下的章动和进动临界稳定定理。

定理1(章动和进动临界稳定定理)　对于交叉反馈控制系统式(3-3),章动和进动临界稳定的充要条件分别是正频相频特性曲线和负频相频特性曲线穿越 $k\pi, k = 0, \pm 1, \pm 2, \cdots$,同时在临界稳定条件下,下列关系成立[44]:

$$\Omega_{\text{n}\pm k} = \frac{J_r \omega_{\text{n}\pm k}}{J_z} + \frac{2k_h l_m^2 - 2l_m l_s k_i k_s i_{\text{n}\pm k} \text{sgn}(R_\text{n})}{J_z \omega_{\text{n}\pm k}} \qquad (3-34)$$

$$\omega_{\text{n}\pm k} = \frac{1}{2}\left[\frac{J_z}{J_r}\Omega_{\text{n}\pm k} + \sqrt{\left(\frac{J_z}{J_r}\Omega_{\text{n}\pm k}\right)^2 + \frac{8l_m(l_s k_i k_s i_{\text{n}\pm k}\text{sgn}(R_\text{n}) - l_m k_h)}{J_r}}\right]$$

$$(3-35)$$

$$\Omega_{\text{p}\pm k} = \frac{J_r \omega_{\text{p}\pm k}}{J_z} + \frac{2k_h l_m^2 - 2l_m l_s k_i k_s i_{\text{p}\pm k} \text{sgn}(R_\text{p})}{J_z \omega_{\text{p}\pm k}} \qquad (3-36)$$

$$\omega_{\text{p}\pm k} = \frac{1}{2}\left[\frac{J_z}{J_r}\Omega_{\text{p}\pm k} - \sqrt{\left(\frac{J_z}{J_r}\Omega_{\text{p}\pm k}\right)^2 + \frac{8l_m(l_s k_i k_s i_{\text{p}\pm k}\text{sgn}(R_\text{p}) - l_m k_h)}{J_r}}\right]$$

$$(3-37)$$

其中,$k = 0, \pm 1, \pm 2, \cdots$。

基本的 PID 控制系统(无交叉反馈),包括分散 PID 加交叉反馈控制系统和模态 PID 控制系统,可以看作是交叉量恒为零($g_{cr}(s) \equiv 0$)的一种特殊交叉反馈控制系统。因此,以上理论同样适合于基本的 PID 控制情形(分散 PID 或模态 PID),其特殊之处在于其控制通道传递函数是实系数而非复系数。由于实系数正、负频相频特性曲线和正、负频幅频特性曲线分别关于坐标原点和虚轴对称,因此,临界章动和进动频率及其对应的临界转速分别关于 0 对称,也就是说,$\omega_{\text{n}\pm k} = -\omega_{\text{p}\mp k}$,$\Omega_{\text{n}\pm k} = -\Omega_{\text{p}\mp k}$,其中,$k = 0, \pm 1, \pm 2, \cdots$。而且,对于基本 PID 控制系统,容易证明由于 PID 控制器中积分项在低频处的相位滞后,使得其与 0°线仅有一个正穿越点。同时,由于开关功放、抗混叠滤波器和数控延时等在高频段的相位滞后,使得其正频相频特性曲线必将依次从上而下穿越 $k\pi, k = 0, -1, -2, \cdots$。根据以上分析,可以得到如下推论。

推论1　对于基本 PID 控制系统而言(交叉控制量为 0),章动和进动模态临界稳定的必要条件是正频相频响应曲线穿越 $k\pi, k = 0, -1, -2, \cdots$,且在该条件下,下列等式成立:

$$\Omega_{n+0} = -\Omega_{p-0} = \frac{J_r \omega_{n+0}}{J_z} + \frac{2k_h l_m^2 - 2l_m l_s k_i i_{n+0} \mathrm{sgn}(R_n)}{J_z \omega_{n+0}} \quad (3-38)$$

$$\omega_{n+0} = -\omega_{p-0} = \frac{1}{2}\left[\frac{J_z}{J_r}\Omega_{n+0} + \sqrt{\left(\frac{J_z}{J_r}\Omega_{n+0}\right)^2 + \frac{8l_m(l_s k_i k_s i_{n+0}\mathrm{sgn}(R_n) - l_m k_h)}{J_r}}\right]$$

$$(3-39)$$

$$\Omega_{n-k} = -\Omega_{p+(-k)} = \frac{J_r \omega_{n-k}}{J_z} + \frac{2k_h l_m^2 - 2l_m l_s k_i i_{n-k} \mathrm{sgn}(R_n)}{J_z \omega_{n-k}} \quad (3-40)$$

$$\omega_{n-k} = -\omega_{p+(-k)} = \frac{1}{2}\left[\frac{J_z}{J_r}\Omega_{n-k} + \sqrt{\left(\frac{J_z}{J_r}\Omega_{n-k}\right)^2 + \frac{8l_m(l_s k_i k_s i_{n-k}\mathrm{sgn}(R_n) - l_m k_h)}{J_r}}\right]$$

$$(3-41)$$

其中，$k=0,-1,-2,\cdots$。

考虑到高频处控制通道的相位滞后，且频率越高，相位滞后越大，我们可以得出正频相频响应曲线不可避免地自上而下穿越 $2k\pi$ 线，该穿越频率即为 ω_{n-2k}，其对应的临界转速即为 Ω_{n-2k}。而在该穿越频率的左侧的相临的穿越频率对应的临界转速，即在小于 ω_{n-2k} 的频率范围内紧临 ω_{n-2k} 的穿越频率对应的临界转速，可能是 Ω_{n+2k} 或 Ω_{n-2k} 或没有穿越。特别地，当没有穿越时，可以证明当 $\Omega < \Omega_{n-2k}$ 时，章动模态绝对稳定（详细证明见以下对判据 1 的证明）。为便于描述，这种没有穿越的临界转速记为 $\Omega_{n\infty}$，显然 $\Omega_{n\infty} = -\infty$。不失一般性，用 $\Omega_{n+2k(-(2k+1))(\infty)}$ 表示在 $\omega < \omega_{n-2k}$ 范围内与 Ω_{n-2k} 相邻的临界转速。同样，用 $\Omega_{p-2k(+-(2k+1))(\infty)}$ 表示在低于涡动频率 ω_{p+2k} 范围内与 Ω_{p+2k} 相邻的临界转速。

以章动稳定性为例，假设存在某一转速 $\Omega_{ne} \in (\Omega_{n+2k(-(2k+1))(\infty)}, \Omega_{n-2k})$ 使得章动模态不稳定。由于磁悬浮转子的转速及其对应的章动频率是连续的，因此必然存在某一临界转速 Ω_{n-m} 满足 $\Omega_{n-m} \in (\Omega_{n+2k(-(2k+1))(\infty)}, \Omega_{ne})$，且该临界转速对应的临界涡动频率 ω_{n-m} 必然满足 $\omega_{n-m} \in [\omega_{n+2k(-(2k+1))(\infty)}, \omega_{ne}]$，这与实际情形矛盾。同理可以得到进动稳定的情形。结合以上分析，可以进一步得出如下的章动和进动稳定判据。

判据 1（章动和进动稳定判据）　对于交叉反馈控制系统式（3-3），若存在某一转速 $\Omega \in (\Omega_{n+2k(-(2k+1))(\infty)}, \Omega_{n-2k})$ 使得系统章动稳定，则系统在 $(\Omega_{n+2k(-(2k+1))(\infty)}, \Omega_{n-2k})$ 转速范围内章动稳定；若存在某一转速 $\Omega \in (\Omega_{p+2k}, \Omega_{p-2k(+-(2k+1))(\infty)})$ 使得系统进动稳定，则系统在 $(\Omega_{p+2k}, \Omega_{p-2k(+-(2k+1))(\infty)})$ 转

速范围内进动稳定;其中,$k = 0, \pm 1, \pm 2, \cdots$。

从上述判据可得,不同于传统的稳定判据,该判据可以得到磁悬浮转子不同涡动模态一段转速范围内的稳定性信息。

注1　对于磁悬浮转子系统而言,穿越不稳定区域后再回到稳定区域是不现实也没有意义的。因此,在实际系统中,通常只需考虑控制通道正频和负频相频特性曲线分别在 $0 \sim \pi$ 和 $-\pi \sim 0$ 区间内的稳定性,即判据1中选取 $k = 0$ 即可。

注2　对于原系统开环传递函数矩阵 $\boldsymbol{Q}(s) = f(s)\boldsymbol{P}(s)\boldsymbol{K}(s)$,由 $\boldsymbol{Q}(s)$ 的反对称性,可得 $\boldsymbol{Q}(s)$ 为正规代数矩阵,即

$$\boldsymbol{Q}(s)\boldsymbol{Q}^{H}(s) = \boldsymbol{Q}^{H}(s)\boldsymbol{Q}(s) = \begin{bmatrix} v_1^2(s) + v_2^2(s) & 0 \\ 0 & v_1^2(s) + v_2^2(s) \end{bmatrix} \quad (3-42)$$

由于正规开环传递函数矩阵 $\boldsymbol{Q}(s)$ 在同样强度的摄动前后其特征值偏移幅度上界较小,即系统具有较好的鲁棒稳定性。因此,按基于复系数频率特性的涡动模态稳定性分析方法设计的控制系统能同时具有较好的标称稳定性与鲁棒稳定性。

注3　若存在某一转速 $\Omega \in (\Omega_{p+0}, \Omega_{p-0(+-1)(\infty)}) \cap (\Omega_{n+0(-1)(\infty)}, \Omega_{n-0})$ 使得系统章动和进动稳定,则系统在 $(\Omega_{p+0}, \Omega_{p-0(+-1)(\infty)}) \cap (\Omega_{n+0(-1)(\infty)}, \Omega_{n-0})$ 转速范围内章动和进动都稳定。

注4　该判据的应用对象不仅适合于常用的交叉反馈控制系统,还适用于所有可以简化成具有交叉反馈结构的控制系统[43],如逆系统和状态反馈解耦控制系统等,这将在后续各章中用到,在此不再举例。

✍ 3.2.4　磁悬浮刚性转子的章动和进动相对稳定性分析方法

以上分析了章动和进动模态的绝对稳定性,下面进一步研究其相对稳定性判别方法。随着现代控制理论的发展,多变量耦合控制系统的相对稳定性研究得到了长足的发展,但到目前为止,还没有统一的相对稳定性的定义和判别方法[40-42]。本节在3.2.3节绝对稳定性研究的基础上,结合磁悬浮刚性转子系统的特点,研究其相对稳定性分析方法。根据判据1的说明,我们只考虑控制通道正频和负频相频特性曲线分别在 $0 \sim \pi$ 和 $-\pi \sim 0$ 区间内系统的相对稳定性。

由于经典控制理论中 SISO 系统的幅值裕度和相位裕度是针对实系数传递函数频率特性曲线[42]来定义的,其正、负频率特性曲线具有对称性,而对于复系数传递函数却不再具有这种性质。由于负频特性 $G_p(j\omega)$ 和 $H_p(j\omega)$ 是定义在负频范围内,不便于幅值裕度和相位裕度的求解,为方便起见,我们首先引进等效正频特性函数 $G_z(j\omega)$ 和 $H_z(j\omega)$,$\omega > 0$。其中,$G_z(j\omega)$ 与 $G_p(j\omega)$ 的幅频特性与相频特性分别关于虚轴和原点对称,$H_z(j\omega)$ 与 $H_p(j\omega)$ 的幅频特性与相频特性也分别关于虚轴和原点对称。

由于

$$G_p(j\omega) = g_a(j\omega)g_f(j\omega)\left[g_b(j\omega) + jg_{cr}(j\omega)\right]e^{-\tau j\omega} \tag{3-43}$$

而

$$H_p(j\omega) = \frac{-2l_m l_s k_i k_s}{J_r\omega^2 - J_z\Omega\omega + 2k_h l_m^2} \quad \omega < 0 \tag{3-44}$$

根据以上关于等效正频频率特性曲线的定义,可以求得 $G_p(j\omega)$ 和 $H_p(j\omega)$ 对应的等效正频特性曲线分别为

$$G_z(j\omega) = g_a(j\omega)g_f(j\omega)\left[g_b(j\omega) - jg_{cr}(j\omega)\right]e^{-\tau j\omega} \quad \omega > 0 \tag{3-45}$$

$$H_z(j\omega) = \frac{-2l_m l_s k_i k_s}{J_r\omega^2 + J_z\Omega\omega + 2k_h l_m^2} \quad \omega > 0 \tag{3-46}$$

这样进动模态的稳定裕度就可以通过控制通道负频特性曲线对应的等效正频特性曲线求得。通过这种方式,章动模态和进动模态的稳定裕度都可以通过传统单变量系统的定义求得。

定义 γ_n 和 γ_p 分别为磁悬浮转子在转速 Ω 处的章动模态和进动模态的相位裕度。考虑到在实际的磁悬浮转子系统中,涡动模态稳定意味着章动模态和进动模态必须同时稳定,其中一个涡动模态稳定而另一个涡动模态不稳定对整个系统的稳定性而言是没有意义的,因此,整个涡动模态的相位裕度可以定义为 $\gamma = \min\{\gamma_n, \gamma_p\}$。同理,定义 h_n 和 h_p 分别为磁悬浮转子在转速 Ω 处的章动模态和进动模态的幅值裕度,则整个涡动模态的幅值裕度定义为 $h = \min\{h_n, h_p\}$。

相位裕度和幅值裕度属于参变裕度的范畴,对于磁悬浮转子系统而言,转速裕度也是一种能直观反映磁悬浮转子相对稳定性的物理量。对于工作在某一转速且闭环稳定的磁悬浮转子系统,章动和进动模态的转速裕度定义为在

章动和进动失稳前转速最大可能的增加量。用 Ω_{m} 和 Ω_{rp} 分别表示章动和进动模态的转速裕度。这样整个涡动模态的转速裕度可以定义为 $\Omega_{\mathrm{r}} = \min\{\Omega_{\mathrm{m}}, \Omega_{\mathrm{rp}}\}$。

根据以上定义，可以得到以下相对稳定性分析方法：

对于章动模态的相位裕度，借鉴经典控制理论中关于相位裕度的定义，令

$$\left| G_{\mathrm{n}}(\mathrm{j}\omega_{\mathrm{nc}}) H_{\mathrm{n}}(\mathrm{j}\omega_{\mathrm{nc}}) \right|$$

$$= \left| \frac{2 l_{\mathrm{m}} l_{\mathrm{s}} k_{\mathrm{i}} k_{\mathrm{s}} g_{\mathrm{a}}(\mathrm{j}\omega_{\mathrm{nc}}) g_{\mathrm{f}}(\mathrm{j}\omega_{\mathrm{nc}}) \left[g_{\mathrm{b}}(\mathrm{j}\omega_{\mathrm{nc}}) + \mathrm{j} g_{\mathrm{cr}}(\mathrm{j}\omega_{\mathrm{nc}}) \right] \mathrm{e}^{-\tau \mathrm{j}\omega_{\mathrm{nc}}}}{-(J_{\mathrm{r}}\omega_{\mathrm{nc}}^2 - J_{\mathrm{z}}\Omega\omega_{\mathrm{nc}} + 2 k_{\mathrm{h}} l_{\mathrm{m}}^2)} \right| = 1 \quad (3-47)$$

对任意 $\Omega \in (\Omega_{\mathrm{n+0}}, \Omega_{\mathrm{n-0}})$，得

$$i_{\mathrm{n}\omega_{\mathrm{nc}}} = \left| g_{\mathrm{a}}(\mathrm{j}\omega_{\mathrm{nc}}) g_{\mathrm{f}}(\mathrm{j}\omega_{\mathrm{nc}}) \left[g_{\mathrm{b}}(\mathrm{j}\omega_{\mathrm{nc}}) + \mathrm{j} g_{\mathrm{cr}}(\mathrm{j}\omega_{\mathrm{nc}}) \right] \mathrm{e}^{-\tau \mathrm{j}\omega_{\mathrm{nc}}} \right| \quad (3-48)$$

将式(3-48)代入式(3-47)，得

$$\left| \frac{2 l_{\mathrm{m}} l_{\mathrm{s}} k_{\mathrm{i}} k_{\mathrm{s}}}{(J_{\mathrm{r}}\omega_{\mathrm{nc}}^2 - J_{\mathrm{z}}\Omega\omega_{\mathrm{nc}} + 2 k_{\mathrm{h}} l_{\mathrm{m}}^2)} \right| = \frac{1}{i_{\mathrm{n}\omega_{\mathrm{nc}}}} \quad (3-49)$$

其对应的转速可表示为

$$\Omega = \frac{J_{\mathrm{r}}\omega_{\mathrm{nc}}}{J_{\mathrm{z}}} + \frac{2 k_{\mathrm{h}} l_{\mathrm{m}}^2 - 2 l_{\mathrm{m}} l_{\mathrm{s}} k_{\mathrm{i}} k_{\mathrm{s}} i_{\mathrm{n}\omega_{\mathrm{nc}}}}{J_{\mathrm{z}}\omega_{\mathrm{nc}}} \quad (3-50)$$

因此，在频率 ω_{nc} 处的章动相位裕度可表示为

$$\gamma_{\mathrm{n}} = \angle G_{\mathrm{n}}(\mathrm{j}\omega_{\mathrm{nc}}) H_{\mathrm{n}}(\mathrm{j}\omega_{\mathrm{nc}}) + 180°$$

$$= \angle G_{\mathrm{n}}(\mathrm{j}\omega_{\mathrm{nc}}) - 180° + 180° = \angle G_{\mathrm{n}}(\mathrm{j}\omega_{\mathrm{nc}}) \quad (3-51)$$

也就是说，章动模态在某一涡动频率处的相位裕度即正频相频特性曲线在该涡动频率处的相位值。

同样地，可以证明进动模态的相位裕度能够表示为

$$\gamma_{\mathrm{p}} = \angle G_{\mathrm{z}}(-\mathrm{j}\omega_{\mathrm{pc}}) H_{\mathrm{z}}(-\mathrm{j}\omega_{\mathrm{pc}}) + 180°$$

$$= \angle G_{\mathrm{z}}(-\mathrm{j}\omega_{\mathrm{pc}}) - 180° + 180° = \angle G_{\mathrm{z}}(-\mathrm{j}\omega_{\mathrm{pc}})$$

$$= -\angle G_{\mathrm{p}}(\mathrm{j}\omega_{\mathrm{pc}}) \quad (3-52)$$

对于章动幅值裕度，显然临界章动频率 $\omega_{\mathrm{n-0}}$ 满足

$$\varphi(\omega_{\mathrm{n-0}}) = \angle G_{\mathrm{n}}(\mathrm{j}\omega_{\mathrm{n-0}}) H_{\mathrm{n}}(\mathrm{j}\omega_{\mathrm{n-0}}) = -\pi \quad (3-53)$$

借鉴经典控制理论中幅值裕度的定义[43]，得

$$h_n = \frac{1}{|G_n(j\omega_{n-0})H_n(j\omega_{n-0})|}$$

$$= \frac{(J_r\omega_{n-0}^2 - H\omega_{n-0} + 2k_hl_m^2)}{2l_ml_sk_ik_sg_a(j\omega_{n-0})g_f(j\omega_{n-0})[g_b(j\omega_{n-0}) + jg_{cr}(j\omega_{n-0})]e^{-\tau j\omega_{n-0}}}$$

$$(3-54)$$

结合式(3-21)和式(3-54),得

$$h_n = \frac{1}{|G_n(j\omega_{n-0})H_n(j\omega_{n-0})|} = \frac{J_r\omega_{n-0}^2 - J_z\Omega\omega_{n-0} + 2k_hl_m^2}{2l_ml_sk_ik_si_{n-0}} \quad (3-55)$$

同理对于进动模态,利用其等效正频特性曲线,得

$$h_p = \frac{1}{|G_z(j\omega_{p-0})H_z(j\omega_{p-0})|} = \frac{J_r\omega_{p-0}^2 + J_z\Omega\omega_{p-0} + 2k_hl_m^2}{2l_ml_sk_ik_si_{p-0}} \quad (3-56)$$

最后,根据转速稳定裕度的定义,显然 $\Omega_{rn} = \Omega_{n-0} - \Omega, \Omega_{rp} = \Omega_{p-0} - \Omega$。综上所述,可以得到如下结论。

判据2(章动和进动相对稳定性判据) 对于闭环稳定的交叉反馈控制系统(式(3-3)),章动和进动模态的转速裕度、相位裕度和幅值裕度可以通过控制通道正负频率特性得到[43,44]:

(1) $\Omega_{rn} = \Omega_{n-0} - \Omega$,且 $\Omega_{rp} = \Omega_{p-0} - \Omega$。

(2) $h_n = \dfrac{J_r\omega_{n-0}^2 - J_z\Omega\omega_{n-0} + 2k_hl_m^2}{2l_ml_sk_ik_si_{n-0}}$,$h_p = \dfrac{J_r\omega_{p-0}^2 + J_z\Omega\omega_{p-0} + 2k_hl_m^2}{2l_ml_sk_ik_si_{p-0}}$。

(3) 在 $\Omega = \dfrac{J_r\omega_{nc}}{J_z} + \dfrac{2k_hl_m^2 - 2l_ml_sk_ik_si_{n\omega_{nc}}}{J_z\omega_{nc}}$,$i_{n\omega_{nc}} = |g_a(j\omega_{nc})g_f(j\omega_{nc})[g_b(j\omega_{nc}) +$

$jg_{cr}(j\omega_{nc})]e^{-\tau j\omega_{nc}}|$,章动模态的相位裕度为 $\gamma_n = \angle G_n(j\omega_{nc})$;在转速 $\Omega = \dfrac{J_r\omega_{pc}}{J_z} +$

$\dfrac{2k_hl_m^2 - 2l_ml_sk_ik_si_{p\omega_{pc}}}{J_z\omega_{pc}}$,$i_{p\omega_{pc}} = |g_a(j\omega_{pc})g_f(j\omega_{pc})[g_b(j\omega_{pc}) + jg_{cr}(j\omega_{pc})]e^{-\tau j\omega_{pc}}|$,

进动模态的相位裕度为 $\gamma_p = -\angle G_p(j\omega_{pc})$。

注1 在实际系统中,由于系统的章动和进动频率可以通过示波器实时获得,因此可以通过该判据直接获得章动和进动模态的相位裕度。

注2 根据式(3-55)和式(3-56),可以得到如下结论:对于章动或进动模态的幅值裕度,转子转速越低,章动或进动模态的幅值裕度越大,这与相应模态的转速裕度的大小一致。而从式(3-51)和式(3-52)可得,涡动模态的

相位裕度并不始终与相应模态的幅值裕度或转速裕度相一致。需要说明的是,以上矛盾是由转速裕度和相位裕度的定义导致的。以上关于章动和进动模态的转速和幅值裕度都是基于转速的上界,也就是基于转速增加的方向进行定义的。事实上,它们也可同时基于转速的增加和转速的减小进行双向的定义,这样就可以描述出随转速增加方向的转速裕度和幅值裕度以及随转速降低方向的转速裕度和幅值裕度,从而在每个转速处就有两个不同的稳定裕度值。在这种双向稳定裕度的定义下,转速裕度、幅值裕度和相位裕度之间表示的系统相对稳定性的大小也就统一了。本书之所以采用以转速增加的方向作为基准进行稳定裕度的定义,主要是考虑在实际的系统中,转速上升时的相对稳定性分析是控制的难点,也是我们关注的重点。

注 3　无论怎样定义章动和进动模态的相对稳定性,转速裕度、相位裕度和幅值裕度三者之间表示的相对值大小也不可能具备某种固定的解析关系,因此,在控制系统设计和调试时,有必要根据系统的指标和应用场合,综合考虑转速裕度、相位裕度和幅值裕度,设计相对较优的控制器参数。

注 4　采用上述判据进行章动和进动模态稳定性分析时步骤如下:

(1) 绘制控制通道的正、负频率特性曲线;

(2) 利用章动和进动临界稳定定理获得各种涡动模态的临界转速;

(3) 利用章动和进动稳定定理判别转速范围内任一转速处的涡动模态稳定性;

(4) 根据章动和进动稳定判据获得转速范围内的稳定性;

(5) 根据章动和进动相对稳定性判据获得系统在某一稳定转速下的相对稳定性信息。

3.2.5　仿真和实验研究

1. 仿真和实验条件

为了验证章动和进动稳定判据的正确性,对其进行了仿真和实验研究。由于大型 MSCMG 的磁悬浮转子系统具有明显的陀螺效应,因此,采用其作为实验对象,如图 3-4 所示。如第 2 章所述,磁悬浮转子系统包括两个二自由度的径向永磁偏置混合磁轴承及两个单自由度轴向单自由度磁轴承,经过差动驱动从而实现五自由度主动可控悬浮,此外磁悬浮转子绕轴向的转动由高

图 3 - 4   大型 MSCMG 实验平台

速电机驱动控制。

本实验采用常用的分散 PID 加滤波交叉反馈控制,整个磁悬浮转子系统采用双闭环控制方法,包括内部电流环和外部位移环。被控对象参数和控制器参数分别如表 3 - 1 和表 3 - 2 所列。

表 3 - 1   被控对象参数

参数名称	参数值	参数名称	参数值
m/kg	56	$J_r/(\mathrm{kg} \cdot \mathrm{m}^2)$	0. 6032
$J_z/(\mathrm{kg} \cdot \mathrm{m}^2)$	0.7958	l_s/m	0. 177
$k_i/(\mathrm{N/A})$	1140	$k_h/(\mathrm{N/\mu m})$	2. 83
k_s	75926	l_m/m	0. 113

表 3 - 2   传统方法(分散 PID 加交叉反馈控制)控制器参数

参数名称	参数值	参数名称	参数值
k_{amp}	2.0	i_{co}	10. 0
k_p	0. 167	k_i	1. 7
k_d	0. 0008	k_{hc}	0. 0045
k_{lc}	0. 00015	k_c	1. 0
f_h/Hz	280	f_l/Hz	30

表 3 - 2 中 k_{amp} 为电流环前向通道比例系数, i_{co} 为电流环反馈系数, k_p 、 k_i 、 k_d 分别为分散 PID 控制器的比例、积分和微分系数, k_{hc} 和 k_{lc} 分别为交叉反馈控

制器中的高通系数和低通系数,k_c 为总的交叉系数,f_h 和 f_l 分别为高通和低通滤波器截止频率。

电流环和位移环的二阶抗混叠滤波器均设计为

$$G_f(s) = \frac{1}{(3.3 \times 10^{-5}s + 1)^2} \quad (3-57)$$

为了验证章动和进动稳定判据的正确性,采用本判据方法和转速根轨迹法进行对比仿真,仿真通过 Matlab 软件实现。

控制器硬件资源配置如下:数字信号处理器采用 TMS320C32,模数转换器采用 AD1671,电流和位移采样周期均设置为 150μs,开关频率设计为 20kHz。

为了使仿真与实际系统相一致,采样延时、计算延时通过实际测试得到,磁轴承的电涡流延时可以通过有限元仿真得到,约为 20μs,从而得到整个控制系统延时约为 170μs。为便于转速根轨迹的绘制,延时单元可通过二阶泰勒级数展开得以简化,即

$$e^{-\tau s} \approx \frac{1}{1 + \tau s + 0.5\tau^2 s^2} \quad (3-58)$$

其中,$\tau = 170$μs。

2. 仿真和实验结果

首先验证基本 PID 控制的情形(无交叉反馈控制)。通过 Matlab 绘制控制通道的正、负频率特性曲线,并通过数字信号分析仪安捷伦 3570A 测试控制通道的正频频率特性,其仿真和测试结果如图 3-5 所示。

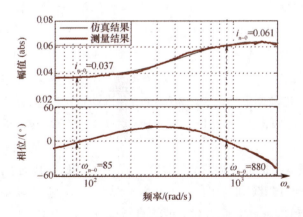

图 3-5 基本 PID 控制(无交叉)系统控制通道正频率特性仿真和测试结果

从图 3 - 5 可得,对于控制通道的正频频率特性曲线,采用 Matlab 仿真和采用数字信号分析仪进行测试的结果一致性很好,这说明了仿真模型的正确性和可行性。仿真和测试之间的微弱区别主要由微小的模型误差和系统噪声及测试误差导致。根据章动和进动稳定判据,结合图 3 - 5 中的频率特性曲线可得系统的临界涡动频率为 $\omega_{n+0} = 85 \text{rad/s}$,$\omega_{n-0} = 880 \text{rad/s}$,对比其幅频特性曲线可得对应的临界涡动频率幅值为 $i_{n+0} = 0.037$,$i_{n-0} = 0.061$。

将以上参数和表 3 - 1 相关参数代入式(3 - 38)和式(3 - 40),得

$$\Omega_{p-0} = -\Omega_{n+0} = -\left[\frac{J_r \omega_{n+0}}{J_z} + \frac{2k_h l_m^2 - 2l_m l_s k_i k_s i_{n+0}}{J_z \omega_{n+0}}\right]$$

$$= -\left[\frac{0.6032 \times 85}{0.7958} + \frac{2 \times 0.113(2.83 \times 10^6 \times 0.113 - 0.177 \times 1140 \times 75926 \times 0.037)}{0.7958 \times 85}\right]$$

$$= -(64.4 - 825.5) = 761(\text{rad/s}) = 121.1(\text{Hz}) \tag{3-59}$$

$$\Omega_{n-0} = \frac{J_r \omega_{n-0}}{J_z} + \frac{2k_h l_m^2 - 2l_m l_s k_i k_s i_{n-0}}{J_z \omega_{n-0}} = 456(\text{rad/s}) = 72.6(\text{Hz}) \tag{3-60}$$

根据章动和进动稳定判据,章动和进动稳定的可能转速区域分别是 $\Omega \in (-121.1\text{Hz}, 72.6\text{Hz})$ 和 $\Omega \in (-72.6\text{Hz}, 121.1\text{Hz})$。为确定其稳定性,需采用控制系统的复系数频率特性分析方法判别其区间内任一转速处的稳定性。转速 20Hz 时,控制系统复系数频率特性曲线如图 3 - 6 所示,图中一个"+"号表示半次正穿越,一个"-"号表示半次负穿越。

在转速 20Hz 时,可以求得控制系统右半平面第一和第四象限内的开环极点数分别为 $N_{OFR} = 1$,$N_{OBR} = 0$。从图 3 - 6 可以得到,$N_{p+} + N_{sf+} - N_{p-} - N_{sf-} = 1 + 0.5 - 0.5 - 0 = 1$,$N_{n+} + N_{sb+} - N_{sb-} - N_{n-} = 1 + 0 - 0.5 - 0.5 = 0$。因此,$N_{OFR} = N_{p+} + N_{sf+} - N_{p-} - N_{sf-}$ 和 $N_{OBR} = N_{n+} + N_{sb+} - N_{sb-} - N_{n-}$ 均成立,即 20Hz 时章动和进动模态均稳定。根据章动和进动稳定判据,系统章动和进动模态分别在转速 $\Omega \in (-121.1\text{Hz}, 72.6\text{Hz})$ 和 $\Omega \in (-72.6\text{Hz}, 121.1\text{Hz})$ 范围内是稳定的。

为了验证本判据的正确性,绘制转速从 0 ~ 150Hz 的转速根轨迹(每隔 3Hz 绘制一个点),其结果如图 3 - 7 所示。图 3 - 7 可得,系统的临界涡动频率为 85rad/s 和 880rad/s,且其对应的临界转速分别约为 120Hz 和 72Hz,以上结果与根据稳定判据得出的计算结果完全一致。

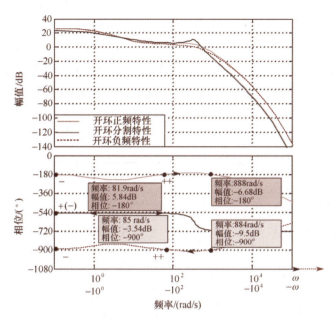

图3-6 转速20Hz时的控制系统开环复系数频率特性曲线

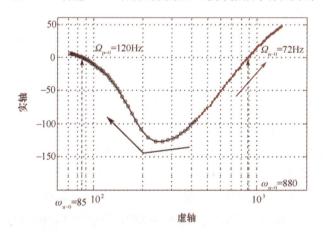

图3-7 基本PID控制(无交叉)系统的转速根轨迹

箭头的方向表示转速从0~150Hz增加的方向。

为进一步验证该判据的正确性,进行了升速实验。磁悬浮转子从零转速开始缓慢升速,当转速超过72.2Hz时,磁悬浮转子发生章动失稳,且其临界章动频率约为139.6Hz。所有的这些结果表明,章动和进动稳定判据在基本PID控制条件下是正确的。

下面验证交叉反馈控制系统的情形。交叉转速给定为 50Hz，转速根轨迹从 $-100 \sim 200$Hz 每隔 5Hz 绘制一个根轨迹点，且这种刻度在临界转速（即 $\Omega_{n\pm 0}$ 和 $\Omega_{p\pm 0}$）附近缩小为 1Hz。为了便于比较，控制通道的负频频率特性曲线也绘制在正频频率特性曲线一侧，即其负频幅频特性曲线和相频特性曲线分别关于虚轴和坐标原点对称映射到 $\omega > 0$ 一侧，交叉反馈控制系统控制通道正、负频率特性曲线如图 3-8 所示。

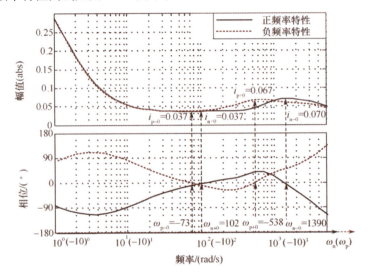

图 3-8 交叉反馈控制系统控制通道正、负频率特性曲线（交叉比例 50Hz）

从图 3-8 中的正频和负频相频响应曲线可得，它们与 0° 线均有两个交点，且相应的穿越频率及其对应的幅频特性曲线的幅值为 $\omega_{n+0} = 102$rad/s，$i_{n+0} = 0.037$，$\omega_{n-0} = 1390$rad/s，$i_{n-0} = 0.070$；$\omega_{p+0} = -538$rad/s，$i_{p+0} = 0.067$，$\omega_{p-0} = -73$rad/s 和 $i_{p-0} = 0.037$。将以上参数代入式（3-34）~ 式（3-37）可得章动和进动模态的临界转速分别为 $\Omega_{n+0} = -97$Hz，$\Omega_{n-0} = 143$Hz，$\Omega_{p+0} = -6$Hz，$\Omega_{p-0} = 144$Hz。

图 3-9 给出了在 $\Omega = 40$Hz 条件下控制系统开环复系数频率特性曲线，同样 "+" 和 "-" 号分别表示半次正穿越和半次负穿越。根据本章提出的章动和进动稳定定理，可得在转速 40Hz 时 $N_{OFR} = N_{p+} + N_{sf+} - N_{p-} - N_{sf-}$ 和 $N_{OBR} = N_{n+} + N_{sb+} - N_{sb-} - N_{n-}$ 均成立。因此根据章动和进动稳定判据，章动和进动模态分别在转速区域 $\Omega \in (-97\text{Hz}, 143\text{Hz})$ 和 $\Omega \in (-6\text{Hz}, 144\text{Hz})$ 内是稳定的。

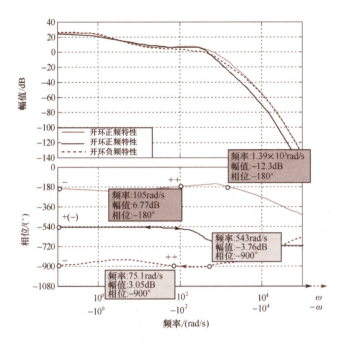

图 3 - 9　转速 40Hz 时的控制系统开环复系数频率特性曲线

从图 3 - 10 所示的转速根轨迹可以得到,各种涡动模态临界稳定转速分别为 144Hz、 - 97Hz、 - 6Hz 和 143Hz,其对应的临界涡动频率分别为 73rad/s、

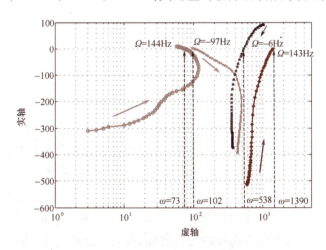

图 3 - 10　交叉反馈控制系统的转速根轨迹(交叉量为 50Hz)

箭头的方向表示转速从 - 100 ~ 200Hz 的增加方向。

102rad/s、538rad/s 和 1390rad/s,与本书判据所得的结论一致。

注意到章动和进动模态的上界均比没有交叉反馈控制时大,这表明交叉反馈控制有助于抑制陀螺效应,进而提高系统的章动和进动稳定性。同时,采用交叉反馈控制后(交叉量 50Hz),章动和进动模态稳定的速度下界值均小于0,这表明当转子升速到 −97Hz 和 −6Hz 时,章动和进动模态分别失稳。

为了分析交叉反馈量大小对涡动模态稳定性的影响,速率交叉量从 50Hz 增加到 150Hz。以 5Hz 为刻度,绘制 0 ~ 250Hz 的转速根轨迹,同样在临界转速附近,刻度缩小到 1Hz。图 3 – 11 和图 3 – 12 分别给出了控制通道的正负频率特性曲线和速率根轨迹。

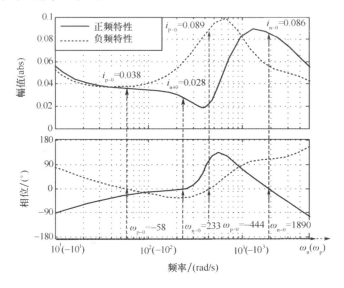

图 3 – 11　交叉反馈控制系统控制通道正、负频率特性曲线(交叉量为 150Hz)

从图 3 – 11 和图 3 – 12 可以得到,稳定判据方法得出的结果与转速根轨迹法得到的结果仍然保持非常好的一致性,章动和进动稳定的转速范围分别为 $\Omega_n \in (7\text{Hz}, 204\text{Hz})$ 和 $\Omega_p \in (53\text{Hz}, 197\text{Hz})$。与在交叉量为 50Hz 时的结果对比可知,章动和进动的转速上界值都比交叉量为 50Hz 时要大,同时转速下界值也比交叉量为 50Hz 时的要大。对比结果表明,通过增加交叉量可以进一步提高系统在高速时的章动和进动稳定性,而对低速或者反向转动时系统的稳定性不利。因此,在实际的控制系统中,有必要根据转速的变化,实时调整交叉量的大小,以保证系统足够的稳定裕度。

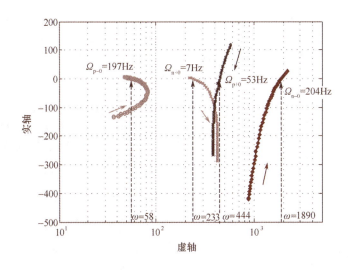

图 3 - 12　交叉反馈控制系统的转速根轨迹(交叉量为 150Hz)

箭头的方向表示转速从 0 ~ 250Hz 增加的方向。

同样,进行了升速实验。由于在交叉量为 150Hz 下,磁悬浮转子在转速为 0 时章动和进动模态都是不稳定的,因此,首先在交叉量为 50Hz 作用下,将磁悬浮转子升速到 60Hz,然后将交叉量从 50Hz 增加到 150Hz,在此基础上,关掉电机功率电,让电机缓慢降速。当电机降速到 53Hz 时,磁悬浮转子突然发散而失稳,磁悬浮转子失稳前后位移、频谱及李萨育图如图 3 - 13 所示。

图 3 - 13(a)、(b)分别给出了磁悬浮转子 y 向在涡动模态失稳前后的位移波形图(包括 A_y 和 B_y 通道)和 A_y 通道对应的频谱图。另外,图 3 - 13(c)给出了磁悬浮转子失稳时的李萨育图。从图 3 - 13(a)可以看出在位移开始发散后, A_y 通道的位移与 B_y 通道的位移方向相反,因此系统是转动失稳而非平动失稳。从图 3 - 13(b)可得,系统失稳的临界转速约为 52.7Hz 且其对应的临界涡动频率约为 70.5Hz,也即 445rad/s,这与仿真结果一致。另外,从图 3 - 13(c)可以看出,由于失稳后磁悬浮转子涡动的方向与转速方向相反,因此是进动模态失稳而非章动模态失稳,这也与仿真分析结果一致。

表 3 - 3 给出了在不同速率交叉量下临界转速和临界涡动频率之间的对比仿真和实验结果,其中仿真结果是由本书提出的稳定判据得到。从表 3 - 3 可得,在不同的速率交叉量下,仿真和实验结果之间的相对误差均不超过 1%

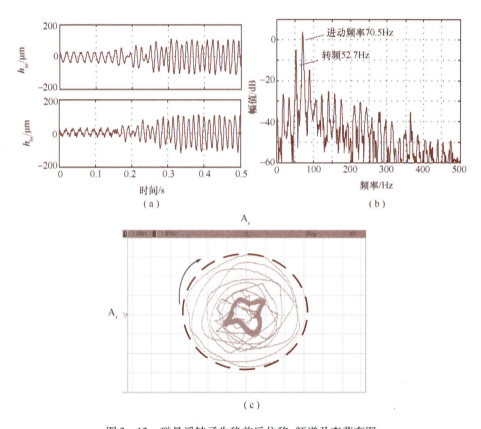

图 3-13　磁悬浮转子失稳前后位移、频谱及李萨育图

（a）A_y 和 B_y 通道的位移波形；（b）A_y 通道的频谱；（c）磁悬浮转子 A 端的李萨育图。

箭头的方向表示转速的方向，虚线表示保护轴承。

（其微小区别主要是由仿真模型误差和系统噪声所致），这表明了该判据的有效性与正确性。

表 3-3　不同速率交叉量下的对比仿真和实验结果

速率交叉量/Hz		0	50	150
临界转速	实验/Hz	72.2	−5.96	52.7
	仿真/Hz	72.6	−6.0	53.0
	相对误差/%	0.55	0.67	0.57
临界涡动频率	实验/Hz	139.6	−85.4	70.5
	仿真/Hz	140.1	−85.6	70.7
	相对误差/%	0.36	0.23	0.28

总之,本书提出的稳定判据不仅能够准确地判断章动和进动模态的绝对稳定性和相对稳定性,而且能够从理论上区分章动和进动模态,从而极大地方便了控制器的设计和调试。

3.3　磁悬浮高速转子弹性振动模态的复系频率特性稳定性分析方法

在实际工程应用中,磁悬浮转子系统常采用Ⅰ形结构,使得其一阶弹性模态降低,靠近磁轴承控制带宽范围,在强陀螺效应、功放和磁轴承非线性等因素综合作用下,转子出现一阶弹性自激振荡,严重影响磁悬浮转子系统的稳定性。在3.2.3节和3.2.4节介绍了磁悬浮刚性转子的章动和进动模态稳定判据,然而该判据并没有考虑磁悬浮转子的一阶弹性模态,因此不能直接应用于磁悬浮转子系统的弹性振动模态稳定性分析。但是,在推导强陀螺效应磁悬浮转子章动和进动稳定判据中所使用的方法,却可以进一步扩展,本节正是在前面的基础上,根据涡动模态的特点,进一步扩展奈奎斯特稳定判据,从而得到弹性模态的复系数频率特性稳定性分析方法。

需要特别说明的是,《磁悬浮惯性动量轮技术》一书已经给出了磁悬浮高速转子弹性振动模态的双频 Bode 图方法[36,45],但该方法并没有进行相关的理论证明。本节是在此基础上,对其进行相关的证明和完善。从理论上说,证明复系数频率特性稳定性分析方法,主要证明以下两个方面:

(1) 变量重构前后系统稳定的等价性;

(2) 正、负频率特性与前向涡动模态和后向涡动模态的关联性。

考虑到《磁悬浮惯性动量轮技术》一书的 4.5 节对磁悬浮高速转子弹性模态的建模已有分析,本节将重点放在以上两个方面的证明上。

⊿ 3.3.1　磁悬浮弹性转子建模

不失一般性,具有强陀螺效应的磁悬浮弹性转子的控制系统可表示成图 3-14[44],其中 $P(s)$ 为双输入、双输出的磁悬浮转子的转动部分,记 $P(s) = \begin{bmatrix} P_{11}(s) & P_{12}(s) \\ P_{21}(s) & P_{22}(s) \end{bmatrix}$, i_β 和 i_α 分别为产生 β 和 α 方向力矩的等效电流。

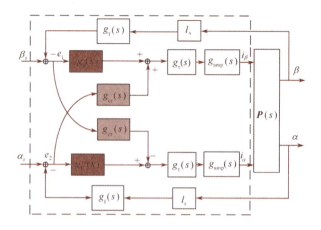

图 3 – 14　磁悬浮弹性转子控制系统结构图

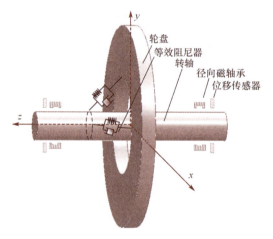

图 3 – 15　具有一阶弹性模态的磁悬浮转子等效机械结构

　　具有一阶弯曲模态的磁悬浮转子系统可以等效为如图 3 – 15 所示的通过弹簧和阻尼器连接的刚性盘与刚性轴的结合体。在盘和轴之间只有相对的径向角运动的条件下,作用在盘上的力矩可表示为

$$\begin{cases} p_{x1} = -k_k(\alpha - \alpha_2) - k_v(\dot{\alpha} - \dot{\alpha}_2) \\ p_{y1} = -k_k(\beta - \beta_2) - k_v(\dot{\beta} - \dot{\beta}_2) \end{cases} \quad (3-61)$$

式中:k_k 和 k_v 分别为弹簧—阻尼器的角刚度和角阻尼系数;α 和 β 为转轴的绝对角位移;α_2 和 β_2 为轮盘的绝对角位移。

根据陀螺技术方程和图 3 – 16 所示的坐标系定义,可的在零输入条件下,整个磁悬浮转子系统的动力学模型可以表示为[33]

$$
\begin{cases}
J_{1y}\ddot{\beta} - H_1\ddot{\alpha} - 2k_h l_m^2\beta \\
\quad = 2l_m k_i i_\beta + p_{y1} = -2l_m l_s k_i g_{amp} g_\tau g_f[g_b(\beta) + g_{cr}(\alpha)] + p_{y1} \\
J_{1x}\ddot{\alpha} + H_1\dot{\beta} - 2k_h l_m^2\alpha \\
\quad = 2l_m k_i i_\alpha + p_{x1} = -2l_m l_s k_i g_{amp} g_\tau g_f[g_b(\alpha) - g_{cr}(\beta)] + p_{x1} \\
J_{2y}\ddot{\beta}_2 - H_2\dot{\alpha}_2 = -p_{y1} \\
J_{2x}\ddot{\alpha}_2 + H_2\dot{\beta}_2 = -p_{x1}
\end{cases}
\tag{3-62}
$$

式中:$J_{1x} = J_{1y} = J_{1e}$,$J_{2x} = J_{2y} = J_{2e}$ 分别为转轴和轮盘等效的转动惯量;$H_1 = J_{1z}\Omega$,$H_2 = J_{2z}\Omega$,其中 J_{1z} 和 J_{2z} 分别为转轴和轮盘的极转动惯量。

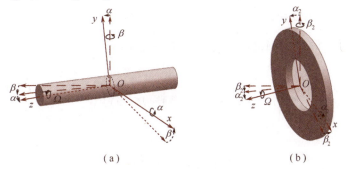

(a)　　　　　　　　　　(b)

图 3 – 16　转轴和轮盘的坐标系及转角定义

(a) 转轴;(b) 轮盘。

将式(3 – 61)代入式(3 – 62),得

$$
\begin{cases}
J_{1e}\ddot{\beta} - H_1\dot{\alpha} + J_{2e}\ddot{\beta}_2 - H_2\dot{\alpha}_2 - 2k_h l_m^2\beta \\
\quad = -2l_m l_s k_i g_{amp} g_\tau g_f[g_b(\beta) + g_{cr}(\alpha)] \\
J_{1e}\ddot{\alpha} + H_1\dot{\beta} + J_{2e}\ddot{\alpha}_2 + H_2\dot{\beta}_2 - 2k_h l_m^2\alpha \\
\quad = -2l_m l_s k_i g_{amp} g_\tau g_f[g_b(\alpha) - g_{cr}(\beta)] \\
J_{2e}\ddot{\beta}_2 - H_2\dot{\alpha}_2 - k_k(\beta - \beta_2) - k_v(\dot{\beta} - \dot{\beta}_2) = 0 \\
J_{2e}\ddot{\alpha}_2 + H_2\dot{\beta}_2 - k_k(\alpha - \alpha_2) - k_v(\dot{\alpha} - \dot{\alpha}_2) = 0
\end{cases}
\tag{3-63}
$$

☑ 3.3.2 基于特征轨迹方法的系统稳定性分析

为了简化系统分析,可将转轴和轮盘分离,为具有一阶弹性模态的磁悬浮转子等效实现图,如图3-17所示。

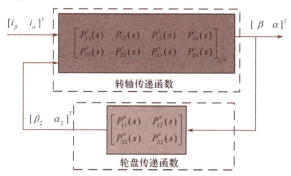

图3-17 具有一阶弹性模态的磁悬浮转子等效实现图

在图3-17中,转轴的传递函数矩阵可表示为

$$\boldsymbol{P}^{\mathrm{r}}(s) = \begin{bmatrix} P_{11}^{\mathrm{r}}(s) & P_{12}^{\mathrm{r}}(s) & P_{13}^{\mathrm{r}}(s) & P_{14}^{\mathrm{r}}(s) \\ P_{21}^{\mathrm{r}}(s) & P_{22}^{\mathrm{r}}(s) & P_{23}^{\mathrm{r}}(s) & P_{24}^{\mathrm{r}}(s) \end{bmatrix} \triangleq \begin{bmatrix} \boldsymbol{P}_{\mathrm{a}}^{\mathrm{r}}(s) & \boldsymbol{P}_{\mathrm{b}}^{\mathrm{r}}(s) \end{bmatrix}$$

$$(3-64)$$

式中:$\boldsymbol{P}_{\mathrm{a}}^{\mathrm{r}}(s) = \begin{bmatrix} P_{11}^{\mathrm{r}}(s) & P_{12}^{\mathrm{r}}(s) \\ P_{21}^{\mathrm{r}}(s) & P_{22}^{\mathrm{r}}(s) \end{bmatrix}$; $\boldsymbol{P}_{\mathrm{b}}^{\mathrm{r}}(s) = \begin{bmatrix} P_{13}^{\mathrm{r}}(s) & P_{14}^{\mathrm{r}}(s) \\ P_{23}^{\mathrm{r}}(s) & P_{24}^{\mathrm{r}}(s) \end{bmatrix}$。

根据式(3-61)、式(3-62)和图3-16,转轴的二阶微分方程可表示为

$$\begin{cases} \boldsymbol{T}_{\mathrm{r}}(D)\boldsymbol{x}_{\mathrm{r}} = \boldsymbol{U}_{\mathrm{r}}(D)\boldsymbol{u}_{\mathrm{r}} \\ \boldsymbol{y}_{\mathrm{r}} = \boldsymbol{V}_{\mathrm{r}}(D)\boldsymbol{x}_{\mathrm{r}} + \boldsymbol{W}_{\mathrm{r}}(D)\boldsymbol{u}_{\mathrm{r}} \end{cases} \quad (3-65)$$

式中:$\boldsymbol{x}_{\mathrm{r}} = \begin{bmatrix} \beta & \alpha \end{bmatrix}^{\mathrm{T}}$,且$\boldsymbol{y}_{\mathrm{r}} = \begin{bmatrix} \beta & \alpha \end{bmatrix}^{\mathrm{T}}$;$\boldsymbol{u}_{\mathrm{r}} = \begin{bmatrix} i_{\beta} & i_{\alpha} & \beta_2 & \alpha_2 \end{bmatrix}^{\mathrm{T}}$。

对式(3-65)进行拉普拉斯变换,得

$$\begin{cases} \boldsymbol{T}_{\mathrm{r}}(s)\boldsymbol{x}_{\mathrm{r}} = \boldsymbol{U}_{\mathrm{r}}(s)\boldsymbol{u}_{\mathrm{r}} \\ \boldsymbol{y}_{\mathrm{r}} = \boldsymbol{V}_{\mathrm{r}}(s)\boldsymbol{x}_{\mathrm{r}} + \boldsymbol{W}_{\mathrm{r}}(s)\boldsymbol{u}_{\mathrm{r}} \end{cases} \quad (3-66)$$

式中:$\boldsymbol{T}_{\mathrm{r}}(s) = \begin{bmatrix} J_{1\mathrm{e}}s^2 - 2k_{\mathrm{h}}l_{\mathrm{m}}^2 & -H_1 s \\ H_1 s & J_{1\mathrm{e}}s^2 - 2k_{\mathrm{h}}l_{\mathrm{m}}^2 \end{bmatrix}$; $\boldsymbol{W}_{\mathrm{r}}(s) = \boldsymbol{0}^{2\times4}$; $\boldsymbol{U}_{\mathrm{r}}(s) =$

$$\begin{bmatrix} 2l_m k_i & 0 & -J_{2e}s^2 & H_2 s \\ 0 & 2l_m k_i & -H_2 s & -J_{2e}s^2 \end{bmatrix}; V_r(s) = I^{2\times 2}\,\text{。}$$

因此,转轴的传递函数矩阵为

$$P^r(s) = V_r(s)T_r^{-1}(s)U_r(s) + W_r(s) \tag{3-67}$$

结合式(3-64)、式(3-66)和式(3-67),得

$$P_a^r(s) = \frac{2k_i l_m}{\Delta_r}\begin{bmatrix} J_{1e}s^2 - 2k_h l_m^2 & H_1 s \\ -H_1 s & J_{1e}s^2 - 2k_h l_m^2 \end{bmatrix} \triangleq \begin{bmatrix} P_{ad}^r(s) & P_{acr}^r(s) \\ -P_{acr}^r(s) & P_{ad}^r(s) \end{bmatrix} \tag{3-68}$$

$$P_b^r(s) = \frac{1}{\Delta_r}\begin{bmatrix} -J_{2e}s^2(J_{1e}s^2 - 2k_h l_m^2) - H_2 H_1 s^2 & H_2 s(J_{1e}s^2 - 2k_h l_m^2) - H_1 J_{2e}s^3 \\ -H_2 s(J_{1e}s^2 - 2k_h l_m^2) + H_1 J_{2e}s^3 & -J_{2e}s^2(J_{1e}s^2 - 2k_h l_m^2) - H_2 H_1 s^2 \end{bmatrix}$$

$$\triangleq \begin{bmatrix} P_{bd}^r(s) & P_{bcr}^r(s) \\ -P_{bcr}^r(s) & P_{bd}^r(s) \end{bmatrix} \tag{3-69}$$

式中:$\Delta_r = (J_{1e}s^2 - 2k_h l_m^2)^2 + H_1^2 s^2$。

同理,轮盘的传递函数矩阵 $P^e(s)$ 可表示为

$$P^e(s) = \frac{k_v s + k_k}{\Delta_e}\begin{bmatrix} J_{2e}s^2 + k_v s + k_k & H_2 s \\ -H_2 s & J_{2e}s^2 + k_v s + k_k \end{bmatrix}$$

$$\triangleq \begin{bmatrix} P_d^e(s) & P_{cr}^e(s) \\ -P_{cr}^e(s) & P_d^e(s) \end{bmatrix} \tag{3-70}$$

式中:$\Delta_e = (J_{2e}s^2 + k_v s + k_k)^2 + (H_2 s)^2$。

从图3-17可进一步得到被控对象的传递函数矩阵为

$$P(s) = (I - P_b^r(s)P^e(s))^{-1}P_a^r(s) \tag{3-71}$$

注意到 $P_a^r(s)$,$P_b^r(s)$ 和 $P^e(s)$ 均是 2×2 反对称矩阵,其间的逆、乘和加运算并不改变其反对称特性,因此 $P(s)$ 也为反对称矩阵,也就是说

$$P(s) = \begin{bmatrix} P_d(s) & P_{cr}(s) \\ -P_{cr}(s) & P_d(s) \end{bmatrix} \tag{3-72}$$

根据图3-14,系统的前向通道传递函数矩阵可表示为

$$K(s) = g_{amp}(s)g_\tau(s)\begin{bmatrix} g_b(s) & g_{cr}(s) \\ -g_{cr}(s) & g_b(s) \end{bmatrix} \tag{3-73}$$

因此,原双输入双输出的系统的开环传递函数矩阵为

$$Q(s) = f(s)P(s)K(s) = \begin{bmatrix} v_1(s) & v_2(s) \\ -v_2(s) & v_1(s) \end{bmatrix} \quad (3-74)$$

式中:$f(s) = l_s g_f(s)$;

$$v_1(s) = g_{amp}(s)f(s)g_\tau(s)(g_b(s)P_d(s) - g_{cr}(s)P_{cr}(s)) \quad (3-75)$$

$$v_2(s) = g_{amp}(s)f(s)g_\tau(s)(g_b(s)P_{cr}(s) + g_{cr}(s)P_d(s)) \quad (3-76)$$

根据特征函数的定义[40,46],$Q(s)$的特征函数,即$\{g_1(s), g_2(s)\}$应满足

$$\det(g_i(s)I - Q(s)) = 0 \quad i = 1,2 \quad (3-77)$$

将式(3-74)代入式(3-77)可得$(g_i(s) - v_1(s))^2 + v_2^2(s) = 0$,即

$$g_{1,2} = v_1(s) \pm jv_2(s) \quad (3-78)$$

注意到 2×2 矩阵 $Q(s)$ 的各阶顺序主子式和其所有的子式具有相同的最小公因子,因此特征函数 $Q(s)$ 的零极点与其 Smith - McMillan 零极点相同[47]。定义 n_0 为特征函数 $g_1(s)$ 右半平面的极点数,这样根据式(3-78)可得 $g_2(s)$ 也具有相同的极点数 n_0。这样,在 $K(s)$,$g_f(s)$ 和 $P(s)$ 没有不稳定零极点相消的条件下,可得系统稳定的充要条件为 $\sum_{i=1}^{2} \text{enc}_D(g_i(s), -1 + j0) = 2n_0$,其中,$D$ 表示包括整个右半 s 平面的半圆轨线,$\text{enc}_D(g_i(s), -1 + j0)$ 表示 $g_i(s)$ 绕逆向包围 $-1 + j0$ 点的次数。

✍ 3.3.3 变量重构及复系数 SISO 系统稳定性分析

根据如图 3-16 所示的磁悬浮转子系统的坐标系定义可知,α 和 α_2 分别超前 β 和 $\beta_2$90°。因此可以定义 $\varphi = \alpha + j\beta$,$\varphi_2 = \alpha_2 + j\beta_2$,其中 j 是虚数单位,且 $j^2 = -1$。注意到式(3-63)的反对称性,将其第一式和第三式乘以 j 分别加到第二式和第四式上,得

$$\begin{cases} J_{1e}\ddot{\varphi} - jH_1\dot{\varphi} + J_{2e}\ddot{\varphi}_2 - jH_2\dot{\varphi}_2 - 2k_h l_m^2\varphi \\ \quad = -2l_m l_s k_i g_{amp} g_\tau g_f(g_b(\varphi) + jg_{cr}(\varphi)) \\ J_{2e}\ddot{\varphi}_2 - jH_1\dot{\varphi}_2 = k_k(\varphi - \varphi_2) + k_v(\dot{\varphi} - \dot{\varphi}_2) \end{cases} \quad (3-79)$$

在零初始条件下对其进行拉普拉斯变换,得

$$\begin{cases} (J_{1e}s^2 - jH_1s)\varphi(s) + (J_{2e}s^2 - jH_2s)\varphi_2(s) - 2k_hl_m^2\varphi(s) \\ \qquad = -2l_ml_sk_ig_{amp}(s)g_f(s)(g_b(s) + jg_{cr}(s))g_\tau(s)\varphi(s) \quad (3-80) \\ J_{2e}s^2\varphi_2(s) - jH_2s\varphi_2(s) = (k_k + k_vs)(\varphi(s) - \varphi_2(s)) \end{cases}$$

因此,通过以上变量重构,原 MIMO 系统即可等效为一个如图 3 – 17 所示

的复系数的单输入、单输出系统,其中 $\hat{P}_a^r(s) = \dfrac{2l_mk_i}{J_{1e}s^2 - jH_1s - 2k_hl_m^2} = P_{ad}(s) +$

$jP_{acr}^r(s)$, $\hat{P}_b^r(s) = -\dfrac{J_{2e}s^2 - jH_2s}{J_{1e}s^2 - jH_1s - 2k_hl_m^2} = P_{bd}^r(s) + jP_{bcr}^r(s)$, $\hat{P}^e(s) =$

$\dfrac{k_k + k_vs}{J_{2e}s^2 + (k_v - jH_2)s + k_k} = P_d^e(s) + jP_{cr}^e(s)$ 。

这样等效的被控对象的传递函数为

$$\hat{P}(s) = \hat{P}_a^r(s)/(1 - \hat{P}_b^r(s)\hat{P}^e(s))$$

$$= \frac{2l_mk_i}{J_{1e}s^2 - jH_1s + \dfrac{(J_{2e}s^2 - jH_2s)(k_k + k_vs)}{J_{2e}s^2 + (k_v - jH_2)s + k_k} - 2k_hl_m^2} \quad (3-81)$$

同时,可以证明 $\hat{P}(s) = P_d(s) + jP_{cr}(s)$ 。

根据式(3 – 81),复系数 SISO 系统的开环传递函数可表示为

$$\hat{\rho}(s) = f(s)\hat{P}(s)g_{amp}(s)g_\tau(s)(g_b(s) + jg_{cr}(s)) \quad (3-82)$$

结合式(3 – 64)、式(3 – 78)、式(3 – 81)和式(3 – 82)可得

$$\hat{\rho}(s) = v_1(s) + jv_2(s) = g_1(s) \quad (3-83)$$

在分析变量重构前后系统稳定性的关联性之前,首先给出如下引理。

引理 1　对于严真传递函数 $\eta_1(s)$ 和 $\eta_2(s)$,定义复系数传递函数 $o_1(s) = \eta_1(s) + j\eta_2(s)$ 和 $o_2(s) = \eta_1(s) - j\eta_2(s)$,则 $\forall \omega$,满足以下关系:

(1) $|o_1(j\omega)| = |o_2(-j\omega)|$;

(2) $\angle o_1(j\omega) = -\angle o_2(-j\omega)$ 。

证明　不妨设 $\eta_1(s)|_{s=j\omega} = \bar{\eta}_1(\omega)e^{j\hat{\eta}_1(\omega)} \triangleq \bar{\eta}_1 e^{j\hat{\eta}_1}$, $\eta_2(s)|_{s=j\omega} = \bar{\eta}_2(\omega)$

$e^{j\hat{\eta}_2(\omega)} \triangleq \bar{\eta}_2 e^{j\hat{\eta}_2}$,其中 $\hat{\eta}_1(\omega), \hat{\eta}_2(\omega) \in [0, 2\pi]$, $\bar{\eta}_1(\omega)$ 和 $\bar{\eta}_2(\omega)$ 是关于 ω 的偶

函数, $\hat{\eta}_1(\omega)$ 和 $\hat{\eta}_2(\omega)$ 是关于 ω 的奇函数。则根据题设,有

$$o_1(j\omega) = \eta_1(j\omega) + j\eta_2(j\omega) = \overline{\eta}_1 e^{j\hat{\eta}_1} + \overline{\eta}_2 e^{j(\hat{\eta}_2 + \pi/2)} \quad (3-84)$$

$$o_2(-j\omega) = \eta_1(-j\omega) - j\eta_2(-j\omega) = \overline{\eta}_1 e^{-j\hat{\eta}_1} + \overline{\eta}_2 e^{-j(\hat{\eta}_2 + \pi/2)} \quad (3-85)$$

因此

$$|o_1(j\omega)|^2 = \overline{\eta}_1^2 + \overline{\eta}_2^2 + 2\overline{\eta}_1\overline{\eta}_2\cos(\hat{\eta}_1 - \hat{\eta}_2) = |o_2(-j\omega)|^2 \quad (3-86)$$

即 $|o_1(j\omega)| = |o_2(-j\omega)|$。

再结合式(3-84)和式(3-85)可得

$$\angle o_1(j\omega) = \arctan\frac{\overline{\eta}_1\sin\hat{\eta}_1 + \overline{\eta}_2\cos\hat{\eta}_2}{\overline{\eta}_1\cos\hat{\eta}_1 - \overline{\eta}_2\sin\hat{\eta}_2} = -\angle o_2(-j\omega) \quad (3-87)$$

证毕。

因此结合以上分析和引理 1,可得磁悬浮刚性转子系统涡动模态稳定性定理。

定理 2 具有强陀螺效应的磁悬浮刚性转子系统稳定的充要条件是其等效的复系数 SISO 系统稳定,即 $\mathrm{enc}_D(\hat{\rho}(s), -1) = n_0$,且通过分析其对应的 SISO 系统的相对稳定性可获得涡动模态的标称稳定裕度。

证明 由引理 1 可得:$g_1(s)$ 和 $g_2(s)$ 两者的奈奎斯特曲线分别关于实轴对称,且旋转方向一致,即

$$\mathrm{enc}_D(g_1(s)) = \mathrm{enc}_D(g_2(s)) = \frac{1}{2}\sum_{i=1}^{2}\mathrm{enc}_D(g_i(s), -1) \quad (3-88)$$

因此磁悬浮转子系统模态稳定的充要条件是

$$\mathrm{enc}_D(g_1(s)) = \frac{1}{2}\sum_{i=1}^{2}\mathrm{enc}_D(g_i(s), -1) = n_0 \quad (3-89)$$

根据奈奎斯特稳定判据可知[42,43],复系数 SISO 系统稳定的充要条件为 $\mathrm{enc}_D(\hat{\rho}(s), -1) = n_0$。由于 $\mathrm{enc}_D(\hat{\rho}(s), -1) = \mathrm{enc}_D(g_1(s), -1)$,则简化的 SISO 系统稳定是原 MIMO 系统稳定的充要条件。

根据多变量系统的特征轨迹理论[46],从各条特征轨迹到点 $(-1, j0)$ 的距离可以表征系统的标称相对稳定性,即标称稳定裕度。又由式(3-83)可知构造的复系数 SISO 系统的奈奎斯特曲线即为原 MIMO 系统的一条开环特征轨迹,而原系统的两条特征轨迹关于实轴对称,且旋转方向相同,因此可以通过构造的 SISO 系统奈奎斯特曲线来分析原系统的相对稳定性,即标称稳定裕

度。证毕。

3.3.4　基于复系数频率特性的涡动模态稳定性分析

3.2.2 节分析了变量重构后的复系数 SISO 系统闭环特征根与涡动模态的本质联系,下面将进一步深入研究复系数 SISO 系统开环正、负频率特性与系统的章动和进动模态稳定性之间的内在联系[32]。

如图 3 - 18 所示,这里定义磁悬浮转子复系数 SISO 系统开环传递函数在第一象限的极点为开环前向涡动右半平面极点(简称 OF - RHP),在第四象限的极点为开环后向涡动右半平面极点(简称 OB - RHP)。定义闭环复系数 SISO 系统在第一象限的极点为闭环前向涡动极点(简称 CF - RHP),在第四象限的极点为闭环后向涡动极点(简称 CB - RHP)。

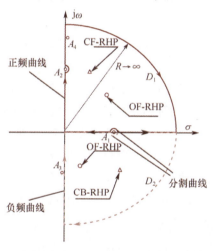

图 3 - 18　用于涡动模态稳定性分析的正频、负频及分割曲线

为了利用幅角原理分析涡动模态的稳定性[41,42],选取两个不同的 s 平面的封闭围线 D_1 和 D_2。其中,D_1 表示在第一象限中的从 $\omega = 0$ 到 $+\infty$ 的虚轴,从 $\sigma = +\infty$ 到 0 的实轴并以无穷大为半径的 1/4 圆,D_2 表示在第四象限中的从 $\omega = -\infty$ 到 0 的虚轴,从 $\sigma = 0$ 到 $+\infty$ 的实轴并以无穷大为半径的 1/4 圆。D_1 与 D_2 旋转方向如图 3 - 18 所示。

需要说明的是,当 $\hat{\rho}(s)$ 含有虚轴(即谐振点)或右半平面实轴的极点时(如图 3 - 18 中的 A_1 和 A_2 所示),在这些点附近的闭环轨迹应通过以无穷小

半径的半圆来修正。在图 3-18 中，A_2 是谐振单极点（$\mathrm{Re}(A_2)=0$），A_3 和 A_4 是伪谐振单极点（$0<|\mathrm{Re}(A_i)|\ll1$）。通过开环传递函数映射后，在左半平面或虚轴上的（伪）谐振点曲线段，映射为半径（接近）为无穷大，圆心角（接近）为 π 的顺时针圆弧。

由于等效复系数 SISO 系统在第一象限的开环极点和闭环极点均位于 D_1 围线内，而其在第四象限的开环极点和闭环极点均位于 D_2 围线内，根据幅角原理可知，$\mathrm{enc}_{D_1}(\hat{\rho}(s),-1)=N_{\mathrm{OFR}}-N_{\mathrm{CFR}}$，$\mathrm{enc}_{D2}(\hat{\rho}(s),-1)=N_{\mathrm{OBR}}-N_{\mathrm{CBR}}$，其中 N_{OFR} 和 N_{OBR} 分别表示等效复系数 SISO 系统开环传递函数在第一象限和第四象限的极点数，N_{CFR} 和 N_{CBR} 分别表示等效复系数 SISO 系统闭环传递函数在第一象限和第四象限的极点数。当章动模态稳定时，$N_{\mathrm{CFR}}=0$，即 $\mathrm{enc}_{D_1}(\hat{\rho}(s),-1)=N_{\mathrm{OFR}}$。同理，当进动模态稳定时，$N_{\mathrm{CBR}}=0$，因此 $\mathrm{enc}_{D_2}(\hat{\rho}(s),-1)=N_{\mathrm{OBR}}$。根据以上分析，可得如下涡动模态稳定定理。

引理 2 强陀螺效应磁悬浮刚性转子控制系统式（3-3）章动和进动模态稳定的充分必要条件分别为 $\mathrm{enc}_{D_1}(\hat{\rho}(s),-1)=N_{\mathrm{OFR}}$ 和 $\mathrm{enc}_{D_2}(\hat{\rho}(s),-1)=N_{\mathrm{OBR}}$。

由于奈奎斯特曲线反映的所有信息都可以在 Bode 图上得以体现，且 Bode 图能更方便地反映系统的绝对和相对稳定性信息，以下根据引理 2 进一步研究基于对数频率的稳定性分析方法。首先定义正频曲线、负频曲线和分割曲线分别映射到 Bode 图上的正频频率特性曲线、负频频率特性曲线和分割特性曲线，它们的幅频特性曲线分别叫正幅频曲线、负幅频曲线和分割幅值曲线，它们的相频特性曲线分别叫正相频曲线、负相频曲线和分割相位曲线。这样，可以进一步定义在实数上的区域：

$$\begin{cases} L_{\mathrm{N}}=\{\omega\,|\,\omega\leqslant0,\log|\hat{\rho}(\mathrm{j}\omega)|\geqslant0\}, \\ L_{\mathrm{P}}=\{\omega\,|\,\omega\geqslant0,\log|\hat{\rho}(\mathrm{j}\omega)|\geqslant0\} \end{cases} \tag{3-90}$$

$$L_{\mathrm{S}}=\{\sigma\,|\,\sigma\geqslant0,\log|\hat{\rho}(\sigma)|\geqslant0\} \tag{3-91}$$

定义 $N_{\mathrm{p}+}$ 和 $N_{\mathrm{p}-}$ 分别代表 $\hat{\rho}(\mathrm{j}\omega)$ 的正频相频特性从 0 到 $+\infty$ 变化时在区域 L_{N} 上的正、负穿越次数；$N_{\mathrm{sf}+}$ 和 $N_{\mathrm{sf}-}$ 分别代表 $\hat{\rho}(\sigma)$ 的相位从 $+\infty$ 到 0 变化时在区域 L_{S} 上穿越的正、负穿越次数；$N_{\mathrm{sb}+}$ 和 $N_{\mathrm{sb}-}$ 分别代表 $\hat{\rho}(\sigma)$ 的正负相位特性从 0 到 $+\infty$ 变化时在区域 L_{S} 上的正、负穿越次数；$N_{\mathrm{n}+}$ 和 $N_{\mathrm{n}-}$ 分别代表 $\hat{\rho}(\mathrm{j}\omega)$ 的正频相频特性从 $-\infty$ 到 0 变化时在区域 L_{N} 上的正、负穿越次数。另

外正、负穿越次数的计算与单变量系统的对数频率稳定判据[34]一致。这样，可进一步得到如下章动和进动稳定定理。

定理 3（章动和进动稳定定理） 强陀螺效应磁悬浮弹性转子系统式（3-3）前向涡动模态和后向涡动模态稳定的充分必要条件分别为 $N_{\text{OFR}} = N_{\text{p+}} + N_{\text{sf+}} - N_{\text{p-}} - N_{\text{sf-}}$ 和 $N_{\text{OBR}} = N_{\text{n+}} + N_{\text{sb+}} - N_{\text{sb-}} - N_{\text{n-}}$。

3.3.5 仿真和实验研究

该实验的仿真和实验条件的设置与 3.2.5 的条件基本相同，只是考虑系统的一阶弹性模态下，其转动惯量相关参数为 $J_{1e} = 0.134\text{kg} \cdot \text{m}^2$，$J_{2e} = 0.4689\text{kg} \cdot \text{m}^2$，$J_{1z} = 0.0109\text{kg} \cdot \text{m}^2$，$J_{2z} = 0.7388\text{kg} \cdot \text{m}^2$。另为了抑制系统的弹性模态，二阶陷波器设计为 $g_{\text{nf}}(s) = \dfrac{s^2 + \omega_{\text{p}}^2}{s^2 + 2\zeta_{\text{p}}\omega_{\text{p}}s + \omega_{\text{p}}^2}$，其初始参数设计为 $\zeta_{\text{p}} = 0.5$，$\omega_{\text{p}} = 700\text{Hz}$。

首先在 $\Omega = 50\text{Hz}$，$\zeta_{\text{p}} = 0.25$ 条件下，绘制复系数 SISO 系统的正、负频率特性曲线，如图 3-19 所示。图 3-20 给出了转速范围为 0～100Hz 的转速根轨迹图[47]。将系统参数代入式（3-82）可得 $N_{\text{OFR}} = 1$ 且 $N_{\text{OBR}} = 0$。从图 3-19 可知，$N_{\text{p+}} + N_{\text{sf+}} - N_{\text{p-}} - N_{\text{sf-}} = 1 + 0.5 - 0.5 - 0 = 1$ 且 $N_{\text{n+}} + N_{\text{sb+}} - N_{\text{sb-}} - N_{\text{n-}} = 1 + 0 - 0.5 - 1.5 = -1$。因此，$N_{\text{OFR}} = N_{\text{p+}} + N_{\text{sf+}} - N_{\text{p-}} - N_{\text{sf-}}$，$N_{\text{OBR}} \neq$

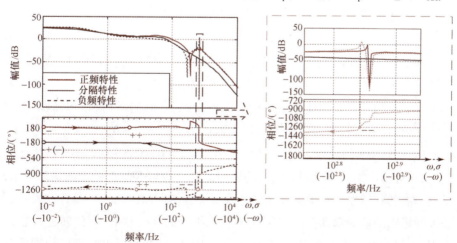

图 3-19 复系数 SISO 系统的正、负频率特性曲线（$\Omega = 50\text{Hz}$，$\zeta_{\text{p}} = 0.25$）

$N_{n+} + N_{sb+} - N_{sb-} - N_{n-}$。也就是说,前向涡动模态稳定而后向涡动模态不稳定。同时,从图 3 - 20 可知,后向涡动模态(BBW)在转速 50Hz 处失稳,这与提出的稳定判据的判别结果一致。事实上,从图 3 - 19 可进一步得出 $N_{OBR} = N_{n+} + N_{sb+} - N_{sb-} - N_{n-} = 0$ 在中低频区域范围内(0 ~ 500Hz),负频相频特性曲线在高频范围内发生了一次负穿越而导致高频弹性模态不稳定,即一阶弹性模态的后向涡动不稳定,这与跟轨迹的结果一致。

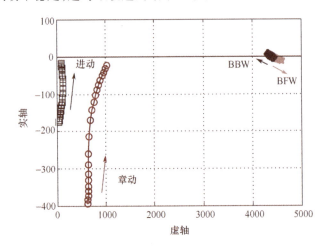

图 3 - 20   50Hz 处的频率特性曲线 ($\zeta_p = 0.25$)

箭头的方向表示转速从 0 ~ 100Hz 的方向。

为了进一步验证所提出判据的正确性,在 $\zeta_p = 0.5$ 和 $k_{hc} = 0.0004$ 条件下进行了对比的仿真和实验,其结果如图 3 - 21 和图 3 - 22 所示。从图 3 - 21(a)可得,$N_{p+} + N_{sf+} - N_{p-} - N_{sf-} = 1 + 0.5 - 0.5 - 0 = 1$,$N_{n+} + N_{sb+} - N_{sb-} - N_{n-} = 1 + 0 - 0.5 - 0.5 = 0$,因此根据涡动模态稳定判据,前向涡动和后向涡动模态在转速 30Hz 时均稳定。同理,从图 3 - 21(b)可知,$N_{p+} + N_{sf+} - N_{p-} - N_{sf-} = 1 + 0.5 - 1.5 - 0 = 0$,$N_{n+} + N_{sb+} - N_{sb-} - N_{n-} = 1 + 0 - 0.5 - 0.5 = 0$,因此在转速 35Hz 处前向涡动失稳而后向涡动稳定。对于 $\Omega = 35$Hz 时的前向涡动模态,既然所有的穿越发生在中低频区域,因此,失稳的前向涡动模态是章动模态而非弹性模态的前向涡动模态。从图 3 - 22 所示的 0 ~ 100Hz 下的转速根轨迹可得,系统的章动模态在 30 ~ 35Hz 范围内失稳,这与所提出的稳定判据的分析结果一致。

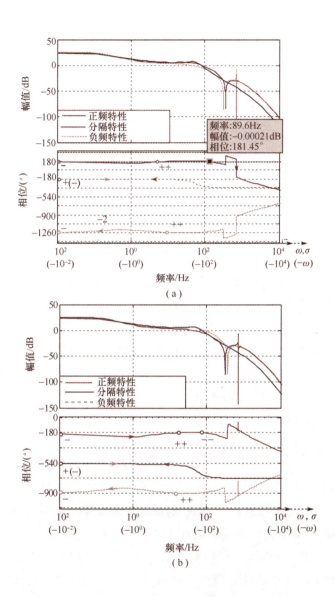

图 3 - 21　复系数 SISO 系统的频率特性曲线（ $k_{hc} = 0.0011$ ）

（a）30Hz；（b）35Hz。

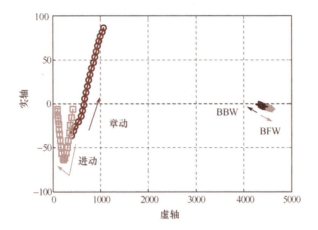

图 3 – 22　从 0 ~ 100Hz 的转速跟轨迹（$k_{hc} = 0.0011$）

箭头的方向表示转速从 0 ~ 100Hz 的方向。

同时,从图 3 – 21(a)可得,系统在 30Hz 处的相位稳定裕度约为 1.45°,通过相同的方法可得系统在 20Hz 处的相位稳定裕度为 3.51°。若将 k_{hc} 调节为 0.0045,系统在 30Hz 处的相位裕度可达 14.9°。事实上,相对于控制参数的调整,相位裕度随转速的变化并不显著。因此,在实际的磁轴承控制系统中,应根据系统转速的变化和控制系统要求适时地调整控制器参数来保证系统在整个转速范围内均有充足的稳定裕度。

相应的实验设计如下:磁悬浮转子在 0 转速初始条件下缓慢升速,当转速升到 32Hz 时磁悬浮转子失稳并跌落在保护轴承上。图 3 – 23(a)和(b)分别给出了系统失稳前后在径向 x 方向(包括 A_x 通道和 B_x 通道)的径向位移响应和相应的频谱特性,同时图 3 – 23(c)给出了磁悬浮转子 A 端(包括 h_{ax} 和 h_{ay})的李萨育图。从图 3 – 23(a)可得 A_x 通道的位移方向与 B_x 通道的位移方向相反,因此系统失稳是由转动模态而非平动模态引起,这也可以从图 3 – 23(c)得到证实。从图 3 – 23(b)可得,系统稳定的临界转速约为 32Hz 且其对应的临界稳定涡动频率为 105Hz,即 660rad/s,这与涡动模态稳定判据所给出的结果一致。另外,从图 3 – 23(c)可得,既然涡动的方向与转速的方向相同,因此不稳定模态是前向涡动而非后向涡动,这进一步证明了涡动模态稳定判据的正确性。

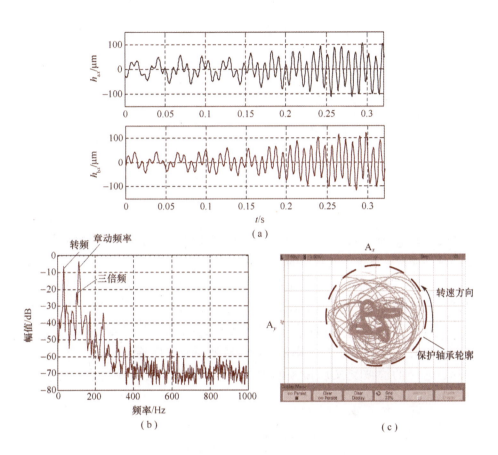

图 3 - 23　实验结果

（a）A_x 和 B_x 通道的径向位移响应；（b）A_y 通道的频谱响应；（c）A 端的李萨育图。

3.4　基于涡动模态稳定判据的高速磁悬浮转子系统高稳定度控制方法

3.4.1　基于分散 PID 控制的转速自适应滤波交叉反馈控制方法

基于分散 PID 控制的交叉反馈控制方法，无论采取哪种具体的交叉反馈方式（速度交叉反馈、滤波交叉反馈等），原则上都可用图 3 - 24 来表示。

对于基于分散 PID 的滤波交叉反馈控制，章动交叉控制通道采用截止频

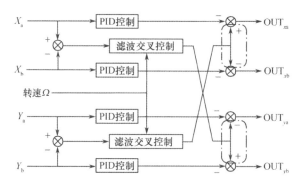

图 3-24 基于分散 PID 的交叉反馈控制算法

率固定的高通滤波器进行相位补偿控制,可控章动频率范围有限,很难同时满足磁悬浮动量轮系统不同转速的稳定控制要求。

为了保证磁悬浮动量轮转子在从低转速到高转速整个升、降速过程中,都能够有足够的稳定裕度,可以跟随飞轮转速,采用分段或连续调整交叉通道滤波器的截止频率、滤波增益的方法,对涡动模态,特别是对章动模态进行自适应相位超前补偿,实现磁悬浮动量轮的全转速高稳定性悬浮。这里介绍一种转速自适应的滤波交叉反馈控制方法[33,36],其交叉控制模块原理框图如图 3-25 所示。

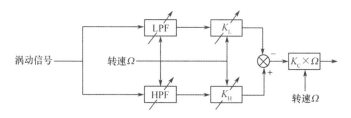

图 3-25 涡动模态自适应滤波交叉控制模块原理框图

仿真分析和实验结果表明,通过提高章动交叉的截止滤波,可以提供更多的相位超前补偿,因而可以采用转速自适应的滤波交叉方法,针对不同转速时的相位补偿需求,采用跟随转速在截止频率不同的多级高通滤波通道之间切换的方法,来实现不同转速下章动阻尼的补偿,从而大幅度提高系统章动稳定性。

图 3-26 就是针对章动频率随转速大范围变化,而采取的一种分段调整

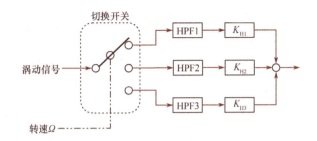

图3-26　章动模态转速自适应滤波交叉控制模块原理框图

高通滤波器截止频率和滤波增益的具体实现方法。

　　对于数字控制器,章动交叉通道采用跟随转速升高,交叉高通滤波器截止频率由低到高多级切换的交叉滤波方式,其切换方式如图3-27所示,HPF1到HPF5为章动交叉通道的高通滤波器,其截止频率由HPF1到HPF5依次升高,转速不同,采用截止频率不同的高通滤波通道。

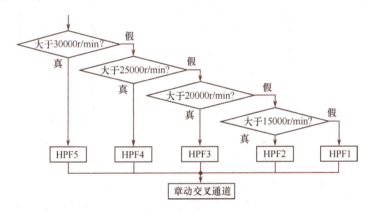

图3-27　章动模态转速自适应滤波交叉控制多级切换方法

✍ 3.4.2　交叉反馈校正参数的保相角裕度设计方法

　　由于进动和章动模态的稳定性大致随转速升高而降低,所以首先要考虑最高转速时相角裕度的稳定性设计。以MSCMG-V样机为例,已知静态悬浮稳定的基本控制系统参数如表3-4所列,给定交叉校正算法如图3-28所列,设计k_{rl1d}、k_{rh1d}和LPF、HPF,使系统在$F_r = F_{rmax} = 400$Hz时进动模态相角裕度不低于γ_p,章动模态的相角裕度不低于γ_n。

表 3-4　MSCMG-Ⅴ样机参数与基本控制器设计结果

系统参数				设计结果	
参数名	参数值	参数名	参数值	参数名	参数值
m/kg	13.3	$k_i/(\text{N/A})$	404	k_P	0.5554
$J_{rr}/(\text{kg}\cdot\text{m}^2)$	0.062	$k_h/(\text{N/m})$	2084600	k_I	5.17
$J_z/(\text{kg}\cdot\text{m}^2)$	0.096	$k_w/(\text{A/V})$	0.165	k_D	0.00058
s_0/mm	0.2	I_0/A	1.031	$\omega_{D1}/(\text{rad/s})$	$800\times2\pi$
l_m/m	0.06825	$\omega_w/(\text{rad/s})$	$600\times2\pi$	$\omega_1/(\text{rad/s})$	1
l_s/m	0.10275	$k_s/(\text{V/}\mu\text{m})$	0.073		

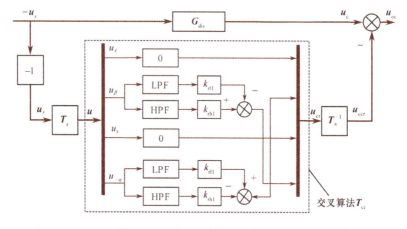

图 3-28　交叉反馈校正原理框图

章动模态的稳定性设计相对简单,因而这里首先讨论章动交叉反馈参数的设计。用 $\omega_{n1}=2\pi f_{n1}$ 表示 $F_r=F_{rmax}$ 时 $g_{OL}(s)$ 双频 Bode 图(图 3-29)中 L_{P+} 的频率上限,即有 $g_{OL}(j\omega_{n1})=\text{e}^{j\phi_{n1}}$。根据稳定性判据,如果校正后的 $g_{OL1}(j\omega_{n1})$ 在 ω_{n1} 处的增益保持为 0dB,而相位由 $\phi_{n1}<180°$ 超前成为 $\phi_{n2}=\gamma_n+180°>180°$,即 $g_{OL1}(j\omega_{n1})=\text{e}^{j\phi_{n2}}$,$\omega_{n1}$ 附近特性相应连续变化,就可以保证章动稳定且满足预定的相角裕度要求。

实系数单变量线性系统通常采用串联校正,因而常用 Bode 图进行校正设计。但交叉反馈校正却属于并联校正(加性校正),因而更适合采用奈奎斯特曲线确定校正量。对于复系数开环传递函数 $g_{OL}(s)$,同样可以绘制双频奈奎斯特曲线,其中负频和正频奈奎斯特曲线分别对应 $g_{OL}(-j\omega)$ 和 $g_{OL}(j\omega)$ 的复

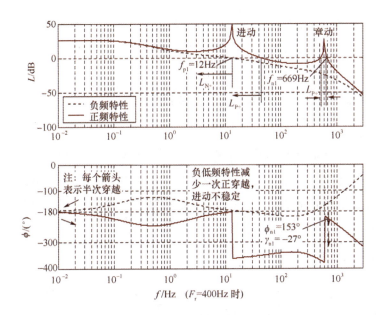

图 3 - 29 400Hz 转速下磁悬浮转子系统转动模态对应的开环双频 Bode 图

数值。由于章动校正实际上只需要调整正频特性的高频段,因而可以只画出 $g_{OL}(s)$ 的正频奈奎斯特曲线。$F_r = 400$Hz 时 $g_{OL}(s)$ 的正频奈奎斯特曲线(频率范围 $1 \sim 700$Hz),如图 3 - 30 所示,其中图右侧为曲线低频段,左侧为曲线高频

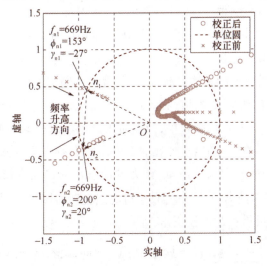

图 3 - 30 校正前后的正频奈奎斯特曲线($F_r = 400$Hz)

段,O 点为原点,n_1 点对应 $g_{OL}(+ j\omega_{n1})$ 复数值,n_2 点为 n_1 点期望的校正目标,对应 $g_{OL1}(+ j\omega_{n1})$ 复数值,则期望的加性校正量为

$$\overrightarrow{n_1 n_2} = \overrightarrow{On_2} - \overrightarrow{On_1} = e^{j\phi_{n1}} - e^{j\phi_{n2}} = c_{nc} e^{j\phi_{nc}} \qquad (3-92)$$

式中:c_{nc} 和 ϕ_{nc} 分别为校正量 $\overrightarrow{n_1 n_2}$ 的幅值和相角。

交叉反馈校正引起的加性校正量为

$$g_n(j\omega_{n1}) = j2k_{rh1d} l_m l_s k_{iws} g_{wLPF}(j\omega_{n1}) g_{crHPF}(j\omega_{n1}) g_{oeff}(j\omega_{n1}) \qquad (3-93)$$

由于高速时章动频率比进动校正 LPF 的截止频率高一个量级,这里忽略了进动校正部分是合理的。显然要满足设计要求,必须有

$$g_n(j\omega_{n1}) = c_{nc} e^{j\phi_{nc}} \qquad (3-94)$$

根据相角条件和幅值条件,得

$$\angle g_{crHPF}(j\omega_{n1}) = \phi_{nc} - \angle [g_{wLPF}(j\omega_{n1}) g_{oeff}(j\omega_{n1})] -90° \qquad (3-95)$$

$$k_{rh1d} = c_{nc} / [2l_m l_s k_{iws} | g_{wLPF}(j\omega_{n1}) g_{crHPF}(j\omega_{n1}) g_{oeff}(j\omega_{n1})|] \qquad (3-96)$$

由 ϕ_{n1} 和 ϕ_{n2} 可以确定 c_{nc} 和 ϕ_{nc}。事先选定 HPF 传递函数形式,根据式(3-95)即可确定 HPF 截止频率 ω_{rh1d},进而由式(3-96)确定出交叉系数 k_{rh1d}。由于章动交叉反馈校正主要影响频率特性高频段,对负频率幅频特性的 L_{N+}(处于低频段)影响很小,所以不会改变进动稳定性。

进动交叉反馈参数的设计需要用到 $F_r = 400\text{Hz}$ 时 $g_{OL}(s)$ 的负频奈奎斯特曲线(图3-31,频率范围 $1\sim100\text{Hz}$),图中 p_1 点对应校正前的 $g_{OL}(- j\omega_{p1})$ 复数值,$\omega_{p1} = 2\pi f_{p1}$ 为 L_{N+} 的右边界频率,p_2 点为 p_1 点期望的校正目标。进动交叉参数设计方法与章动交叉设计存在3点区别:①进动设计在 $s = - j\omega$ 的负频率域进行;②进动频率变化范围较小,为了简化设计可以将 LPF 截止频率 ω_{rl1d} 固定下来而不随转速变化,通常选择比静态悬浮固有频率稍低的值;③由于 LPF 在负频率域中为超前环节,选择 ω_{p1} 作为设计频率通常没有设计解,因而要考虑在 $\omega > \omega_{p1}$ 范围内搜索设计频率 ω_{p11}(对应奈奎斯特图中 p_{11} 点),使 $\overrightarrow{p_{11} p_2}$ 的相角恰为进动交叉反馈引起的校正角,即有

$$\phi_{pc} = \angle \overrightarrow{p_{11} p_2} = \angle [g_{wLPF}(- j\omega_{p11}) g_{crLPF}(- j\omega_{p11}) g_{oeff}(- j\omega_{p11})] -90°$$

$$(3-97)$$

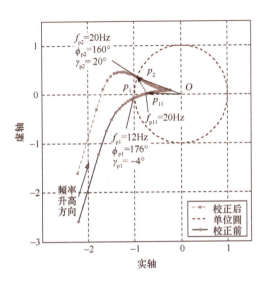

图 3 - 31　校正前后的负频奈奎斯特曲线($F_r = 400\text{Hz}$)

确定 p_{11} 和 ω_{p11} 后再根据 $\overrightarrow{Op_2} = \text{e}^{\text{j}\phi_{p2}}$，$\phi_{p2} = 180° - \gamma_p$ 求出进动交叉反馈校正量：

$$c_{pc} = |\overrightarrow{p_{11}p_2}| \qquad\qquad (3-98)$$

进而根据下式确定 k_{rl1d}：

$$k_{rl1d} = c_{pc}/[2l_m l_s k_{iws} |g_{wLPF}(-\text{j}\omega_{p11})g_{crLPF}(-\text{j}\omega_{p11})g_{oeff}(-\text{j}\omega_{p11})|]$$

$$(3-99)$$

　　在 $0 < F_r < F_{rmax}$ 的任意转速下可以做类似的进动和章动交叉反馈校正设计，再拟合出整个转速范围内的交叉参数曲线，即可保证整个转速范围内的相角裕度要求。考虑到实际系统中章动和进动稳定性均随转速升高而降低，为了简化设计过程，$0 < F_r < F_{rmax}$ 的交叉反馈参数可以按下述公式确定：

$$\omega_{rh} = \omega_{rh0} + (\omega_{rh} - \omega_{rh0})F_r/F_{rmax} \qquad (3-100)$$

$$k_{rh1} = k_{rh1d}F_r/F_{rmax} \qquad\qquad (3-101)$$

$$k_{rl1} = k_{rl1d}F_r/F_{rmax} \qquad\qquad (3-102)$$

其中，ω_{rh0} 为静态悬浮时章动 HPF 截止频率，通常可以选择稍高于静态悬浮固有频率的值。采用这种处理方法有利于转速变化时交叉反馈参数的平滑过渡,而且转速为零时 $k_{\mathrm{rl1}} = k_{\mathrm{rh1}} = 0$,因而不影响静态悬浮系统的稳定性。

以 MSCMG – V 样机为例,静态悬浮稳定的基本控制系统参数见表 3 – 4,给定交叉反馈校正算法如图 3 – 27 所示,为了使系统在 $F_{\mathrm{r}} = 0 \sim 400\mathrm{Hz}$ 时章动模态的相角裕度不低于 $\gamma_{\mathrm{n}} = 20°$,进动模态相角裕度不低于 $\gamma_{\mathrm{p}} = 20°$,采用上述基于双频奈奎斯特曲线的保相角裕度设计方法设计交叉反馈参数,其中章动校正参数设计步骤如下。

(1)确定章动设计频率 ω_{n1}:在 $F_{\mathrm{r}} = 400\mathrm{Hz}$ 的开环正频特性(图 3 – 29)中查出 $f_{\mathrm{n1}} = 669\mathrm{Hz}$,即 $\omega_{\mathrm{n1}} = 2\pi \times 669\mathrm{rad/s}$,对应的相角为 $\phi_{\mathrm{n1}} = 153°$。

(2)确定加性章动校正量:按照设计指标要求 $\gamma_{\mathrm{n}} = 20°$,则 $\phi_{\mathrm{n2}} = 200°$。根据式(3 – 92)求出 $c_{\mathrm{nc}} = 0.7971$,$\phi_{\mathrm{nc}} = -93.4°$。

(3)计算 HPF 截止频率 ω_{rhd}:在图 3 – 29 中查出 $\angle g_{\mathrm{wLPF}}(\mathrm{j}\omega_{\mathrm{n1}}) = -63.4°$,$\angle g_{\mathrm{oeff}}(\mathrm{j}\omega_{\mathrm{n1}}) = 180°$,算出 $\angle g_{\mathrm{HPF}}(\mathrm{j}\omega_{\mathrm{n1}}) = 60°$。选择 HPF 形式为 $g_{\mathrm{crHPF}}(s) = \dfrac{s}{s + \omega_{\mathrm{rhd}}}\dfrac{s}{s + \omega_{\mathrm{rhd}}}$,则可以确定 $\omega_{\mathrm{rhd}} = 2\pi \times 385\mathrm{rad/s}$。静态悬浮时固有频率约为 $100\mathrm{Hz}$,若选 $\omega_{\mathrm{rh0}} = 2\pi \times 200\mathrm{rad/s}$,根据式(3 – 100)得到 $\omega_{\mathrm{rh}} = 2\pi \times [200 + 185 \times F_{\mathrm{r}}/400]\mathrm{rad/s}$。

(4)计算章动交叉系数 k_{rh1d}:由式(3 – 96)计算出 $k_{\mathrm{rh1d}} = 2.41$,由式(3 – 101)算出 $k_{\mathrm{rh1}} = 2.41 \times F_{\mathrm{r}}/400$。

进动校正参数设计步骤如下。

(1)选择 LPF 参数:根据静态悬浮时固有频率选定 $g_{\mathrm{crLPF}}(s) = \dfrac{\omega_{\mathrm{rl}}}{s + \omega_{\mathrm{rl}}} \cdot \dfrac{\omega_{\mathrm{rl}}}{s + \omega_{\mathrm{rl}}}$,其中 $\omega_{\mathrm{rl}} = 2\pi \times 80\mathrm{rad/s}$。

(2)确定进动设计频率 ω_{p11} 和校正量:按照设计指标要求 $\gamma_{\mathrm{p}} = 20°$,则 $\phi_{\mathrm{p2}} = 160°$。在 $F_{\mathrm{r}} = 400\mathrm{Hz}$ 的开环负频特性(图 3 – 29)中查出 $f_{\mathrm{p1}} = 12\mathrm{Hz}$,在 $\omega > \omega_{\mathrm{p1}}$ 范围内按式(3 –97)搜索 p_{11} 点,得到 $f_{\mathrm{p11}} = 20\mathrm{Hz}$,即 $\omega_{\mathrm{p11}} = 2\pi \times 20\mathrm{rad/s}$,对应校正量 $c_{\mathrm{pc}} = 0.3832$,$\phi_{\mathrm{pc}} = 120°$。

(3)计算进动交叉系数 k_{rl1d}:由式(3 – 99)计算出 $k_{\mathrm{rl1d}} = 0.3048$,进而得到 $k_{\mathrm{rl1}} = 0.3048 \times F_{\mathrm{r}}/400$。

采用上述设计结果,F_r = 400Hz 校正前、后开环传递函数的双频 Bode 图如图 3 - 32 所示。从负频特性看,截止频率由 f_{p1} = 12Hz 提高到 f_{p11} = 20Hz,而相频特性滞后增大后下移,使穿越点左移进入 L_{N+},从而使进动恢复稳定,且 ω_{p11} 处的相角裕度达到 20°。从正频特性看,L_{P+} 不变,但高频段相频特性被超前而上移,使穿越点右移超出 L_{P+} 区域,从而使章动恢复稳定,同时 ω_{n1} 处相角裕度达到 20°,满足设计要求。

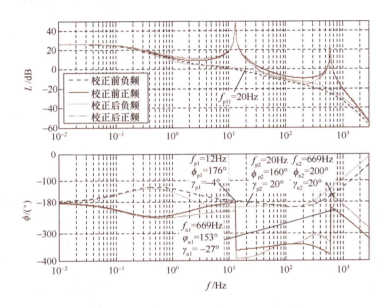

图 3 - 32　交叉反馈校正前、后开环传递函数的双频 Bode 图(F_r = 400Hz)

校正后 $0 < F_r < 400$Hz 的闭环系统的转速根轨迹如图 3 - 33 所示。可以看出,整个转速范围内进动和章动都是稳定的,F_r = 120Hz 时进动阻尼最小,但总体而言不同转速下进动阻尼差别不大;章动阻尼随转速升高而下降。因此,前面基于最高转速下的保相角裕度设计及相关的参数处理方法实际上可以保证整个转速范围内的相角裕度不低于最高转速时的裕度,从而满足整个转速范围内的最小相角裕度要求。

从设计过程和结果还可以看出:

(1) 进动交叉和章动交叉环节在负低频区间和正高频区间分别属于滞后和超前环节,与原控制器并联后,对原控制系统实现了滞后和超前校正。

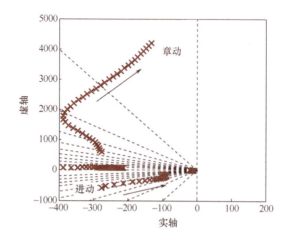

图 3 - 33   校正后闭环系统的转速根轨迹

箭头表示 F_r 增大方向。

（2）章动交叉校正对负频特性的高频段也会造成影响,但由于校正角不太大,没有显著影响 L_{N+} 区域,因而不会改变负频特性的穿越情况。进动交叉校正的影响与此类似。因此,只要交叉反馈的校正角不太大,上述关于单个频率点的保相角裕度设计方法是可行的。

（3）保相角裕度设计的关键是确定设计频率,而选择 ω_{p11} 和 ω_{n1} 点具有尽可能小地改变幅频特性从而尽可能少地改变进动和章动频率的优点。

（4）HPF 截止频率随转速升高可以避免章动校正对其他低频模态造成不利影响。

（5）由于采用经典线性系统理论进行设计,因而具有直观性和鲁棒性。

3.4.3   磁悬浮高速转子弹性振动模态陷波器校正设计方法

磁悬浮高速转子弹性振动模态可分为后向涡动（BW）和前向涡动（FW）。最高速时的 BW 稳定简称为 BW_{max} 稳定。陷波器方法是一种抑制磁悬浮转子弹性模态的常用方法[48,49]。弹性模态校正陷波器设计包括中心频率 f_z、级数 n 和极点阻尼 ζ_p 3 个方面,确定 ζ_p 是陷波器设计的主要内容。由于 BW_{max} 稳定性校正需要的 ζ_p 值最大,因此弹性模态校正陷波器设计只要保证最高速时 BW 有足够的相角裕度 γ,则其他任何转速下的 BW 和 FW 也必然满足稳定裕度要求。

为了优化 ζ_p，也就是在保证 BW_{max} 稳定的前提下极小化 ζ_p，不仅要考虑陷波器的相位校正功能，而且要充分利用陷波器过渡带特性的增益衰减作用。由于增益衰减，控制通道串入陷波器后 L_{B+} 的左限将由 a 点右移到 a_1 点（通常 $f_a < f_{a1} < f_b$），而按照同样的相角裕度要求，a_1 点所需的相移量要小于 a 点的要求，因而可以选取较小的 ζ_p。以下讨论保证 BW_{max} 相角裕度前提下确定最小 ζ_p 的方法。

对于任意 ζ_p，$F_r = F_{rmax}$ 时校正后的开环传递函数为

$$g_{OL1}(s)\big|_{F_r = F_{rmax}} = g_{OL}(s)\left(\frac{s^2 + 2\zeta_z\omega_z s + \omega_z^2}{s^2 + 2\zeta_p\omega_z s + \omega_z^2}\right)^n\bigg|_{F_r = F_{rmax}} \qquad (3-103)$$

其中，f_z 和 n 在前面已经确定。假设 $\zeta_p = \zeta_{p0}$ 时 a 点右移到 a_1 点，且 BW_{max} 相角裕度恰好达到设计值 γ，则有

$$g_{OL1}(s)\big|_{s = -j2\pi f_{a1},\zeta_p = \zeta_{p0}} = e^{j(\pi + \gamma)} \qquad (3-104)$$

上式是关于 ζ_{p0} 和 f_{a1} 的复系数方程，理论上利用方程两边关于实部和虚部的恒等关系可以求出 ζ_{p0} 和 f_{a1} 的实数解，但实际计算时非常困难。为了简化求解过程，可以由 $g_{OL1}(s) = e^{j(\pi + \gamma)}$ 解出

$$\zeta_p = \frac{\left[g_{OL}(s)\right]^{1/n}(s^2 + 2\zeta_z\omega_z s + \omega_z^2)e^{-j\frac{\pi + \gamma}{n}} - s^2 - \omega_z^2}{2\omega_z s} \qquad (3-105)$$

然后绘制 ζ_p 在 $f_a < f < f_b$ 的频率特性，显然只会有一个穿越 0° 线的频率点（其他穿越点是由相角跳变造成的，无效），该频率即校正后的 f_{a1}，对应的幅值即 ζ_p 的最佳值 ζ_{p0}。需要注意的是，为了避免对 $g_{OL}(s)$ 开 n 次方时出现重根，必须将 $g_{OL}(s)$ 的相角限制在 $(0,360°)$ 范围内。

以 MSCMG - V 样机为例，弹性模态校正陷波器的保相角裕度优化设计的提法为：给定 $F_r = 0 \sim 400Hz$ 范围内刚体模态稳定的磁悬浮弹性转子系统如式（3-63）所示，设计陷波器参数 n、f_z、ζ_z 和 ζ_p，使整个转速范围内弹性模态的相角裕度高于 $\gamma = 10°$。根据上述分析，基于 BW_{max} 稳定的弹性模态保相角裕度优化设计步骤如下[36,49]。

（1）确定 ζ_z：根据前面关于陷波器特性的分析，取 $\zeta_z = 0.0025$。

（2）确定 f_z：画出静态悬浮时的开环频率特性，取 $f_z = f_b = 1096\text{Hz}$。

（3）确定级数 n：$n = \text{int}\{[\max(|\gamma_a|,|\gamma_f|) + \gamma]/\theta_{\max} + 1\}$，其中 int 表示取整，$\theta_{\max}$ 表示一级陷波器能提供的最大相移，ζ_z 固定的情况下取决于 ζ_p，通常取 70°。假定最大校正角需求为 115°，加上 $\gamma = 10°$ 达到 125°，故可选 $n = 2$。

（4）确定 ζ_p：画出 $F_r = 400\text{Hz}$ 时的开环双频 Bode 图，如图 3 - 34 所示，可知 $f_a = 939\text{Hz}$，$f_b = 1042\text{Hz}$。根据式（3 - 105）绘制 ζ_p 在 $f = 939 \sim 1042\text{Hz}$ 范围内的负频特性，如图 3 - 35 所示，可以确定 $f_{a1} = 1001.5\text{Hz}$，相应的 $\zeta_{p0} = 0.1061$。相对于 $\zeta_p = 0.18$，该陷波器在 642Hz（$F_r = 400\text{Hz}$ 时的章动频率）的相位滞后由 17.5° 减少到 10.5°，两级陷波器共减少相位滞后 14°，可以显著降低对章动稳定性的影响。

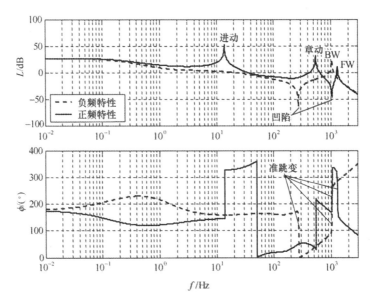

图 3 - 34　400Hz 转速下磁悬浮弹性转子系统的
开环双频 Bode 图（$F_r = 400\text{Hz}$）

（5）校验：在控制通道中串入两级陷波器，仿真闭环系统的转速根轨迹，如图 3 - 36 所示，可以看出弹性模态和章动在整个转速范围内都是稳定的。画出 $F_r = 400\text{Hz}$ 时的开双环频率 Bode 图（图 3 - 37），可以看出 BW 稳定裕度恰为 10°，说明设计结果满足稳定裕度要求。

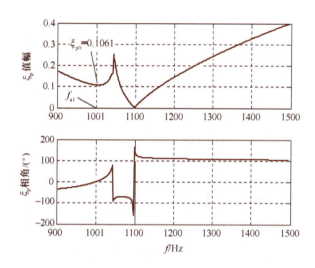

图 3-35　ζ_{p0} 的负频率特性曲线

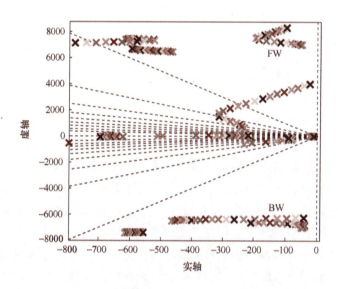

图 3-36　磁悬浮转子系统串入陷波器后的
　　　　闭环转速根轨迹（$F_r = 0 \sim 400\text{Hz}$）

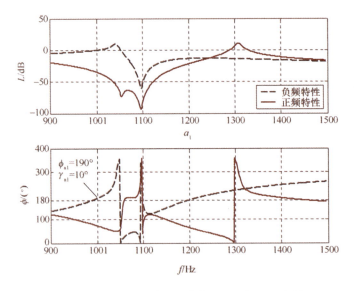

图 3-37 串入陷波器后磁悬浮转子系统的开环双频 Bode 图($F_r = 400\text{Hz}$)

3.5 本章小结

针对具有强陀螺效应的磁悬浮刚性转子系统,通过引入变量重构的概念,将实系数双输入、双输出系统转化为复系数 SISO 系统,证明了变量重构前、后系统稳定的等价性,揭示了复系数闭环特征根的分布与涡动模态稳定性的本质规律,提出了基于控制通道正、负频率特性的章动和进动稳定判据,解决了现有控制理论很难对这些稳定裕度进行解析分析的理论难题。在此基础上,针对高速磁悬浮转子的弹性振动模态,根据涡动模态的特点进一步扩展了奈奎斯特稳定判据,提出了基于复系数频率特性的磁悬浮高速转子弹性振动涡动模态稳定性分析方法。根据高速磁悬浮转子系统的涡动模态稳定判据,提出了基于分散 PID 控制的转速自适应滤波交叉反馈控制方法实现对章动和进动的稳定控制,并用基于奈奎斯特曲线的章动交叉参数保相角裕度设计实现磁悬浮转子的高稳定度控制。以上稳定性分析和控制均得到了仿真和实验的验证。

本章所研究的稳定性分析方法,从工程和理论的角度出发深入分析磁悬浮转子系统自身的特点,并不拘泥于控制理论现有的方法,而是根据实际问题衍生出新的概念并提出新的方法,不仅突破了强陀螺效应磁悬浮转子涡动模态稳定性分析的理论难题,也为控制器的优化设计提供了理论依据。

参 考 文 献

[1] Fang J, Ren Y. High – precision control for a single – gimbal magnetically suspended control moment gyro based on inverse system method[J]. IEEE Transactions on Industrial Electronics, 2011, 58(9): 4331 – 4342.

[2] Okada Y, Nagai B, Shimane T. Cross – feedback stabilization of the digitally controlled magnetic beareing [J]. Journal of Vibration and Acoustics, 1992, 114(1): 54 – 59.

[3] Okada Y, Nagai B, Shimane T. Digital control of magnetic bearing with rotationally synchronized interruption[C]. in Proc. of First Int. Sym. on Magn. Bearings, Zurich, Switerland, Jun. 1988.

[4] M Ahrens, L Kucera, R Larsonneur. Performance of a magnetically suspended flywheel energy storage device[J]. IEEE Transactions Control Syst. Technol, 1996, 4(5): 494 – 502.

[5] Fan Y, Fang J. Experimental research on the nutational stability of magnetically suspended momentum flywheel in control moment gyroscope (CMG)[C]. in Proc. 9th Int. Sym. Magn. Bearings, Lexington, USA, Aug. 2004.

[6] Chen J, Liu K, Chen X. Modeling and low power control of active magnetic bearings system [C]. in Proc. Int. Conf. Modeling, Identification, Control, Shanghai, China, Jun. 2011.

[7] Dever T P, Brown G V, Duffy K P, et al. Modeling and development of a magnetic bearing controller for a high speed flywheel system[C]. in Proc. 2nd Int. Energy Convers. Eng. Conf. , Providence, Rhode Island, Aug. 2004, AIAA 2004 – 5626.

[8] Brown G V, Kascak A, Jansen R H, et al. Stabilizing gyroscopic modes in magnetic – bearing – supported flywheels by using cross – axis proportional gains[C]. in AIAA Guid. , Naviga. , and Control conf. and Exhibit, San Francisco, CA, Aug. 2005, AIAA 2005 – 5955.

[9] Fang J, Ren Y. Decoupling control of a magnetically suspended rotor in a control moment gyro based on inverse system method[J]. IEEE/ASME Transactions on Mechatronics, 2012, 17(6): 1133 – 1144.

[10] Chen M, Knospe C R. Feedback linearization of active magnetic bearings: current – mode implementation [J]. IEEE/ASME Transactions on Mechatronics, 2005, 10 (6): 632 – 639.

[11] S – L Chen, C – C Weng. Robust control of a voltage – controlled three – pole active magnetic bearing system[J]. IEEE/ASME Transactions on Mechatronics, 2010, 15(3): 381 – 388.

[12] Sivrioglu S , Nonami K. Sliding mode control with time – varying hyperplane for AMB sys-tems. IEEE/ASME Transactions Mechatronics, 1998, 3(1): 51 – 59.

[13] Tamisier V. Optimal control of the gyroscopic effects[C]. in Proc. IEEE Int. Symp. Ind. Electron. , Montreal, Quebec, Canada, Jul. 2006, 2556 – 2561.

[14] Zhu K Y, Xiao Y, Rajendra A U. Optimal control of the magnetic bearings for a flywheel energy storage system[J]. Mechatronics, 2009, 19: 1221 – 1235.

[15] Fang J, Ren Y. Self – adaptive phase – lead compensation based on unsymmetrical current sampling resistance network for magnetic bearing switching power amplifiers[J]. IEEE Transactions on Industrial Electronics, 2012, 59(2): 1218 – 1227.

[16] Jiang W, Wang H, Wei J. A study of singularities for magnetic bearing systems with time delays[J]. Chaos, Solutions & Fractals, 2008, 36: 715 – 719.

[17] Ji J C. Dynamic of a Jeffcott rotor – magnetic bearing system with time delays[J]. Int. J. Non – linear Mechanics, 2003, 38: 1387 – 1401.

[18] Kascak A F, Brown G V, Jansen R H, et al. Stability limits of a PD controller for flywheel supported on rigid rotor and magnetic bearings[C]. in AIAA Guid. , Naviga. , and Control conf. and Exhibit, San Francisco, CA, Aug. 2005, AIAA:2005 – 5956.

[19] Pei Y – C. Stability boundaries of a spinning rotor with parametrically excited gyroscopic system[J]. European Journal of Mechanics – A/Solids, 2009, 28: 891 – 896.

[20] Ho M – T, Datta A, Bhattacharyya S P. An elementary derivation of the Routh – Hurwitz criterion[J]. IEEE Transactions on Automatic Control, 1998, 43(3): 405 – 409.

[21] Margaliot M, Langholz G. The Routh – Hurwitz array and realization of characteristic poly-nomials[J]. IEEE Transactions on Automatic Control, 2000, 45(12): 2424 – 2427.

[22] El – Marhomy A A, Abdel – Sattar N E. Stability analysis of rotor – bearing systems via Routh – Hurwitz criterion[J]. Appllication Energy, 2004, 77: 287 – 308.

[23] El – Marhomy A A. Effect of various rotor – bearing system parameters on the whirl stability of system rotational modes of motion[J]. Energy Convers. Mgmt, 1997, 38(1): 73 – 82.

[24] Yang C, Zhang Q, Sun J, et al. Luré Lyapunov function and absolute stability criterion for Luré singularly perturbed systems[J]. IEEE Transactions on Automatic Control, 2011, 56 (11): 2666 – 2671.

[25] Hus C – T, Chen S – L. Exact linearization of a voltage – controlled 3 – pole active magnet-ic bearing system[J]. IEEE Transactions Control Systems Technology, 2002, 10(4): 618 – 714.

[26] Peterson K S, Grizzle J W, Stefanopoulou A G. Nonlinear control for magnetic levitation of automotive engine vales[J]. IEEE Transactions Control Systems Technology, 2006, 14 (2): 346 – 354.

[27] Sorg F, Cammalleri M. Control of hysteretic instability in rotating machine by elastic sus-

pension systems subject to dry and viscous friction[J]. Journal of Sound and Vibration, 2010, 329: 1686 – 1701.

[28] 高黛陵, 吴麒. 多变量频率域控制理论[M]. 北京: 清华大学出版社, 1998: 137 – 175.

[29] Kim J, Bates D G, Postlethwaite I. Evaluation of stochastic effects on biomolecular networks using the generalized Nyquist stability criterion [J]. IEEE Transactions on Automatic Control, 2008, 53(8): 1937 – 1941.

[30] Xiao K, Liu K, Chen X. Cross feedback control of hybrid magnetic bearings based on root locus[C]. Proceedings of the 11th International Symposium on Magnetic Bearings, 2008: 324 – 329.

[31] Fan C C, Pan M – C. Experimental study on the whip elimination of rotor – bearing systems with electromagnetic exciters[J]. Machanism & Machine Theory, 2011, 46: 290 – 304.

[32] Ren Y, Su D, Fang J. Stability Analysis of Whirling Modes for a Magnetically Suspended Flywheel with Time Delay using Complex Coefficient Frequency Characteristics[J]. IEEE Transactions on Power Electronics, 2013, 28(12): 5890 – 5901.

[33] 房建成, 孙津济, 樊亚洪. 磁悬浮惯性动量轮技术[M]. 北京: 国防工业出版社, 2012.

[34] 魏彤, 房建成. 高速大惯量磁悬浮转子系统章动交叉控制的保相角裕度设计[J]. 光学精密工程, 2007, 15(6): 858 – 865.

[35] 郑世强. 双框架磁悬浮控制力矩陀螺磁轴承控制及应用研究[D]. 北京: 北京航空航天大学: 2011.

[36] 魏彤. CMG 磁悬浮转子控制系统稳定性分析与实验研究[D]. 北京: 北京航空航天大学, 2006.

[37] 于灵慧, 房建成. 基于主动磁轴承的高速飞轮转子系统的非线性控制研究[J]. 宇航学报, 2005, 26(3): 301 – 306.

[38] 魏彤, 房建成. 磁悬浮控制力矩陀螺磁轴承的变工作点显性化自适应控制方法[J]. 机械工程学报, 2007, 43(6): 110 – 115.

[39] Ren Y, Fang J. Current – sensing resistor design to include current derivative in PWM H – bridge unipolar switching power amplifiers for magnetic bearings[J]. IEEE Transactions on Industrial Electronics, 2012, 59(12): 4590 – 4600.

[40] 蒋慰孙, 叶银忠. 多变量控制系统分析与设计[M]. 北京: 中国石化出版社, 1998: 217 – 248.

[41] 黄琳. 稳定性与鲁棒性的理论基础[M]. 北京: 科学出版社, 2003: 1 – 54.

[42] 胡寿松. 自动控制原理[M]. 北京: 科学出版社, 2000: 196 – 204.

[43] 任元. 大型 CMG 磁悬浮转子系统高稳定度高精度控制方法及实验研究[D]. 北京: 北京航空航天大学, 2012.

[44] Fang J, Ren Y, Fan Y. Nutation and precession stability criterion of magnetically suspen-

ded rigid rotors with gyroscopic effects based on positive and negative frequency characteristics [J]. IEEE Transactions on Industrial Electronics, 2014, 61(4): 2003 –2014.

[45] 魏彤, 房建成. 磁悬浮高速转子系统双频 Bode 图稳定性分析方法研究[J]. 航空学报, 2007, 28(3): 641 –646.

[46] Postlethwaite A, MacFarlane G J. A complex variable approach to the analysis of linear multivariable feedback systems[M]. Springer – Verlag, 1979.

[47] Yeun K S G, Wong W T. Root – locus plot of systems with time delay[J]. Electronics Letters, 1982, 18(11): 480 –481.

[48] 魏彤, 房建成. 磁悬浮控制力矩陀螺高速转子高频自激振动的抑制[J]. 宇航学报, 2006, 27(2): 291 –296.

[49] 魏彤, 房建成. 基于双频 Bode 图设计磁悬浮弹性转子陷波器[J]. 光学精密工程, 2008, 16(5): 789 – 796.

第4章
磁悬浮高速转子的现场动平衡和不平衡量的主动振动抑制方法

▶ 4.1　引言

转子材料密度不均匀和加工、装配等误差会导致转子质量不平衡,从而使转子的惯性轴与几何轴不一致。当转子高速旋转时,不平衡产生的同频振动力传递到基座上,从而引起卫星平台的高频振动[1-5]。此外,对磁悬浮转子而言,抑制不平衡振动产生的过大的控制量会引起磁轴承磁路饱和及功率放大器电流饱和[6],过大的转子跳动量还会导致转子轴碰撞保护轴承。

为了减小转子不平衡量,通常要进行动平衡,包括现场和离线两种方式。现场动平衡通过测试转子的不平衡量校正转子的质量分布,使转子的惯性轴与几何轴重合,从根本上消除不平衡振动[7-11]。近年来,学者们提出了多种现场动平衡方法,主要分为模态平衡法和影响系数法[12-16]两类。影响系数法只需转子系统和检测系统是线性的,多次平衡后可取得较高的精度[17],在现场动平衡中大量应用[18-19]。但是,它需要多次试重,效率较低。近年来,很多学者开始研究无试重动平衡方法[20,21],该方法需要非常精确的数学模型,难以在工业中广泛应用,因此有必要研究一种高效且便于应用的现场动平衡方法。

转子经过现场动平衡以后,不平衡质量引起的振动可大幅下降,但是转子仍有残余不平衡。此外,由于材料的渐变特性以及工作环境的变化,也会导致新的转子不平衡[5],进而产生高频振动。因此,有必要进一步进行主动振动控制。国内外学者提出了一系列针对磁悬浮转子系统的不平衡振动主动控制方法[22-26],主要有滤波器、重复控制、干扰观测器、辨识与补偿、鲁棒控制、自适应控制、最优控制、递归控制等。其中滤波器应用最为广泛,按滤波器实现的形式,主要可分为经典陷波器、通用陷波器、自适应滤波器等几种。Chen 采用一种基于连续域的经典陷波器,通过调节陷波频率和阻尼比,可有效抑制已知或可测频率的振动[27]。此后,经典连续陷波器被转化为陷波频率和阻尼比可调的离散形式[28],运算量得到了优化和减少,成功应用于采用数字控制器的磁悬浮转子系统的不平衡振动控制。由于经典陷波器影响系统的稳定性,尤其在低速情况下,容易引起系统失稳。Herzog 在文献[29]中提出一种利用相关函数构建的通用陷波器,采用一个转移矩阵来改善整个闭环系统的极点分布,当转速较高时,转移矩阵可设计为单位阵,从而改善了陷波器在低速情况下的稳定性,并在实验中取得了很好的效果。文献[30]将这种方法应用于磁悬浮飞轮高速状态下的不平衡参数辨识。文献[31,32]对通用陷波器进行了进一步研究,通过改进转移矩阵中参数的选取方法,有效地改善了系统的动态性能,消除了阶跃响应时的蠕行现象。自适应滤波器具有自学习、自调整的优点,可通过反复迭代实现对不断变化的噪声进行自适应抑制,在不平衡振动控制中也得到了广泛应用。Gerlach 设计了一种自学习的自适应滤波器,对 Teldix 公司的五自由度全主动大力矩飞轮进行不平衡振动控制,实验结果显示振动力和振动力矩减小了约 75%[33]。文献[34]将定步长最小均方(Least Mean Square, LMS)算法与比例—积分—微分算法相结合,提出一种随转子转速变化实时变频的控制策略。Ihn 采用频率域的 LMS 算法,实现了对高速旋转光盘的不平衡振动控制,并提高了系统的鲁棒性[34]。文献[35]采用 LMS 算法对磁悬浮转子系统的振动位移和振动电流实现了间接控制,并通过实验验证了算法的有效性。实际上,加入 LMS 算法的闭环系统传递函数可转化为陷波器形式[32]。因此,以上滤波器本质上均属于陷波器,只是表现形式不同。采用滤波器的主动振动控制算法具有设计容易、计算量少、易于分析系统特性等多个优点,在工业各个领域得到了广泛应用[36-41]。

从抑制的对象来看,不平衡控制方法可分为抑制同频位移、同频电流和同频力振动三类。抑制同频位移是以减小转子的振动位移为目标,适用于高速机床钻头等需要转子定位精度很高的场合。抑制同频电流是以衰减同频电流为目标[42-49],这种方法功耗较小,且往往不需要被控对象的数学模型,当被控对象的参数发生摄动时,依然具有很好的衰减效果和很强的鲁棒性[50,51]。通常情况下,抑制同频电流并不能完全抑制同频力,无法满足 MSCMG 微振动的需求。为了实现同频振动力的有效抑制,Li 在使用通用陷波器实现抑制同频电流的基础上,通过反馈和前馈控制产生补偿电流以抵消位移刚度产生的振动力[52,53]。文献[54,55]采用通用陷波器的输出信号构建了位移刚度力的补偿控制器,设置了开环、闭环控制切换开关和位移补偿控制开关,通过不同控制状态的切换,实现磁悬浮转子全转速范围内的同频振动力的主动抑制。然而,用以抵消同频振动力的补偿电流通常由功率放大器提供,上述方法在抑制不平衡振动时未考虑功放的影响,必然影响振动抑制的效果。此外,MSCMG的动框架效应和低功耗控制使磁悬浮高速转子产生位移偏转,过大的跳动位移将影响磁悬浮转子系统的安全运行,为此必须保证在一定安全的位移阈值下,实现最小的不平衡振动力和力矩控制[56-63]。

本章首先分析了磁悬浮高速转子系统实现不平衡振动完全抑制的理论条件,并建立含有转子不平衡的磁悬浮系统动力学方程。在此基础上进行现场动平衡,提出一种基于零位移控制的无试重现场动平衡方法。此外,针对MSCMG 中功率放大器引起的幅值相位补偿,提出了一种自适应、高精度的基于幅值相位调节器的主动振动控制方法,并实现给定不平衡振动位移阈值下的最小不平衡振动力和力矩控制。

4.2　含转子不平衡的磁悬浮转子系统动力学建模与分析

由于磁悬浮高速转子上装配了大量转子组件,相比较不带任何附件的孤立零件状态的转子,由于加工的难度,初始不平衡量往往较大[64-67]。即使采用动平衡机对磁悬浮高速转子进行不平衡量补偿,由于磁悬浮高速转子在动平衡机的工作状态与实际工作状态存在巨大差异,不平衡补偿效果也不理想[68-71]。为实现磁悬浮转子系统的不平衡振动机理分析及动力学建模,遵循以下基本假定：

（1）磁悬浮高速转子为刚体；

（2）忽略 Sensor Runout、磁轴承磁场不均匀、电机磁偏拉力等引起的同频振动；

（3）忽略重力作用；

（4）磁悬浮转子系统径向通道参数一致。

由于磁悬浮高速转子与保护轴承之间存在间隙，且磁悬浮高速转子同时受高速电机和磁悬浮转子系统控制，运动形式比较复杂。因此，为准确实现含转子不平衡的磁悬浮转子系统动力学建模，必须首先清晰地描述磁悬浮高速转子的运动形式并分析不平衡振动机理。

4.2.1 含转子不平衡的磁悬浮高速转子振动机理分析

转子不平衡分为静不平衡和动不平衡。其中：前者为惯性轴相对几何轴的偏移，即惯性轴中心与几何轴中心的间距；后者为惯性轴相对几何轴的偏转，即惯性轴与几何轴的夹角。当磁悬浮高速转子不绕惯性轴旋转时，磁悬浮转子系统的定子将提供磁悬浮高速转子旋转所需要的向心力和力矩，而反作用力和力矩将通过框架系统、基座传递到航天器平台，引起航天器姿态振动和敏感载荷性能下降。

磁悬浮高速转子系统由磁轴承系统和高速电机系统组成，则磁悬浮高速转子的 6 个自由度运动（包括轴向自由度的平动和转动、两个径向自由度的平动和转动）受磁悬浮转子系统和高速电机系统控制。其中，高速电机系统控制磁悬浮高速转子的轴向转动，而磁悬浮转子系统控制磁悬浮高速转子的余下 5 个自由度的运动。由于两者分别控制磁悬浮高速转子的不同自由度，耦合作用可忽略。为分析磁悬浮高速转子的运动形式，下面将磁悬浮高速转子的运动形式进行分解。

（1）初始状态：高速电机控制磁悬浮高速转子稳速转动，磁轴承系统不工作的状态。此时，根据陀螺第一定律和自对中效应，磁悬浮高速转子将绕惯性轴稳速转动，且只存在轴向转动，无其他五自由度运动。由于磁悬浮转子系统不工作，既不提供控制力和力矩，也无反作用力和力矩传递至航天器平台。因此，初始状态处于无振动力和力矩的状态。

（2）过渡状态:磁轴承系统上电,磁悬浮高速转子的运动在磁轴承系统的控制下发生改变的状态。初始状态下,磁悬浮高速转子的几何轴围绕其惯性轴进行轴向转动。由于位移传感器检测的是磁悬浮高速转子几何轴的位移,因此磁轴承控制器根据检测的径向同频振动的几何轴位移产生控制作用力和力矩,趋向于使磁悬浮高速转子绕其几何轴旋转。此时,反作用力和力矩将传递至航天器平台。由于磁轴承系统的控制作用为径向,因此惯性轴将出现径向运动,包括平动和转动。显然,过渡状态的振动力和力矩即为磁轴承控制器提供给磁悬浮高速转子惯性轴径向平动和转动所需要的向心力和力矩的反作用力和力矩。由于磁轴承系统根据位移传感器检测的几何轴位移信号产生控制作用,因此磁悬浮高速转子惯性轴的轴向转动和径向运动频率相同,均为磁悬浮高速转子的转速。

（3）稳定状态:磁轴承系统保持工作,磁悬浮高速转子的运动形式稳定的状态。由于磁悬浮高速转子的径向运动只使其与定子的距离发生同频变化,轴向转速并未受影响,高速电机的转速传感器(霍尔传感器)只能检测到磁悬浮高速转子的轴向转速,因此磁悬浮高速转子的轴向转动仍在高速电机控制下处于稳速状态,磁悬浮高速转子的径向运动在磁悬浮转子系统的控制下稳定,且轴向转动与径向运动仍保持同频。稳定状态下惯性轴的旋转轴(给定悬浮轴)既不是高速转子的惯性轴(磁悬浮转子系统存在作用力和力矩),也不是高速转子的几何轴(磁悬浮转子系统需要根据几何轴位移产生作用力和力矩)。传递的振动力和力矩即磁轴承控制器的控制力和力矩的反作用力和力矩。

综上所述,磁悬浮高速转子轴向在高速电机的控制下绕惯性轴稳速转动,无振动力和力矩产生,而惯性轴在磁轴承系统的控制下产生径向运动,振动力和力矩即磁悬浮转子系统控制力和力矩的反作用力和力矩。由于轴向磁轴承系统检测不到不平衡振动位移且自身带宽较低,不产生不平衡振动力。因此,径向磁轴承系统是不平衡振动源。

4.2.2　含转子不平衡的磁悬浮转子系统动力学建模

xz 平面的磁悬浮转子系统的示意图如图 4 - 1 所示,由磁悬浮高速转子、径向磁铁、轴向磁铁、位移传感器、控制器和功率放大器等组成。磁悬浮高速

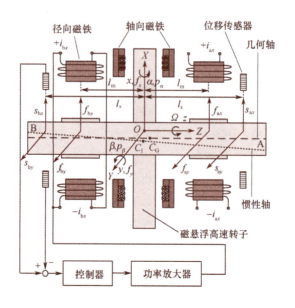

图 4-1 xz 平面的磁悬浮转子系统示意图

转子的 5 个自由度分别由 4 对径向磁铁和一对轴向磁铁控制。4 对径向磁铁和位移传感器对称分布于转子两端 A 和 B,对应 4 个通道 A_x、B_x、A_y、B_y。其中,图中仅显示了 A_x 和 B_x 径向磁铁,未显示的 A_y 和 B_y 径向磁铁垂直于纸面。由于磁悬浮转子系统的不平衡建模涉及 3 个位移转换矩阵,因此首先引入 3 个坐标系[68]:广义坐标系 $(x,\beta,y,-\alpha)$,磁铁坐标系 $(x_{ax},x_{bx},x_{ay},x_{by})$ 和位移传感器坐标系 $(s_{ax},s_{bx},s_{ay},s_{by})$。3 个坐标系的原点均为 4 对径向磁铁的中心 O。s_{ax}、s_{bx}、s_{ay} 和 s_{by} 为位移传感器输出的位移信号,x_{ax}、x_{bx}、x_{ay} 和 x_{by} 为转子几何轴在磁铁坐标系的位移,x、y、α 和 β 为磁悬浮高速转子在广义坐标系 xyz 下的位移,i_{ax}、i_{bx}、i_{ay} 和 i_{by} 为径向磁铁的绕组电流,f_{ax}、f_{bx}、f_{ay} 和 f_{by} 为径向磁铁的磁力,f_x、f_y、p_α 和 p_β 为广义坐标系下磁力和磁力矩,l_m 和 l_s 分别为径向磁铁中心和位移传感器中心到坐标原点的距离,C_G 和 C_I 分别为磁悬浮高速转子几何轴和惯性轴的中点,则静不平衡即 C_G 和 C_I 的距离,动不平衡即几何轴和惯性轴的夹角。磁悬浮高速转子的几何轴和惯性轴在广义坐标系下的位移可分别表示为

$$\boldsymbol{q}_G = [x_G, \beta_G, y_G, -\alpha_G]^T \qquad (4-1)$$

$$\boldsymbol{q}_{\mathrm{I}} = \left[\, x_{\mathrm{I}}\,, \beta_{\mathrm{I}}\,, y_{\mathrm{I}}\,, -\alpha_{\mathrm{I}}\,\right]^{\mathrm{T}} \tag{4-2}$$

根据牛顿第二定律和陀螺技术方程,转子惯性轴的径向动力学方程可表示为

$$\boldsymbol{M}\,\ddot{\boldsymbol{q}}_{\mathrm{I}} + \boldsymbol{G}\,\dot{\boldsymbol{q}}_{\mathrm{I}} = \boldsymbol{f} \tag{4-3}$$

式中:$\boldsymbol{M} = \mathrm{diag}(m, J_{\mathrm{r}}, m, J_{\mathrm{r}})$ 为广义质量矩阵;m 为磁悬浮高速转子质量;$\boldsymbol{f} = [f_x, p_{\beta}, f_y, -p_{\alpha}]^{\mathrm{T}}$,为广义力矢量;$\boldsymbol{G} = \begin{bmatrix} 0 & 0 & 0 & 0 \\ 0 & 0 & 0 & J_z\Omega \\ 0 & 0 & 0 & 0 \\ 0 & -J_z\Omega & 0 & 0 \end{bmatrix}$,为陀螺矩阵;$J_{\mathrm{r}}$ 为

磁悬浮高速转子的赤道转动惯量。

$\boldsymbol{f}$ 可由径向磁铁的磁力通过矩阵转化得

$$\boldsymbol{f} = \boldsymbol{T}_{\mathrm{f}}\boldsymbol{f}_{\mathrm{m}} \tag{4-4}$$

式中:$\boldsymbol{f}_{\mathrm{m}} = [f_{ax}, f_{bx}, f_{ay}, f_{by}]^{\mathrm{T}}$;$\boldsymbol{T}_{\mathrm{f}} = \begin{bmatrix} 1 & 1 & 0 & 0 \\ l_{\mathrm{m}} & -l_{\mathrm{m}} & 0 & 0 \\ 0 & 0 & 1 & 1 \\ 0 & 0 & l_{\mathrm{m}} & -l_{\mathrm{m}} \end{bmatrix}$。

轴承力矢量 $\boldsymbol{f}_{\mathrm{m}}$ 可近似为如下的线性方程[69]:

$$\boldsymbol{f}_{\mathrm{m}} = k_i\boldsymbol{i}_{\mathrm{m}} + k_x\boldsymbol{q}_{\mathrm{m}} \tag{4-5}$$

式中:$\boldsymbol{i}_{\mathrm{m}} = [\, i_{ax}, i_{bx}, i_{ay}, i_{by}\,]^{\mathrm{T}}$;$\boldsymbol{q}_{\mathrm{m}} = [\, x_{ax}, x_{bx}, x_{ay}, x_{by}\,]^{\mathrm{T}}$;$k_i$ 为电流刚度;k_x 为位移刚度。

由广义坐标系和磁铁坐标系之间的位移关系,可知

$$\boldsymbol{q}_{\mathrm{m}} = \boldsymbol{T}_{\mathrm{f}}^{\mathrm{T}}\boldsymbol{q}_{\mathrm{G}} \tag{4-6}$$

给定悬浮位移为 0,则电流矢量 $\boldsymbol{i}_{\mathrm{m}}$ 可表示为

$$\boldsymbol{i}_{\mathrm{m}} = \mathrm{Ctrl}(0 - \boldsymbol{q}_{\mathrm{s}}) \tag{4-7}$$

式中:$\mathrm{Ctrl}(\,\cdot\,)$ 为磁悬浮转子系统的控制器与功率放大器串联控制函数;$\boldsymbol{q}_{\mathrm{s}} = [\, s_{ax}, s_{bx}, s_{ay}, s_{by}\,]^{\mathrm{T}}$。

根据广义坐标系和位移传感器坐标系之间的位移关系,有

$$\boldsymbol{q}_{\mathrm{s}} = \boldsymbol{T}_{\mathrm{s}}\boldsymbol{q}_{\mathrm{G}} \tag{4-8}$$

其中

$$T_s = k_s \begin{bmatrix} 1 & l_s & 0 & 0 \\ 1 & -l_s & 0 & 0 \\ 0 & 0 & 1 & l_s \\ 0 & 0 & 1 & -l_s \end{bmatrix} \tag{4-9}$$

k_s 为位移传感器的放大倍数。

则磁悬浮转子系统的转子动力学方程可初步表示为

$$M \ddot{\pmb{q}}_\mathrm{I} + \pmb{G} \dot{\pmb{q}}_\mathrm{I} = \pmb{T}_\mathrm{f} \left[k_\mathrm{i} \mathrm{Ctrl}(- \pmb{T}_s \pmb{q}_\mathrm{G}) + k_x \pmb{T}_\mathrm{f}^\mathrm{T} \pmb{q}_\mathrm{G} \right] \tag{4-10}$$

由式(4-7)可知,$\mathrm{Ctrl}(s) = \pmb{G}_\mathrm{w}(s) \pmb{G}_\mathrm{m}(s)$。其中,$\pmb{G}_\mathrm{m}(s)$ 和 $\pmb{G}_\mathrm{w}(s)$ 分别为磁悬浮转子控制器和功率放大器在磁铁坐标系的传递函数。

磁悬浮转子控制器设计在广义坐标系,可表示为

$$\pmb{G}_\mathrm{m}(s) = \pmb{T}_s \pmb{G}_s(s) \pmb{T}_s^{-1} \tag{4-11}$$

$\pmb{G}_\mathrm{m}(s)$ 的输出矢量 $\pmb{i}_\mathrm{r}$ 为 $\pmb{G}_\mathrm{w}(s)$ 的参考给定矢量,可表示为

$$\pmb{i}_\mathrm{r}(s) = \pmb{G}_\mathrm{m}(s) \left[- \pmb{T}_s \pmb{q}_\mathrm{G}(s) \right] \tag{4-12}$$

$$\pmb{i}_\mathrm{r} = \left[i_{\mathrm{rax}}, i_{\mathrm{rbx}}, i_{\mathrm{ray}}, i_{\mathrm{rby}} \right]^\mathrm{T} \tag{4-13}$$

式中:i_{rax},i_{rbx},i_{ray} 和 i_{rby} 为磁铁坐标系中功率放大器的给定电流。

以磁铁坐标系的 A_x 轴为例,对功率放大器系统进行数学建模,其示意图如图 4-2 所示,主要由功率放大器控制器、H 桥逆变器、磁铁线圈、电流传感器组成。其中,k_amp 为功率放大器前向控制器的比例系数,k_u 为功率放大器的电压增益系数,u_{ax} 为 A_x 通道磁铁绕组的端电压,L 为绕组电感,R 为绕组电阻,e_{ax} 为 A_x 通道磁铁绕组的感应电动势,k_ie 为电流传感器增益,k_ico 为功率放大器的反馈增益。由图 4-2 可得

$$(i_{\mathrm{rax}} - k_\mathrm{ico} k_\mathrm{ie} i_{\mathrm{ax}}) k_\mathrm{amp} k_\mathrm{u} = u_{\mathrm{ax}} \tag{4-14}$$

$$u_{\mathrm{ax}} = L \frac{\mathrm{d} i_{\mathrm{ax}}}{\mathrm{d} t} + R i_{\mathrm{ax}} + e_{\mathrm{ax}} \tag{4-15}$$

$$e_{\mathrm{ax}} = k_\mathrm{i} \frac{\mathrm{d} x_{\mathrm{ax}}}{\mathrm{d} t} \tag{4-16}$$

则 $\pmb{i}_\mathrm{m}$ 可表示为

$$\pmb{i}_\mathrm{m}(s) = \pmb{G}_\mathrm{w1}(s) \pmb{i}_\mathrm{r}(s) + \pmb{G}_\mathrm{w2}(s) \pmb{q}_\mathrm{m}(s) = k_\mathrm{w} \frac{\omega_\mathrm{w}}{s + \omega_\mathrm{w}} \pmb{i}_\mathrm{r}(s) - k_\mathrm{v} k_\mathrm{w} \frac{\omega_\mathrm{w} s}{s + \omega_\mathrm{w}} \pmb{q}_\mathrm{m}(s)$$

$$\tag{4-17}$$

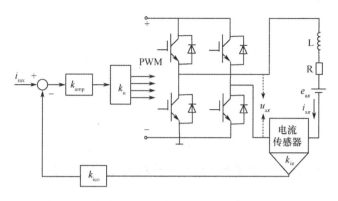

图 4 - 2　功率放大器系统示意图

式中：$k_w = k_{amp} k_u/(R + k_{amp} k_u k_{ico} k_{ie})$；$\omega_w = (R + k_{amp} k_u k_{ico} k_{ie})/L$；$k_v = k_i/(k_{amp} k_u)$。

在广义坐标系下,定义转子不平衡为

$$\Delta \boldsymbol{q} = \boldsymbol{q}_I - \boldsymbol{q}_G = \begin{bmatrix} \varepsilon\cos(\Omega t + \chi) \\ \sigma\sin(\Omega t + \delta) \\ \varepsilon\sin(\Omega t + \chi) \\ -\sigma\cos(\Omega t + \delta) \end{bmatrix} \tag{4 - 18}$$

式中：ε 和 χ 分别为静不平衡幅值和初始相位；σ 和 δ 分别为动不平衡幅值和初始相位。

将式(4 - 18)、式(4 - 17)、式(4 - 12)和式(4 - 11)代入式(4 - 10)中,得

$$(\boldsymbol{M}s^2 + \boldsymbol{G}s)[\boldsymbol{q}_G(s) + \Delta \boldsymbol{q}(s)] = -k_i[\boldsymbol{G}_{w1}(s)\boldsymbol{T}_{fs}\boldsymbol{G}_s(s) +$$

$$\boldsymbol{G}_{w2}(s)\boldsymbol{T}_{ft}]\boldsymbol{q}_G(s) + k_x\boldsymbol{T}_{ft}\boldsymbol{q}_G(s) \tag{4 - 19}$$

式中：$\boldsymbol{T}_{fs} = \boldsymbol{T}_f \boldsymbol{T}_s = \mathrm{diag}[2k_s, 2k_s l_m l_s, 2k_s, 2k_s l_m l_s]$，$\boldsymbol{T}_{ft} = \boldsymbol{T}_f \boldsymbol{T}_f^T = \mathrm{diag}[2, 2l_m^2, 2, 2l_m^2]$。

式(4 - 19)描述的含不平衡的磁悬浮转子系统动力学模型可分为两个解耦的子系统,分别为磁悬浮转子平动子系统和转动子系统,其动力学模型可分别表示为

$$f_r(s) = ms^2[r_G(s) + D(s)]$$

$$= 2[k_x - k_i k_s \boldsymbol{G}_{w1}(s)\boldsymbol{G}_s(s) - k_i k_v s \boldsymbol{G}_{w1}(s)]r_G(s) \tag{4 - 20}$$

$$p_o(s) = (J_r s^2 - J_z \Omega j s)[o_G(s) + I(s)]$$
$$= 2l_m[k_x l_m - k_i l_s k_s G_{w1}(s)G_s(s) - k_i l_m k_v s G_{w1}(s)]o_G(s)$$

$$(4-21)$$

式中:$f_r = f_x + f_y j$;j 为复数因子;$p_o = p_\alpha + p_\beta j$;$r_G = x_G + y_G j$;$o_G = \alpha_G + \beta_G j$;$D(s) = \dfrac{\varepsilon e^{jx}}{s - j\Omega}$;$I(s) = \dfrac{\sigma e^{j\delta}}{s - j\Omega}$。

🖉 4.2.3　含转子不平衡的磁悬浮转子系统动力学模型验证与分析

为解算含有转子不平衡的磁悬浮转子系统动力学模型,对 $G_s(s)$ 进行简化。假设 $G_s(s)$ 采用经典的 PID 控制器,并将式(4-20)和式(4-21)转化为以下形式:

$$m\ddot{r}_G - m\varepsilon\Omega^2 e^{j(\Omega t + \chi)} = 2k_x r_G - 2k_{iws}\frac{\omega_w}{s + \omega_w}\left[k_P r_G + \left(k_D + \frac{k_v}{k_s}\right)\dot{r}_G + k_I \int r_G \, dt\right]$$

$$(4-22)$$

$$J_r \ddot{o}_G - J_z \Omega \dot{o}_G j - (J_r - J_z)\sigma\Omega^2 e^{j(\Omega t + \delta)}$$
$$= 2k_x l_m^2 o_G - 2l_m l_s \frac{k_{iws}\omega_w}{s + \omega_w}\left[k_P o_G + \left(k_D + \frac{k_v l_m}{k_s l_s}\right)\dot{o}_G + k_I \int o_G \, dt\right] \quad (4-23)$$

式中:$k_{iws} = k_i k_w k_s$;k_P、k_I 和 k_D 分别为 PID 控制器的比例、积分和微分系数。

由式(4-22)和式(4-23)可知,感应电动势相当于 PID 控制器的微分系数增加了一个很小的量($k_v l_m / k_s l_s$,约为 0.002),为简化含转子不平衡的磁悬浮转子系统动力学方程,在不平衡振动分析和控制中可忽略感应电动势。

令 $r_G = r_A e^{j(\Omega t + \chi_A)}$,解方程(4-22),得

$$\begin{cases} r_A = \dfrac{m\varepsilon\Omega^2 \sqrt{\omega_w^2 + \Omega^2}}{\sqrt{(2k_{iws}\omega_w k_P - m\omega_w\Omega^2 - 2k_x\omega_w)^2 + (2k_{iws}\omega_w k_D\Omega - \dfrac{1}{\Omega}2k_{iws}\omega_w k_I - m\Omega^3 - 2k_x\Omega)^2}} \\[4mm] \chi_A = \chi + \arctan\dfrac{\Omega}{\omega_w} - \arctan\dfrac{2k_{iws}\omega_w k_D\Omega - \dfrac{1}{\Omega}2k_{iws}\omega_w k_I - m\Omega^3 - 2k_x\Omega}{2k_{iws}\omega_w k_P - m\omega_w\Omega^2 - 2k_x\omega_w} \end{cases}$$

$$(4-24)$$

则

$$\lim_{\Omega=0} r_A = 0 \tag{4-25}$$

$$\begin{cases} \lim_{\Omega\to\infty} r_A = \varepsilon \\ \lim_{\Omega\to\infty} \chi_A = \pi + \chi \end{cases} \tag{4-26}$$

令 $o_G = o_A e^{j(\Omega t + \delta_A)}$，解方程（4-23），可得

$$\begin{cases} o_A = \dfrac{\sqrt{(J_r\omega_w\sigma\Omega^2 - J_z\Omega^2\omega_w\sigma)^2 + (J_r\sigma\Omega^3 - J_z\sigma\Omega^3)^2}}{\sqrt{o_{A1}^2 + o_{A2}^2}} \\ \delta_A = \delta + \arctan\dfrac{(J_r - J_z)\Omega}{(J_r - J_z)\omega_w} - \arctan\dfrac{o_{A2}}{o_{A1}} \end{cases} \tag{4-27}$$

其中

$$\begin{cases} o_{A1} = (J_z - J_r)\omega_w\Omega^2 + 2\omega_w l_m (l_s k_{iws} k_P - k_x l_m) \\ o_{A2} = 2 l_m l_s k_{iws}\omega_w\left(k_D\Omega - k_I\dfrac{1}{\Omega}\right) - 2\Omega k_x l_m^2 + (J_z - J_r)\Omega^3 \end{cases} \tag{4-28}$$

则

$$\lim_{\Omega=0} o_A = 0 \tag{4-29}$$

$$\begin{cases} \lim_{\Omega\to\infty} o_A = \sigma \\ \lim_{\Omega\to\infty} o_A = \pi + \delta \end{cases} \tag{4-30}$$

由式（4-25）、式（4-26）、式（4-29）和式（4-30）可知，所建动力学模型满足磁悬浮高速转子低速绕几何轴旋转、高速绕惯性轴旋转的实验现象和常识。

下面对位移传感器输出信号进行求解和验证：

$$q_s = \begin{bmatrix} s_{ax} \\ s_{bx} \\ s_{ay} \\ s_{by} \end{bmatrix} = T_s \begin{bmatrix} x_G \\ \beta_G \\ y_G \\ -\alpha_G \end{bmatrix} = T_s \begin{bmatrix} r_A\cos(\Omega t + \chi_A) \\ o_A\sin(\Omega t + \delta_A) \\ r_A\sin(\Omega t + \chi_A) \\ -o_A\cos(\Omega t + \delta_A) \end{bmatrix}$$

$$= k_s \begin{bmatrix} (r_A\cos\chi_A + o_A l_s\sin\delta_A)\cos(\Omega t) + (-r_A\sin\chi_A + o_A l_s\cos\delta_A)\sin(\Omega t) \\ (r_A\cos\chi_A - o_A l_s\sin\delta_A)\cos(\Omega t) + (-r_A\sin\chi_A - o_A l_s\cos\delta_A)\sin(\Omega t) \\ (r_A\cos\chi_A + o_A l_s\sin\delta_A)\cos\left(\Omega t - \dfrac{\pi}{2}\right) + (-r_A\sin\chi_A + o_A l_s\cos\delta_A)\sin\left(\Omega t - \dfrac{\pi}{2}\right) \\ (r_A\cos\chi_A - o_A l_s\sin\delta_A)\cos\left(\Omega t - \dfrac{\pi}{2}\right) + (-r_A\sin\chi_A - o_A l_s\cos\delta_A)\sin\left(\Omega t - \dfrac{\pi}{2}\right) \end{bmatrix}$$

$$\tag{4-31}$$

显然, s_{ax}、s_{ay} 和 s_{bx}、s_{by} 幅值相等(均为 $\sqrt{2r_A^2 + 2o_A^2l_s^2 + 2r_Ao_Al_s\sin(\delta_A - \chi_A)}$),相位相差 $\pi/2$。这与实测的位移传感器输出波形(图4-3)相符:磁悬浮高速转子逆时针旋转, y 通道信号滞后 x 通道信号 $\pi/2$。

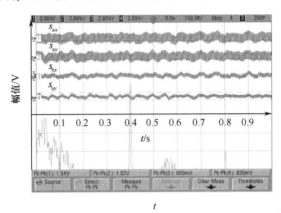

图4-3 位移传感器输出波形

由式(4-31)可知,转子几何轴两个端点的运动形式均为圆,符合实验现象[70,71]。当 $\delta_A - \chi_A = n\pi$(n 为整数)时,两圆半径相等,即 s_{ax}、s_{ay}、s_{bx}、s_{by} 幅值均相等,当 $\delta_A - \chi_A = (0.5 + n)\pi$ 时,两圆半径相差最大,即 s_{ax} 与 s_{bx}、s_{ay} 与 s_{by} 的幅值相差最大。

磁悬浮高速转子系统的稳定性是进行不平衡振动控制的前提。由于磁悬浮高速转子采用扁平结构,具有很强的陀螺效应。尤其章动很容易因为功率放大器引起相位滞后过大而得不到足够阻尼,引起磁悬浮转子系统失稳[72-74]。尽管交叉反馈控制算法简洁实用[73],然而通过切换高通滤波器[75]提供的相位超前较小,且无法灵活地采用软件实时改变。为此,本书提出了一种基于复指数函数的控制方法,具有工程实用、计算量小、可通过软件实时设置超前相位等优点,其传递函数为

$$G_{cr}(s) = \left(k_{rh}\frac{s}{s + \omega_{rh}}e^{\alpha_h j} - k_{rl}\frac{\omega_{rl}}{s + \omega_{rl}}e^{\beta_l j}\right)\Omega \qquad (4-32)$$

式中: k_{rh} 为章动控制系数; ω_{rh} 为高通滤波器截止频率; α_h 为章动超前相位; k_{rl} 为进动控制系数; ω_{rl} 为低通滤波器截止频率; β_l 为进动超前相位。

相比较原有的交叉反馈传递函数

$$G_{cr}(s) = \left(k_{rh}\frac{s}{s+\omega_{rh}}j - k_{rl}\frac{\omega_{rl}}{s+\omega_{rl}}j\right)\Omega \qquad (4-33)$$

α_h 和 β_l 由固定相位 $\pi/2$ 变成可通过软件任意设置，因此基于复指数函数的控制方法具有可设置超前相位、调试灵活的优点。

为检验 α_h 和 β_l 对章动和进动的作用，使用 Matlab/Simulink 搭建磁悬浮高速转子的动力学模型，采用循环指令结构形式对 α_h 和 β_l 赋值，并采用函数 linmod2 和 eig 分别求取动力学模型的状态空间表达式和状态矩阵特征值，将其中虚轴附近的特征值以描点的方法画出，得到 α_h 和 β_l 的根轨迹。如图 4-4 和图 4-5 所示，α_h 显著影响章动，同时影响进动；β_l 显著影响进动，基本不影响章动。因此，实际工程中可先选取章动阻尼比较大的 α_h，再选取进动阻尼比较大的 β_l。

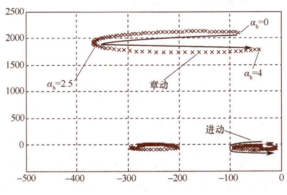

图 4-4 α_h 根轨迹

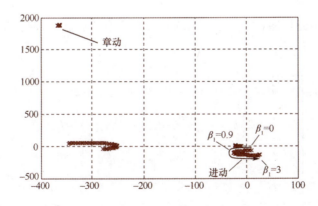

图 4-5 β_l 根轨迹

式(4-22)和式(4-23)描述的是以转子几何轴位移为参考的动力学模型,主要用于模型验证和抑制不平衡振动位移,方程左边的 $m\varepsilon\Omega^2 e^{j(\Omega t+\chi)}$ 和 $(J_r - J_z)\sigma\Omega^2 e^{j(\Omega t+\delta)}$ 分别为不平衡振动力和力矩。磁悬浮转子系统提供控制作用力和力矩,补偿不平衡振动力和力矩,则磁悬浮高速转子绕几何轴旋转,此时反作用力和力矩传递至航天器平台使其产生振动。

为抑制不平衡振动力和力矩或抑制不平衡振动电流,磁悬浮转子系统动力学模型常以磁悬浮高速转子惯性轴为参考,忽略感应电动势,式(4-22)和式(4-23)可转化为

$$f_r(s) = ms^2 r_I(s) = \left[2k_x - 2k_{iws}\frac{\omega_w}{s+\omega_w}C_{cs}(s)\right]\left[r_I(s) - D(s)\right] \qquad (4-34)$$

$$p_o(s) = (J_r s^2 - J_z \Omega js)o_I(s)$$

$$= 2l_m\left\{k_x l_m - k_{iws}l_s\frac{\omega_w}{s+\omega_w}\left[C_{cs}(s) + C_{cr}(s)\right]\right\}\left[o_I(s) - I(s)\right]$$

$$(4-35)$$

式中:$r_I = x_I + y_I j$;$o_I = \alpha_I + \beta_I j$;$C_{cs}(s)$ 为 PID 控制器,且 $C_{cs}(s) = k_P + k_I/s + k_D s$。

由式(4-34)和式(4-35)可知,不平衡也可等效为惯性轴的位移误差。磁悬浮高速转子惯性轴的径向运动中,惯性轴的位移 r_I、o_I 与振动力和力矩 f_r、p_o 成正比,因此消除磁悬浮高速转子惯性轴的径向运动,可实现无振动力和力矩的产生和传递。

为进一步分析磁悬浮高速转子的动力学模型,将式(4-34)式(4-35)在实数域展开:

$$\begin{cases} f_x(s) = ms^2 x_I(s) \\ \\ \qquad = 2\left[k_x - k_{iws}\frac{\omega_w}{s+\omega_w}C_{cs}(s)\right]\left[x_I(s) - D_x(s)\right] \\ \\ f_y(s) = ms^2 y_I(s) \\ \\ \qquad = 2\left[k_x - k_{iws}\frac{\omega_w}{s+\omega_w}C_{cs}(s)\right]\left[y_I(s) - D_y(s)\right] \end{cases} \qquad (4-36)$$

$$\begin{cases} p_\alpha(s) = J_r s^2 \alpha_I(s) + J_z \Omega s \beta_I(s) \\ \qquad = 2l_m\left\{k_x l_m - k_{iws} l_s \dfrac{\omega_w}{s+\omega_w} C_{co}(s)\right\}[\alpha_I(s) - I_\alpha(s)] + \\ \qquad\quad 2l_m k_{iws} l_s \dfrac{\omega_w}{s+\omega_w} C_{si}(s)[\beta_I(s) - I_\beta(s)] \\ p_\beta(s) = J_r s^2 \beta_I(s) - J_z \Omega s \alpha_I(s) \\ \qquad = 2l_m\left\{k_x l_m - k_{iws} l_s \dfrac{\omega_w}{s+\omega_w} C_{co}(s)\right\}[\beta_I(s) - I_\beta(s)] - \\ \qquad\quad 2l_m k_{iws} l_s \dfrac{\omega_w}{s+\omega_w} C_{si}(s)[\alpha_I(s) - I_\alpha(s)] \end{cases} \qquad (4-37)$$

其中, $C_{co}(s) = C_{cs}(s) + \dfrac{k_{rh}s\Omega}{s+\omega_{rh}}\cos\alpha_h - \dfrac{k_{rl}\omega_{rl}\Omega}{s+\omega_{rl}}\cos\beta_1$, $C_{si}(s) = \dfrac{k_{rh}s\Omega}{s+\omega_{rh}}\sin\alpha_h -$

$\dfrac{k_{rl}\omega_{rl}\Omega}{s+\omega_{rl}}\sin\beta_1$, $\begin{cases} D_x(s) = \varepsilon\dfrac{s\cos\chi - \Omega\sin\chi}{s^2+\Omega^2} \\ D_y(s) = \varepsilon\dfrac{s\sin\chi + \Omega\cos\chi}{s^2+\Omega^2} \end{cases}$, $\begin{cases} I_\alpha(s) = \sigma\dfrac{s\cos\delta - \Omega\sin\delta}{s^2+\Omega^2} \\ I_\beta(s) = \sigma\dfrac{s\sin\delta + \Omega\cos\delta}{s^2+\Omega^2} \end{cases}$。

综上所述,由含不平衡的磁悬浮高速转子动力学模型,可得到以下结论:

(1) 动力学模型可分为平动模态和转动模态两个子系统,且两者解耦;

(2) 静不平衡和动不平衡分别存在于平动方程和转动方程,两者解耦;

(3) 静不平衡和动不平衡分别引起振动力和力矩,两者解耦;

(4) 两方向的平动方程解耦,两方向的转动方程耦合;

(5) 两方向的不平衡振动力解耦,两方向的不平衡振动力矩耦合;

(6) 磁悬浮转子系统根据转子几何轴位移产生振动力和力矩,引起惯性轴径向运动;

(7) 不平衡振动力和力矩均由 k_i 项的电磁力和力矩以及 k_x 项的永磁力和力矩组成;

(8) 消除不平衡振动力和力矩需要使电磁力和力矩与永磁力和力矩抵消;

(9) 抵消永磁力和力矩,需要高精度的控制电流产生电磁力和力矩;

（10）控制器输出需经功率放大器产生控制电流,需要对功率放大器进行补偿;

（11）转子不平衡引起的振动力和力矩均与 Ω 同频。

4.3   磁悬浮转子系统的高效、高精度现场动平衡方法

虽然转子在动平衡机上进行了离线动平衡,但是仍存在平衡精度导致的残余不平衡;从动平衡机到机壳内,磁悬浮转子的支撑面和振动检测面由保护轴承面分别变成传感器检测面和磁轴承支撑面,加工误差造成这 3 个面不同轴,进而产生附加不平衡[76]。

现场动平衡通过在转子上加减重,实现惯性主轴与几何轴一致,从根本上去掉不平衡[77]。双平面影响因素法是进行现场动平衡的主流方法[77-80]。磁悬浮系统自身集成振动监测系统,并具备主动控制能力,为实施现场动平衡控制提供了很好的条件。但目前针对磁悬浮转子动平衡的研究较少。Li 等[81]使用传统影响因数法实现磁悬浮转子现场动平衡。Zhang 等[82]在磁悬浮控制回路中串入广义陷波器,使转子穿越刚性临界转速,在较高转速下利用影响因数进行动平衡。为求影响因数,这些方法平衡一次需要至少三次启车过程,效率低。Han 等[83]通过计算磁轴承转子系统的不平衡响应,进行无试重现场动平衡,提高了平衡效率,但其平衡精度受限于所获知整个磁轴承转子系统模型的精度。以上方法均无法同时达到高精度、高效率两个目标。

为此,本章提出一种基于零位移控制的无试重现场动平衡方法。利用零位移控制方法使转子绕几何轴旋转在磁轴承磁中心位置。此时,同频电磁力与转子的不平衡离心力相互抵消;电磁力是控制电流的线性函数。这样,仅需获知磁轴承电流刚度值,就可解算出校正质量,使无试重动平衡大大简化。为进一步提高平衡精度,对电流刚度获知误差和机械加工误差进行现场修正。本方法启车一次可降低大部分不平衡量,启车两次即可实现高精度动平衡。

4.3.1   磁悬浮转子系统模型

1. 磁悬浮支承模型

所用磁轴承为永磁偏置形式,其产生的电磁力表示如下

$$f_{\text{amb}} = \frac{N^2 A \mu_0}{4} \left[\frac{(I_0 + i)^2}{(S_0 - x)} - \frac{(I_0 - i)^2}{(S_0 + x)} \right] \qquad (4-38)$$

式中：I_0 为等效偏置电流；i 为控制电流；S_0 为单边磁间隙；x 为转子偏离磁中心距离；N 为线圈匝数；A $\dfrac{-b \pm \sqrt{b^2 - 4ac}}{2a}$ 为磁极截面积；μ_0 为真空磁导率。

当转子悬浮在磁中心附近时，式(4-38)可近似线性化为

$$f_{\text{amb}} \approx k_i i + k_s x \qquad (4-39)$$

式中：k_i、k_s 分别为电流刚度、位移刚度。

当转子悬浮在磁中心时，式(4-39)变为 $f_{\text{amb}} = k_i i$。在此特别强调，此时不是近似相等而是完全相等。

采用模态控制方法对转子的平动模态 $\boldsymbol{R}$ 和转动模态 $\boldsymbol{\gamma}$ 分别进行控制（$\boldsymbol{R}$、$\boldsymbol{\gamma}$ 为几何中心相对旋转中心的运动矢量），控制器分别为 $R(s)$ 和 $\gamma(s)$（图4-6、图4-7）。转子所受电磁力 $\boldsymbol{f}$ 和电磁力矩 $\boldsymbol{P}$ 为

$$\begin{cases} \boldsymbol{f} = \boldsymbol{f}_{\text{ma}} + \boldsymbol{f}_{\text{mb}} \approx k_i (\boldsymbol{i}_{\text{ma}} + \boldsymbol{i}_{\text{mb}}) + k_s (\boldsymbol{s}_{\text{ma}} + \boldsymbol{s}_{\text{mb}}) \\ \boldsymbol{P} = \boldsymbol{f}_{\text{ma}} l_{\text{ma}} - \boldsymbol{f}_{\text{mb}} l_{\text{mb}} \approx (k_i \boldsymbol{i}_{\text{ma}} + k_s \boldsymbol{s}_{\text{ma}}) l_{\text{ma}} - (k_i \boldsymbol{i}_{\text{mb}} + k_s \boldsymbol{s}_{\text{mb}}) l_{\text{mb}} \end{cases} \qquad (4-40)$$

式中：$\boldsymbol{f}_{\text{ma}}$、$\boldsymbol{f}_{\text{mb}}$、$\boldsymbol{i}_{\text{ma}}$、$\boldsymbol{i}_{\text{mb}}$ 分别为 A、B 两端磁轴承的电磁力和电流矢量；$\boldsymbol{s}_{\text{ma}}$、$\boldsymbol{s}_{\text{mb}}$ 分别为转子在 A、B 两端磁轴承处的位移矢量；l_{ma}、l_{mb} 分别为转子质心到 A、B 两端磁轴承的距离。

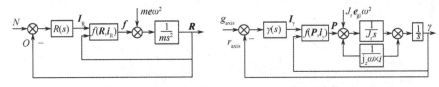

图4-6　磁悬浮转子平动模态　　　　图4-7　磁悬浮转子转动模态
　　　　控制示意图　　　　　　　　　　　　控制示意图

根据图4-6、图4-7，$\boldsymbol{f}$、$\boldsymbol{P}$ 亦可表示成 $\boldsymbol{R}$、$\boldsymbol{\gamma}$ 的函数：

$$\begin{cases} \boldsymbol{f} = f(\boldsymbol{R}, \boldsymbol{I}_R) = f(\boldsymbol{R}, \boldsymbol{R} \cdot R(s)) \approx A_R(s) \boldsymbol{R} \\ \boldsymbol{P} = f(\boldsymbol{\gamma}, \boldsymbol{I}_\gamma) = f(\boldsymbol{\gamma}, \boldsymbol{\gamma} \cdot \gamma(s)) \approx A_\gamma(s) \boldsymbol{\gamma} \end{cases} \qquad (4-41)$$

式中：$\boldsymbol{I}_R$、$\boldsymbol{I}_\gamma$ 分别为磁轴承对转子平动运动和转动运动的控制电流；$A_R(s)$、$A_\gamma(s)$ 分别为磁悬浮系统的平动和转动综合支承刚度。

下面对磁悬浮支承不平衡转子的平动和转动运动特性分别进行分析。

2. 转子静不平衡模型

图 4-8(a)为转子静不平衡示意图,静不平衡为

$$\boldsymbol{e} = e \times \exp(\mathrm{j}\omega t + \varphi) \tag{4-42}$$

式中:ω 为转子转速;e、φ 分别为静不平衡在转子固连坐标系 Ouv 中的大小及方位。

设 C 为转子质心(在 Nxy 中的坐标为 (x,y));O 为转子几何中心(在 Nxy 中的坐标为 (X,Y)),O 到旋转中心 N 的矢量为 $\boldsymbol{R}$。质心 C 的运动方程为

$$m\ddot{\boldsymbol{C}} = \boldsymbol{f} \tag{4-43}$$

式中:m 为转子质量。

质心 $\boldsymbol{C}$ 在 Nxy 中可表示成以下形式:

$$\boldsymbol{C} = \boldsymbol{R} + \boldsymbol{e} \tag{4-44}$$

把式(4-44)带入式(4-43),可得不平衡转子的平动运动方程为

$$m\ddot{\boldsymbol{R}} - me\omega^2 - \boldsymbol{f} = 0 \tag{4-45}$$

3. 转子动不平衡模型

如图 4-8(b)所示,转子的动不平衡为

$$\boldsymbol{e}_{\mathrm{gi}} = e_{\mathrm{gi}} \times \exp(\mathrm{j}\omega t + \varphi_{\mathrm{gi}}) \tag{4-46}$$

式中:e_{gi}、φ_{gi} 分别为动不平衡在固连角坐标系 $r_{\mathrm{axis}}\eta\xi$ 中的大小及方位。

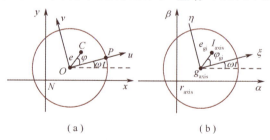

图 4-8 磁悬浮转子不平衡示意图

(a)静不平衡;(b)动不平衡。

设 $\boldsymbol{I}_{\mathrm{axis}}$ 为惯性主轴(在静止角坐标系 $r_{\mathrm{axis}}\alpha\beta$ 中的角坐标为 $(\alpha_{\mathrm{ri}},\beta_{\mathrm{ri}})$),$g_{\mathrm{axis}}$ 为几何轴(在 $r_{\mathrm{axis}}\alpha\beta$ 中的角坐标为 $(\alpha_{\mathrm{gi}},\beta_{\mathrm{gi}})$),$g_{\mathrm{axis}}$ 与旋转轴 r_{axis} 之间的夹角为 $\boldsymbol{\gamma}$。根据欧拉动力学建立 $\boldsymbol{I}_{\mathrm{axis}}$ 的角运动方程为

$$J_r \ddot{I}_{axis} - J_z \omega \ddot{I}_{axis} \times j + P = 0 \qquad (4-47)$$

式中:J_r、J_z分别为转子的轴向、径向转动惯量。

惯性主轴I_{axis}在$r_{axis}\alpha\beta$中可表示成以下形式:

$$I_{axis} = \gamma + e_{gi} \qquad (4-48)$$

把式(4-48)带入式(4-47),可得不平衡转子的转动运动方程为

$$J_r \dot{\ddot{\gamma}} - J_z \omega \dot{\gamma} \times j - (J_r - J_z)e_{gi}\omega^2 + P = 0 \qquad (4-49)$$

4.3.2 磁悬浮转子动平衡分析

1. 磁悬浮转子校正质量解算

联合式(4-45)和式(4-49)解得磁悬浮转子的静不平衡和动不平衡分别为

$$\begin{cases} e = \dfrac{m\ddot{R} - f}{m\omega^2} \\[3mm] e_{gi} = \dfrac{J_r \dot{\ddot{\gamma}} - jJ_z\omega\dot{\gamma} - P}{(J_r - J_z)\omega^2} \end{cases} \qquad (4-50)$$

磁悬浮转子不平衡的双平面校正示意图如图4-9所示。A、B两端校正质量分别为m_{ca}、m_{cb},所在方位角为φ_{ca}、φ_{cb},矢量表示形式为m_{ca}、m_{cb},轴心距为r_a、r_b,其产生的离心力为

$$\begin{cases} f_{ca} = m_{ca}r_a\omega^2 \\ f_{cb} = m_{cb}r_b\omega^2 \end{cases} \qquad (4-51)$$

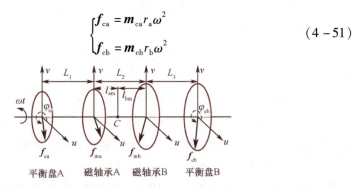

图4-9 磁悬浮转子双平面动平衡示意图

假设校正质量m_{ca}、m_{cb}使转子完全平衡,即配重后不平衡振动力/力矩为零,则有如下等式:

$$\begin{cases} \boldsymbol{f}_{\mathrm{ca}} + \boldsymbol{f}_{\mathrm{cb}} + m\boldsymbol{e}\omega^2 = 0 \\ \boldsymbol{f}_{\mathrm{ca}}(L_1 + l_{\mathrm{am}}) - \boldsymbol{f}_{\mathrm{cb}}(L_3 + l_{\mathrm{bm}}) + J_{\mathrm{r}}\boldsymbol{e}_{\mathrm{gi}}\omega^2 = 0 \end{cases} \quad (4-52)$$

联合式(4-50)~式(4-52),解算校正质量为

$$\begin{cases} \boldsymbol{m}_{\mathrm{ca}} = -\dfrac{1}{r_{\mathrm{a}}\omega^2 L}\Big[(m\ddot{\boldsymbol{R}} - \boldsymbol{f}) \times (L_3 + l_{\mathrm{bm}}) + \dfrac{J_{\mathrm{r}}(J_{\mathrm{r}}\ddot{\boldsymbol{\gamma}} - iJ_z\omega\,\dot{\boldsymbol{\gamma}} - \boldsymbol{P})}{J_{\mathrm{r}} - J_z} \Big] \\ \boldsymbol{m}_{\mathrm{cb}} = -\dfrac{1}{r_{\mathrm{b}}\omega^2 L}\Big[(m\ddot{\boldsymbol{R}} - \boldsymbol{f}) \times (L_1 + l_{\mathrm{am}}) - \dfrac{J_{\mathrm{r}}(J_{\mathrm{r}}\ddot{\boldsymbol{\gamma}} - iJ_z\omega\,\dot{\boldsymbol{\gamma}} - \boldsymbol{P})}{J_{\mathrm{r}} - J_z} \Big] \end{cases}$$
$$(4-53)$$

2. 各控制模式下解算校正质量比较

在某固定转速,只考虑同频响应时,$\ddot{\boldsymbol{R}} = -\boldsymbol{R}\omega^2$,$\ddot{\boldsymbol{\gamma}} = -\boldsymbol{\gamma}\omega^2$,联合式(4-41)、式(4-50)得

$$\begin{cases} \boldsymbol{e} = -\Big[\dfrac{A_{\mathrm{R}}(\mathrm{j}\omega)}{m\omega^2} + 1 \Big] \times \boldsymbol{R} \\ \boldsymbol{e}_{\mathrm{gi}} = -\Big[\dfrac{A_{\gamma}(\mathrm{j}\omega)}{(J_{\mathrm{r}} - J_z)\omega^2} + 1 \Big] \times \boldsymbol{\gamma} \end{cases} \quad (4-54)$$

按照式(4-54),利用同频综合支承刚度 $A_{\mathrm{R}}(\mathrm{j}\omega)$ 和 $A_{\gamma}(\mathrm{j}\omega)$ 的模对转子的控制模式进行分类。

(1)当模值介于零和无穷大之间时,旋转轴、惯性轴、几何轴均不重合,称为普通控制模式(普通控制器下均是这种模式)。

(2)当模值为零时,$\boldsymbol{e} = -\boldsymbol{R}$,$\boldsymbol{e}_{\mathrm{gi}} = -\boldsymbol{\gamma}$,旋转轴与惯性轴重合,称为力自由模式。

(3)当模值无穷大时,$\boldsymbol{R}$、$\boldsymbol{\gamma}$ 均为零,旋转轴与几何轴重合,称为零位移模式。

下面分别对这3种控制模式下的无试重解算校正质量进行分析。

1)普通控制模式

旋转轴既不是几何轴也不是惯性主轴,而且还随转速变化。使用式(4-53)求解时,会带来以下问题:

(1)需要进行转动/平动分解及合成。但对电机非对称转子而言,模态解耦控制只是一种近似,很难分解精确。

（2）需要求解加速度、角加速度、角速度。

（3）需要求解电磁力、电磁力矩。解算时除存在电流刚度误差外，还存在位移刚度、角电流刚度、角位移刚度和电磁力非线性产生的误差。

上述 3 个问题造成求解过程复杂，还都存在求解误差，影响了动平衡解算精度。而文献[83]虽然不需直接解算电磁力和电磁力矩，但需要获知控制系统的特性，并不比直接用式(4-53)简单。

2）力自由模式

旋转轴与惯性主轴一致，这恰是主动振动控制的目标。在力自由模式下，式(4-53)变成

$$
\begin{cases}
\boldsymbol{m}_{\mathrm{ca}} = -\dfrac{1}{r_{\mathrm{a}}\omega^2 L}\left[\, m\ddot{\boldsymbol{R}} \times (L_3 + l_{\mathrm{bm}}) + \dfrac{J_{\mathrm{r}}(J_{\mathrm{r}}\ddot{\boldsymbol{\gamma}} - iJ_z\omega\,\dot{\boldsymbol{\gamma}})}{J_{\mathrm{r}} - J_z}\right] \\[4mm]
\boldsymbol{m}_{\mathrm{cb}} = -\dfrac{1}{r_{\mathrm{b}}\omega^2 L}\left[\, m\ddot{\boldsymbol{R}} \times (L_1 + l_{\mathrm{am}}) - \dfrac{J_{\mathrm{r}}(J_{\mathrm{r}}\ddot{\boldsymbol{\gamma}} - iJ_z\omega\,\dot{\boldsymbol{\gamma}})}{J_{\mathrm{r}} - J_z}\right]
\end{cases}
\tag{4-55}
$$

虽然力自由模式下进行不平衡解算可以省掉电磁力、电磁力矩项，但也会遇到普通控制模式所述前两个问题。此外，该方法实现完全力自由模式非常困难：磁悬浮控制系统中没有力传感器，需要根据位移及电流值估计电磁力是否为零，估计误差造成磁悬浮转子不能完全实现力自由模式（尤其在转子远离磁中心，具有强非线性的情况下），影响校正质量解算精度。

3）零位移模式

旋转轴与几何轴一致。磁悬浮系统拥有位移传感器，可以直接检测零位移状态，只需无限提升位置环同频控制增益即可实现零位移模式，这相对于力自由模式要简单的多。使用式(4-53)解算不平衡时，可省掉 $\boldsymbol{R}$ 和 $\boldsymbol{\gamma}$ 项，且因本书所涉及转子的轴向转动惯量 J_z 远小于径向转动惯量 J_{r}，式(4-53)可简化为

$$
\begin{cases}
\boldsymbol{m}_{\mathrm{ca}} = \dfrac{1}{r_{\mathrm{a}}\omega^2 L}\left[\boldsymbol{f} \times (L_3 + l_{\mathrm{bm}}) + \boldsymbol{P}\right] \\[4mm]
\boldsymbol{m}_{\mathrm{cb}} = \dfrac{1}{r_{\mathrm{b}}\omega^2 L}\left[\boldsymbol{f} \times (L_1 + l_{\mathrm{am}}) - \boldsymbol{P}\right]
\end{cases}
\tag{4-56}
$$

零位移模式下，电磁力是控制电流的线性函数，式(4-40)中的位移项可以去掉，代入式(4-56)得校正质量为

$$
\begin{cases}
\boldsymbol{m}_{\mathrm{ca}} = \dfrac{1}{r_{\mathrm{a}}\omega^2 L}\big[\, k_{\mathrm{i}}\boldsymbol{i}_{\mathrm{ma}}(L_2 + L_3) + k_{\mathrm{i}}\boldsymbol{i}_{\mathrm{mb}}L_3 \,\big] \\[3mm]
\boldsymbol{m}_{\mathrm{cb}} = \dfrac{1}{r_{\mathrm{b}}\omega^2 L}\big[\, k_{\mathrm{i}}\boldsymbol{i}_{\mathrm{ma}}L_1 + k_{\mathrm{i}}\boldsymbol{i}_{\mathrm{mb}}(L_1 + L_2) \,\big]
\end{cases} \tag{4-57}
$$

按照式(4-57),可直接根据两端磁轴承的同频控制电流解算校正质量,不存在普通控制模式下进行动平衡的前两个问题。第三个问题也大大弱化,不需要位移刚度、角电流刚度和角位移刚度,且此模式下电磁力不存在非线性表征误差。

这样,在零位移模式下,校正质量解算过程大大简化,且解算精度更高。另外,刚性动平衡只需在低转速下进行即可,所需同频电磁力较小,不必担心出现磁饱和现象。

4.3.3 零位移控制器设计

国内外学者对零位移控制方法有大量研究。本章所述现场动平衡只需在某固定转速下进行,不需要零位移控制方法在全转速范围内稳定,但对算法控制精度要求很高。在此,借用 Herzog 等定义的广义陷波器方法。为实现同频增益无穷大,加入方式改为从检测位移偏差引出到控制器输出端,在此称为广义选频器法。基于广义选频器的零位移控制框图如图 4-10 所示(以平动控制为例,转动控制部分相似)。

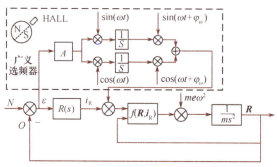

图 4-10 基于广义选频器的零位移控制框图

主回路控制器选用 PID 控制器,并联广义选频器提供一个同频峰值增益。实现广义选频器时,首先把悬浮位置误差信号与利用 HALL 信号产生的同频正余弦信号作相关积分,得出相关系数:

$$\begin{cases} a = \dfrac{2A}{T}\displaystyle\int_{t_0}^{T+t_0} \varepsilon \sin(\omega t)\, \mathrm{d}t \\[4mm] b = \dfrac{2A}{T}\displaystyle\int_{t_0}^{T+t_0} \varepsilon \cos(\omega t)\, \mathrm{d}t \end{cases} \qquad (4-58)$$

式中:A 为零位移控制前向增益;A 值越大,收敛误差越小,但收敛数度越慢;T 为积分时间。

然后对误差信号中的同频成分进行重构加入控制器输出端:

$$x_\omega(t) = a \cdot \sin\omega t + b \cdot \cos\omega t \qquad (4-59)$$

为保证广义选频器在平衡转速下的稳定裕度,需要在重构过程中加入相位校正环节,式(4-59)转换为

$$x_\omega(t) = a \cdot \sin(\omega t + \varphi_\omega) + b \cdot \cos(\omega t + \varphi_\omega) \qquad (4-60)$$

其中,φ_ω 可以通过 i_R 到 ε 的相频特性获得(限于篇幅,在此不作扩展)。

✍ 4.3.4　平衡误差校正

考虑到实际情况中 A、B 端磁轴承的电流刚度不完全一致,将式(4-57)改写为下列形式:

$$\boldsymbol{M} = \boldsymbol{KI} \qquad (4-61)$$

式中:$\boldsymbol{M} = \begin{bmatrix} m_\mathrm{ca} & m_\mathrm{cb} \end{bmatrix}^\mathrm{T}$ 为校正质量向量;$\boldsymbol{I} = \begin{bmatrix} i_\mathrm{ma} & i_\mathrm{mb} \end{bmatrix}^\mathrm{T}$ 为同频控制电流向量;$\boldsymbol{K}$ 为从 $\boldsymbol{I}$ 到 $\boldsymbol{M}$ 的转换系数阵,为

$$\boldsymbol{K} = \begin{bmatrix} \dfrac{k_\mathrm{ia}(L_2 + L_3)}{r_\mathrm{a}\omega^2 L} & \dfrac{k_\mathrm{ib}L_3}{r_\mathrm{a}\omega^2 L} \\[4mm] \dfrac{k_\mathrm{ia}L_1}{r_\mathrm{b}\omega^2 L} & \dfrac{k_\mathrm{ib}(L_1 + L_2)}{r_\mathrm{b}\omega^2 L} \end{bmatrix} \qquad (4-62)$$

电流刚度 k_ia、k_ib 在转子运转状态下因受涡流等损耗影响,与静态时不同,而真实的静态电流刚度又与设计值有异;加工装配误差导致 L_1、L_2、L_3、r_a、r_b 亦与设计值不同,霍尔初始角位置还存在标示误差。这些参数的获知误差在一定程度上降低了动平衡精度,为进一步提高平衡精度,下面给出一种校正转换系数阵 $\boldsymbol{K}$ 的方法。

把根据设计参数计算的转换系数阵称为初始转换系数阵,记为 $\hat{\boldsymbol{K}}$。设初次升速到平衡转速进行零位移控制的同频控制电流为 $\boldsymbol{I}_1$,则使用 $\hat{\boldsymbol{K}}$ 解算校正质量为

$$M_1 = \hat{K}I_1 \qquad (4-63)$$

按式(4-63)解算结果配重后，进行第二次升速，实施零位移控制后的同频控制电流为 I_2，则可列写如下方程组：

$$\begin{cases} \hat{K}I_1 + KI_2 = M \\ KI_1 = M \end{cases} \qquad (4-64)$$

解得转换系数阵满足的关系式为

$$K(I_1 - I_2) = \hat{K}I_1 \qquad (4-65)$$

第二次需配重质量为

$$M_2 = KI_2 \qquad (4-66)$$

这样，除同频电流需检测外，所有其他参数只需设计值，经过一次升速降低大部分不平衡量，两次升速即可实现高精度动平衡。

4.4 基于功率放大器自适应补偿的磁悬浮转子系统不平衡振动抑制

多项研究表明，不平衡振动是影响航天器姿控稳定度和敏感载荷性能的主要高频振动源[84,85]。磁悬浮转子系统可对不平衡振动进行主动控制，体现了 MSCMG 微振动的巨大优势。理论上要实现不平衡振动的完全抑制，磁悬浮转子系统必须提供精确的控制电流，使电磁力和力矩抵消永磁力和力矩，因此需要对功率放大器引起的误差进行补偿。

式(4-34)和式(4-35)描述的含转子不平衡的磁悬浮转子动力学模型的平动控制子系统和转动控制子系统结构如图4-11和图4-12所示，其中，$C_{sr}(s) = C_{cs}(s) + C_{cr}(s)$，$G(s) = \dfrac{1}{ms^2}$，$H(s) = \dfrac{1}{J_r s^2 - J_z \Omega \mathrm{j}s}$。

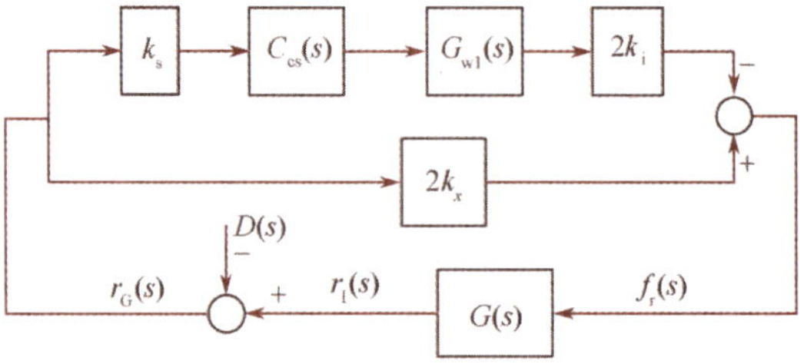

图4-11 磁悬浮转子平动控制子系统结构

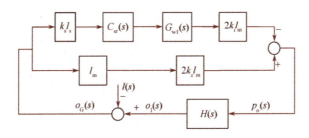

图4-12 磁悬浮转子转动控制子系统结构

为实现磁悬浮转子系统的高精度主动振动抑制,首先分析磁悬浮转子系统的平动控制子系统和转动控制子系统实现主动振动完全抑制的理论条件。

☑ 4.4.1 磁轴承系统实现不平衡振动完全抑制的条件分析

由图4-11和图4-12可知,不平衡振动力和力矩均由电磁力和力矩与永磁力和力矩组成。为完全抑制不平衡振动力和力矩,本书首先在原控制器$C_{cs}(s)$和$C_{sr}(s)$的基础上串联陷波器实现对不平衡振动电流(即电磁力和力矩)的衰减,然后根据陷波器信号设计前馈控制器输出控制电流抵消剩余的永磁力和力矩。抑制不平衡振动力平动控制子系统和抑制不平衡振动力矩转动控制子系统的结构分别如图4-13和图4-14所示,其中,$G_{rF}(s)$和$G_{oF}(s)$分别为平动控制子系统和转动控制子系统的前馈控制器,$G_{nf}(s)$为抑制不平衡振动电流的陷波器,且

$$G_{nf}(s) = \frac{s^2 + \Omega^2}{s^2 + \xi s + \Omega^2} \tag{4-67}$$

式中:ξ为陷波器阻尼系数。

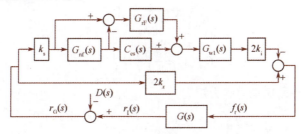

图4-13 抑制不平衡振动力平动控制子系统结构

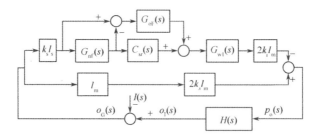

图 4 – 14   抑制不平衡振动力矩转动控制子系统结构

由图 4 – 13 和图 4 – 14 可求得惯性轴位移:

$$r_I(s) = -\frac{G(s)C_{rI}(s)}{1 - G(s)C_{rI}(s)}D(s) \qquad (4-68)$$

$$o_I(s) = -\frac{H(s)C_{oI}(s)}{1 - H(s)C_{oI}(s)}I(s) \qquad (4-69)$$

其中

$$C_{rI}(s) = 2k_x - 2k_ik_sG_{wI}(s)\left[C_{nf}(s)C_{cs}(s) + (1 - C_{nf}(s))G_{rF}(s)\right]$$

$$C_{oI}(s) = 2k_xl_m^2 - 2k_ik_sl_ml_sG_{wI}(s)\left[C_{nf}(s)C_{sr}(s) + (1 - C_{nf}(s))G_{oF}(s)\right]$$

磁悬浮转子系统的不平衡振动完全抑制是一种消除磁悬浮高速转子惯性轴运动位移的方法,由于式(4 – 7)中磁悬浮转子系统的给定悬浮位移为 0,则惯性轴的同频稳态位移为 0,令

$$\lim_{s=j\Omega}r_I(s)(s-j\Omega) = \lim_{s=j\Omega}\left[-\frac{G(s)C_{rI}(s)}{1-G(s)C_{rI}(s)}D(s)\right](s-j\Omega) = 0 \qquad (4-70)$$

$$\lim_{s=j\Omega}o_I(s)(s-j\Omega) = \lim_{s=j\Omega}\left[-\frac{H(s)C_{oI}(s)}{1-H(s)C_{oI}(s)}I(s)\right](s-j\Omega) = 0 \qquad (4-71)$$

解式(4 – 70)和式(4 – 71),得

$$G_{rF}(s) = \frac{k_x}{k_ik_s}G_{wI}^{-1}(s) \qquad (4-72)$$

$$G_{oF}(s) = \frac{k_xl_m}{k_ik_sl_s}G_{wI}^{-1}(s) \qquad (4-73)$$

此时,不平衡振动力和力矩为

$$f_{rS} = \lim_{s=j\Omega}C_{rI}(s)\left[r_I(s) - D(s)\right](s-j\Omega) = 0 \qquad (4-74)$$

$$p_{oS} = \lim_{s=j\Omega}C_{oI}(s)\left[o_I(s) - I(s)\right](s-j\Omega) = 0 \qquad (4-75)$$

可见,只需满足式(4-72)和式(4-73),即可实现磁悬浮高速转子仅绕惯性轴进行轴向转动,此时惯性轴无径向同频运动,且磁悬浮转子系统不产生不平衡振动力和力矩。

实现磁悬浮转子系统的不平衡振动完全抑制,需要满足两个条件:精确的 $G_{nf}(s)$ 设计以衰减不平衡振动电流并获取同频几何轴位移;精确的 $G_{rF}(s)$ 和 $G_{oF}(s)$ 以实现精确补偿转子不平衡引起的永磁力和力矩。

对于实际 MSCMG 样机,磁悬浮高速转子的稳速控制精度很高,且高速电机系统采用霍尔传感器测速,Ω 的测试精度小于 1/10000,因此 $G_{nf}(s)$ 可精确设计。对于 $G_{rF}(s)$ 和 $G_{oF}(s)$,k_x、k_i、k_s、l_m、l_s 的实际值与设计值之间误差较小,且可通过实验较为精确地测得实际值。然而,功率放大器的逆系统 $G_{w1}^{-1}(s)$ 很难精确实现。

① 功率放大器的建模精度较低,建模过程中并没有考虑 H 桥逆变器,且其中的功率开关管模型较为复杂,很难精确建模。②虽然可以使用动态分析仪对功率放大器进行测试和模型拟合,但无法在磁悬浮高速转子处于额定转速的正常工作状态下进行,因此测试精度不理想,而且无法精确实现功率放大器所建模型的对比分析和验证。③功率放大器模型的逆在物理上无法精确实现,由于 $G_{w1}^{-1}(s)$ 存在微分环节,采用差分实现易引入大量高频噪声,增加低通滤波器又会引起新的相位滞后。④功率放大器的性能随时间、温度不断变化,尤其在太空条件下,温度变化范围较大,且存在高辐射强度的宇宙射线,H 桥逆变器的功率开关管的性能会出现较大的变化。此外,磁铁绕组电感随磁悬浮高速转子位移变化(图4-15)。因此,功率放大器存在较大的建模误差,另外,其逆模型难以精确实现,且模型参数不断变化。$G_{rF}(s)$ 和 $G_{oF}(s)$ 会使实际

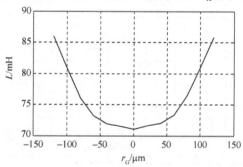

图4-15　L 随 r_G 的变化关系

绕组电流与控制器输出之间产生不断变化的误差(包括幅值和相位),使得永磁力和力矩无法得到精确补偿。因此,要实现不平衡振动力和力矩的高精度抑制,必须实现功率放大器引起的幅值和相位误差的实时高精度补偿。

4.4.2 磁轴承系统不平衡振动抑制与幅值相位调节器设计

由于 $G_{w1}(s)$ 使前馈控制器的输出与实际磁铁绕组电流之间产生不断变化的幅值和相位误差,因此磁悬浮转子系统的不平衡振动抑制的重点即对该幅值和相位误差进行实时高精度补偿。由于磁悬浮高速转子不平衡引起的几何轴位移和绕组电流均为同频信号,可计算 $G_{w1}(s)$ 的同频幅值和相位为

$$G_{w1}(s)\big|_{s=\mathrm{j}\Omega} = k_{w2}\mathrm{e}^{-\mathrm{j}\theta_w} \tag{4-76}$$

式中: k_{w2} 和 θ_w 分别为 $G_{w1}(s)$ 的同频幅值增益和相位滞后角。

为补偿 $G_{w1}(s)$ 引起的同频幅值增益和相位滞后,可通过设计 $G_{w1}^{-1}(s)$ 成幅值增益和相位滞后的补偿函数实现。由于 $G_{w1}(s)$ 引起的幅值和相位误差即磁悬浮高速转子几何轴位移和绕组电流之间的幅值和相位误差,因此本书提出一种根据几何轴位移和绕组电流的同频信号进行自适应幅值和相位误差补偿的幅值相位调节器(Gain Phese Modifier,GPM)。

为提取几何轴位移和绕组电流的同频信号, $G_{nf}(s)$ 以单位转移矩阵的通用陷波器形式实现,如图 4-16 所示。其中, y_f 为待滤波信号, x_f、c_f 分别为内部反馈环节的输入信号和输出信号, e_f 为陷波器输出信号。内部反馈环节可表示为

$$c_f(t) = \sin(\Omega t)\int x_f(t)\sin(\Omega t)\,\mathrm{d}t + \cos(\Omega t)\int x_f(t)\cos(\Omega t)\,\mathrm{d}t \tag{4-77}$$

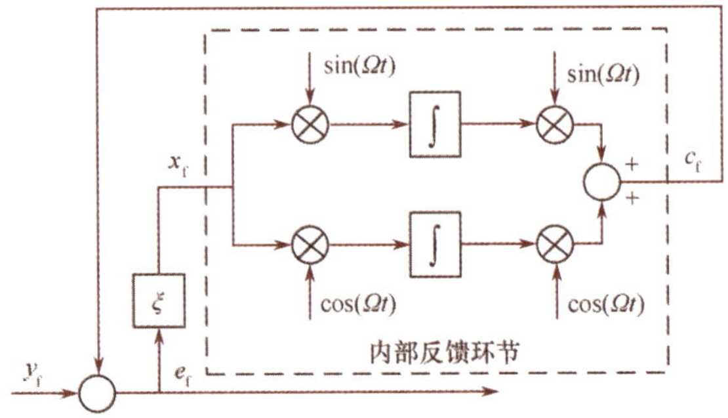

图 4-16 单位转移矩阵通用陷波器

MSCMG 的磁悬浮高速转子采用稳速控制，$\dot{\Omega} \approx 0$，式（4 - 77）进行两次微分，得

$$\dot{c}_f(t) = \Omega \cos(\Omega t) \int x_f(t) \sin(\Omega t) \, dt -$$

$$\Omega \sin(\Omega t) \int x_f(t) \cos(\Omega t) \, dt + x_f(t) \qquad (4-78)$$

$$\ddot{c}_f(t) = -\Omega^2 \sin(\Omega t) \int x_f(t) \sin(\Omega t) \, dt -$$

$$\Omega^2 \cos(\Omega t) \int x_f(t) \cos(\Omega t) \, dt + \dot{x}_f(t)$$

$$= -\Omega^2 c_f(t) + \dot{x}_f(t) \qquad (4-79)$$

由式（4 - 79）可求内部反馈环节传递函数为

$$N_f(s) = \frac{c_f(s)}{x_f(s)} = \frac{s}{s^2 + \Omega^2} \qquad (4-80)$$

则图 4 - 16 所示通用陷波器的传递函数为

$$G_{nf}(s) = \frac{e_f(s)}{y_f(s)} = \frac{1}{1 + \xi N_f(s)} = \frac{s^2 + \Omega^2}{s^2 + \xi s + \Omega^2} \qquad (4-81)$$

式（4 - 81）和式（4 - 67）完全一致，实现了陷波器的通用结构形式的设计。

为高精度补偿 $G_{w1}(s)$，$G_{w1}^{-1}(s)$ 可表示为

$$G_{w1}^{-1}(s) \big|_{s=j\Omega} = \frac{k_{we}}{k_{w0}} e^{j(\theta_{w0} + \theta_{we})} \qquad (4-82)$$

式中：k_{w0} 和 θ_{w0} 分别为初始补偿幅值和相位；k_{we} 和 θ_{we} 分别为 GPM 输出的精确补偿幅值和相位。

由于转子逆时针旋转，y 轴信号相对 x 轴信号有 π/2 的恒定相位滞后，且 x 轴和 y 轴参数相等，因此 y 轴的主动振动抑制可利用 x 轴的陷波器实现，以简化控制器结构、减小程序量。基于 GPM 的磁悬浮转子平动控制子系统如图 4 - 17 所示，其中，x_{GK} 为经位移传感器放大的转子几何轴的 x 轴平动位移，且 $x_{GK} = k_s x_G$，x_{GS} 为位移通用陷波器输出的 x 轴同频补偿位移，x_{GR} 为相位超前的 x 轴同频补偿位移，y_{GS} 为位移通用陷波器输出的 y 轴同频补偿位移，y_{GR} 为相位超前的 y 轴同频补偿位移，x_{c1} 和 x_{c2} 为位移通用陷波器的内部信号，i_{x1} 和

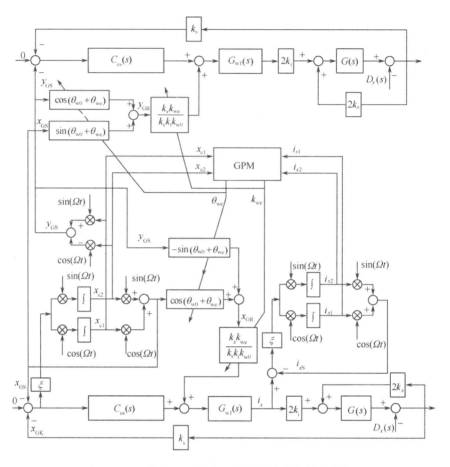

图 4-17　基于 GPM 的磁悬浮转子平动控制子系统

i_{x2} 为电流通用陷波器的内部信号，i_x 为广义电流矢量 i 中 x 轴平动电流，i_{xS} 为电流通用陷波器输出的 x 轴同频补偿电流，且 i 可由以下矩阵转换得到：

$$
i = \begin{bmatrix} i_x \\ i_\beta \\ i_y \\ -i_\alpha \end{bmatrix} = \frac{1}{2}\begin{bmatrix} 1 & 1 & 0 & 0 \\ 1 & -1 & 0 & 0 \\ 0 & 0 & 1 & 1 \\ 0 & 0 & 1 & -1 \end{bmatrix} i_m = \frac{1}{2}\begin{bmatrix} 1 & 1 & 0 & 0 \\ 1 & -1 & 0 & 0 \\ 0 & 0 & 1 & 1 \\ 0 & 0 & 1 & -1 \end{bmatrix}\begin{bmatrix} i_{ax} \\ i_{bx} \\ i_{ay} \\ i_{by} \end{bmatrix}
$$

$$(4-83)$$

当两通用陷波器收敛时，输出信号 x_{GS} 和 i_{xS} 为输入信号 x_{GK} 和 i_x 的同频信

号分量,假设

$$x_{\mathrm{GS}} = k_{\mathrm{s}}\varepsilon_0\cos(\Omega t + \chi_0) \qquad (4-84)$$

$$i_{x\mathrm{S}} = \varepsilon_1\cos(\Omega t + \chi_1) \qquad (4-85)$$

式中:$k_{\mathrm{s}}\varepsilon_0$ 和 χ_0 分别为 x_{GS} 的幅值和初始相位;ε_1 和 χ_1 分别为 $i_{x\mathrm{S}}$ 的幅值和初始相位。

由通用陷波器可知

$$\begin{cases} x_{c2} = k_{\mathrm{s}}\varepsilon_0\sin(-\chi_0) \\ x_{c1} = k_{\mathrm{s}}\varepsilon_0\cos(-\chi_0) \end{cases} \qquad (4-86)$$

$$\begin{cases} i_{x2} = \varepsilon_1\sin(-\chi_1) \\ i_{x1} = \varepsilon_1\cos(-\chi_1) \end{cases} \qquad (4-87)$$

y_{GS} 可由 x_{c1} 和 x_{c2} 通过相位超前 $\pi/2$ 求得

$$y_{\mathrm{GS}} = x_{c1}\sin(\Omega t) - x_{c2}\cos(\Omega t) = k_{\mathrm{s}}\varepsilon_0\sin(\Omega t + \chi_0) \qquad (4-88)$$

由式(4-72)和式(4-82)可知,$G_{\mathrm{w1}}(s)$ 的幅值补偿为 $k_x k_{\mathrm{we}}/(k_i k_{\mathrm{s}} k_{\mathrm{w0}})$,相位超前可通过余弦方向阵实现

$$\begin{aligned} \begin{bmatrix} x_{\mathrm{GR}} \\ y_{\mathrm{GR}} \end{bmatrix} &= \begin{bmatrix} \cos(\theta_{\mathrm{w0}} + \theta_{\mathrm{we}}) & -\sin(\theta_{\mathrm{w0}} + \theta_{\mathrm{we}}) \\ \sin(\theta_{\mathrm{w0}} + \theta_{\mathrm{we}}) & \cos(\theta_{\mathrm{w0}} + \theta_{\mathrm{we}}) \end{bmatrix} \begin{bmatrix} x_{\mathrm{GS}} \\ y_{\mathrm{GS}} \end{bmatrix} \\ &= \begin{bmatrix} k_{\mathrm{s}}\varepsilon_0\cos(\Omega t + \chi_0 + \theta_{\mathrm{w0}} + \theta_{\mathrm{we}}) \\ k_{\mathrm{s}}\varepsilon_0\sin(\Omega t + \chi_0 + \theta_{\mathrm{w0}} + \theta_{\mathrm{we}}) \end{bmatrix} \end{aligned} \qquad (4-89)$$

综合式(4-76)、式(4-84)、式(4-85)、式(4-89)和图4-17,得

$$\begin{cases} \varepsilon_1 = \dfrac{k_x k_{\mathrm{w2}} k_{\mathrm{we}}}{k_i k_{\mathrm{w0}}}\varepsilon_0 \\ \chi_1 = \chi_0 - \theta_{\mathrm{w}} + \theta_{\mathrm{w0}} + \theta_{\mathrm{we}} \end{cases} \qquad (4-90)$$

显然,幅值和相位的实时补偿精度取决于 GPM 的输出变量 k_{we} 和 θ_{we}。可根据式(4-86)和式(4-87)求解 x_{GS} 和 $i_{x\mathrm{S}}$ 的幅值和相位,然后设计控制器实现幅值和相位的补偿。然而这需要进行大量的运算,尤其是解算相位需要两次反正切运算,计算量较大,而且会给控制系统引入较为严重的非线性。为此,本书采用了一种直接利用 x_{c1}、x_{c2}、i_{x1} 和 i_{x2} 实现幅值相位自适应高精度补偿的 GPM,其原理图如图4-18所示。

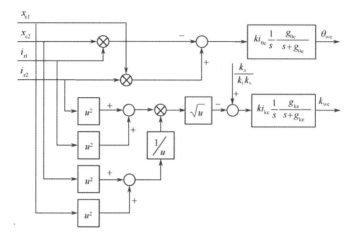

图 4 – 18　GPM 原理图

GPM 的控制律为

$$\theta_{we} = \left(x_{c1} i_{x2} - x_{c2} i_{x1} \right) \left(ki_{\theta e} \frac{1}{s} \frac{g_{\theta e}}{s + g_{\theta e}} \right) = k_s \varepsilon_0 \varepsilon_1 \sin(\chi_0 - \chi_1) \left(ki_{\theta e} \frac{1}{s} \frac{g_{\theta e}}{s + g_{\theta e}} \right)$$

$$(4 - 91)$$

$$k_{we} = \left(\frac{k_x}{k_s k_i} - \sqrt{\frac{i_{x2}^2 + i_{x1}^2}{x_{c2}^2 + x_{c1}^2}} \right) \left(ki_{ke} \frac{1}{s} \frac{g_{ke}}{s + g_{ke}} \right) = \left(\frac{k_x}{k_s k_i} - \frac{\varepsilon_1}{k_s \varepsilon_0} \right) \left(ki_{ke} \frac{1}{s} \frac{g_{ke}}{s + g_{ke}} \right)$$

$$(4 - 92)$$

式中：$ki_{\theta e}$ 和 $g_{\theta e}$ 为相位调节器参数；ki_{ke} 和 g_{ke} 为幅值调节器参数。

由于可采用动态分析仪对功率放大器进行测试和模型拟合，根据测试结果可以得到初始补偿相位 θ_{w0}，因此 $\delta_0 - \delta_1$ 的误差一般小于 3°。为简化运算，将式(4 - 91)小角度线性化为

$$\theta_{we} = k_s \varepsilon_0 \varepsilon_1 (\chi_0 - \chi_1) \left(ki_{\theta e} \frac{1}{s} \frac{g_{\theta e}}{s + g_{\theta e}} \right) \qquad (4 - 93)$$

将式(4 - 92)和式(4 - 93)代入式(4 - 90)，可得幅值闭环系统和相位闭环系统，其原理图分别如图 4 - 19 和图 4 - 20 所示，传递函数分别为

$$C_{GC}(s) = \frac{ki_{ke2} g_{ke}}{s^2 + g_{ke} s + ki_{ke2} g_{ke}} \qquad (4 - 94)$$

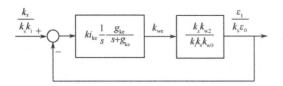

图 4 – 19　GPM 幅值闭环系统原理图

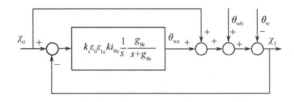

图 4 – 20　GPM 相位闭环系统原理图

$$\chi_1(s) = \chi_0(s) + \frac{s^2 + g_{\theta e}s}{s^2 + g_{\theta e}s + ki_{\theta e2}g_{\theta e}}[\theta_{w0}(s) - \theta_w(s)] \qquad (4-95)$$

其中,$ki_{ke2} = k_x k_{w2} ki_{ke}/(k_i k_s k_{w0})$,$ki_{\theta e2} = k_s \varepsilon_0 \varepsilon_1 ki_{\theta e}$。

由于幅值闭环系统和相位闭环系统均为典型的二阶闭环系统,因此可根据实际工程的带宽和阻尼要求,选取合理的参数。由式(4–95)可知,$\chi_0(s)$ 为相位闭环系统的前馈输入,而 $\theta_{w0}(s) - \theta_w(s)$ 为相位闭环系统的振动,因此,精确的 $\theta_{w0}(s)$ 可有效缩短相位闭环系统的收敛时间。

对于本文采用的永磁偏置混合磁轴承,k_x 和 k_i 满足以下关系[86]:

$$\frac{k_x}{k_i} = \frac{B_{b0}}{\mu_0 N} \qquad (4-96)$$

式中:B_{b0} 为偏置磁密;μ_0 为真空磁导率;N 为磁铁线圈匝数。

由式(4–96)可知,k_x/k_i 只与 B_{b0}、μ_0、N 有关。因此,对于一个固定的磁悬浮转子系统,$k_x/(k_i k_s)$ 的值基本不随温度、转子位移等变化,可由实验精确测得,具有很高的精度和稳定度,因此 GPM 幅值闭环系统可以达到很高的补偿精度。

用类似的方法可设计基于 GPM 的磁悬浮转子转动控制子系统,其结构如图 4–21 所示。与基于 GPM 的磁悬浮转子平动控制子系统不同的是,转动控制子系统的前馈控制器的幅值补偿系数为 $l_m k_x k_{we}/(l_s k_i k_s k_{w0})$。由于磁悬浮转子系统的 4 个通道采用相同的功率放大器,且工作环境相同,4 个 $G_{w1}(s)$ 的参

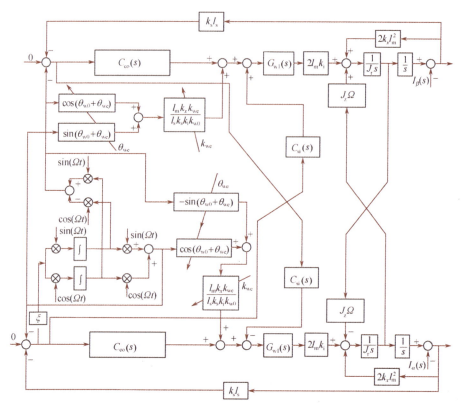

图 4 - 21 基于 GPM 的磁悬浮转子转动控制子系统

数随温度变化一致。MSCMG 动框架和磁悬浮转子系统低功耗控制时,转子几何轴位移变化量的绝对值相等,即电感变化量相等,因此转动通道的 $G_{w1}(s)$ 引起的幅值和相位误差与平动子系统一致。为简化控制器结构、减小运算量,基于 GPM 的磁悬浮转子转动控制子系统的 k_{we} 和 θ_{we} 采用平动控制子系统的 GPM 输出值。

4.4.3　仿真和实验研究

　　为验证所提出的基于 GPM 的不平衡振动抑制控制方法的有效性,采用 Matlab 和大型 MSCMG 原理样机进行了仿真和实验研究。

　　大型 MSCMG 实验系统如图 4 - 22 所示,主要由电源、示波器、监控计算机、电路板、真空泵、MSCMG 和压力传感器组成。磁悬浮转子系统的控制算法

图 4 – 22 大型 MSCMG 实验系统

以 6.67kHz 的采样频率和控制频率在电路板中高速运行。真空泵对陀螺房抽气,为磁悬浮高速转子提供一个近似真空(一般真空度在 2Pa 左右)的环境。磁悬浮高速转子 200Hz 恒速旋转。监控计算机可实现 MSCMG 控制系统的参数设置、变量显示、性能测试等功能。采用 4 个压力传感器测试 MSCMG 基座 4 个角的压力,并通过数学计算得到 MSCMG 的振动力和振动力矩,MSCMG 的关键模拟信号和压力传感器输出信号均通过示波器检测和显示。

　　磁悬浮转子系统参数及其控制器及 GPM 的参数分别见表 4 – 1 和表 4 – 2,为使仿真结果与实验结果相近,仿真中所用的转子不平衡参数为实际实验的测试结果,即采用 GPM 使磁悬浮高速转子绕惯性轴旋转,此时磁悬浮高速转子几何轴的同频振动位移即转子不平衡的负数。磁悬浮高速转子的不平衡参数如表 4 – 3 所列。

表 4 – 1 磁悬浮转子系统参数

参数名	参数值	参数名	参数值
m/kg	57	$k_s/(\text{V/m})$	1.0
$J_r/(\text{kg} \cdot \text{m}^2)$	0.62	$J_z/(\text{kg} \cdot \text{m}^2)$	0.82
l_m/m	0.113	l_m/m	0.178
$k_i/(\text{N/A})$	450	$k_x/(\text{N/m})$	2.5×10^6

表4-2　磁悬浮转子控制器及 GPM 参数

参数名	参数值	参数名	参数值	参数名	参数值
k_{amp}	0.2625	$ki_{\theta e}$	13.33	k_D	0.01
k_u	0.056	$g_{\theta e}$	1000	k_{rl}	0.001
ξ	0.08	θ_{w0}/rad	0.6	$\omega_{rl}/(rad/s)$	314.2
k_I	40	Ω/Hz	200	β_1/rad	0.9
k_{rh}	0.01	k_{ico}	15.2	ki_{ke}	33000
$\omega_{rh}/(rad/s)$	1256.6	$k_{ie}/(V/A)$	523.25	g_{ke}	40
α_h/rad	2.5	k_P	5	$k_{w0}/(A/V)$	0.00013

表4-3　磁悬浮高速转子不平衡参数

参数名	参数值	参数名	参数值
ε/m	5×10^{-6}	χ/rad	$\pi/3$
σ/rad	2.8×10^{-5}	δ/rad	$5\pi/3$

当陷波器的陷波频率接近或小于磁悬浮转子控制系统带宽时,根据奈奎斯特稳定判据,陷波器的加入将增加系统的穿越次数,导致磁悬浮转子闭环系统失稳。由于抑制不平衡振动的陷波器陷波频率即 Ω,因此必须找到陷波器不影响磁悬浮转子控制系统稳定时 Ω 的最小值。对图4-13和图4-14中的抑制不平衡力平动控制子系统和抑制不平衡力矩转动控制子系统画出 Ω 从 $0 \sim 200Hz$ 的根轨迹图,分别如图4-23和图4-24所示。

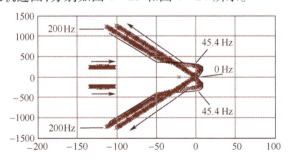

图4-23　抑制不平衡力磁悬浮转子平动子系统 Ω 根轨迹

由图4-23可知,抑制不平衡力平动控制子系统的根轨迹关于实轴对称,其 Ω 的阈值为45.4Hz,当 Ω 大于45.4Hz 时,可使能振动抑制算法;由图4-24可知,为使抑制不平衡力矩转动控制子系统的根轨迹清晰,关于实轴对称的两

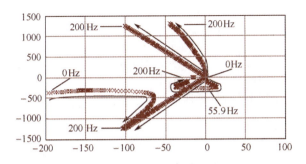

图 4 - 24　抑制不平衡力矩磁悬浮转子转动子系统 Ω 根轨迹

条根轨迹只显示其中一条,其 Ω 的阈值为 55.9Hz,当 Ω 大于 55.9Hz 时,可使能振动抑制算法。因此,对于实际 MSCMG,磁悬浮高速转子升速过程中,Ω 大于 55.9Hz 时可使能振动抑制算法,直至稳速 200Hz。

　　由于除存在 $\pi/2$ 的相位差外,f_x 与 f_y 的幅值和变化趋势相同,p_α 与 p_β 的幅值和变化趋势相同,因此仿真和实验结果仅以 f_x 与为 p_α 例说明。

　　为比较 GPM 的幅值相位补偿效果和不平衡振动的抑制效果,仿真和实验分两步进行:第一步仅采用陷波器和前馈控制器,k_{w0} 和 θ_{w0} 采用动态分析仪的测试值,关闭 GPM 的输出开关,使 k_{we} 和 θ_{we} 均为 0;第二步使能 GPM,比较前后振动抑制效果。

　　仅采用陷波器和前馈控制器的仿真结果如图 4 - 25 和图 4 - 26 所示。$t = 0$s 时,磁悬浮转子控制系统不进行主动振动控制,原始 f_x 与 p_α 约为 78N 和 6.26N·m,其值与磁悬浮转子系统控制参数有关。

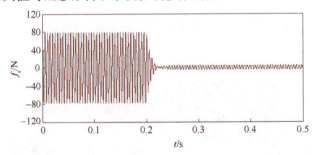

图 4 - 25　采用陷波器和前馈控制器的 f_x 仿真结果

　　如果采用机械轴承支承高速转子,在相等的转速和转子不平衡量条件下,根据不平衡振动力和力矩公式 $m\Omega^2\varepsilon$ 和 $(J_r - J_z)\Omega^2\sigma$,可得 f_x 与 p_α 将分别达到

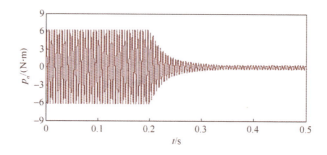

图 4-26 采用陷波器和前馈控制器的 p_α 仿真结果

450N 和 8.87N·m。在磁悬浮转子不进行主动振动抑制的情况下,产生的不平衡振动力和力矩比机械轴承产生的小,主要是由于磁悬浮转子的高频支承刚度低,磁悬浮高速转子旋转时更倾向于惯性轴,体现了磁悬浮转子自身就具有微振动的优点。$t=0.2s$ 时,使能陷波器和前馈控制器,仿真结果显示 f_x 与 p_α 分别被抑制至 5N 和 0.375N·m,剩余 f_x 与 p_α 主要由功率放大器引起的同频幅值和相位误差引起的,实验也取得了相似结果,如图 4-27 和图 4-28 所示。

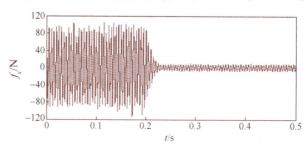

图 4-27 采用陷波器和前馈控制器的 f_x 实验结果

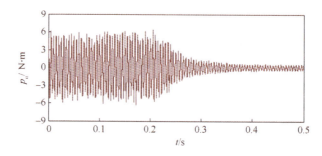

图 4-28 采用陷波器和前馈控制器的 p_α 实验结果

为进一步抑制f_x与p_α,必须对功率放大器引起的同频幅值和相位误差进行补偿。$t=0.1\text{s}$时,使能 GPM,仿真结果如图 4 – 29 和图 4 – 30 所示。GPM 的输出 k_{we} 和 θ_{we} 均实现平滑收敛,无不理想的动态波动产生。

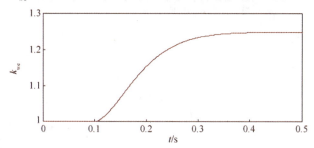

图 4 – 29　GPM 输出的 k_{we}

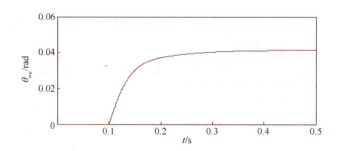

图 4 – 30　GPM 输出的 θ_{we}

f_x 和 p_α 仿真结果如图 4 – 31 和图 4 – 32 所示,f_x 与 p_α 被同步完全抑制,证明了功率放大器的误差得到了精确补偿。f_x 与 p_α 变化趋势完全一致,主要由于磁悬浮转子转动控制子系统和平动控制子系统共用一个 GPM。

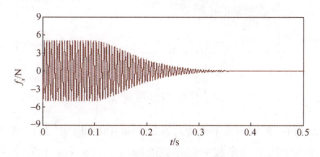

图 4 – 31　使能 GPM 的 f_x 仿真结果

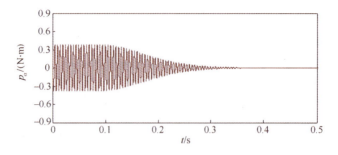

图 4 - 32　使能 GPM 的 p_α 仿真结果

f_x 和 p_α 实验结果如图 4 - 33 和图 4 - 34 所示,使能 GPM 后,残余 f_x 与 p_α 约为 0. 74N 和 0. 066N · m。虽然实验结果 f_x 与 p_α 并不同于仿真结果 f_x 与 p_α 被完全抑制,但是抑制比分别达到了 99. 1% 和 98. 8% 。

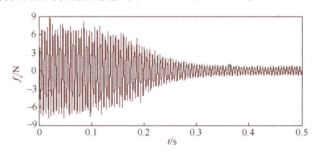

图 4 - 33　使能 GPM 的 f_x 实验结果

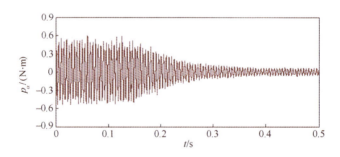

图 4 - 34　使能 GPM 的 p_α 实验结果

残余的 f_x 与 p_α 主要由位移传感器(Sensor Runout)、计算误差、Ω 测量误差等引起。实际系统由于功率放大器参数随温度、时间等变化缓慢,可选取较低的 GPM 系数,k_{we}、θ_{we} f_x 与 p_α 缓慢平滑收敛,以防止振动抑制过程中磁悬浮高速转子出现较大动态振动位移。

4.5 给定不平衡振动位移阈值的最小不平衡振动力和力矩控制

由于磁悬浮转子系统的不平衡振动抑制使磁悬浮高速转子绕惯性轴旋转,因此磁悬浮高速转子几何轴的同频振动位移即转子不平衡的负数。当转子不平衡量较大时,不平衡振动位移不容忽视。由于 MSCMG 在火箭发射阶段会受到强烈振动,转子的不平衡量可能发生改变,尤其磁悬浮高速转子往往需要在轨高速转动 10 年以上,转子不平衡在长时间高速旋转中可能出现较为明显的增大。

此外,当 MSCMG 框架伺服系统进行阶跃转动时,由于动框架效应,磁悬浮高速转子将会出现牵连位移跳动。磁悬浮转子系统电磁力矩和永磁力矩的合力矩提供陀螺输出力矩。为实现磁悬浮转子系统的低功耗控制,需要控制磁悬浮高速转子偏转靠近磁铁,以增加永磁力矩减小电磁力矩,因此磁悬浮高速转子的位移跳动量将进一步增大。由于磁悬浮高速转子的位移跳动量增大,磁铁绕组电感相应增大,将降低磁悬浮转子系统的章动稳定性;如果位移跳动量大于磁悬浮高速转子的保护间隙,将引起磁悬浮高速转子与保护轴承相撞,严重时可能引发磁悬浮转子系统故障甚至失效。

由于转子不平衡会引起磁悬浮转子系统 3 种类型的同频振动:不平衡振动位移、不平衡振动电流、不平衡振动力和力矩。对于磁悬浮转子系统的不平衡振动控制实际上要综合考虑不平衡振动位移、力和力矩。在不平衡振动位移较小的情况下,可采用不平衡振动力和力矩抑制方法,使不平衡振动力和力矩趋向于零;而不平衡振动位移较大,威胁到磁悬浮转子系统安全时,必须设置一个安全阈值,当不平衡振动位移超出安全阈值时,控制磁悬浮高速转子实现给定不平衡振动位移阈值的最小不平衡振动力和力矩控制。由于需要提供精确控制电流,因此仍需对功率放大器实时高精度补偿。

4.5.1 磁悬浮高速转子几何轴和惯性轴的位移关系分析

要实现给定不平衡振动位移阈值的最小不平衡振动力和力矩控制,首先要分析磁悬浮高速转子的惯性轴和几何轴处于什么位置时不平衡振动位移达到阈值且不平衡振动力和力矩最小。由于磁悬浮转子系统的控制力和力矩均由电磁力和力矩及永磁力和力矩组成,对磁悬浮高速转子的控制需要磁悬浮转子系统提供同频控制电流。为简化位移关系分析,首先分析磁悬浮转子系统绕组的不平衡振动电流为零时,磁悬浮高速转子稳态情况下几何轴、惯性轴、旋转轴的同频位移关系。

磁悬浮转子系统采用控制器串联陷波器抑制同频电流,其平动控制子系统和转动控制子系统分别如图4-35和图4-36所示。磁悬浮高速转子惯性轴的位移传递函数为

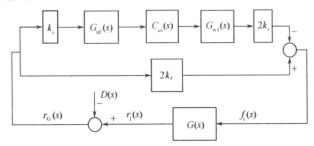

图4-35 抑制同频电流磁悬浮转子平动控制子系统

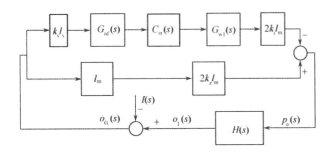

图4-36 抑制同频电流磁悬浮转子转动控制子系统

$$\frac{r_1(s)}{D(s)} = -\frac{G(s)\left(2k_x - 2k_i k_s G_{nf}(s) C_{cs}(s) G_{w1}(s)\right)}{1 - G(s)\left(2k_x - 2k_i k_s G_{nf}(s) C_{cs}(s) G_{w1}(s)\right)} \qquad (4-97)$$

$$\frac{o_1(s)}{I(s)} = -\frac{H(s)\left(2k_x l_m^2 - 2k_i k_s l_m l_s G_{nf}(s) C_{sr}(s) G_{w1}(s)\right)}{1 - H(s)\left(2k_x l_m^2 - 2k_i k_s l_m l_s G_{nf}(s) C_{sr}(s) G_{w1}(s)\right)} \qquad (4-98)$$

可求磁悬浮高速转子惯性轴的同频平动位移和同频转动位移为

$$r_{\mathrm{I}}(s)\big|_{s=\mathrm{j}\Omega}=\frac{2k_x}{m\Omega^2+2k_x}\varepsilon\mathrm{e}^{\mathrm{j}\chi} \tag{4-99}$$

$$o_{\mathrm{I}}(s)\big|_{s=\mathrm{j}\Omega}=\frac{2k_xl_{\mathrm{m}}^2}{(J_r-J_z)\Omega^2+2k_xl_{\mathrm{m}}^2}\sigma\mathrm{e}^{\mathrm{j}\delta} \tag{4-100}$$

则由式(4-99)和式(4-100)可得无同频电流的磁悬浮高速转子平动示意图和转动示意图,分别如图4-37和图4-38所示。其中,C_{I}、C_{R}、C_{G}分别为磁悬浮高速转子惯性轴、旋转轴、几何轴的中心(即平动位移),R_{I}、R_{R}、R_{G}分别为磁悬浮高速转子惯性轴、旋转轴、几何轴的偏角(即转动位移)。由于仅由永磁力和力矩提供向心力和力矩,C_{I}、C_{R}、C_{G}处于同一条直线,R_{I}、R_{R}、R_{G}处于同一条直线,即无同频电流时,磁悬浮高速转子惯性轴、旋转轴和几何轴在平动和转动中均呈现"三点一线"。此外,C_{I}和C_{G}的间距即静不平衡量,R_{I}和R_{G}的间距即动不平衡幅值,不平衡振动力和力矩分别与C_{I}和C_{R}的间距及R_{I}和R_{R}的间距成正比,而平动和转动不平衡振动位移即C_{G}和C_{R}的间距及R_{G}和R_{R}的间距。在给定平动和转动不平衡振动位移阈值(即给定C_{G}和C_{R}的间距及R_{G}和R_{R}的间距阈值)时,为使不平衡振动力和力矩最小(即C_{I}和C_{R}的间距及R_{I}和R_{R}的间距最小),旋转轴的平动和转动位移必须在图4-37和图4-38中的两条虚直线$C_{\mathrm{I}}C_{\mathrm{G}}$和$R_{\mathrm{I}}R_{\mathrm{G}}$上。

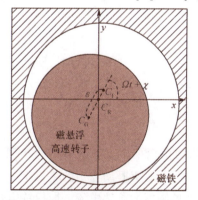

图4-37　无同频电流的磁悬浮
高速转子平动示意图

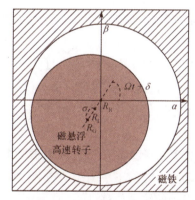

图4-38　无同频电流的磁悬浮
高速转子转动示意图

当磁悬浮转子系统初始工作时,磁悬浮高速转子不平衡较小,不平衡振动位移在安全阈值内,可采用不平衡振动力和力矩抑制方法,使C_{I}、C_{R}重合,R_{I}、

R_R 重合,以减小 MSCMG 输出的不平衡振动力和力矩,有利于实现航天器的高稳定度姿态控制和敏感载荷的高性能工作。当磁悬浮转子不平衡振动位移超出安全阈值时,控制旋转轴沿直线向几何轴移动,即 C_R 沿直线 C_1C_G 向 C_G 移动,R_R 沿直线 R_1R_G 向 R_G 移动。为提供高精度的控制电流,控制系统同样需要对功率放大器进行补偿,仍采用图 4 – 13 和图 4 – 14 所示的平动控制子系统和转动控制子系统,但前馈控制器改进为

$$G_{rF}(s) = k_{rF}G_{w1}^{-1}(s) \tag{4-101}$$

$$G_{oF}(s) = k_{oF}G_{w1}^{-1}(s) \tag{4-102}$$

式中:k_{rF}、k_{oF} 分别为平动前馈控制器和转动前馈控制器的比例系数。

可求磁悬浮高速转子惯性轴的同频平动位移和同频转动位移为

$$r_1(s)\big|_{s=j\Omega} = \frac{(2k_x - 2k_ik_sk_{rF})}{m\Omega^2 + (2k_x - 2k_ik_sk_{rF})}\varepsilon e^{jx} \tag{4-103}$$

$$o_1(s)\big|_{s=j\Omega} = \frac{(2k_xl_m^2 - 2k_ik_sl_ml_sk_{oF})}{(J_r - J_z)\Omega^2 + (2k_xl_m^2 - 2k_ik_sl_ml_sk_{oF})}\sigma e^{j\delta} \tag{4-104}$$

需要注意的是,磁悬浮高速转子的转动惯量比大于 1,即 $J_z > J_r$。综上,可得到如下结论:

(1) 当 $k_{rF} = k_x/k_ik_s$ 且 $k_{oF} = k_xl_m/k_ik_sl_s$ 时,惯性轴位移为零。此时磁悬浮高速转子绕惯性轴旋转,无不平衡振动力和力矩产生,且同频振动位移为转子不平衡。

(2) 为减小不平衡振动的平动位移,应减小 k_{rF},当 $k_{rF} = 0$ 时,即无不平衡振动电流时,不平衡振动的平动位移为 $2k_x/(m\Omega^2 + 2k_x)$,进一步减小不平衡振动的平动位移,k_{rF} 将变为负数并减小,此时前馈控制器产生的补偿电流方向发生反向。

(3) 由于 $J_z > J_r$,无不平衡振动电流时的不平衡振动转动位移大于无不平衡振动力矩时的不平衡振动转动位移。在无不平衡振动力矩的基础上减小不平衡振动的转动位移,k_{oF} 一直增大,则前馈控制器的补偿电流方向保持不变。

✍ 4.5.2 基于改进 GPM 的最小不平衡振动力和力矩控制

本书采用电涡流传感器测试磁悬浮高速转子的几何轴位移,并将电涡流传感器的输出信号表示在位移传感器坐标系中。以磁悬浮高速转子与保护轴

承的间隙作为参考,定义 ρ 为给定不平衡振动位移阈值与 4 个位移传感器的最大测量值的比值。当 $\rho \geq 1$ 时,不平衡振动位移在安全阈值内,磁悬浮转子系统保持初始抑制不平衡振动力和力矩的方法,为方便控制器设置,令此种情况下的不平衡振动位移阈值等于位移传感器输出的最大值,则 $\rho = 1$;否则,控制旋转轴移动以实现传感器输出最大位移值等于给定的不平衡振动位移阈值,且不平衡振动力和力矩最小。

由 4.5.1 节可知,GPM 可有效控制前馈电流的相位,使不平衡振动电流和转子几何轴不平衡振动位移的相位一致,即电磁力与永磁力在一条直线上,因此磁悬浮转子系统平动和转动的动力学方程可表示为

$$2k_x\rho\varepsilon - 2k_i i_r = m\Omega^2(1-\rho)\varepsilon \tag{4-105}$$

$$2k_x\rho\sigma l_m^2 - 2k_i i_o l_m = (J_r - J_z)\Omega^2(1-\rho)\sigma \tag{4-106}$$

其中,$i_r = i_x + i_y\mathrm{j}, i_o = i_\alpha + i_\beta\mathrm{j}$。

式(4-105)和式(4-106)可转换为

$$\frac{i_r}{k_s\rho\varepsilon} = \frac{k_x}{k_i k_s} - \frac{m\Omega^2(1-\rho)}{2k_i k_s\rho} \tag{4-107}$$

$$\frac{i_o}{k_s l_s\rho\sigma} = \frac{k_x l_m}{k_i k_s l_s} - \frac{(J_r - J_z)\Omega^2(1-\rho)}{2k_i l_m k_s l_s\rho} \tag{4-108}$$

由式(4-107)和式(4-108)可知:当 $\rho = 1$ 时,$k_x\varepsilon/k_i$、$k_x l_m\sigma/k_i$ 分别为实现不平衡振动力和力矩抑制的平动和转动控制电流;当 ρ 持续减小时,i_r 减小至零后变为负值继续减小,而 i_o 持续增大。

为控制磁悬浮高速转子旋转轴达到给定不平衡振动位移阈值内的最小不平衡振动力和力矩控制,并补偿功率放大器引起的幅值和相位误差,对 GPM 进行改进,使其可根据 ρ 值改变前馈控制电流的大小调节不平衡振动位移、力和力矩,并使控制电流与几何轴位移相位一致,最终控制旋转轴按图 4-37 和图 4-38 所示两条直线移动。由于磁悬浮转子转动控制子系统的前馈电流方向不随 ρ 值的变化而发生改变,因此将改进的 GPM 设计在磁悬浮转子转动控制子系统中,基于改进 GPM 的磁悬浮转子转动控制子系统如图 4-39 所示,其中,G_{oFG} 为前馈幅值控制器,由式(4-82)和式(4-108),得

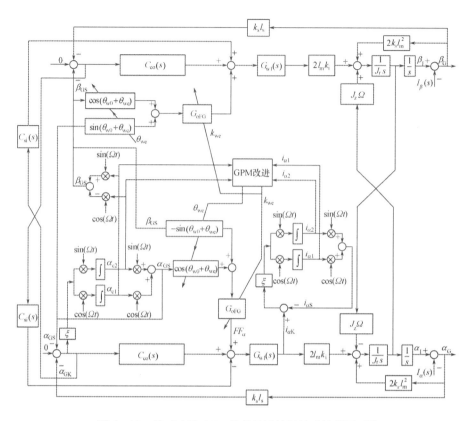

图 4-39　基于改进 GPM 的磁悬浮转子转动控制子系统

$$G_{oFG} = \frac{k_x l_m k_{we}}{k_i k_s l_s k_{w0}} - \frac{(J_r - J_z)\Omega^2(1-\rho)k_{we}}{2k_i l_m k_s l_s \rho k_{w0}} \qquad (4-109)$$

假设

$$\alpha_{GS} = k_s l_s \sigma_0 \cos(\Omega t + \delta_0) \qquad (4-110)$$

$$i_{\alpha S} = \sigma_1 \cos(\Omega t + \delta_1) \qquad (4-111)$$

其中，σ_0、δ_0、σ_1、δ_1 为假定参数。

由图 4-39 可知

$$\begin{cases} \alpha_{c2} = k_s l_s \sigma_0 \sin(-\delta_0) \\ \alpha_{c1} = k_s l_s \sigma_0 \cos(-\delta_0) \end{cases} \qquad (4-112)$$

$$\beta_{GS} = \alpha_{c1} \sin(\Omega t) - \alpha_{c2}\cos(\Omega t) = k_s l_s \sigma_0 \sin(\Omega t + \delta_0) \qquad (4-113)$$

$$\begin{cases} i_{\alpha2} = \sigma_1 \sin(-\delta_1) \\ i_{\alpha1} = \sigma_1 \cos(-\delta_1) \end{cases} \quad (4-114)$$

则

$$\begin{cases} \dfrac{\sigma_1}{k_s l_s \sigma_0} = k_{w2} G_{oFG} \\ \delta_1 = \delta_0 - \theta_w + \theta_{w0} + \theta_{we} \end{cases} \quad (4-115)$$

改进的 GPM 原理图如图 4 - 40 所示,其中,$R_{FG} = G_{oFG} k_{w0}/k_{we}$。其控制率为

$$\theta_{we} = \dfrac{\alpha_{c1} i_{x2} - \alpha_{c2} i_{x1}}{\alpha_{c2} i_{x2} + \alpha_{c1} i_{x1}} \left(k_{\theta e} \dfrac{1}{s} \dfrac{h_{\theta e}}{s + h_{\theta e}} \right) = \tan(\delta_0 - \delta_1) \left(k_{\theta e} \dfrac{1}{s} \dfrac{h_{\theta e}}{s + h_{\theta e}} \right) \quad (4-116)$$

$$k_{we} = \left(1 - \dfrac{1}{R_{FG}} \sqrt{\dfrac{i_{x2}^2 + i_{x1}^2}{x_{c2}^2 + x_{c1}^2}} \right) \left(k_{ke} \dfrac{1}{s} \dfrac{h_{ke}}{s + h_{ke}} \right)$$

$$= \left(1 - \dfrac{\sigma_1}{R_{FG} k_s l_s \sigma_0} \right) \left(k_{ke} \dfrac{1}{s} \dfrac{h_{ke}}{s + h_{ke}} \right) \quad (4-117)$$

其中,$k_{\theta e}$、$h_{\theta e}$、k_{ke}、h_{ke}为待定系数。

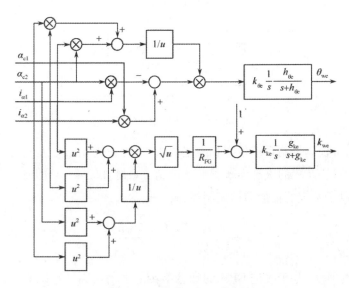

图 4 - 40 改进 GPM 原理图

为简化运算,式(4-116)线性化为

$$\theta_{\text{we}} = (\delta_0 - \delta_1)\left(k_{\theta e}\frac{1}{s}\frac{h_{\theta e}}{s + h_{\theta e}}\right) \qquad (4-118)$$

将式(4-117)和式(4-118)代入式(4-115)可得改进 GPM 幅值闭环系统和相位闭环系统,分别如图 4-41 和图 4-42 所示,传递函数为

$$C_{\text{KC}}(s) = \frac{k_{\text{ke2}}h_{\text{ke}}}{s^2 + h_{\text{ke}}s + k_{\text{ke2}}h_{\text{ke}}} \qquad (4-119)$$

$$\delta_1(s) = \delta_0(s) + \frac{s^2 + h_{\theta e}s}{s^2 + h_{\theta e}s + k_{\theta e}h_{\theta e}}[\theta_{\text{w0}}(s) - \theta_{\text{w}}(s)] \qquad (4-120)$$

式中: $k_{\text{ke2}} = \dfrac{k_{\text{w2}}}{k_{\text{w0}}}k_{\text{ke}}$ 。

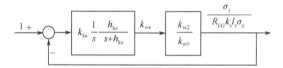

图 4-41　改进 GPM 幅值闭环系统

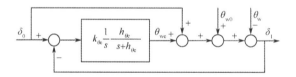

图 4-42　改进 GPM 相位闭环系统

同样,可根据控制系统带宽和阻尼要求,设置系数 $k_{\theta e}$ 、 $h_{\theta e}$ 、 k_{ke} 、 h_{ke} 。

基于改进 GPM 的磁悬浮转子平动控制子系统如图 4-43 所示,其中, G_{rFG} 为平动控制子系统的幅值前馈控制器,且

$$G_{\text{rFG}} = \frac{k_x k_{\text{we}}}{k_i k_s k_{\text{w0}}} - \frac{m\Omega^2(1-\rho)k_{\text{we}}}{2k_i k_s \rho k_{\text{w0}}} \qquad (4-121)$$

为简化算法,基于改进 GPM 的磁悬浮转子平动控制子系统的 k_{we} 和 θ_{we} 采用基于改进 GPM 的磁悬浮转子转动控制子系统中改进 GPM 的输出信号。

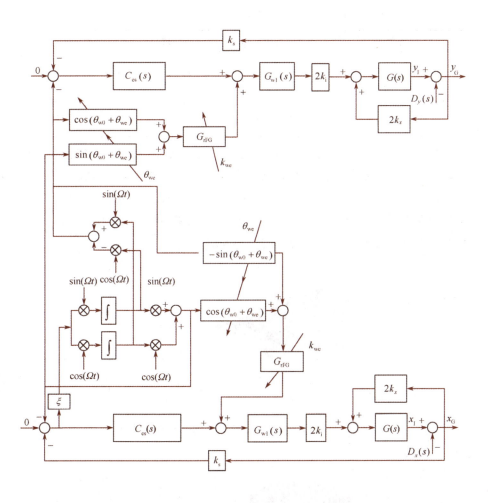

图 4 – 43　基于改进 GPM 的磁悬浮转子平动控制子系统

☑ 4.5.3　仿真和实验研究

为验证本节提出的给定不平衡振动位移阈值的最小不平衡振动力和力矩控制方法的有效性,采用 Matlab 和大型 MSCMG 实验系统(图 4 – 22)进行了仿真和实验对比研究。仿真和实验结果仅以 f_x 与 p_α 为例说明,改进 GPM 的磁悬浮转子控制系统参数如表 4 – 4 所列,其他参数和磁悬浮高速转子不平衡参数可参考表 4 – 2 和表 4 – 3。

表 4 - 4　改进 GPM 的磁悬浮转子控制系统参数

参数名	参数值	参数名	参数值
$k_{\theta e}$	2.7	k_{ke}	8.5
$h_{\theta e}$	16	h_{ke}	25
θ_{w0}/rad	0.6	$k_{w0}/(\mathrm{A/V})$	0.00013
ρ	0.5 ~ 1		

为提高航天器的姿控稳定度和敏感载荷的性能,磁悬浮转子控制系统初始采用不平衡振动力和力矩抑制方法,即对改进 GPM 的参数 ρ 赋值 1。当 $t = 0.3\mathrm{s}$ 时,使能改进 GPM。由图 4 - 44 和图 4 - 45 可知,f_x 与 p_α 平滑收敛至零,改进 GPM 的仿真结果同 4.4.3 节 GPM 的仿真结果(图 4 - 31 和图 4 - 32)一致,均可实现不平衡振动力和力矩的完全抑制。

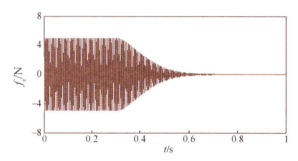

图 4 - 44　$\rho = 1$ 使能改进 GPM 的 f_x 仿真结果

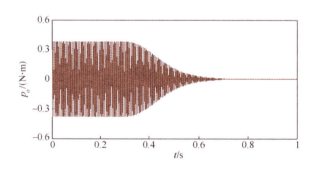

图 4 - 45　$\rho = 1$ 使能改进 GPM 的 p_α 仿真结果

f_x 和 p_α 的实验结果如图 4 - 46 和图 4 - 47 所示,同 4.4.3 节 GPM 的实验结果(图 4 - 33 和图 4 - 34)相似。

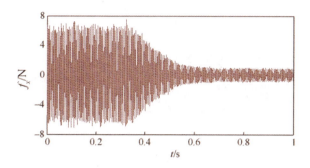

图 4 - 46　$\rho = 1$ 使能改进 GPM 的 f_x 实验结果

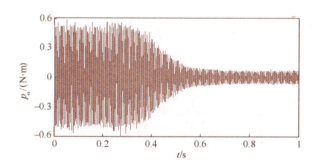

图 4 - 47　$\rho = 1$ 使能改进 GPM 的 p_α 实验结果

为验证改进 GPM 对磁悬浮转子同频振动位移、振动力和力矩的控制,对 ρ 赋值 0.5,即减小一半同频振动位移。由于磁悬浮高速转子不平衡变化缓慢,因此 ρ 从 1 以 1/s 的斜率线性减小至 0.5。由图 4 - 48 和图 4 - 49 可见,磁悬浮转子的平动位移(以 x_G 为例,x_G 与 y_G 的幅值和变化趋势均相同)和转动位移(以 β_G 为例,β_G 与 α_G 的幅值和变化趋势均相同)均平滑减小一半,x_G 和 β_G

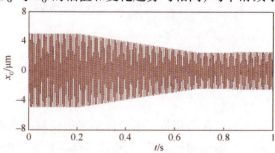

图 4 - 48　ρ 线性减小至 0.5 的 x_G 仿真结果

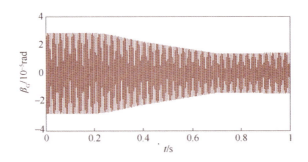

图 4 - 49 ρ 线性减小至 0.5 的 β_G 仿真结果

的实验结果如图 4 - 50 和图 4 - 51 所示,与仿真结果基本一致。

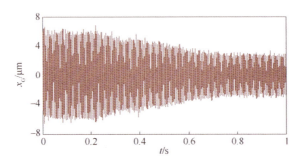

图 4 - 50 ρ 线性减小至 0.5 的 x_G 实验结果

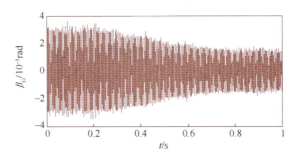

图 4 - 51 ρ 线性减小至 0.5 的 β_G 实验结果

由于磁悬浮高速转子在位移传感器坐标系下的位移可直观地反映磁悬浮高速转子与保护轴承的剩余间距,因此为更好地体现改进 GPM 对磁悬浮高速转子不平衡振动位移的控制,定义位移矢量 $\boldsymbol{q}_h = [h_{ax}, h_{bx}, h_{ay}, h_{by}]^T$,且

$$q_\text{h} = \frac{1}{k_\text{s}} q_\text{s} \tag{4 - 122}$$

大型 MSCMG 实验系统的磁悬浮高速转子和保护轴承的间隙为 $100\mu\text{m}$，为保证磁悬浮转子系统的安全性，设定磁悬浮高速转子和保护轴承的安全间隙为 $50\mu\text{m}$。则磁悬浮转子系统必须控制磁悬浮高速转子的不平衡振动位移，使 q_h 中变量的最大振幅远小于安全间隙。仿真结果和实验结果仅以 h_{ax}、h_{bx} 为例说明改进 GPM 对磁悬浮高速转子不平衡振动位移的控制效果。

h_{ax} 和 h_{bx} 的仿真结果如图 4 – 52 和图 4 – 53 所示，当 $t = 0\text{s}$ 时，$\rho = 1$，此时磁悬浮高速转子绕惯性轴旋转，q_h 中 h_{bx} 幅值约 $10\mu\text{m}$，已占到安全间隙的 20%。如果需要 MSCMG 快速输出力矩，其框架伺服系统以最大加速度转动，同时磁悬浮高速转子偏转以实现低功耗控制。由于动框架效应和磁悬浮高速转子的主动偏转，h_{bx} 的幅值将明显增大，威胁到整个磁悬浮转子系统的安全运行。设置磁悬浮高速转子的不平衡振动位移阈值为 10% 安全间隙对应的位移传感器测量值，ρ 平滑变化至 0.5，h_{ax} 和 h_{bx} 相应平滑均减小了 1/2。

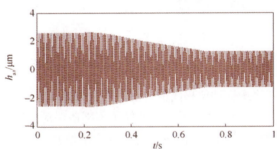

图 4 – 52　ρ 线性减小至 0.5 的 h_{ax} 仿真结果

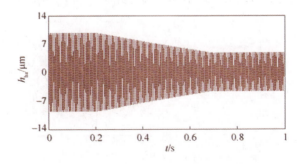

图 4 – 53　ρ 线性减小至 0.5 的 h_{bx} 仿真结果

h_{ax} 和 h_{bx} 的实验结果如图 4 – 54 和图 4 – 55 所示,与仿真结果基本一致。

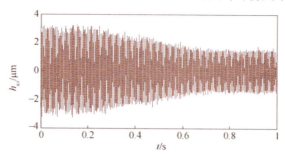

图 4 – 54　ρ 线性减小至 0.5 的 h_{ax} 实验结果

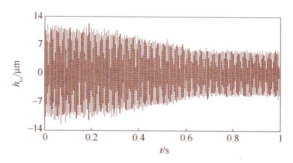

图 4 – 55　ρ 线性减小至 0.5 的 h_{bx} 实验结果

为验证给定不平衡振动位移阈值时不平衡振动力和力矩最小,仿真和实验对 f_x 与 p_α 也进行了测量。当磁悬浮高速转子不平衡振动位移控制至安全阈值时,由图 4 – 56 和图 4 – 57 可知,f_x 与 p_α 也同步平滑增大至约 225N 和 4.4N·m,等于采用机械轴承在相同转速及 50% 转子不平衡量情况下产生的不平衡振动力 $0.5m\Omega^2\varepsilon$ 和振动力矩 $0.5(J_r - J_z)\Omega^2\sigma$。显然此时 f_x 与 p_α 为 $\rho = 0.5$ 的最小不平

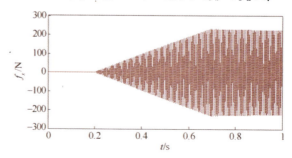

图 4 – 56　ρ 线性减小至 0.5 的 f_x 仿真结果

衡振动力和力矩,相似实验结果如图 4 - 58 和图 4 - 59 所示。

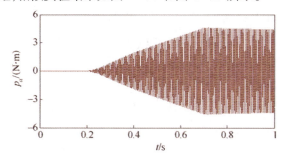

图 4 - 57　ρ 线性减小至 0.5 的 p_α 仿真结果

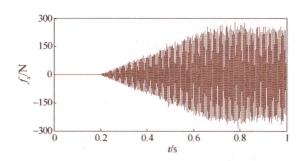

图 4 - 58　ρ 线性减小至 0.5 的 f_x 实验结果

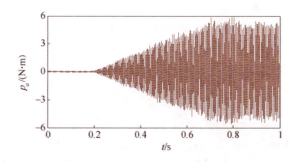

图 4 - 59　ρ 线性减小至 0.5 的 p_α 实验结果

▶4.6　本章小结

本章提出一种基于零位移控制的无试重现场动平衡方法。利用零位移控制方法使转子绕几何轴旋转在磁轴承磁中心位置。此时,同频电磁力与转子的不平衡离心力相互抵消;电磁力是控制电流的线性函数。这样,仅需获知磁轴承电流刚度值,就可解算出校正质量,使无试重动平衡大大简化。此外,针对动平衡后的残余不平衡振动,提出给定不平衡振动位移阈值的最小不平衡振动力和力矩控制策略,通过设计改进的幅值相位调节器实现对功率放大器同频幅值和相位误差的自适应高精度补偿,有效保证了磁悬浮转子系统不平衡振动控制的效果,仿真和实验均验证了控制算法的有效性。

参 考 文 献

[1] 孟光. 转子动力学研究的回顾与展望[J]. 振动工程学报, 2002, 15(1): 1 – 9.

[2] 楼向明. 运转状态下转子不平衡识别方法的研究[D]. 杭州:浙江大学, 2001.

[3] Nugier J G. Dynamic balancing machine[P]. European Patent Application: 19860108006, 1986 – 6 – 12.

[4] Kyogoku Y. Dynamic balance testing machine[P]. European Patent EP: 1371960, 2007 – 8 – 8.

[5] 谢振宇, 丘大谋, 虞烈, 等. 电磁轴承系统回转精度影响因素的分析[J]. 中国机械工程, 2000, 11(8): 909 – 914.

[6] 徐向波. 磁悬浮控制力矩陀螺主动振动控制研究[D]. 北京:北京航空航天大学, 2013.

[7] Nugier J G. Dynamic balancing machine[P]. European Patent Application: 19860108006, 1986 – 6 – 12.

[8] Kyogoku Y. Dynamic balance testing machine[P]. European Patent EP: 1371960, 2007 – 8 – 8.

[9] Habermann H, Maurice B. The active magnetic bearing enables optimum damping of flexible rotors[C]. Proceedings of 1984 ASME International Gas Turbine Conference, Amsterdam, NL, 1984, GT – 117.

[10] Sekhar A S, Sarangi D. On – line balancing of rotors[C]. Proceedings of the 11th National Conference on Machines and Mechanisms, IIT, Delhi, 2003: 437 – 443.

[11] Everett L J. Optimal two – plane balance of rigid rotors[J]. Journal of Sound and Vibration, 1997, 208(4): 656 – 663.

[12] Garvey E J, Williams E J, Cotter G, at el. Reduction of noise effects for in situ balancing of Rotors[J]. Journal of Vibration and Acoustics, 2005, 127(3): 234 – 246.

[13] Foiles W C, Allaire P E, Gunter E J, Review: rotor balancing[J]. Shock and Vibration,

1998, 5(5-6): 325-336.

[14] Dyer S W, Ni J. Adaptive influence coefficient control of single-plane active balancing systems for rotating machinery[J]. Journal of Manufacturing Science and Engineering, 2001, 123(2): 291-298.

[15] Kang Y, Chang Y P, Tseng M H, et al. A modified approach based on influence coefficient method for balancing crank-shafts[J]. Journal of Sound and Vibration, 2000, 234 (2): 277-296.

[16] Darlow M S. Balancing of high speed machinery[M]. New York: Springer-Verlag, 1989.

[17] Kang Y, Liu C P, Sheen G J. A modified influence coefficient method for balancing unsymmetrical rotor-bearing systems[J]. Journal of Sound and Vibration, 1996, 194(2): 199-218.

[18] Yang K J, Wu E Y. Research on an integrative system for automatic dynamic balancing emendation based on PCI bus Robotics[J]. Automation and Mechatronics, 2004, 2(1): 626-63.

[19] Yu J J. Relationship of influence coefficients between static-couple and multiplane methods on two-plane balancing[J]. Journal of Engineering for Gas Turbines and Power, 2009, 131(1): 012508.

[20] Ling J, Cao Y. Improving traditional balancing methods for high-speed rotors[J]. Journal of Engineering for Gas Turbines and Power, 1996, 118(1): 95-99.

[21] Shafei A, Kabbany A S, Younan, A A. Rotor balancing without trial weights[J]. Journal of Engineering for Gas Turbines and Power, 2004, 126(3), 604-609.

[22] 张凯, 张小章. 磁轴承不平衡控制技术的研究进展[J]. 中国机械工程, 2010, 21 (8): 897-903.

[23] 王晓刚, 邓智泉, 王晓琳, 等. 基于最优控制的转子不平衡补偿的研究[J]. 电子机械工程, 2008, 24(4): 61-64.

[24] Lee W J, Oh S S, Cheong D. Rotor unbalance compensation without angular position sensor for active magnetic bearing[C]. Proceedings of the 8th International Conference on Power Electronics, The Shilla Jeju, Korea, 2011: 2446-2449.

[25] Park J, Palazzolo A, Beach R. MIMO active vibration control of magnetically suspended flywheels for satellite IPAC service[J]. Journal of Dynamic Systems, Measurement, and Control, 2008, 30: 041005-1-041005-22.

[26] Fan Y H, Lee Y T. Knowledge-based fuzzy imbalanced force compensator design for a single active magnetic bearing suspended rotor system[C]. Proceedings of 2011 IEEE International Conference on Fuzzy Systems, Taipei, Taiwan, 2011: 867-871.

[27] Chen Y D, Fuh C C, Tung P C. Application of voice coil motors in active dynamic vibration absorbers[J]. IEEE Transactions on Magnetics, 2005, 1(3): 1149-1155.

[28] Seki K, Iwasaki M, Kawafuku M, et al. Adaptive compensation for reaction force with frequency variation in shaking table systems[J]. IEEE Transactions on Industrial Electronics, 2009, 56(10): 3864 – 3871.

[29] Herzog R, Bühler P, Gähler C, et al. Unbalance compensation using generalized notch filters in the multivariable feedback of magnetic bearings[J]. IEEE Transactions on Control Systems Technology, 1996, 4(5): 580 – 586.

[30] Tang J, Liu B, Fang J, et al. Suppression of vibration caused by residual unbalance of rotor for magnetically suspended flywheel[J]. Journal of Vibration and Control, 2012, 19 (13), 1962 – 1979.

[31] 彭晓军, 高钟毓, 王永樑. 磁电轴承中抑制不平衡振动的陷波滤波器设计方法[J]. 机械工程学报, 2006, 42(6): 120 – 123.

[32] 高辉, 徐龙祥. 基于 LMS 算法的磁悬浮轴承系统振动补偿[J]. 振动工程学报, 2009, 22(6): 583 – 588.

[33] Gerlach B, Ehinger M, Raue H K, et al. Digital controller for a gimballing magnetic bearing reaction wheel[C]. AIAA Guidance, Navigation, and Control Conference and Exhibit, San Francisco, California, USA, 2005: 1 – 6.

[34] Ihn Y S, Lee J K, Oh D H, et al. Active correction of dynamic mass imbalance for a precise rotor[J]. IEEE Transactions on Magnetics, 2009, 45(11): 5088 – 5093.

[35] Shi J, Zmood R, Qin L. Synchronous disturbance attenuation in magnetic bearing systems using adaptive compensating signal [J]. Control Engineering Practice, 2004, 12: 283 – 290.

[36] Matras A L, Flowers G T, Fuentes R., et al. Suppression of persistent rotor vibrations using adaptive techniques[J]. Journal of Vibration and Acoustics, 2006, 128: 682 – 689.

[37] Hui C, Shi L, Wang J, et al. Adaptive unbalance vibration control of active magnetic bearing systems for the HTR – 10GT[C]. Proceedings of the 18th International Conference on Nuclear Engineering, Xi'an, China, 2010: 1 – 9.

[38] Betschon F, Knospe C R. Reducing magnetic bearing currents via gain scheduled adaptive control[J]. IEEE/ASME Transactions on Mechatronics, 2001, 6(4): 437 – 443.

[39] Pei C, He J, Fang J. Static mass imbalance identification and vibration control for rotor of magnetically suspended control moment gyro with active – passive magnetic bearings[J]. Journal of Vibration and Control, 2014, 2014: 1 – 14.

[40] Lum K Y, Coppola V T, Bernstein D S. Adaptive autocentering control for an active magnetic bearing supporting a rotor with unknown mass imbalance[J]. IEEE Transactions on Control Systems Technology, 1996, 4(5): 587 – 597.

[41] 田希晖, 房建成. 磁悬浮飞轮转子不平衡力非线性抑制研究[J]. 装备指挥技术学院学报, 2010, 21(2): 47 – 52.

[42] Chiacchiarini H G, Mandolesi P S. Unbalance compensation for active magnetic bearings using ILC[C]. Proceedings of the 2001 IEEE International Conference on Control Applications, México City, México, 2001: 58 – 63.

[43] Bi C, Wu D Z, Jiang Q, et al. Automatic learning control for unbalance compensation in active magnetic bearings[J]. IEEE Transactions on Magnetics, 2005, 41(7): 2270 – 2280.

[44] 刘彬, 房建成, 刘刚, 等. 磁悬浮飞轮不平衡振动控制方法与试验研究[J]. 机械工程学报, 2010, 46(12): 188 – 194.

[45] Zhou S Y, Shi J J. Imbalance estimation for speed – varying rigid rotors using time – varying observer[J]. Journal of Dynamic Systems, Measurement, and Control, 2001, 123: 637 – 644.

[46] Grochmal T., Lynch A. F. Precision tracking of a rotating shaft with magnetic bearings by nonlinear decoupled disturbance observers[J]. IEEE Transactions on Control Systems Technology, 2007, 15(6): 1112 – 1121.

[47] Tung P C, Tsai M T, Chen K Y, et al. Design of model – based unbalance compensator with fuzzy gain tuning mechanism for an active magnetic bearing system[J]. Expert Systems with Applications, 2011, 38: 12861 – 12868.

[48] Zhang X Y, Shinshi T, Li L C, et al. Precision control for rotation about estimated center of inertia of spindle supported by radial magnetic bearing[J]. JSME International Journal, Series C, 2004, 47(1): 242 – 250.

[49] 蒋科坚, 祝长生. 基于现场识别对转速不敏感的主动电磁轴承转子系统不平衡振动控制[J]. 中国电机工程学报, 2010, 30(6): 93 – 99.

[50] Amado A C, Navarro G S. Experimental results on the semiactive sliding – mode control of the unbalance response in a rotor – bearing system supported on MR dampers[C]. Proceedings of the 4th International Conference on Electrical and Electronics Engineering, México City, México, 2007: 314 – 317.

[51] Lum K Y, Coppola V T, Bernstein D S. Adaptive autocentering control for an active magnetic bearing supporting a rotor with unknown mass imbalance[J]. IEEE Transactions on Control Systems Technology, 1996, 4(5): 587 – 597.

[52] Mizuno T. Analysis on the fundamental properties of active magnetic bearing control systems by a transfer function approach[J]. JSME International Journal, Series C, 2001, 44(2): 367 – 373.

[53] Li L C, Shinshi T, Zhang X Y, et al. A simple method for rotation about the inertial axis of a rigid AMB rotor[C]. Proceedings of 8th International Symposium on Magnetic Bearing, Mito, Japan, 2002: 405 – 410.

[54] Li L, Shinshi T, Iijima C, et al. Compensation of rotor imbalance for precision rotation of a planar magnetic bearing rotor[J]. Precision Engineering, 2003, 27: 140 – 150.

[55] Xu X, Fang J, Liu G, et al. Modeling development and harmonic current reduction in active magnetic bearing system with rotor imbalance and sensor runout[J]. Journal of Vibration and Control, 2013, 1 – 16.

[56] Ren Y, Fang J. High – stability and fast – response twisting motion control for the magnetically suspended rotor system in a control moment gyro[J]. IEEE/ASME Transactions on Mechatronics, 2013, 18(5): 1625 – 163.

[57] 魏彤, 房建成. 磁悬浮控制力矩陀螺的动框架效应及其角速率前馈控制方法研究[J]. 宇航学报, 2005, 26(1): 19 – 23.

[58] 刘珠荣, 房建成, 韩邦成, 等. MSCMG 永磁偏置磁轴承的低功耗控制方法研究[J]. 宇航学报, 2008, 29(3): 1036 – 1041.

[59] 刘彬, 房建成, 刘刚. 基于 TMS320C6713B + FPGA 数字控制器实现磁悬浮飞轮主动振动控制[J]. 光学精密工程, 2009, 17(1): 151 – 157.

[60] 任元. 大型 CMG 磁悬浮转子系统高稳定度高精度控制方法及实验研究[D]. 北京: 北京航空航天大学, 2012.

[61] Fang J, Xu X, Xie J. Active vibration control of rotor imbalance in active magnetic bearing systems[J]. Journal of Vibration and Control, 2013, 2013(1):1 – 17.

[62] Xu X, Fang J, Li H, et al. Active suppression of imbalance vibration in magnetically suspended control moment gyro[J]. Journal of Vibration and Control, 2013, 2013(1):1 – 15.

[63] 郑世强. 双框架磁悬浮控制力矩陀螺磁轴承控制及应用研究[D]. 北京:北京航空航天大学,2011.

[64] 魏大中, 张激扬, 武登云, 等. 200Nms 单框架控制力矩陀螺研制[J]. 空间控制技术与应用, 2011, 37(6): 14 – 19.

[65] Pang D C. Magnetic bearing system design for enhanced stability[J]. Maryland: University of Maryland College Park, 1994: 224 – 227.

[66] 韩辅君, 房建成. 磁悬浮飞轮转子系统的现场动平衡方法[J]. 航空学报, 2010, 31(1): 184 – 190.

[67] 刘彬. 五自由度全主动大力矩磁悬浮飞轮磁轴承系统控制方法与实验研究[D]. 北京:北京航空航天大学,2011.

[68] Fang J, Zheng S, Han B. AMB vibration control for structural resonance of double – gimbal control moment gyro with high – speed magnetically suspended rotor[J]. IEEE/ASME Transactions on Mechatronics, 2013, 18(1): 32 – 43.

[69] Schweitzer G, Maslen E H. Magnetic bearings: theory, design, and application to rotating machinery[M]. Berlin: Springer Verlag, 2009: 31 – 33.

[70] 樊亚洪. 空间用磁悬浮飞轮磁轴承系统高稳定度高精度控制方法与实验研究[D]. 北京:北京航空航天大学,2011.

[71] 文通. 主被动磁悬浮反作用飞轮永磁偏置混合磁轴承控制方法研究[D]. 北京:北京

航空航天大学,2012.

[72] Ren Y, Fang J. Current – sensing resistor design to include current derivative in PWM H – bridge unipolar switching power amplifiers for magnetic bearings[J]. IEEE Transactions on Industrial Electronics, 2012, 59(12): 4590 – 4600.

[73] 魏彤. CMG 磁悬浮转子控制系统稳定性分析与实验研究[D]. 北京:北京航空航天大学,2006.

[74] Fang J, Ren Y. Self – adaptive phase – lead compensation based on unsymmetrical current sampling resistance network for magnetic bearings switching power amplifiers[J]. IEEE Transactions on Industrial Electronics, 2012, 59(2): 1218 – 1227.

[75] 田希晖. 磁悬浮飞轮磁轴承系统数字控制技术研究与应用[D]. 北京:北京航空航天大学,2008.

[76] Pang D. Magnetic bearing system design for enhanced stability [D]. University of Maryland, 1994: 224 – 227.

[77] Sekhar A, Sarangi D. On – line balancing of rotors [C]. Proceedings of the 11th National Conference on Machines and Mechanicms, IIT, Delhi, 2003: 437 – 443.

[78] Cheng X, Jia Y, Cheng G. Research on field balancing of rotor [J]. Applied Mechanic and Materials, 2012, 201(202): 83 – 86.

[79] 张禄林, 段滋华, 李多民, 等. 现场动平衡技术的研究进展[J]. 化工机械, 2012, 39(6): 690 – 694.

[80] 郭隐彪, 郑琳, 王振忠. 高精度非球面加工双轴动平衡监控技术研究[J]. 光学精密工程, 2006, 14(3): 690 – 694.

[81] Li H, Xu Y, Gu H, et al. Field dynamic balance method study for the AMB – flexible rotor system [C]. Transactions of the 19th International Conference on Structural Mechanics on Reactor Technology, Toroto, Canda, 2007: 1 – 7.

[82] Zhang K, Zhang X. Rotor dynamic balance making use of adaptive unbalance control of active magnetic bearings [C]. Proceedings of 2010 international conference on intelligent system design and engineering application, Changsha, China, 2010: 347 – 350.

[83] Han F, Fang J. Field balancing method for rotor system of a magnetic suspending flywheel [J]. ACTA Aeron. Astron. Sinica. 2010, 311, 184 – 190.

[84] Masterson R A, Miller D W, Grogan R L. Development and validation of reaction wheel disturbance models: empirical model[J]. Journal of Sound and Vibration, 2002, 249(3): 575 – 598.

[85] 汤亮, 陈义庆. 不平衡振动自适应滤波控制研究[J]. 宇航学报, 2007, 28(6): 1569 – 1574.

[86] 王曦. 磁悬浮惯性执行机构用新型永磁偏置及永磁被动磁轴承研究[D]. 北京:北京航空航天大学,2011.

第5章
磁悬浮高速转子系统位移传感器的多谐波电流与振动抑制

▶ 5.1 引言

高速磁悬浮转子的振动源除转子自身的质量不平衡外,还有位移传感器的测量噪声。第4章讲述了磁悬浮转子不平衡振动控制方法,本章将研究磁悬浮转子系统位移传感器产生多谐振动的机理及其抑制方法。与机械轴承相比,磁悬浮转子系统的主动控制能力为其在转子不平衡振动的抑制方面提供了巨大的优势[1-13]。由于磁悬浮转子系统本身开环不稳定,必须采用位移传感器实现闭环控制。然而,由于机械和电气等非理想特性,位移传感器会产生与转速同频和倍频的谐波信号——Sensor Runout,并通过磁悬浮转子系统产生多谐波振动力。位移传感器的机械非理想特性包括被检测面的圆度误差、材质不均匀等,电气非理想特性包括剩磁不均匀、局部压力集中等。

现有的磁悬浮转子系统转子不平衡和 Sensor Runout 的抑制方法主要分为两类:一类通过串联不同频率的滤波器分别对各个谐波成分抑制;另一类通过估计转子不平衡和 Sensor Runout,采用自适应控制使设定的目标函数收敛。其中,Kim 以不平衡量很小的磁悬浮转子为对象,仅研究 Sensor Runout 的辨识与补偿[14],采用扩展傅里叶级数的方法对 Sensor Runout 进行估计,并对位移传感器的输出信号进行补偿,通过实验验证了估计方法的有效性。在此基础上,Park 采用实验补偿的方法对洛伦兹力的双转子磁悬浮转子结构的高阶谐波进行补偿,并同样采用扩展傅里叶级数方法对含有 Sensor Runout 和转子不平衡的谐波信号进行了辨识和补偿[15]。Zhang 提出了一种自适应前馈算法对含有 Sensor Runout 和转子不平衡的磁悬浮转子系统进行补偿[16]。

Setiawan 对含有静不平衡和 Sensor Runout 的磁悬浮转子系统进行了较为详细的研究[17-22]。首先在文献[18]中给出了 Sensor Runout 的数学表达式,并通过自适应控制对 Sensor Runout 进行补偿。2001 年,Setiawan 对自适应辨识 Sensor Runout 的方法进行了鲁棒性研究,针对只存在 Sensor Runout 的刚性磁悬浮转子系统分析了参数摄动下自适应算法的稳定性,并进行了仿真和实验测试[19]。为实现自适应算法的指数收敛,Setiawan 对算法进行了改进,并通过改变偏置电流来反复改变电磁阻尼,对同时存在静不平衡和 Sensor Runout 的磁悬浮转子系统进行了仿真和实验研究[20]。此后,Setiawan 提出了一种不改变转速情况下的转子静不平衡和 Sensor Runout 的自适应补偿算法[22]。

在多频率信号的估计和抑制方面,Nonami 提出了一种基于傅里叶级数的频率跟踪器,可估计信号的各个频率值,并通过自适应算法完成信号的辨识,通过仿真和实验验证了辨识方法的有效性[23]。Mojiri 提出一种自适应陷波器,由多个并列的子陷波器组成,可实现对多个频率正弦信号的估计[24]。Zenger 采用多个定步长最小均方算法并联的形式,提取多频率干扰信号,并通过前馈进行补偿[25]。Liu 采用了多个陷波器方法实现多谐波振动抑制[26,27]。以上算法计算量均随频率成分的增加而增大,不利于实际应用。Jiang 提出了一种基于快速最小均方误差方法的自适应有限时间脉冲响应滤波器,计算量固定,但是算法本身计算量较大[28]。

重复控制[29-34]或迭代学习控制[35-40]本质上均是通过增大系统在被控频率段幅值增益的方法来抑制振动,具有结构简单、计算量小等优点,适用于磁悬浮转子系统的多谐波振动抑制。Chiacchiarini 将迭代学习控制方法用于磁轴承振动控制[35]。Zhang 等[41]利用时域和频域重复控制相结合的方法进行磁轴承多谐波电流抑制,其中频域重复控制抑制以转频为基频的多谐波振动,时域重复控制实现以电机电流为基频的多谐波振动抑制。Bi 等[42,43]在磁轴承硬盘转子振动控制中,利用时域迭代学习算法,现场"学习"不平衡分布信息,进行振动补偿。文献[44]采用了一种常规 PID 控制器结合重复控制器,有效地抑制电磁轴承转子系统的周期性振动。

现有的文献并未实现对含转子不平衡和 Sensor Runout 的大转动惯量比磁悬浮转子系统的精确建模,对转子不平衡和 Sensor Runout 如何通过位移传感器、控制器、功率放大器和感应电动势引起多谐波振动缺乏详细的机理分析,无法满足 MSCMG 的大转动惯量比磁悬浮高速转子系统的高精度振动抑制需求。

本章介绍了 MSCMG 的 Sensor Runout 产生机理,详细分析了磁悬浮转子系统静不平衡、动不平衡和 Sensor Runout 通过电流刚度、控制器、位移刚度、感应电动势引起多谐波振动的机理。在此基础上,采用重复控制、陷波器和前馈控制器对磁悬浮转子系统的多谐波电流和振动进行了抑制。

▶ 5.2　含转子不平衡和 Sensor Runout 的磁悬浮转子系统建模与分析

受限于机械加工精度和材料的不均匀特性,磁悬浮高速转子的位移传感器检测面会出现圆度不理想、材质不均匀、剩磁特性不同等因素,位移传感器的输出信号将会出现同频和倍频的多谐波信号分量,即 Sensor Runout(图 5-1),进而通过磁悬浮转子系统控制器产生多谐波电流、力和力矩。

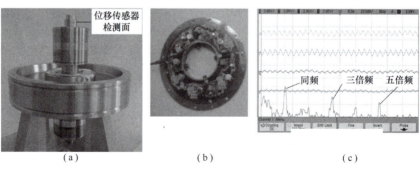

（a）　　　　　　　　（b）　　　　　　　　（c）

图 5-1　磁悬浮高速转子与位移传感器及其输出波形图

（a）磁悬浮高速转子；（b）位移传感器；（c）含 Sensor Runout 的位移传感器输出波形。

　　由于 Sensor Runout 源于加工和材料的非理想特性,因此在实际磁悬浮转子系统中无法避免。Sensor Runout 一方面引起多谐波电流、力和力矩,增加 MSCMG 高频振动的频率成分,影响航天器姿态稳定度和有效载荷性能;另一方面由于位移传感器导致输出信号的同频分量同时含有 Sensor Runout 的同频分量和转子不平衡,使得转子不平衡无法直接测量,影响了不平衡振动控制效果。因此,要实现磁悬浮转子系统多谐波振动的高精度抑制,必须完成含转子不平衡和 Sensor Runout 的磁悬浮转子系统的动力学建模,并进行转子不平衡和 Sensor Runout 同频分量的特性分析和辨识。

　　由于 Sensor Runout 是位移传感器输出的谐波噪声信号,因此其可在位移传感器坐标系下表示为

$$
\boldsymbol{q}_{sr} = \begin{bmatrix} \displaystyle\sum_{i=1}^{n} s_{asi}\sin(i\Omega t + \alpha_{si}) \\[2mm] \displaystyle\sum_{i=1}^{n} s_{bsi}\sin(i\Omega t + \beta_{si}) \\[2mm] \displaystyle\sum_{i=1}^{n} s_{asi}\sin\left(i\Omega t + \alpha_{si} - \frac{\pi}{2}\right) \\[2mm] \displaystyle\sum_{i=1}^{n} s_{bsi}\sin\left(i\Omega t + \beta_{si} - \frac{\pi}{2}\right) \end{bmatrix} \tag{5-1}
$$

式中:i 为谐波次数,为正整数;s_{asi} 和 s_{bsi} 分别为磁悬浮高速转子 a 和 b 两端 i 次谐波的幅值;α_{si} 和 β_{si} 分别为磁悬浮高速转子 a 和 b 两端 i 次谐波的初始相位。

　　位移传感器的输出信号可表示为

$$
\boldsymbol{q}_s = \boldsymbol{T}_s \boldsymbol{q}_G + \boldsymbol{q}_{sr} \tag{5-2}
$$

　　磁悬浮转子系统控制器的反馈信号为 $\boldsymbol{q}_s$ 转化为广义坐标系的位移矢量 $\boldsymbol{q}_d$:

$$
\boldsymbol{q}_d = \boldsymbol{T}_s^{-1} \boldsymbol{q}_s \tag{5-3}
$$

　　综合式(5-1)、式(5-2)、式(5-3)以及磁悬浮转子系统的原动力学方程和电气方程,可得含转子不平衡和 Sensor Runout 的磁悬浮转子系统的结构图,如图 5-2 所示,其动力学模型可表示为

$$
(\boldsymbol{M}s^2 + \boldsymbol{G}s)[\boldsymbol{q}_G(s) + \Delta\boldsymbol{q}(s)] = -k_i\{G_{w1}(s)\boldsymbol{T}_{fs}\boldsymbol{G}_s(s)[\boldsymbol{q}_G(s) + \\
\boldsymbol{q}_{sm}(s)] + G_{w2}(s)\boldsymbol{T}_{ft}\boldsymbol{q}_G(s)\} + k_x\boldsymbol{T}_{ft}\boldsymbol{q}_G(s)
$$

$$
\tag{5-4}
$$

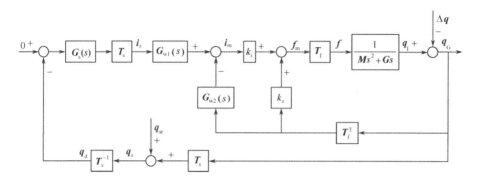

图 5-2　含转子不平衡和 Sensor Runout 的磁悬浮转子系统结构图

式中

$$
\boldsymbol{q}_{\mathrm{sm}} = \begin{bmatrix} x_{\mathrm{sm}} \\ \beta_{\mathrm{sm}} \\ y_{\mathrm{sm}} \\ -\alpha_{\mathrm{sm}} \end{bmatrix} = \boldsymbol{T}_{\mathrm{s}}^{-1} \boldsymbol{q}_{\mathrm{sr}}
$$

$$
= \begin{bmatrix} \dfrac{1}{2k_{\mathrm{s}}} \sum\limits_{i=1}^{n} \left[s_{\mathrm{as}i}\sin(i\Omega t + \alpha_{\mathrm{s}i}) + s_{\mathrm{bs}i}\sin(i\Omega t + \beta_{\mathrm{s}i}) \right] \\ \dfrac{1}{2k_{\mathrm{s}}l_{\mathrm{s}}} \sum\limits_{i=1}^{n} \left[s_{\mathrm{as}i}\sin(i\Omega t + \alpha_{\mathrm{s}i}) - s_{\mathrm{bs}i}\sin(i\Omega t + \beta_{\mathrm{s}i}) \right] \\ \dfrac{1}{2k_{\mathrm{s}}} \sum\limits_{i=1}^{n} \left[s_{\mathrm{as}i}\sin\left(i\Omega t + \alpha_{\mathrm{s}i} - \dfrac{\pi}{2}\right) + s_{\mathrm{bs}i}\sin\left(i\Omega t + \beta_{\mathrm{s}i} - \dfrac{\pi}{2}\right) \right] \\ \dfrac{1}{2k_{\mathrm{s}}l_{\mathrm{s}}} \sum\limits_{i=1}^{n} \left[s_{\mathrm{as}i}\sin\left(i\Omega t + \alpha_{\mathrm{s}i} - \dfrac{\pi}{2}\right) - s_{\mathrm{bs}i}\sin\left(i\Omega t + \beta_{\mathrm{s}i} - \dfrac{\pi}{2}\right) \right] \end{bmatrix} \qquad (5-5)
$$

含转子不平衡和 Sensor Runout 的磁悬浮转子系统在广义坐标系下的 4 个运动方向的动力学模型可表示为

$$
\begin{cases} ms^2 x_{\mathrm{I}}(s) = \{2k_x - 2k_i k_s G_{\mathrm{w1}}(s)\left[C_{\mathrm{cs}}(s) + k_{\mathrm{vs}}s\right]\}\left[x_{\mathrm{I}}(s) - D_x(s)\right] - \\ \qquad\qquad 2k_i G_{\mathrm{w1}}(s) C_{\mathrm{cs}}(s) x_{\mathrm{sn}}(s) \\ ms^2 y_{\mathrm{I}}(s) = \{2k_x - 2k_i k_s G_{\mathrm{w1}}(s)\left[C_{\mathrm{cs}}(s) + k_{\mathrm{vs}}s\right]\}\left[y_{\mathrm{I}}(s) - D_y(s)\right] - \\ \qquad\qquad 2k_i G_{\mathrm{w1}}(s) C_{\mathrm{cs}}(s) y_{\mathrm{sn}}(s) \end{cases}
$$

$$(5-6)$$

$$
\begin{cases}
\begin{aligned}
J_r s^2 \alpha_1(s) + J_z \Omega s \beta_1(s) &= \left\{ 2k_x l_m^2 - 2k_i k_s l_m l_s G_{w1}(s) \left[C_{co}(s) + k_{vm} s \right] \right\} \cdot \\
&\quad \left[\alpha_1(s) - I_\alpha(s) \right] + 2k_i k_s l_m l_s G_{w1}(s) C_{si}(s) \left[\beta_1(s) - I_\beta(s) \right] - \\
&\quad 2k_i l_m G_{w1}(s) C_{co}(s) \alpha_{sn}(s) + 2k_i l_m G_{w1}(s) C_{si}(s) \beta_{sn}(s) \\
J_r s^2 \beta_1(s) - J_z \Omega s \alpha_1(s) &= \left\{ 2k_x l_m^2 - 2k_i k_s l_m l_s G_{w1}(s) \left[C_{co}(s) + k_{vm} s \right] \right\} \cdot \\
&\quad \left[\beta_1(s) - I_\beta(s) \right] - 2k_i k_s l_m l_s G_{w1}(s) C_{si}(s) \left[\alpha_1(s) - I_\alpha(s) \right] - \\
&\quad 2k_i l_m G_{w1}(s) C_{co}(s) \beta_{sn}(s) - 2k_i l_m G_{w1}(s) C_{si}(s) \alpha_{sn}(s)
\end{aligned}
\end{cases}
$$

$$(5-7)$$

其中,式 $(5-6)$ 为平动方程,式 $(5-7)$ 为转动方程,且 $x_{sn} = k_s x_{sm}$, $y_{sn} = k_s y_{sm}$, $\alpha_{sn} = k_s l_s \alpha_{sm}$, $\beta_{sn} = k_s l_s \beta_{sm}$, $k_{vs} = \dfrac{k_v}{k_s}$, $k_{vm} = k_{vs} \dfrac{l_m}{l_s}$。

由式 $(5-6)$ 可知, x、y 两平动方向动力学模型解耦,由于 y 方向平动与 x 方向类似,下面的分析和研究以 x 方向平动为例。含转子不平衡和 Sensor Runout 的磁悬浮转子系统 x 方向平动子系统和整个转动子系统结构分别如图 $5-3$ 和图 $5-4$ 所示。

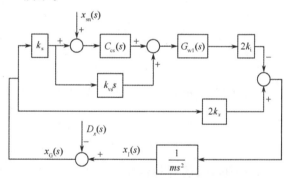

图 5-3　含转子不平衡和 Sensor Runout 的磁悬浮转子系统 x 方向平动子系统结构

由式 $(5-6)$、式 $(5-7)$、图 $5-3$ 和图 $5-4$,可得如下结论:

（1）平动方程与转动方程依然解耦,静不平衡和动不平衡解耦,平动的 Sensor Runout 分量和转动的 Sensor Runout 分量解耦。

（2）两平动方程解耦, x 方向平动方程只含 D_x 和 x_{sn}, y 方向平动方程只含 D_y 和 y_{sn}。

（3）两转动方程耦合,两转动方程均含 I_α、I_β、α_{sn}、β_{sn}。

（4）转子不平衡仅引起同频信号（包括位移、电流、力和力矩）,Sensor

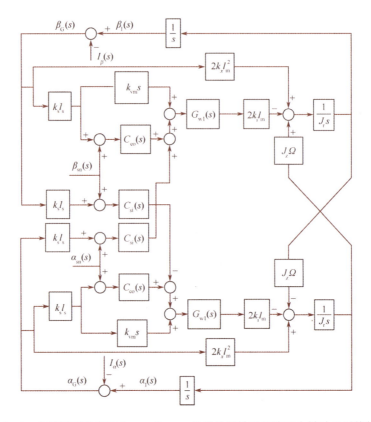

图 5-4　含转子不平衡和 Sensor Runout 的磁悬浮转子系统整个转动子系统结构

Runout 引起同频和倍频的多谐波信号。

（5）传感器输出的同频位移信号由转子不平衡和 Sensor Runout 共同引起。

（6）转子静、动不平衡通过控制器（$C_{cs}(s)$、$C_{co}(s)$、$C_{si}(s)$）、感应电动势（k_{vs}、k_{vm}）、k_i 和 k_x 产生电磁力、力矩和永磁力、力矩；Sensor Runout 仅通过控制器和 k_i 产生电磁力、力矩。

（7）如果对多谐波电流抑制，则可以抑制 Sensor Runout 和转子不平衡引起的电磁振动力、力矩，仅剩余由转子不平衡引起的少量永磁振动力、力矩。

▶ 5.3　基于重复控制的磁悬浮转子系统多谐波电流抑制

由于磁悬浮转子系统多谐波电流抑制方法具有很多优点，如具有结构稳定性,易于分析磁悬浮高速转子的转动形式,且可抑制大部分振动力和力矩,因此本节主要研究含转子不平衡和 Sensor Runout 的磁悬浮转子系统多谐波电流抑制。

由第 4 章可知,陷波器可有效实现某一频率的电流抑制,然而多谐波电流抑制需要串联多个不同陷波频率的陷波器,这将使得采用陷波器的多谐波电流抑制算法的运算量随电流谐波数量的增加而增大。与传统多个滤波器串联实现多谐波电流抑制的方法不同,本节提出了一种基于重复控制器的多谐波电流抑制方法,对磁铁绕组电流直接控制,且算法的运算量不随谐波数量变化。

5.3.1　重复控制器的基本原理与性能分析

由于磁悬浮转子系统的谐波电流由周期性正弦形式的转子不平衡和 Sensor Runout 引起,含有多个谐波的周期性信号,如果针对每个周期信号设计一个内模控制器,则会引起系统复杂化,计算量会大幅增加。重复控制器是一种利用周期性时延内模原理[45]的控制方法,即在闭环系统中设置一个内部模型,该模型具有闭环系统给定信号或振动信号的特性或动态模型,则通过该模型和闭环系统的控制作用,可使系统具有很强的对给定信号的跟踪能力和对振动信号的抑制能力,理论上内模控制系统可实现无静差的输入跟随和振动抑制[46]。基本重复控制器结构如图 5 - 5 所示。其中,e_{rc} 为误差信号,即基本重复控制器的输入,u_{rc} 为控制信号,即基本重复控制器的输出,T_p 为重复信号的周期值。

基本重复控制器的传递函数可表示为

$$\frac{u_{rc}(s)}{e_{rc}(s)} = \frac{e^{-T_p s}}{1 - e^{-T_p s}} \qquad (5-8)$$

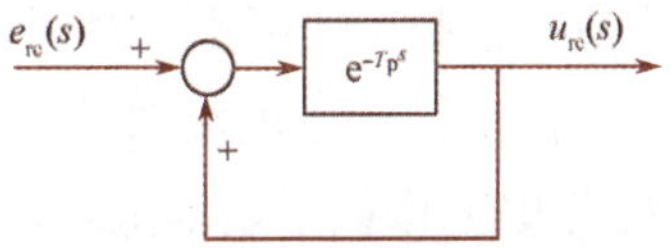

图 5 - 5　基本重复控制器结构

其中,$e^{-T_p s}$ 即滞后时间为 T_p 的时延模块,则基本重复控制器的时域表达式为

$$u_{rc}(t) = u_{rc}(t - T_p) + e_{rc}(t - T_p) \quad (5-9)$$

控制器的输出为前一周期误差信号与控制输出之和,时延模块可实现对周期为 T_p 的误差信号的重复累加,因此是一类具有重复功能的控制器。

在频域内对基本重复控制器进行分析,其幅频特性可表示为

$$\left| \frac{u_{rc}(s)}{e_{rc}(s)} \right|_{s=j\omega} = \left| \frac{e^{-T_p s}}{1 - e^{-T_p s}} \right|_{s=j\omega} = \frac{1}{\sqrt{2(1 - \cos(\omega T_p))}} \qquad (5-10)$$

由式(5-10)可知,当 $\omega = 2n\pi/T_p$ 时,其中 n 为正整数,基本重复控制器的幅值增益均为∞。因此,如果在闭环系统中引入基本重复控制器,可实现对周期为 T_p/n 的多个谐波信号的有效跟踪或抑制。

将图5-5所示的基本重复控制器应用于一个典型的闭环系统中,即可得到基本重复控制系统,其结构如图5-6所示。其中,r_{rc} 为给定信号,$K(s)$ 为闭环系统的主控制器,$P(s)$ 为闭环系统的被控对象,d_{rc} 为振动信号。

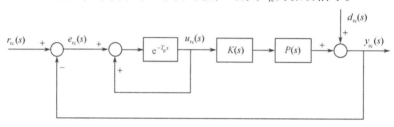

图5-6　基本重复控制系统结构

为分析基本重复控制器的性能,假设 r_{rc} 和 d_{rc} 均含有周期为 T_p/n 的谐波信号。则基本重复控制系统的误差传递函数可表示为

$$e_{rc}(s) = \frac{1}{1 + K(s)P(s)\dfrac{e^{-T_p s}}{1 - e^{-T_p s}}} [r_{rc}(s) - d_{rc}(s)] \qquad (5-11)$$

由式(5-11)可知,当 $\omega = 2n\pi/T_p$ 时,误差传递函数的幅值增益为0,即基本重复控制系统可实现对周期为 T_p/n 的 r_{rc} 的有效跟踪和 d_{rc} 的有效抑制。

由小增益定理可知,当且仅当 $P(s)$ 正则且不严格正则时,基本重复控制系统镇定,限制了基本重复器的应用范围。根据式(5-8),基本重复控制器的极点均处于虚轴上,系统临界稳定,实际系统很容易因为参数摄动而失稳。

为此,实际应用中必须对基本重复控制器进行改进。其中,最常用的插入式重复控制系统如图5-7所示[47-49]。其中,a_{rc} 为前馈系数,用于提高插入式重复控制系统在第一个时间周期内的响应速度和控制精度,一般可取为1;$F_L(s)$ 为改善系统稳定性的低通滤波器;$C_b(s)$ 为提供相位超前的补偿控制器。

插入式重复控制系统采用改进重复控制器与主控制器串联的形式,系统

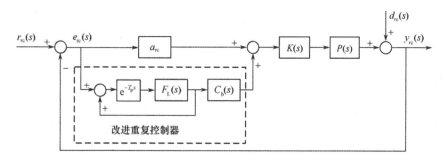

图 5-7　插入式重复控制系统结构

的稳定性得到了很大的提高,可采用重构谱和小增益定理判断系统的稳定性[50,51]。

　　由于磁轴承控制系统需要设计主控制器以实现磁悬浮高速转子的稳定悬浮,同时又需要设计改进重复控制器以实现对多谐波电流的抑制,前者的被控对象为磁悬浮高速转子,后者的被控对象为功率放大器,较难设计改进重复控制器与主控制器串联形式的控制系统。因此,本章提出了一种等效主控制器与改进重复控制器并联的复合控制方法,在稳定悬浮的基础上抑制多谐波电流,其控制系统结构如图 5-8 所示。其中,$K_G(s)$ 为等效主控制器。改进重复控制器的传递函数可表示为

$$C_{rc}(s) = C_b(s)\frac{e^{-T_p s}F_L(s)}{1 - e^{-T_p s}F_L(s)} \tag{5-12}$$

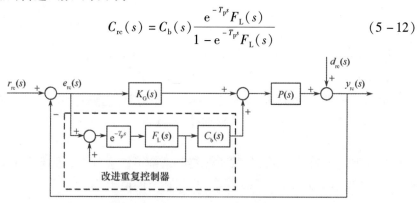

图 5-8　等效主控制器和改进重复控制器并联的复合控制系统结构

为简化系统设计,$F_L(s)$ 可采用一阶低通滤波器形式:

$$F_L(s) = \frac{\omega_L}{s + \omega_L} \tag{5-13}$$

式中：ω_L 为 $F_L(s)$ 的截止频率。

$C_b(s)$ 采用经典的串联相位超前校正网络，其传递函数可表示为

$$C_b(s) = k_{cp}\frac{s + \omega_p}{k_{\omega p}s + \omega_p} \qquad (5-14)$$

式中：k_{cp} 为直流增益；$k_{\omega p}$ 为分度系数。当 $k_{cp} = 0$ 时，改进重复控制器关闭，仅 $K_G(s)$ 作用，实现磁悬浮高速转子的稳定悬浮；当 $k_{cp} \neq 0$ 时，改进重复控制器和 $K_G(s)$ 共同作用，在稳定悬浮的基础上实现对多谐波电流的抑制。

当 $k_{cp} = 0$、改进重复控制器关闭时，误差传递函数可表示为

$$e_{rc}(s) = \frac{1}{1 + K_G(s)P(s)}[r_{rc}(s) - d_{rc}(s)] \qquad (5-15)$$

当 $k_{cp} \neq 0$ 时，复合控制系统的误差传递函数为

$$e_{rc}(s) = \frac{1}{1 + [K_G(s) + C_{rc}(s)]P(s)}[r_{rc}(s) - d_{rc}(s)] \qquad (5-16)$$

在频率 $\omega = \pm 2n\pi/T_p$ 时，改进重复控制器的增益为

$$\begin{aligned} |C_{rc}(s)|_{s=j2n\pi/T_p} &= \left| C_b(s)\frac{e^{-T_p s}F_L(s)}{1 - e^{-T_p s}F_L(s)} \right|_{s=j2n\pi/T_p} \\ &= \left| C_b(s)\frac{F_L(s)}{1 - F_L(s)} \right|_{s=j2n\pi/T_p} \qquad (5-17) \end{aligned}$$

因此，为保证改进重复控制器的在频率 $\omega = \pm 2n\pi/T_p$ 处仍具有无穷大的幅值增益，需要 $F_L(s)$ 的带宽大于被抑制谐波的最高频率，即 ω_L 大于被抑制的最高次谐波的频率值 $2n_m\pi/T_p$，其中 n_m 为最高谐波次数。当 $\omega \leq 2n_m\pi/T_p$，使 $F_L(s) \approx 1$，则式（5-17）趋向于无穷大，复合控制系统的误差趋向于 0。

基本重复控制系统和插入式重复控制系统可能会放大其他非谐波频率的误差，尤其当 $\omega = \pm (2n+1)\pi/T_p$ 时，延迟环节的值为

$$e^{-T_p s}|_{s=j(2n+1)\pi/T_p} = -1 \qquad (5-18)$$

$n \leq n_m$ 时，改进重复控制器的幅值增益为

$$\frac{e^{-T_p s}F_L(s)}{1 - e^{-T_p s}F_L(s)}\bigg|_{s=j(2n+1)\pi/T_p} \approx -\frac{1}{2} \qquad (5-19)$$

由式(5-19)可知,对于重复控制器和主控制器采用串联形式的基本重复控制系统和插入式重复控制系统,与原始系统相比,$\omega = \pm(2n+1)\pi/T_p$ 频率成分的给定跟踪误差和振动抑制误差将会被加倍[51]。而对于本书并联式复合控制系统:

$$e_{rc}(s)\big|_{s=j(2n+1)\pi/T_p} \approx \frac{1}{1+[K_G(s)-0.5k_{cp}]P(s)}[r_{rc}(s)-d_{rc}(s)]\bigg|_{s=j(2n+1)\pi/T_p}$$

$$(5-20)$$

由于采用并联形式,相当于等效刚度 $K_G(s)\big|_{s=j(2n+1)\pi/T_p}$ 减小 $0.5k_{cp}$,若 $K_G(s)\big|_{s=j(2n+1)\pi/T_p}$ 远大于 $0.5k_{cp}$,则复合控制系统对随机噪声的放大作用可忽略。因此,改进重复控制器和主控制器并联的复合控制方法比较适合用于 $K_G(s)\big|_{s=j(2n+1)\pi/T_p}$ 较大的控制系统,也可通过适当减小 k_{cp} 的方法来减小随机噪声的放大作用。

✍ 5.3.2　磁悬浮转子系统多谐波电流抑制的重复控制器设计

为抑制多谐波电流,将磁悬浮转子系统动力学模型转换为以功率放大器为被控对象的形式,Sensor Runout 和转子不平衡等效为功率放大器的振动,而磁悬浮高速转子和原系统的主控制器转化为等效主控制器:

$$\begin{cases} (ms^2-2k_x)x_I(s) = -2k_iG_{w1}(s)\{k_s[C_{cs}(s)+k_{vs}s]x_I(s)+x_d(s)\} \\ (ms^2-2k_x)y_I(s) = -2k_iG_{w1}(s)\{k_s[C_{cs}(s)+k_{vs}s]y_I(s)+y_d(s)\} \end{cases}$$

$$(5-21)$$

$$\begin{cases} (J_rs^2-2k_xl_m^2)\alpha_I(s)+J_z\Omega s\beta_I(s) = -2k_il_mG_{w1}(s)\{k_sl_s[C_{co}(s)+k_{vm}s]\alpha_I(s)- \\ \qquad\qquad\qquad\qquad\qquad k_sl_sC_{si}(s)\beta_I(s)+\alpha_d(s)\} \\ (J_rs^2-2k_xl_m^2)\beta_I(s)-J_z\Omega s\alpha_I(s) = -2k_il_mG_{w1}(s)\{k_sl_s[C_{co}(s)+k_{vm}s]\beta_I(s)+ \\ \qquad\qquad\qquad\qquad\qquad k_sl_sC_{si}(s)\alpha_I(s)+\beta_d(s)\} \end{cases}$$

$$(5-22)$$

其中

$$\begin{cases} x_d(s) = \left\{ \dfrac{k_x}{k_i G_{w1}(s)} - k_s \left[C_{cs}(s) + k_{vs}s \right] \right\} D_x(s) + C_{cs}(s) x_{sn} \\[4mm] y_d(s) = \left\{ \dfrac{k_x}{k_i G_{w1}(s)} - k_s \left[C_{cs}(s) + k_{vs}s \right] \right\} D_y(s) + C_{cs}(s) y_{sn} \\[4mm] \alpha_d(s) = C_{co}(s) \alpha_{sn} - C_{si}(s) \beta_{sn} + k_s l_s C_{si}(s) I_\beta(s) + \\[4mm] \qquad \left\{ \dfrac{k_x l_m}{k_i G_{w1}(s)} - k_s l_s \left[C_{co}(s) + k_{vm}s \right] \right\} I_\alpha(s) \\[4mm] \beta_d(s) = C_{si}(s) \alpha_{sn} + C_{co}(s) \beta_{sn} - k_s l_s C_{si}(s) I_\alpha(s) + \\[4mm] \qquad \left\{ \dfrac{k_x l_m}{k_i G_{w1}(s)} - k_s l_s \left[C_{co}(s) + k_{vm}s \right] \right\} I_\beta(s) \end{cases}$$

以 x 方向平动和整个转动子系统为例设计复合控制系统。为抑制多谐波电流,重复控制器输入为0,反馈为绕组电流。含重复控制器的磁悬浮转子系统 x 方向平动和整个转动控制子系统结构如图5-9和图5-10所示。其中,$C_{bx}(s)$ 和 $C_{bo}(s)$ 为 x 方向平动和整个转动控制子系统的补偿控制器,且

$$C_{bx}(s) = k_{xp} \frac{s + \omega_p}{k_{\omega p}s + \omega_p} \qquad (5-23)$$

$$C_{bo}(s) = k_{op} \frac{s + \omega_p}{k_{\omega p}s + \omega_p} \qquad (5-24)$$

式中:k_{xp}、k_{op} 分别为 x 方向平动和整个转动控制子系统的直流增益系数。

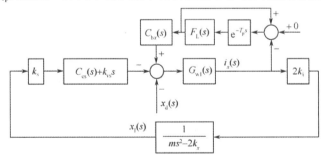

图5-9　含重复控制器的磁悬浮转子系统 x 方向平动控制子系统结构

为简化系统分析和设计,将图5-9和图5-10中的磁悬浮高速转子被控对象和主控制器分别转化为等效主控制器,并令 $o_d = \alpha_d + \beta_d j$,将式(5-22)所示磁悬浮转子转动控制子系统表示成复数形式:

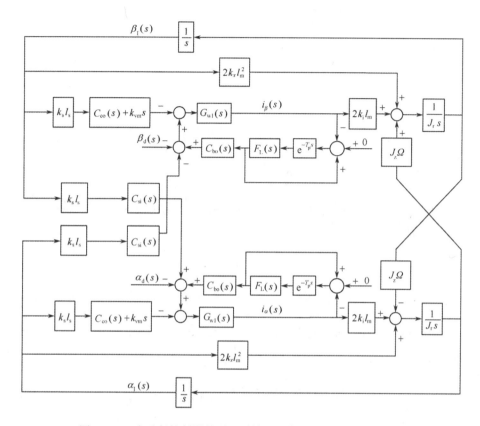

图 5 - 10　含重复控制器的磁悬浮转子系统转动控制子系统结构

$$(J_{\mathrm{r}}s^2 - J_{\mathrm{z}}\varOmega s\mathrm{j} - 2k_xl_{\mathrm{m}}^2)o_{\mathrm{I}}(s) = -2k_{\mathrm{i}}l_{\mathrm{m}}G_{\mathrm{w1}}(s)\{k_{\mathrm{s}}l_{\mathrm{s}}[C_{\mathrm{co}}(s) +$$

$$k_{\mathrm{vm}}s + C_{\mathrm{si}}(s)\mathrm{j}]o_{\mathrm{I}}(s) + o_{\mathrm{d}}(s)\} \qquad (5-25)$$

则基于重复控制的磁悬浮转子系统 x 方向平动控制子系统和整个转动控制子系统可等效为重复控制器与等效主控制器并联的复合控制系统形式,分别如图 5 - 11 和图 5 - 12 所示。其中,$C_{\mathrm{fx}}(s)$ 和 $C_{\mathrm{fo}}(s)$ 分别为 x 方向平动控制子系统和整个转动控制子系统的等效主控制器,且

$$C_{\mathrm{fx}}(s) = 2k_{\mathrm{i}}k_{\mathrm{s}}\frac{C_{\mathrm{cs}}(s) + k_{\mathrm{vs}}s}{ms^2 - 2k_x} \qquad (5-26)$$

$$C_{\mathrm{fo}}(s) = 2k_{\mathrm{i}}k_{\mathrm{s}}l_{\mathrm{m}}l_{\mathrm{s}}\frac{C_{\mathrm{co}}(s) + C_{\mathrm{si}}(s)\mathrm{j} + k_{\mathrm{vm}}s}{J_{\mathrm{r}}s^2 - J_{\mathrm{z}}\varOmega s\mathrm{j} - 2k_xl_{\mathrm{m}}^2} \qquad (5-27)$$

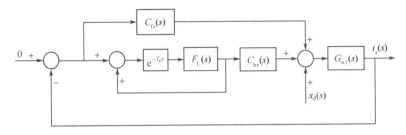

图 5 - 11　基于重复控制的磁悬浮转子系统 x 方向平动控制子系统简图

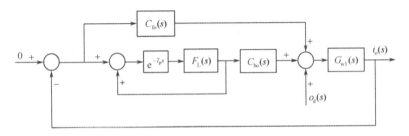

图 5 - 12　基于重复控制的磁悬浮转子系统整个转动控制子系统简图

为分析重复控制器的振动抑制效果,由图 5 - 11 和图 5 - 12 可求灵敏度函数为

$$S_x(s) = M_x(s) S_{x0} = M_x(s) \frac{1}{1 + C_{fx}(s) G_{w1}(s)} \qquad (5-28)$$

$$S_o(s) = M_o(s) S_{o0} = M_o(s) \frac{1}{1 + C_{fo}(s) G_{w1}(s)} \qquad (5-29)$$

式中:$S_{x0}(s)$、$S_{o0}(s)$ 分别为磁悬浮转子系统的 x 方向平动控制子系统和整个转动控制子系统的原始灵敏度函数;$M_x(s)$、$M_o(s)$ 分别为采用重复控制后 x 方向平动控制子系统和转动控制子系统的灵敏度函数的衰减函数,且

$$M_x(s) = \frac{1 - F_L(s) e^{-T_p s}}{1 - \left(1 - \dfrac{C_{bx}(s) G_{w1}(s)}{1 + C_{fx}(s) G_{w1}(s)}\right) F_L(s) e^{-T_p s}} \qquad (5-30)$$

$$M_o(s) = \frac{1 - F_L(s) e^{-T_p s}}{1 - \left(1 - \dfrac{C_{bo}(s) G_{w1}(s)}{1 + C_{fo}(s) G_{w1}(s)}\right) F_L(s) e^{-T_p s}} \qquad (5-31)$$

为实现 $\omega \leqslant 2 n_m \pi / T_p$ 频率范围内对谐波电流的抑制,需要

$$\lim_{s=j2n\pi/T_p} \left| M_x(s) \right| = 0 \qquad (5-32)$$

$$\lim_{s=j2n\pi/T_p} \left| M_o(s) \right| = 0 \qquad (5-33)$$

则由式(5-32)和式(5-33)得

$$\lim_{s=j2n\pi/T_p} F_L(s)\mathrm{e}^{-T_p s} = 1 \qquad (5-34)$$

即

$$\lim_{s=j2n\pi/T_p} \left| F_L(s) \right| = 1 \qquad (5-35)$$

$$\lim_{s=j2n\pi/T_p} \angle F_L(s)\mathrm{e}^{-T_p s} = 0 \qquad (5-36)$$

式(5-35)要求$\left| F_L(s) \right|$在$\omega \leqslant 2n_m\pi/T_p$频率范围内趋向于1,则$\omega_L > 2n_m\pi/T_p$;式(4.36)要求$F_L(s)\mathrm{e}^{-T_p s}$在谐波频率$2n\pi/T_p$处相位为0,$T_p$可通过下式确定:

$$T_p = \frac{2\pi}{\Omega}\left[1 - \frac{1}{2\pi}\arctan\left(\frac{\Omega}{\omega_L}\right) \right] \qquad (5-37)$$

$C_{bx}(s)$和$C_{bo}(s)$用于补偿功率放大器引起的相位滞后,并增大闭环系统的带宽,则$k_{xp} \geqslant 0, k_{op} \geqslant 0, 0 < k_{\omega p} < 1$。$\omega_p$和$k_{\omega p}$实现对功率放大器相位滞后的补偿,而闭环系统的带宽主要受$k_{\omega p}$值影响,则

$$\begin{cases} k_{\omega p} < \dfrac{\omega_p T_p}{2n_m\pi} \\[2mm] \omega_p = \omega_w \end{cases} \qquad (5-38)$$

其中,ω_L和$k_{\omega p}$可根据被抑制谐波的最高频率、系统控制频率和实际要求取值。

采用重复控制的磁悬浮转子系统的稳定性可通过重构谱判定。以x方向平动子系统为例,其特征方程可表示为

$$P_x(s) + Q_x(s)\mathrm{e}^{-Ts} = 0 \qquad (5-39)$$

其中

$$P_x(s) = \{2k_ik_sk_w\omega_w[k_I + k_Ps + (k_D + k_{Dv})s^2] +$$

$$(ms^3 - 2k_xs)(s + \omega_w)\}(k_{\omega x}s + \omega_w)(s + \omega_L)$$

$$Q_x(s) = \omega_L(k_{cx}k_w\omega_w - k_{\omega x}s - \omega_w)(ms^3 - 2k_xs)(s + \omega_w) -$$

$$2k_i k_s k_w \omega_w \omega_L (k_{\omega x} s + \omega_w)[k_I + k_P s + (k_D + k_{Dv})s^2]$$

则该系统的重构谱可表示为

$$R_x(\omega) = \left| \frac{Q_x(j\omega)}{P_x(j\omega)} \right| \qquad (5-40)$$

通过时延系统的奈奎斯特准则可将重构谱与系统的绝对稳定性联系起来,则含重复控制器的磁悬浮转子系统的 x 方向平动子系统的稳定性条件可归纳为以下两点:

(1) $P_x(s)$ 在 s 右半平面上无零点;

(2) $R_x(\omega) < 1, \forall \omega \in \mathbf{R}_+$。

考虑到磁悬浮高速转子运行的安全性,除系统稳定性外,还要求重复控制器使能的瞬间磁悬浮高速转子位移不能出现过大的超调和不理想的跳变。k_{xp} 和 k_{op} 为最后两个未取值的参数,它们的取值与系统的稳态性能和动态性能紧密相关,在具体设计中需要综合考虑。当 k_{xp} 和 k_{op} 取值为 0 时,重复控制器不起作用;增大 k_{xp} 和 k_{op},系统收敛速度变大,稳态谐波电流变小;但部分非谐波频率的电流成分变大,稳定裕度变小。因此,可在仿真和实验中根据实际要求和系统特性选取合理的值。

⊲ 5.3.3 仿真和实验研究

为验证本章提出的复合控制方法的有效性和可行性,使用 MATLAB/SIM-ULINK 和 MSCMG 实验装置进行了仿真和实验研究,仍采用大型 MSCMG 原理样机作为实验对象。磁悬浮转子系统参数和磁悬浮高速转子不平衡量可参考表 4-1 和表 4-3。磁悬浮高速转子仍以 200Hz 恒速旋转。实际实验中,发现磁铁绕组电流的主要谐波次数为 1、3 和 5,则主要电流谐波的频率为 200Hz、600Hz、1000Hz。设计的重复控制器参数和仿真用 Sensor Runout 参数见表 5-1。

由于 $i_x(i_\beta)$ 和 $i_y(i_\alpha)$ 幅值和变化趋势完全相同,下面仅以 i_x 和 i_β 为例,验证控制方法的有效性。同时,为对比重复控制器对随机信号的影响,在仿真中加入均值为 0 的随机干扰电流信号。为清晰地对比重复控制器对 3 个主要电流谐波的抑制效果,对 i_x 和 i_β 进行快速傅里叶变换,将其转化为频域波形。

表 5 - 1 重复控制器参数和仿真用 Sensor Runout 参数

参数名	参数值	参数名	参数值
s_{as1}	10	α_{s1}/rad	$\pi/4$
s_{as3}	4	α_{s3}/rad	$4\pi/3$
s_{as5}	1	α_{s5}/rad	$9\pi/5$
s_{bs1}	12	β_{s1}/rad	$5\pi/3$
s_{bs3}	5	β_{s3}/rad	$11\pi/6$
s_{bs5}	2	β_{s5}/rad	$\pi/5$
$\omega_{L}/(rad/s)$	1×10^4	T_p	0.0049
k_{xp}	960	k_{op}	1100
$k_{\omega p}$	0.1	$\omega_p/(rad/s)$	1683

关闭和打开重复控制器的 i_x 仿真结果如图 5 - 13 和图 5 - 14 所示,使能重复控制器后, i_x 的 3 个电流谐波均得到了较好的抑制,其中 200Hz 的 1 次谐波被抑制了约 29dB。 i_β 也呈现相似的仿真结果,关闭和打开重复控制器的 i_β 仿真结果如图 5 - 15 和图 5 - 16 所示。另外,从图 5 - 14 和图 5 - 16 可以看出,谐波电流的抑制效果随谐波次数的增高而下降,这主要是由于 T_p 的值由 1 次谐波的 $F_L(s)e^{-T_p s}$ 的相位等于 0 确定,而随谐波次数的增加, $F_L(s)e^{-T_p s}$ 的相位误差增大,引起控制效果变差。

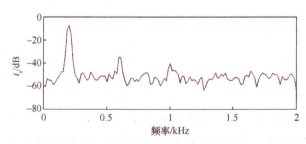

图 5 - 13 关闭重复控制器的 i_x 仿真结果

为了更好地对比重复控制器的效果,实验结果同时给出了 i_x 和 i_β 的时域和频域波形。关闭和打开重复控制器的 i_x 实验结果如图 5 - 17 和图 5 - 18 所

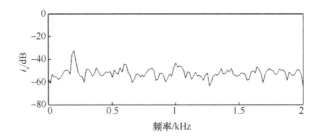

图 5 – 14　打开重复控制器的 i_x 仿真结果

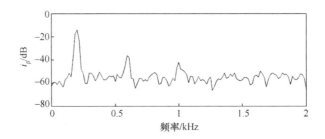

图 5 – 15　关闭重复控制器的 i_β 仿真结果

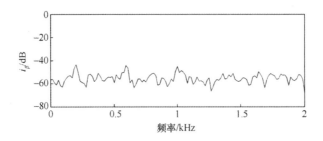

图 5 – 16　打开重复控制器的 i_β 仿真结果

示, i_β 实验结果如图 5 – 19 和图 5 – 20 所示。由图 5 – 17 和图 5 – 19 可以看出, i_x 和 i_β 的时域波形可明显看到电流的 1 次谐波,频域波形的 1 次、3 次、5 次谐波十分明显,其他次谐波远小于 1 次、3 次、5 次谐波。当打开重复控制器后, i_x 和 i_β 的 3 次主要谐波成分基本与随机噪声大小相等,这说明多谐波电流得到了较好的抑制。

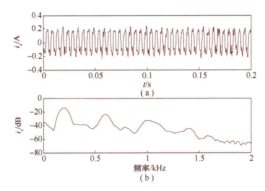

图 5 - 17　关闭重复控制器的 i_x 实验结果

（a）时域波形；（b）频域波形。

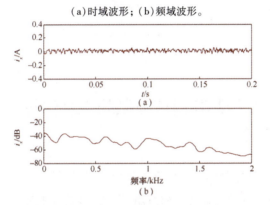

图 5 - 18　打开重复控制器的 i_x 实验结果

（a）时域波形；（b）频域波形。

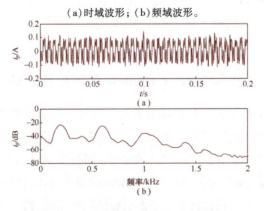

图 5 - 19　关闭重复控制器的 i_β 实验结果

（a）时域波形；（b）频域波形。

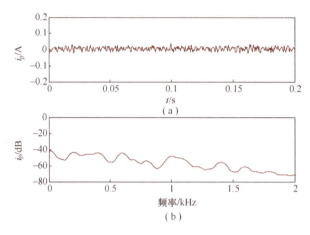

图 5 - 20　打开重复控制器的 i_β 实验结果

（a）时域波形；（b）频域波形。

▶ 5.4　基于重复控制和前馈控制的磁悬浮转子系统多谐波振动抑制

5.3 节采用重复控制器实现了多谐波电流抑制,然而由于转子不平衡通过位移刚度仍会产生多谐波振动力和力矩,因此,多谐波电流抑制并不等同于多谐波振动力和力矩抑制。由于振动力和力矩的频率越高,对航天器姿控稳定度和敏感载荷性能影响越严重,因此磁悬浮转子系统的多谐波振动力和力矩抑制具有十分重要的意义。

✎ 5.4.1　转子不平衡和 Sensor Runout 同频分量的辨识与补偿

由含转子不平衡和 Sensor Runout 的磁悬浮转子系统模型可知,多谐波振动力和力矩的同频振动由转子不平衡和 Sensor Runout 共同引起,且只有转子不平衡通过位移刚度产生同频永磁振动力和力矩,而倍频振动力和力矩仅由 Sensor Runout 引起。因此,多谐波振动抑制仅需要在多谐波电流抑制的基础上,提供精确的同频电磁力和力矩补偿转子不平衡引起的同频永磁力和力矩即可。

陷波器和前馈控制可有效补偿转子不平衡引起的同频永磁力和力矩,但是由于位移传感器输出信号的同频分量由转子不平衡和 Sensor Runout 同频分量组成,因此分离转子不平衡和 Sensor Runout 同频分量是磁悬浮转子系统多谐波振动力和力矩抑制的前提。

重复控制可有效抑制多谐波电流,此时磁悬浮转子系统仅含转子不平衡引起的同频永磁力和力矩。由 4.5.1 节磁悬浮高速转子几何轴和惯性轴的位移关系可得惯性轴的位移见式(4 – 99)和式(4 – 100),则位移传感器的同频输出信号由位移传感器坐标系下的转子几何轴位移和 Sensor Runout 同频分量组成。由式(5 – 3),磁悬浮转子系统反馈位移信号的同频分量可表示为

$$\boldsymbol{q}_{\mathrm{ds}} = \left[x_{\mathrm{ds}}, \beta_{\mathrm{ds}}, y_{\mathrm{ds}}, -\alpha_{\mathrm{ds}} \right]^{\mathrm{T}} = \boldsymbol{q}_{\mathrm{Gs}} + \boldsymbol{q}_{\mathrm{ms}} \tag{5 – 41}$$

式中:$\boldsymbol{q}_{\mathrm{Gs}}$ 为几何轴的同频位移,$\boldsymbol{q}_{\mathrm{ms}}$ 为 $\boldsymbol{q}_{\mathrm{sm}}$ 的同频位移分量,且

$$\boldsymbol{q}_{\mathrm{Gs}} = \begin{bmatrix} -\dfrac{m\Omega^2}{m\Omega^2 + 2k_x}\varepsilon\cos(\Omega t + \chi) \\[3mm] -\dfrac{(J_r - J_z)\Omega^2}{(J_r - J_z)\Omega^2 + 2k_x l_{\mathrm{m}}^2}\sigma\sin(\Omega t + \delta) \\[3mm] -\dfrac{m\Omega^2}{m\Omega^2 + 2k_x}\varepsilon\sin(\Omega t + \chi) \\[3mm] \dfrac{(J_r - J_z)\Omega^2}{(J_r - J_z)\Omega^2 + 2k_x l_{\mathrm{m}}^2}\sigma\cos(\Omega t + \delta) \end{bmatrix} \tag{5 – 42}$$

$$\boldsymbol{q}_{\mathrm{ms}} = \begin{bmatrix} \dfrac{1}{2k_{\mathrm{s}}}\left[s_{\mathrm{as1}}\sin(\Omega t + \alpha_{\mathrm{s1}}) + s_{\mathrm{bs1}}\sin(\Omega t + \beta_{\mathrm{s1}}) \right] \\[3mm] \dfrac{1}{2k_{\mathrm{s}}l_{\mathrm{s}}}\left[s_{\mathrm{as1}}\sin(\Omega t + \alpha_{\mathrm{s1}}) - s_{\mathrm{bs1}}\sin(\Omega t + \beta_{\mathrm{s1}}) \right] \\[3mm] \dfrac{1}{2k_{\mathrm{s}}}\left[s_{\mathrm{as1}}\sin\left(\Omega t + \alpha_{\mathrm{s1}} - \dfrac{\pi}{2}\right) + s_{\mathrm{bs1}}\sin\left(\Omega t + \beta_{\mathrm{s1}} - \dfrac{\pi}{2}\right) \right] \\[3mm] \dfrac{1}{2k_{\mathrm{s}}l_{\mathrm{s}}}\left[s_{\mathrm{as1}}\sin\left(\Omega t + \alpha_{\mathrm{s1}} - \dfrac{\pi}{2}\right) - s_{\mathrm{bs1}}\sin\left(\Omega t + \beta_{\mathrm{s1}} - \dfrac{\pi}{2}\right) \right] \end{bmatrix} \tag{5 – 43}$$

实现转子不平衡引起的同频永磁力和力矩高精度补偿的前提是实现 $\boldsymbol{q}_{\mathrm{ms}}$ 的辨识和补偿。由式(5 – 42)和式(5 – 43)可知,$\boldsymbol{q}_{\mathrm{Gs}}$ 各分量的幅值与转速有关,而 $\boldsymbol{q}_{\mathrm{ms}}$ 各分量的幅值与转速无关。因此,可利用转速对 $\boldsymbol{q}_{\mathrm{Gs}}$ 幅值的影响,辨识出 $\boldsymbol{q}_{\mathrm{ms}}$ 并进行补偿。控制磁悬浮高速转速以 1Hz 的转速低速旋转,以减小位移传感器的同频输出信号中 $\boldsymbol{q}_{\mathrm{Gs}}$ 所占比例,此时 $\boldsymbol{q}_{\mathrm{Gs}}$ 的平动位移和转动位移为

$$\begin{cases} r_{Gs} = 4.5 \times 10^{-4} \varepsilon \\ o_{Gs} = 1.2 \times 10^{-4} \sigma \end{cases} \tag{5-44}$$

则此时 q_{ms} 可由位移传感器的同频输出信号近似得到。q_{ms} 的幅值和相位可通过具有绝对位置的位移传感器进行测量、计算并保存。在工程实现时,可对霍尔传感器输出信号进行分频,其中分频系数为高速电机的极对数,则霍尔传感器的输出脉冲与转速同频,在不断电的情况下可持续测试和标定转子绝对位移。q_{ms} 在磁悬浮高速转子转速为 1Hz 时由位移传感器进行测试,并将测试数据与霍尔传感器的相对位移关系进行存储。由于 q_{ms} 与磁悬浮高速转子的相对位置固定,因此,仅需要对磁悬浮高速转子在低速时进行一次测试即可。

此外,位移传感器的输出信号需要进行模拟的调理电路进行幅值调节,以满足控制电路中模数转换芯片的要求。由于位移传感器和模拟调理电路参数不一致的误差影响,也会引起位移传感器经模拟调理电路后出现较大的同频误差。为消除此误差,本节采用了一种低转速的位移传感器和模拟调理电路参数不一致误差的补偿方法。

由于位移传感器和模拟调理电路参数不一致的误差特性不随速度的变化而改变,因此只需要在一个转速下对误差进行标定和补偿,即可实现全转速范围的补偿。参数不一致误差的补偿方法也需要一次变速,不同的是,本方法并不需要保存低转速下传感器输出信号的同频分量,也不需要额外的运算,而是采用模拟信号进行补偿。

考虑到磁悬浮转子系统的安全性,将磁悬浮高速转子稳速在较低转速(一般为 10~20Hz),关闭系统功率电,使磁悬浮高速转子落到保护轴承上。在保护轴承润滑良好的情况下,受离心力作用,磁悬浮高速转子将落在保护轴承上旋转。由于保护轴承加工精度很高,圆度误差可忽略,且中心与参考悬浮中心重合。则磁悬浮高速转子的实际几何轴位移即以参考悬浮中心为原点的标准圆,但位移传感器经过模拟调理电路后的实际输出由于包含参数不一致引起的误差而呈现非标准圆,即呈现椭圆形,且中心不在零点。此时,采用示波器测试位移传感器 x、y 方向的输出,采用李莎育图的显示方式,并保留余迹,同时调试系统硬件电路中的位移传感器的模拟调理电路,其中模拟调偏电路使 x、y 方向的输出幅值相等,模拟调零电路使圆心处于零点。当示波器显示同频位移为标准圆时,示波器输出与几何轴实际位移关系吻合,即传感器调理电路补偿了位移传感器和模拟调理电路参数不一致的误差,如图 5 – 21 所示。

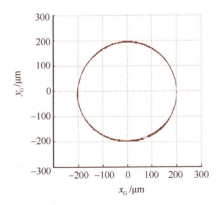

图 5 – 21　x、y 方向位移的李莎育图

经过参数不一致误差和 q_{ms} 的补偿后,全转速范围内均可得到磁悬浮高速转子的几何轴位移。由于磁悬浮高速转子的几何轴位移通过位移刚度引起永磁振动力和力矩,因此仅需对此进行补偿即可。

5.4.2　磁悬浮转子系统多谐波振动抑制的控制器设计

磁悬浮转子系统多谐波振动抑制分为平动子系统的多谐波振动力抑制和转动子系统的多谐波振动力矩抑制。第 4 章介绍了仅含转子不平衡的磁悬浮转子系统振动力和力矩抑制方法,控制器主要由陷波器和前馈控制器组成;5.3 节介绍了基于重复控制器的含转子不平衡和 Sensor Runout 的多谐波电流抑制方法。多谐波振动力和力矩抑制方法结合了以上两种控制方法,其控制器由陷波器、前馈控制器和重复控制器组成。其中,陷波器的中心频率为磁悬浮高速转子的转速,以得到转子几何轴的同频位移;前馈控制器由几何轴同频位移输出同频补偿电流以抵消同频永磁振动力和力矩;重复控制器在抑制倍频谐波振动力和力矩的同时,还需要对同频电流进行高精度控制。由于需要同频控制电流抵消永磁振动力和力矩,重复控制器不能完全抑制同频电流。

受功率放大器模型精度和参数摄动的影响,前馈控制器的输出与实际绕组电流往往存在较大的幅值和相位误差,GPM 可实现功率放大器的精确补偿,但会引起结构复杂、计算量增大。为此,本章提出一种基于重复控制的高精度补偿方法,利用重复控制对给定周期信号的跟踪性能,使其输出高精度的同频补偿电流以抵消永磁同频振动力和力矩,因此,重复控制器的给定设为前馈控制器输出的参考同频补偿电流。

多谐波振动力抑制系统结构如图 5 – 22 所示,其中,采用重复控制器对磁铁绕组电流进行控制,由于重复控制器的输入为永磁振动力等效的同频补偿电流,通过重复控制器的闭环控制作用,可使重复控制器的反馈信号(实际磁铁绕组电流)跟踪输入信号(给定的补偿电流),从而实现对功率放大器引起

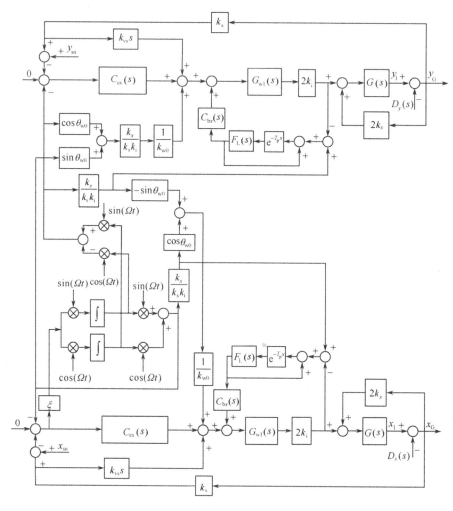

图 5 – 22　多谐波振动力抑制系统结构

的幅值和相位误差的抑制。因此,因此,前馈控制器的设计仅需要 $G_{w1}(s)$ 同频幅值和相位的初始估计信号 k_{w0} 和 θ_{w0}。

与图 5 – 22 类似,多谐波振动力矩抑制系统结构如图 5 – 23 所示。与平动子系统不同的是,转动子系统的前馈控制器幅值设计为 $l_m k_x / l_s k_s k_i$。

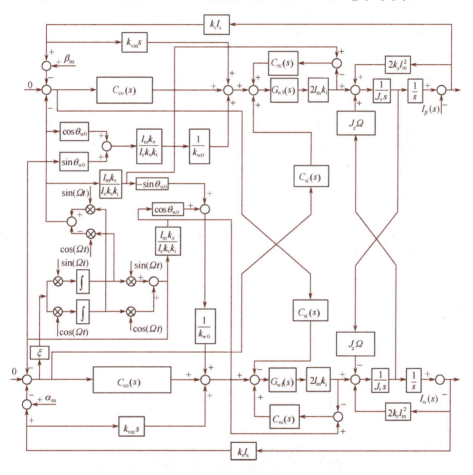

图 5 – 23　多谐波振动力矩抑制系统结构

☑ 5.4.3　仿真和实验研究

为验证多谐波振动控制方法,本章进行了仿真和实验验证。仍采用如图 4 – 22所示的大型 MSCMG 样机,仿真参数可参考表 4 – 1 ~ 表 4 – 3 和

表 5-1,不同的是由于 Sensor Runout 同频分量已被补偿,仿真中 s_{as1} 和 s_{bs1} 均设为 0。仿真中同样加入均值为 0 的随机干扰电流信号。

由于磁悬浮高速转子恒速旋转时,转子惯性轴平动和转动的位移幅值与振动力和力矩的幅值成正比,且 x_1 与 y_1 的幅值相等、α_1 与 β_1 的幅值相等,仿真仅以 x_1 和 α_1 在多谐波电流抑制和多谐波振动抑制前后的对比为例说明多谐波振动力和力矩的抑制效果。同时由于随机干扰信号影响时域波形中谐波频率信号的辨识,为更清晰比较 x_1 和 α_1 谐波分量的变化,仍采用频域波形。

多谐波振动抑制方法在多谐波电流抑制方法的基础上,仅对同频振动进一步抑制。仿真结果如图 5-24 ~ 图 5-27 所示,x_1 和 α_1 的倍频谐波分量没有明显变化,但多谐波振动抑制的同频和比多谐波电流抑制的同频,x_1 和 α_1 分别下降了 44dB 和 27dB,验证了多谐波振动抑制方法的有效性。

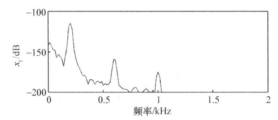

图 5-24　多谐波电流抑制的 x_1 仿真结果

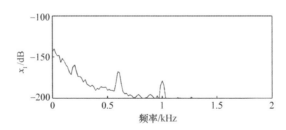

图 5-25　多谐波振动力抑制的 x_1 仿真结果

压力传感器带宽较低,无法实现 MSCMG 多谐波振动力和力矩的精确测试。实验中采用了一种带宽 2kHz 的加速度计,通过测试 MSCMG 表面加速度反映多谐波振动。

不采用多谐波电流和振动抑制方法时,MSCMG 表面加速度的波形见图 5-28,时域波形可明显看到 V_t 的同频分量,频域波形中 V_t 的同频、三倍

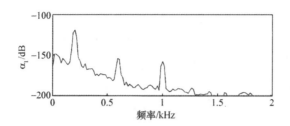

图 5 - 26　多谐波电流抑制的 α_1 仿真结果

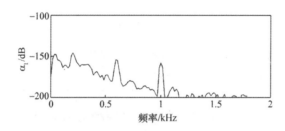

图 5 - 27　多谐波振动力矩抑制的 α_1 仿真结果

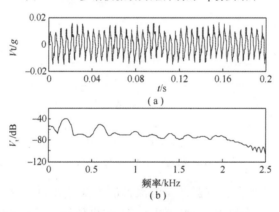

图 5 - 28　无谐波电流或振动抑制的 MSCMG 表面加速度

(a)时域波形；(b)频域波形。

频、五倍频较为明显。采用多谐波电流抑制后的表面加速度 $(g)V_t$ 如图 5 - 29 所示, V_t 的同频、三倍频、五倍频分量分别衰减了约 11dB、9dB 和 4dB,但时域波形和频域波形仍能分辨出 V_t 具有较高的同频分量。采用多谐波振动抑制方法后, V_t 同频分量进一步减小了约 8dB,如图 5 - 30 所示,证明了多谐波振动抑制方法的有效性。

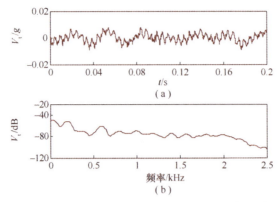

图 5 - 29　多谐波电流抑制的 MSCMG 表面加速度

（a）时域波形；（b）频域波形。

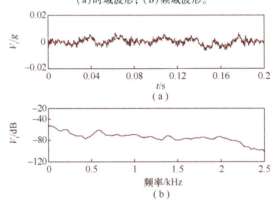

图 5 - 30　多谐波振动抑制的 MSCMG 表面加速度

（a）时域波形；（b）频域波形。

多谐波振动抑制方法与多谐波电流抑制方法相比,仿真结果显示振动力和力矩分别衰减了 44dB 和 27dB,实际实验结果仅衰减了约 8dB,主要受霍尔传感器位置测量误差、位移传感器温度漂移、同频电流抑制效果等多个因素影响,实际实验中 Sensor Runout 同频分量的补偿精度较低。此外,重复控制器的运算存在一定的误差,影响了功率放大器的误差补偿效果,因此多谐波振动的实验抑制效果不够理想。为提高多谐波振动的抑制效果,一方面可采用光电码盘、旋转变压器等更高位置速率测试精度的传感器,提高 Sensor Runout 同频分量的补偿精度;另一方面可降低 Sensor Runout 同频分量与转子不平衡的比值,因此在实际磁悬浮高速转子的加工过程中,要对位移传感器检测面的加工精度和材质的均匀程度提出更高的要求。

▶ 5.5　本章小结

　　为有效抑制磁悬浮转子系统的多谐波电流和多谐波振动,本章介绍了 Sensor Runout 的产生和特点,建立了含转子不平衡和 Sensor Runout 的磁悬浮转子系统动力学模型,并分析了静不平衡、动不平衡和 Sensor Runout 通过电流刚度、位移刚度、控制器、感应电动势引起多谐波电流、振动力和力矩的机理;提出了一种基于重复控制的复合控制方法,通过对磁铁绕组电流的直接控制,实现了多谐波电流抑制;并通过重复控制器、陷波器和前馈控制器进一步对同频振动力和力矩进行了抑制,实现了多谐波振动的抑制。通过仿真和实验研究,验证了本章提出的多谐波电流和振动抑制方法的有效性。其中,多谐波电流抑制算法仅使用计算量很小的重复控制器即可实现对磁铁绕组电流多谐波分量的有效抑制,而多谐波振动抑制方法可实现磁悬浮转子系统 Sensor Runout 同频信号补偿以及多谐波振动力和力矩的抑制。

参 考 文 献

[1] Herzog R, Buhler P, Gahler C, et al. Unbalance compensation using generalized notch filters in the multivariable feedback of magnetic bearings[J]. IEEE Transactions on Control Systems Technology, 1996, 4(5): 580–586.

[2] Li L C, Shinshi T, Zhang X Y, et al. A simple method for rotation about the inertial axis of a rigid AMB rotor[C]. Proceedings of 8th International Symposium on Magnetic Bearing, Mito, Japan, 2002: 405–410.

[3] Li L,Shinshi T, Iijima C, et al. Compensation of rotor imbalance for precision rotation of a planar magnetic bearing rotor[J]. Precision Engineering, 2003, 27: 140–150.

[4] Xu X, Fang J, Wei T. Stability analysis and imbalance compensation for active magnetic bearing with gyroscopic effects[C]. The 8th IEEE International Symposium on Instrumentation and Control Technology, London, UK, 2012: 295–300.

[5] Ihn Y S, Lee J K, Oh D H, et al. Active correction of dynamic mass imbalance for a precise rotor[J]. IEEE Transactions on Magnetics, 2009, 45(11): 5088–5093.

[6] Tang L, Chen Y Q. Model development and adaptive imbalance vibration control of magnetic suspended system[J]. Acta Astronautica, 2009, 65: 1506–1514.

[7] Tung P C, Tsai M T, Chen K Y, et al. Design of model – based unbalance compensator with fuzzy gain tuning mechanism for an active magnetic bearing system[J]. Expert Systems with Applications, 2011, 38:12861 – 12868.

[8] Thomas S, Wilfried H, Ralf W. Improving operational performance of active magnetic bearings using kalman filter and state feedback control[J]. IEEE Transactions on Industrial Electronics, 2012, 59(2): 821 – 829.

[9] Liu B, Fang J, Liu G. Self – Tuning control based on RBF neural network observer in suppression of imbalance vibration of magnetically suspended flywheels[C]. The 2nd International Symposium on Systems and Control in Aerospace and Astronautics, 2008: 1 – 5.

[10] Beale S, Shafai B, LaRocca P, et al. Adaptive forced balancing for magnetic bearing control systems[C]. Proceedings of the 31st IEEE Conference of Decision and Control, Tucson, AZ, 1992: 3535 – 3539.

[11] Shafai B, Beale S, LaRocca P, et al. Magnetic bearing control systems and adaptive forced balancing[J]. IEEE Control Systems, 1994, 14(2): 4 – 13.

[12] Beale S, Shafai B, LaRocca P, et al. Adaptive forced balancing for multivariable systems [J]. Journal of Dynamic Systems, Measurement, and Control, 1995, 2205(117): 496 – 502.

[13] Vahedforough E, Shafai B, Beale S. Estimation and rejection of unknown sinusoidal disturbances using a generalized adaptive forced balancing method[C]. Proceedings of the 2007 American Control Conference, New York City, USA, July 11 – 13, 2007.

[14] Kim C S, Lee C W. In situ runout identification in active magnetic bearing system by extended influence coefficient method[J]. IEEE/ASME Transactions on Mechatronics, 1997, 2(1): 51 – 57.

[15] Park S H, Lee C W. Experimental compensation of runout and high order harmonic effects in Lorentz force type integrated motor – bearing system[C]. Proceedings of ASME 2005 International Design Engineering Technical Conferences & Computers and Information in Engineering Conference, Long Beach, California, USA, 2005: 1 – 10.

[16] Zhang T. Adaptive vibration compensation control research on rotor in active magnetic bearing systems[C]. 2010 International Conference on Measuring Technology and Mechatronics Automation, 428 – 431.

[17] Setiawan J D. Adaptive compensation of sensor runout and mass unbalance in magnetic bearing systems[D]. USA: Michigan State University, 2001.

[18] Setiawan J D, Mukherjee R. Adaptive compensation of sensor runout and mass unbalance in magnetic bearing systems[C]. Proceedings of the 1999 IEEE/ASME International Conference on Advanced Intelligent Mechatronics, Atlanta, USA, 1999: 800 – 805.

[19] Setiawan J D, Mukherjee R, Maslen E H. Adaptive compensation of sensor runout for mag-

netic bearings with uncertain parameters: theory and experiments[J]. Journal of Dynamic, Measurement, and Control, 2001, 123: 211 – 218.

[20] Setiawan J D, Mukherjee R, Maslen E H. Synchronous disturbance compensation in active magnetic bearings using bias current excitation[C]. Proceedings of 2001 IEEE/ASME International Conference on Advanced Intelligent Mechatronics, Como, Italy, 2001: 707 – 712.

[21] Setiawan J D, Mukherjee R, Maslen E H. Synchronous sensor runout and unbalance compensation in active magnetic bearings using bias current excitation[J]. Journal of Dynamic, Measurement, and Control, 2002, 124: 14 – 24.

[22] Setiawan J D, Mukherjee R. Adaptive compensation of sensor runout and mass unbalance in magnetic bearing systems without changing rotor speed[P]. US: 6763285B2, 2004.

[23] Nonami K, Liu Z H. Adaptive unbalance vibration control of magnetic bearing system using frequency estimation for multiple periodic disturbances with noise[C]. Proceedings of the 1999 IEEE International Conference on Control Applications, Hawaii, USA, 1999: 576 – 581.

[24] Mojiri M, Bakhshai A R. Estimation of n frequencies using adaptive notch filter[J]. IEEE Transactions on Circuits and Systems – II: Express Briefs, 2007, 54(4): 338 – 342.

[25] Zenger K, Altowati A, Tammi K, et al. Feedforward multiple harmonic control for periodic disturbance rejection[C]. Proceedings of 11th International Conference on Control, Automation, Robotics and Vision, Singapore, 2010: 305 – 310.

[26] 刘彬. 五自由度全主动大力矩磁悬浮飞轮磁轴承系统控制方法与实验研究[D]. 北京: 北京航空航天大学, 2011.

[27] 刘彬, 房建成, 刘刚, 等. 磁悬浮飞轮不平衡振动控制方法与试验研究[J]. 机械工程学报, 2010, 46(12): 188 – 194.

[28] Jiang K J, Zhu C S. Multi – frequency periodic vibration suppressing in active magnetic bearing – rotor systems via response matching in frequency domain[J]. Mechanical Systems and Signal Processing, 2011, 25: 1417 – 1429.

[29] Inoue T, Nakano M, Iwai S. High accuracy control of servomechanism for repeated contouring[C]. 10th Annual Symposium: Incremental Motion Control Systems and Devices. Champaign, IL, USA: Incremental Motion Control Systems Society, 1981: 285 – 292.

[30] T Inoue, M Nakano, T Kubo, et al. High accuracy control of a proton synchrotron magnet power supply. Proceedings of the 8th IFAC World Congress, Kyoto, Japan, 1982: 3137 – 3142.

[31] Li C Y, Zhang D C, Zhuang X Y. A survey of repetitive control[C]. Proceedings of 2004 IEEE/RSJ International Conference on Intelligent Robots and Systems, 2004:1160 – 1166.

[32] Zhang B, Zhou K L, Wang Y G, et al. Performance improvement of repetitive controlled

PWM inverters: A phase – lead compensation solution[J]. International Journal of Circuit Theory and Applications, 2010, 38(5): 453 – 469.

[33] 李翠艳, 张东纯, 庄显义. 重复控制综述[J]. 电机与控制学报, 2005, 9(1): 37 – 44.

[34] 李翠艳. 重复控制的一些设计问题研究[D]. 哈尔滨: 哈尔滨工业大学, 2005.

[35] Chiacchiarini H G, Mandolesi P S. Unbalance compensation for active magnetic bearings using ILC[C]. Proceedings of the 2001 IEEE International Conference on Control Applications, Mexico City, Mexico, 2001: 58 – 63.

[36] Bi C, Wu D Z, Jiang Q, et al. Optimize control current in active magnetic bearings using automatic learning control[C]. Proceeding of the IEEE International Conference on Mechatronics, June, 2004: 305 – 310.

[37] Ahn H S, Chen Y Q, Moore K L. Iterative learning control: brief survey and categorization [J]. IEEE Transactions on Systems, Man, and Cybernetics—Part C: Applications and Reviews, 2007, 37(6): 1099 – 1121.

[38] Costic B T, Queiroz M S, Dawson D N. A new learning control approach to the active magnetic bearing benchmark system[C]. Proceedings of 2000 American Control Conference, Chicago, IL, USA, June 28 – 30, 2000: 2639 – 2643.

[39] Qian W, Panda S K, Xu J X. Torque ripple minimization in PM synchronous motors using iterative learning control[J]. IEEE Transactions on Power Electronics, 2004, 19(2): 272 – 279.

[40] Gao Hui, Xu Longxiang, Zhu Yili. Unbalance vibratory displacement compensation for active magnetic bearings[J]. Chinese Journal of Mechanical Engineering, 2013, 26(1): 95 – 103.

[41] Zhang X Y, Shinshi T, Li L C, et al. A combined repetitive control for precision rotation of magnetic bearing[J]. Precision Engineering, 2003, 27: 273 – 282.

[42] Bi C, Wu D Z, Jiang Q, et al. Runout compensation in active magnetic bearings with iterative Learning Control Scheme[C]. Asia – Pacific Magnetic Recording Conference, Seoul, Aug. 2004: 66 – 67.

[43] Bi C, Wu D Z, Jiang Q, et al. Automatic learning control for unbalance compensation in active magnetic bearings [J]. IEEE Transactions on Magnetics, 2005, 41 (7): 2270 – 2280.

[44] 苏文军, 孙岩桦, 虞烈. 可控磁悬浮系统的转子周期性振动抑制[J]. 西安交通大学学报, 2010, 77(7): 55 – 58.

[45] Francis B A, Wonham W M. The internal model principle of control theory[J]. Automatica, 1976, 12(5): 457 – 465.

[46] Hara S, Yamamoto Y, Omata T, et al. Repetitive control system: a new type servo system

for periodic exogenous signals [J]. IEEE Transactions on Automatic Control, 1988, 33 (7): 659 – 668.

[47] Yao W S, Tsai M C. Analysis and estimation of tracking errors of plug – in type repetitive control systems [J]. IEEE Transactions on Automatic Control, 2005, 50 (8): 1190 – 1195.

[48] Chen W T, Zhang W D. Optimality based repetitive controller design for track – following servo system of optical disk drives[J]. ISA Transactions, 2009, 48: 434 – 438.

[49] Wu X H, Panda S K, Xu J X. Design of a plug – in repetitive control scheme for eliminating supply – side current harmonics of three – phase PWM boost rectifiers under generalized supply voltage conditions[J]. IEEE Transactions on Power Electronics, 2010, 25 (7): 1800 – 1810.

[50] Srinivasan K, Shaw F R. Analysis and design of repetitive control systems using the regeneration spectrum [C]. Proceedings of American Control Conference, Columbus, Ohio, USA, 1991: 1150 – 1155.

[51] 马菲. 重复控制在 DVD 机伺服系统中的研究与应用[D]. 上海: 上海交通大学, 2008.

第 6 章
单框架 MSCMG 的高稳定度控制方法

▶ 6.1 引言

    MSCMG 由磁悬浮高速转子系统和框架伺服系统两部分组成。本章将在第 3～第 5 章磁悬浮高速转子系统的稳定性和极微振动控制方法的基础上,研究包括框架伺服系统在内的 MSCMG 整机的高稳定度控制问题。

    由于磁轴承是一种有间隙的主动控制弹性支承[1,2],框架转动强制转子改变角动量方向时,转子位移的跳动量将会显著增大,这种动框架位移不仅可能导致转子直接碰撞保护轴承而失稳,而且对框架伺服系统造成振动,降低其响应速度和框架伺服系统的控制精度。在闭环控制作用下又反过来进一步影响磁悬浮转子系统的稳定性和控制精度,即所谓的"动框架"效应[3,4]。

    动框架效应虽然是磁悬浮转子系统与框架伺服系统之间动力学耦合的结果,但就磁悬浮转子系统而言,框架运动的影响也可以视为一种单向的振动作用,因此可以采用前馈控制方法加以补偿[5,6]。但是,前馈控制方法忽略了磁悬浮转子系统对框架伺服系统的反作用力矩,没有实现转子系统与框架伺服系统之间的线性化解耦,因此必然影响解耦控制的精度和稳定性[7-13]。

    本章以单框架 MSCMG 为研究对象,分析了线性范围内磁悬浮转子系统与框架伺服系统的动力学耦合关系,在提出磁悬浮转子系统基于框架角速率—轴承电流前馈的振动补偿方法的基础上,进一步研究了基于反馈线性化方法的解耦控制方法以提高解耦控制的精度,并提出了基于不对称采样电阻网络的相位补偿方法实现对数控延时和磁轴承绕组电感的自适应相位补偿,最后进行了相关的仿真和实验验证。

6.2　磁悬浮转子系统与框架伺服系统的动力学耦合关系

由于框架运动主要影响磁悬浮转子系统的刚体模态[6,10],对转子的高频弹性模态影响较小,因此后面的分析均忽略转子的弹性结构模态。

根据 MSCMG 整体动力学模型,基座固连于地面(近似于惯性系),框架以角速率 $\omega_g = \dot{\theta}$ 转动时磁悬浮转子系统动力学模型为

$$\begin{cases} m\ddot{x} = f_x \\ J_y(\ddot{\beta} - \frac{\sqrt{2}}{2}\dot{\omega}_g) - H(\dot{\alpha} + \frac{\sqrt{2}}{2}\omega_g) = p_y \\ m\ddot{y} = f_y \\ J_x(\ddot{\alpha} + \frac{\sqrt{2}}{2}\dot{\omega}_g) + H(\dot{\beta} - \frac{\sqrt{2}}{2}\omega_g) = p_x \end{cases} \Leftrightarrow M\ddot{q} + G\dot{q} = f + f_g \quad (6-1)$$

其中

$$f_g = \frac{\sqrt{2}}{2}[0 \quad J_{rr}\dot{\omega}_g + H\omega_g \quad 0 \quad J_{rr}\dot{\omega}_g - H\omega_g]^T \quad (6-2)$$

称为框架运动引起的等效广义振动力。f_g 的第一和第三分量为零,说明框架运动只影响磁悬浮转子系统的转动模态。将图 3 - 1 所设计的控制律代入式(6 - 1),得

$$\begin{cases} m\ddot{x} - 2k_h x = -2k_{iws}g_{wLPF}g_c x \\ J_y(\ddot{\beta} - \frac{\sqrt{2}}{2}\dot{\omega}_g) - H(\dot{\alpha} + \frac{\sqrt{2}}{2}\omega_g) - 2k_h l_m^2 \beta \\ \qquad = -2l_m l_s k_{iws}g_{wLPF}(g_c \beta - g_{crLHPF}\alpha) \\ m\ddot{y} - 2k_h y = -2k_{iws}g_{wLPF}g_c y \\ J_x(\ddot{\alpha} + \frac{\sqrt{2}}{2}\dot{\omega}_g) + H(\dot{\beta} - \frac{\sqrt{2}}{2}\omega_g) - 2k_h l_m^2 \alpha \\ \qquad = -2l_m l_s k_{iws}g_{wLPF}(g_c \alpha + g_{crLHPF}\beta) \end{cases} \Leftrightarrow$$

$$M\ddot{q} + G\dot{q} - T_m^{-T}k_hT_m^{-1}q = -k_{iws}g_{wLPF}T_m^{-T}(g_cI_{4\times4} + G_{scr})T_s^{-1}q + f_g$$

$$(6-3)$$

根据式(2-41),框架系统动力学模型为

$$\begin{cases} J_{gx}\dot{\omega}_g = -\dfrac{\sqrt{2}}{2}(p_x - p_y) + p_{gx} + p_{gd} \\ 0 = -\dfrac{\sqrt{2}}{2}(p_x + p_y) + p_{gy} \\ 0 = p_{gz} \end{cases} \quad (6-4)$$

式中:p_{gd}为框架系统x_g方向振动力矩;磁轴承力矩p_x和p_y分别为

$$\begin{cases} p_x = g_{px}[\alpha \quad \beta]^T \\ p_y = g_{py}[\alpha \quad \beta]^T \end{cases} \quad (6-5)$$

$$\begin{cases} g_{px} = [2k_hl_m^2 - 2l_ml_sk_{iws}g_{wLPF}g_c \quad -2l_ml_sk_{iws}g_{wLPF}g_{crLHPF}] \\ g_{py} = [2l_ml_sk_{iws}g_{wLPF}g_{crLHPF} \quad 2k_hl_m^2 - 2l_ml_sk_{iws}g_{wLPF}g_c] \end{cases} \quad (6-6)$$

若用g_{gc}表示框架控制器输入到输出的线性变换算子,ω_{gr}为框架给定角速率,则框架电机输出力矩可以描述为

$$p_{gx} = g_{gc}(\omega_{gr} - \omega_g) \quad (6-7)$$

根据动力学模型式(6-3)和式(6-4),将 MSCMG 磁悬浮转子的转动子系统与框架系统表示成如图 6-1 所示的框图,不考虑框架电机力矩的情况下,$p_{out} = p_{gy}$就是 MSCMG 输出力矩,而 p_{mg} 和 p_{gm} 为两个系统相互作用的振动力矩,分别是框架转速和转子位移的函数,也是力矩性质的,可以表示为

$$\begin{cases} p_{mg}(s) = [p_{mgx}(s) \quad p_{mgy}(s)]^T = g_{mg}(s)\omega_g(s) \\ p_{gm}(s) = -\dfrac{\sqrt{2}}{2}[p_x(s) - p_y(s)] = g_{gm}(s)[\alpha(s) \quad \beta(s)]^T \end{cases} \quad (6-8)$$

其中

$$\begin{cases} g_{mg}(s) = \dfrac{\sqrt{2}}{2}[H - J_{rr}s \quad H + J_{rr}s]^T \\ g_{gm}(s) = -\dfrac{\sqrt{2}}{2}[g_{px}(s) - g_{py}(s)] \\ \qquad = \sqrt{2}[-k_hl_m^2 + l_ml_sk_{iws}g_{wLPF}(s)[g_c(s) + g_{crLHPF}(s)] \\ k_hl_m^2 - l_ml_sk_{iws}g_{wLPF}(s)[g_c(s) - g_{crLHPF}(s)]] \end{cases} \quad (6-9)$$

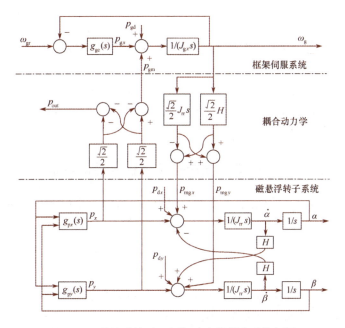

图 6-1　磁悬浮转子-框架动力学耦合系统框图

因此图 6-1 可以进一步简化为图 6-2 所示的框图,其中 $g_m(s)$ 和 $g_g(s)$ 分别为磁悬浮转子系统的转动子系统和框架系统以振动力矩为输入的闭环传递函数。从图 6-2 可以清楚地看出,由于转子的陀螺效应,框架运动时将产生等效力矩 p_{mg} 对转子运动(转子径向相对陀螺房的运动,而不是绝对运动)构成振动,同时转子运动又通过磁轴承控制系统产生力矩 p_{gm},反过来干扰框架运动。这种相互振动作用构成磁悬浮转子系统与框架系统之间的动力学耦合,并对磁悬浮转子系统的位移、电流和稳定性造成显著的影响。

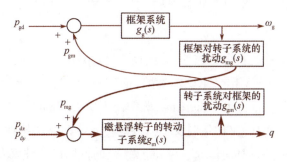

图 6-2　磁悬浮转子-框架动力学耦合系统简化框图

▶ 6.3 动力学耦合对磁悬浮转子系统的影响

由于本节主要关注磁悬浮转子系统的稳定性,因此这里主要研究动力学耦合对磁悬浮转子系统的影响,下面将从磁悬浮转子系统稳定性和框架运动后的磁轴承状态两个方面讨论上述影响。

⚂ 6.3.1 动力学耦合对磁悬浮转子系统稳定性的影响

只考虑框架系统稳定性而不考虑其精度时,框架系统的控制律通常可以简化为[6]

$$g_{gc}(s) = \frac{k_g(J_{gx} + J_{rr})}{s + a_g} \qquad (6-10)$$

其中 k_g 和 a_g 分别决定了框架系统的带宽 ω_{gb} 和阻尼 ζ_g。根据图 6-1 可以求出框架系统以 p_{gm} 为输入的闭环传递函数为

$$g_{gCLd}(s) = \frac{1}{J_{gx}s + g_{gc}(s)} = \frac{s + a_g}{J_{gx}s^2 + J_{gx}a_g s + k_g(J_{gx} + J_{rr})} \qquad (6-11)$$

将 $\omega_g = g_{gCLd}p_{gm}$ 代入式(6-8),得

$$p_{mg}(s) = \begin{bmatrix} g_{mgx}(s) & g_{mgy}(s) \end{bmatrix}^T p_{gm}(s) \qquad (6-12)$$

其中等效耦合传递函数为

$$\begin{cases} g_{mgx}(s) = -\frac{\sqrt{2}}{2}(J_{rr}s - H)g_{gcld}(s) = -\frac{\sqrt{2}}{2}\frac{(J_{rr}s - H)(s + a_g)}{J_{gx}s^2 + J_{gx}a_g s + k_g(J_{gx} + J_{rr})} \\ g_{mgy}(s) = \frac{\sqrt{2}}{2}(J_{rr}s + H)g_{gcld}(s) = \frac{\sqrt{2}}{2}\frac{(J_{rr}s + H)(s + a_g)}{J_{gx}s^2 + J_{gx}a_g s + k_g(J_{gx} + J_{rr})} \end{cases}$$

$$(6-13)$$

因此可以将框架系统折合到磁悬浮转子系统,如图 6-3 所示。

根据 MSCMG-V 框架系统的参数,框架系统带宽 $\omega_{gb} = 2\pi \times 20\text{rad/s}$,阻尼 $\zeta_g = 1$,框架惯量 $J_{gx} = 0.07\text{kg} \cdot \text{m}^2$,确定出 $k_g = 2527\text{rad/s}^2$,$a_g = 100.5\text{rad/s}$。因此可以画出 $F_r = 0 \sim 400\text{Hz}$ 时 $g_{mgx}(s)$ 和 $g_{mgy}(s)$ 的频率特性,如图 6-4 和图 6-5 所示。$F_r > 20\text{Hz}$ 时,$g_{mgx}(s)$ 和 $g_{mgy}(s)$ 的低频段特性就有正增益,且增益随转速升高而增大;$F_r = 400\text{Hz}$ 时,在低于 426Hz 的频段内有正增益,在

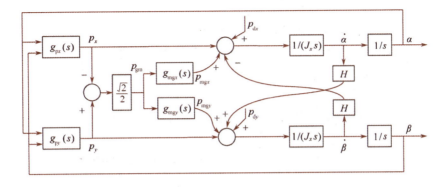

图 6-3　考虑与框架之间动力学耦合的等效磁悬浮转子系统框图

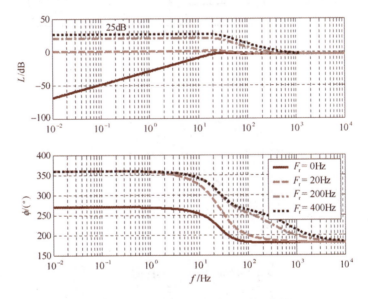

图 6-4　$F_r = 0 \sim 400\text{Hz}$ 时 $g_{\text{mgx}}(s)$ 的频率特性

20Hz 内增益高达 25dB，而频率高于 1kHz 时衰减到 -4dB。可见，动力学耦合主要影响磁悬浮转子系统的低频性能，且影响随转速升高角动量增大而趋于显著，但对高频模态的影响很小，正常情况下可以不予考虑。

　　$F_r = 0 \sim 400\text{Hz}$ 时，框架固定时磁悬浮转子系统的转速根轨迹（图 6-6）与考虑与框架之间动力学耦合的磁悬浮转子系统转速根轨迹（图 6-7）相比较可以看出，考虑耦合后章动极点基本不变，但靠近虚轴处对应积分作用的低频

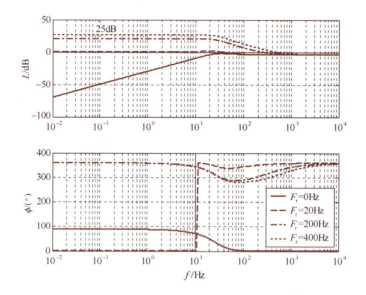

图 6-5　$F_r = 0 \sim 400 \mathrm{Hz}$ 时 $g_{mgy}(s)$ 的频率特性

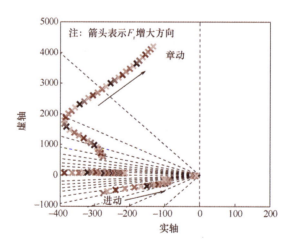

图 6-6　框架固定时磁悬浮转子系统的转速根轨迹

极点随转速升高而更迅速地右移,极点阻尼更明显地下降,$F_r = 400 \mathrm{Hz}$ 时,阻尼由图 6-6 的 0.7 降低为图 6-7 的 0.4。可见与框架之间的动力学耦合会降低磁悬浮转子系统低频模态的稳定性,这与前面根据 $g_{mgx}(s)$ 和 $g_{mgy}(s)$ 频率特性的分析结果一致。根据式(6-13),要削弱动力学耦合对磁悬浮转子系统稳

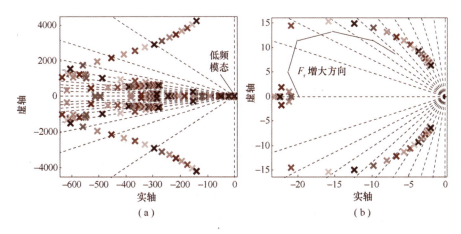

图 6-7 磁悬浮控制力矩陀螺闭环转速根轨迹(a)及低频区域的放大图(b)

定性的影响,对框架系统而言就要求 g_{cg} 有很大的增益,也就是要求框架电机有很高的容量,这在实际系统中是不可取的,因而只能从控制上采取补偿措施削弱这种影响。

✍ 6.3.2 框架运动时磁轴承的受力分析

磁轴承的状态包括转子位移、磁轴承电流两个方面,而轴承力是二者的函数。框架运动将使磁轴承出现额外的转子位移、磁轴承电流和轴承力,相应称为动框架位移、动框架电流和动框架轴承力。采用 MSCMG – V 样机的参数,根据式(6-3)和式(6-4)可以对框架运动时的磁轴承响应进行仿真,其中转子转速 $F_r = 340\mathrm{Hz}$,框架转速 ω_g 从 0°/s 以加速度 $\dot{\omega}_g = 120°/\mathrm{s}^2$ 加速到 9.5°/s 之后匀速转动。

框架运动后转子 x 方向位移和框架转速如图 6-8 所示。转子 A 端和 B 端的运动反相,说明框架使转子发生相对陀螺房的径向转动,动态过程长达 2s,同时由于磁悬浮转子对框架系统的反作用,框架转速出现 20% 的超调和相应的动态过程。转子 A 端的框架轴心轨迹如图 6-9 所示,转子最大位移达到磁轴承单边保护轴承间隙(100μm)的 1/2,且转子稳态时不能回复到零点,稳态位移约为 6.5μm。对于实际的磁悬浮转子系统,转子位移较大时轴承力将出现强烈的非线性而导致稳定性降低甚至失稳,因而通常不允许转子位移超出保护极限的 25%。可见动力学耦合和框架运动导致的动框架位移将严重影响磁悬浮系统

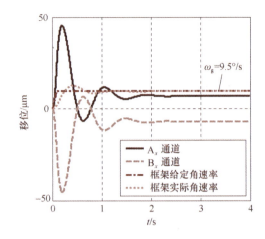

图 6-8 $F_r = 340\text{Hz}$ 时,转子 x 方向的动框架位移与框架转速

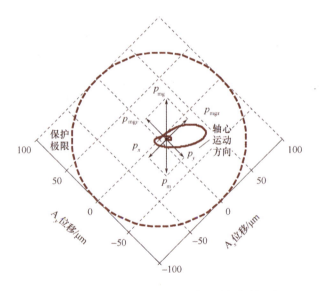

图 6-9 $F_r = 340\text{Hz}$ 时,转子 A 端的动框架轴心轨迹

的稳定性,因此必须从控制上抑制磁悬浮转子系统的动框架位移。

图 6-9 的轴心相对运动体现了框架运动引起的等效振动力矩和磁轴承力矩共同作用于转子的动力学过程:框架起动时,由于磁轴承刚度和响应速度有限,转子 A 端首先出现相对陀螺房向上的运动趋势(H 方向垂直纸面向上,而 p_g 方向向上,符合动量矩定理),B 端运动始终与 A 端相反不再赘述。之后

磁轴承在闭环控制作用下对 A 端产生向下的力构成向右的力偶矩 p_m（注:力与转子运动反向,力矩比转子运动滞后 90°,按进动方向则是超前 90°）,转子 A 端随即向右进动,超调后又迂回到零点。稳态时 A 端位于零点右侧,该处磁轴承恢复力矩 p_m 与等效振动力矩 p_g 恰好平衡,而 p_m 的反力矩即 MSCMG 的输出力矩 p_{out} 与 p_g 的大小方向一致,约等于陀螺力矩 $p_{gyro} = H\omega_g$。可见,对于磁悬浮转子而言,框架运动导致的等效振动力矩矢量与 MSCMG 输出力矩矢量相等,输出力矩越大,振动力矩也越大,而框架运动后转子位移显著增大实际上是由于磁轴承的刚度和响应速度有限造成的,因此转子的最大位移大致与框架转速成正比,与磁轴承的刚度和响应速度成反比。（注:磁轴承力矩 p_m、等效振动力矩 p_g、磁轴承反作用力矩 p_{-m}、MSCMG 输出力矩 p_{out} 和陀螺力矩 $p_{gyro} = H\omega_g$ 的区别与联系为稳态时 p_m 与 p_g 平衡,而 p_{-m} 为 p_m 的反作用力矩,与 p_{out} 和 p_{gyro} 为同一个力矩,与 p_g 相等。）

从闭环的角度看,磁轴承电流和轴承力实际上都是转子位移的函数。A 端磁轴承的动框架电流和 x 方向轴承力如图 6－10 所示（由于 A 端、B 端运动反相,B 端电流和轴承力也与 A 端值互为相反数,故不画出）,可见由于动力学耦合使动框架位移出现过渡过程,因而电流和轴承力存在相应的过渡过程。

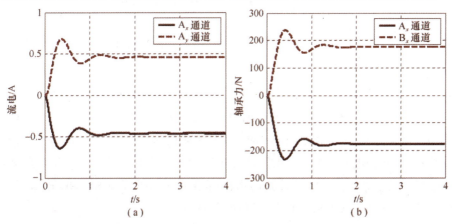

图 6－10 $F_r = 340$Hz 时,转子 A 端的动框架电流(a)和 x 方向轴承力(b)

为了进一步考查动力学耦合对磁悬浮转子系统的影响,还可以求出动框架位移、电流和轴承力的稳态值 q_{sN}、i_N 和 f_{mN}（下标 N 表示稳态）。没有其他振动的情况下,框架转速恒定后磁轴承相应进入稳态,且有

$$\begin{cases} \boldsymbol{f}_{\mathrm{g}} = \boldsymbol{f}_{\mathrm{gN}} = \dfrac{\sqrt{2}}{2} H\omega_{\mathrm{g}} \begin{bmatrix} 0 & 1 & 0 & -1 \end{bmatrix}^{\mathrm{T}} \\ \boldsymbol{q}_{\mathrm{s}} = \boldsymbol{q}_{\mathrm{sN}} \\ \dot{\boldsymbol{q}} = \boldsymbol{0} \\ \ddot{\boldsymbol{q}} = \boldsymbol{0} \end{cases} \qquad (6-14)$$

代入下述系统模型:

$$\begin{cases} \boldsymbol{M}\ddot{\boldsymbol{q}} + \boldsymbol{G}\dot{\boldsymbol{q}} = \boldsymbol{T}_{\mathrm{m}}^{-\mathrm{T}}\boldsymbol{f}_{\mathrm{m}} + \boldsymbol{f}_{\mathrm{g}} \\ \boldsymbol{f}_{\mathrm{m}} = k_{\mathrm{h}}\boldsymbol{q}_{\mathrm{m}} + k_{i}\boldsymbol{i} = k_{\mathrm{h}}\boldsymbol{T}_{\mathrm{m}}^{-1}\boldsymbol{T}_{\mathrm{s}}\boldsymbol{q}_{\mathrm{s}} + k_{i}\boldsymbol{i} \\ \boldsymbol{i} = -k_{\mathrm{w}}k_{\mathrm{s}}g_{\mathrm{wLPF}}(g_{\mathrm{c}}\boldsymbol{I}_{4\times4} + \boldsymbol{G}_{\mathrm{scr}})\boldsymbol{q}_{\mathrm{s}} \end{cases} \qquad (6-15)$$

可以解得稳态值:

$$\begin{cases} \boldsymbol{f}_{\mathrm{mN}} = -\boldsymbol{T}_{\mathrm{m}}^{\mathrm{T}}\boldsymbol{f}_{\mathrm{gN}} = \dfrac{\sqrt{2}}{4}\dfrac{H\omega_{\mathrm{g}}}{l_{\mathrm{m}}} \begin{bmatrix} -1 & 1 & 1 & -1 \end{bmatrix}^{\mathrm{T}} \\ \boldsymbol{q}_{\mathrm{sN}} = \{ k_{\mathrm{h}}\boldsymbol{T}_{\mathrm{m}}^{-1}\boldsymbol{T}_{\mathrm{s}} - k_{\mathrm{iws}}\begin{bmatrix} (k_{\mathrm{P}} + k_{\mathrm{I}}/\omega_{\mathrm{I}})\boldsymbol{I}_{4\times4} + \boldsymbol{G}_{\mathrm{scrN}} \end{bmatrix} \}^{-1}\boldsymbol{f}_{\mathrm{mN}} \\ \boldsymbol{i}_{\mathrm{N}} = -k_{\mathrm{w}}k_{\mathrm{s}}\begin{bmatrix} (k_{\mathrm{P}} + k_{\mathrm{I}}/\omega_{\mathrm{I}})\boldsymbol{I}_{4\times4} + \boldsymbol{G}_{\mathrm{scrN}} \end{bmatrix}\boldsymbol{q}_{\mathrm{sN}} \end{cases} \qquad (6-16)$$

其中

$$\boldsymbol{G}_{\mathrm{scrN}}(s) = \boldsymbol{G}_{\mathrm{scr}}(s) \big|_{s=0} = 0.5k_{\mathrm{rl1}} \begin{bmatrix} 0 & 0 & 1 & -1 \\ 0 & 0 & -1 & 1 \\ -1 & 1 & 0 & 0 \\ 1 & -1 & 0 & 0 \end{bmatrix}$$

总之,磁悬浮转子系统和框架系统之间的动力学耦合会降低磁悬浮转子低频模态的阻尼,框架运动后还会增大转子位移和磁轴承电流。转子运动反作用于框架,降低框架系统和 MSCMG 输出力矩的响应速度。若考虑磁轴承力非线性,位移和电流的增大均会降低磁悬浮转子系统的稳定性。因此,为了提高磁悬浮转子系统的稳定性,同时消除动框架位移对框架和 MSCMG 输出力矩响应速度的影响,必须从控制上抑制动框架位移。

▶ 6.4 一种基于框架角速率 – 轴承电流前馈的动框架位移抑制方法

为了提高磁悬浮转子系统的稳定性和消除动框架位移,必须从控制上补偿框架运动对磁悬浮转子系统相对运动的影响,本节提出一种基于框架角速率 – 轴承电流前馈的动框架位移抑制方法[3]。

6.4.1 磁悬浮转子系统的角速率 – 电流前馈控制

根据式(6 – 1),框架运动对磁悬浮转子径向相对运动的影响等效于框架固定时转子受到外部振动力矩 p_{mgx} 和 p_{mgy},力矩的大小取决于框架角速率 ω_g 和角加速度 $\dot{\omega}_g$,其合力矩 p_{mg} 与 MSCMG 的输出力矩近似相等,以 MSCMG – V 样机为例,p_{mg} 最大值高达 33N·m。对于 p_{mg} 这种大幅振动,由于导致该力矩的框架转速 ω_g 可以通过框架系统测出,因而采用前馈控制方法消除振动影响不仅具有无超调、无过渡过程和无差的优点,而且对原有闭环系统的影响较小,更有利于实际应用。

加入前馈补偿环节后的径向磁轴承系统控制框图如图 6 – 11 所示,其中等效振动力矩 f_g 相对框架转速 ω_g 的传递函数为

$$G_{rg}(s) = \frac{\sqrt{2}}{2}\begin{bmatrix} 0 & J_{rr}s+H & 0 & J_{rr}s-H \end{bmatrix}^T \qquad (6-17)$$

为了补偿框架系统对磁悬浮转子的振动,磁轴承径向各通道必须根据框架转速增加一部分前馈电流,因而称这里的前馈作用为角速率 – 电流前馈。加入的前馈环节 $G_{cg}(s)$ 如图 6 – 11 中虚线部分所示。根据前馈控制的完全补偿条件,显然必须有

$$k_i k_w g_{wLPF}(s)G_{cg}(s) + T_m^T G_{rg}(s) = \mathbf{0} \qquad (6-18)$$

解得

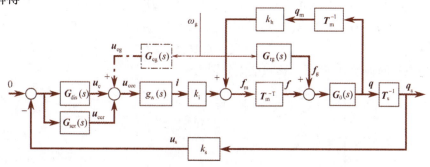

图 6 – 11 加入前馈校正环节后的磁悬浮转子控制系统框图

$$\boldsymbol{G}_{\mathrm{cg}}(s) = -k_{\mathrm{i}}^{-1}k_{\mathrm{w}}^{-1}g_{\mathrm{wLPF}}^{-1}(s)\boldsymbol{T}_{\mathrm{m}}^{\mathrm{T}}\boldsymbol{G}_{\mathrm{rg}}(s) = \frac{\sqrt{2}}{4}\frac{1}{l_{\mathrm{m}}k_{\mathrm{i}}k_{\mathrm{w}}g_{\mathrm{wLPF}}(s)}\begin{bmatrix} -J_{\mathrm{rr}}s - H \\ +J_{\mathrm{rr}}s + H \\ -J_{\mathrm{rr}}s + H \\ +J_{\mathrm{rr}}s - H \end{bmatrix}$$

$$(6-19)$$

上述前馈控制律需要对框架转速做微分,这会引入较大的噪声。实际上,等效振动力矩 $\boldsymbol{f}_{\mathrm{g}}$ 可以进一步区分为框架角速度振动力矩 $\boldsymbol{f}_{\mathrm{g1}}$ 和框架角加速度振动力矩 $\boldsymbol{f}_{\mathrm{g2}}$,分别对应 $\boldsymbol{G}_{\mathrm{rg}}(s)$ 中比例项和微分项。$\boldsymbol{f}_{\mathrm{g2}}$ 仅出现在框架变速的动态过程中,且根据 MSCMG – V 样机参数,$(\dot{\omega}_{\mathrm{g}})_{\mathrm{max}} = 120°/\mathrm{s}^2$,因而 $\boldsymbol{f}_{\mathrm{g2max}} = \begin{bmatrix} 0 & 0.09 & 0 & 0.09 \end{bmatrix}\mathrm{N·m}$,这相对于最大输出力矩 $33\mathrm{N·m}$ 而言是十分微小的,因而前馈控制律可以省略微分项而只对 $\boldsymbol{f}_{\mathrm{g1}}$ 做补偿。由于框架系统的动态频率比磁轴承功放带宽低得多,功放 LPF 的影响也可以忽略。做上述处理后,得到实际采用的角速率 – 电流前馈环节为

$$\boldsymbol{G}_{\mathrm{cg}}(s) = \frac{\sqrt{2}}{4}\frac{H}{l_{\mathrm{m}}k_{\mathrm{i}}k_{\mathrm{w}}}\begin{bmatrix} -1 & 1 & 1 & -1 \end{bmatrix}^{\mathrm{T}} \qquad (6-20)$$

稳态即框架恒速时 $\boldsymbol{f}_{\mathrm{g2}} = \boldsymbol{0}$,因而上述简化的前馈控制律实现的是稳态全补偿。正是由于 MSCMG 磁悬浮转子强烈的陀螺效应使 $\boldsymbol{f}_{\mathrm{g1}} \gg \boldsymbol{f}_{\mathrm{g2}}$,因而磁悬浮转子的动框架振动补偿引入的是角速率前馈,而一般对象的动基座振动补偿通常要采用加速度前馈,这体现了 MSCMG 磁悬浮转子系统与其他磁悬浮转子系统的显著区别。

✐ 6.4.2 角速率 – 电流前馈对磁悬浮转子系统的影响

根据图 6 – 11,加入前馈后的磁悬浮转子系统动力学模型成为

$$\boldsymbol{M}\ddot{\boldsymbol{q}} + \boldsymbol{G}\dot{\boldsymbol{q}} - \boldsymbol{T}_{\mathrm{m}}^{-\mathrm{T}}k_{\mathrm{h}}\boldsymbol{T}_{\mathrm{m}}^{-1}\boldsymbol{q} = -k_{\mathrm{iws}}g_{\mathrm{wLPF}}\boldsymbol{T}_{\mathrm{m}}^{-\mathrm{T}}(g_{\mathrm{c}}\boldsymbol{I}_{4\times4} + \boldsymbol{G}_{\mathrm{scr}})\boldsymbol{T}_{\mathrm{s}}^{-1}\boldsymbol{q} +$$
$$\boldsymbol{T}_{\mathrm{m}}^{-\mathrm{T}}k_{\mathrm{i}}g_{\mathrm{w}}\boldsymbol{G}_{\mathrm{cg}}\boldsymbol{\omega}_{\mathrm{g}} + \boldsymbol{f}_{\mathrm{g}} \qquad (6-21)$$

而稳态时的轴承力、转子位移和电流分别为

$$\begin{cases} \boldsymbol{f}_{\mathrm{mN}} = \dfrac{\sqrt{2}}{4}\dfrac{H\omega_{\mathrm{g}}}{l_{\mathrm{m}}}\begin{bmatrix} -1 & 1 & 1 & -1 \end{bmatrix}^{\mathrm{T}} \\[3mm] \boldsymbol{q}_{\mathrm{sN}} = \boldsymbol{0} \\[3mm] \boldsymbol{i}_{\mathrm{N}} = k_{\mathrm{w}}\boldsymbol{G}_{\mathrm{cg}}\omega_{\mathrm{g}} = \dfrac{\sqrt{2}}{4}\dfrac{H}{l_{\mathrm{m}}k_{\mathrm{i}}}\omega_{\mathrm{g}}\begin{bmatrix} -1 & 1 & 1 & -1 \end{bmatrix}^{\mathrm{T}} \end{cases} \qquad (6-22)$$

与没有前馈时比较,由于采用前馈控制后稳态时的等效振动力矩被完全补偿,因而转子稳态位移下降为零,但轴承力不变,因而磁轴承电流只会轻微下降。

前馈作用是一种开环控制,不会改变磁悬浮转子闭环系统特性,这是针对只考虑框架系统对磁悬浮转子系统单向作用而言的。由于存在动力学耦合,从整个 MSCMG 系统而言,前馈会影响系统特性。采用前馈控制后,等效耦合传递函数式(6 – 13)变为

$$\begin{cases} g_{mgx}(s) = -\dfrac{\sqrt{2}}{2}\dfrac{J_{rr}s}{J_{gx}s + g_{gc}(s)} \\ g_{mgy}(s) = \dfrac{\sqrt{2}}{2}\dfrac{J_{rr}s}{J_{gx}s + g_{gc}(s)} \end{cases} \tag{6 – 23}$$

可见引入的前馈控制消除了耦合传递函数中的 H 项,其频率特性为图 6 – 4 和图 6 – 5 中 $F_r = 0\text{Hz}$ 时的特性,与 F_r 无关,动力学耦合对磁悬浮转子系统的低频影响得到显著衰减。F_r 为 $0 \sim 400\text{Hz}$ 时加入前馈后的转速根轨迹如图 6 – 12 所示,系统低频模态的稳定性得到显著提高,与框架固定时的磁悬浮转子系统基本相同。

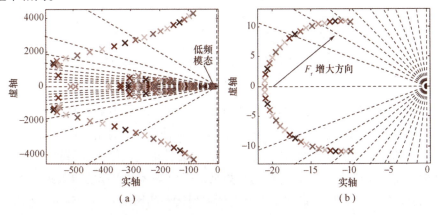

图 6 – 12　加入前馈控制后的闭环转速根轨迹

(a)闭环转速根轨迹;(b)低频区域放大图。

☑ 6.4.3　动框架位移抑制效果仿真分析

相同仿真条件下,加入前馈补偿后转子 x 方向动框架位移如图 6 – 13(a)

所示。与图6-8和图6-9比较,可以看出,由于前馈作用,框架转动引起等效振动力矩的同时,磁轴承也产生相应的补偿力矩,使转子的最大位移降低到未做补偿时的1/100,且0.4s即达到稳态。由于转子位移极小,对框架的振动也很小,框架速率较好地跟踪了速率给定,不存在超调和明显的过渡过程。转子的残余位移是由框架角加速度振动力矩f_{g2}造成的,因而A端轴心初始向左运动(即角加速度振动力矩方向)(图6-13(b))。稳态时等效振动力矩得到完全补偿,转子轴心可以回到零点,表现出良好的控制效果。

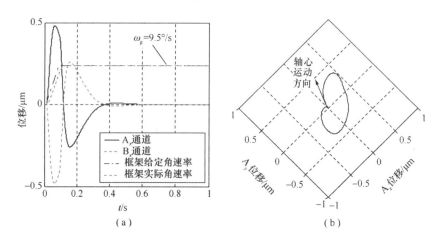

图6-13　加入前馈后转子x方向动框架位移和A端轴心轨迹

(a)x方向动框架位移;(b)A端轴心轨迹。

　　加入前馈补偿后A端的动框架电流和x方向轴承力响应如图6-14所示。可以看出,由于转子暂态位移很小,电流和轴承力没有出现明显超调。

　　上述分析和仿真表明,角速率-电流前馈就是由磁轴承额外产生一份与框架角速率成正比的力,形成的力偶矩抵消了框架运动引起的等效振动力矩,使磁悬浮转子的相对运动似乎没有受到框架运动的影响。由于建立了框架角速率到磁轴承电流的前馈通路,框架转速将直接引起相应的磁轴承前馈电流,而不需要先使转子出现位移误差,再由闭环系统产生相应的磁轴承控制电流。从控制电流到前馈电流的转变,使磁轴承可以实时补偿框架运动引起的等效振动力矩,因此消除了转子受扰后的动态过程,大幅度降低了转子最大位移,同时也大大减弱了对框架系统的反作用。

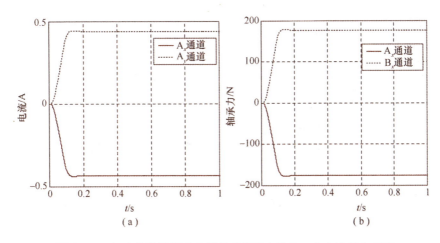

图 6 – 14　加入前馈补偿后 A 端的动框架电流和 x 方向轴承力响应

(a)A 端的动框架电流；(b)x 方向轴承力响应。

6.4.4　前馈控制实验研究

利用 MSCMG – V 样机对角速率 – 电流前馈抑制动框架位移的效果进行了实验。磁悬浮转子转速为 $10000\mathrm{r/min}(F_r=167\mathrm{Hz})$，要求框架转速 ω_g 从 $0°/s$ 以加速度 $\dot{\omega}_g=120°/s^2$ 加速到 $-9.5°/s$ 之后匀速转动，即加速时间不超过 $79\mathrm{ms}$。考虑到系统模型参数误差对补偿效果的影响，实验时对前馈补偿系数进行了现场调节，并采用 Agilent 54624A 型数字示波器记录转子 A 端位移和框架角速率信号。没有采用前馈控制，以及实际前馈系数分别为计算值的 0.9 倍和 1.03 倍时的 A 端转子位移与框架角速率实验结果分别如图 6 – 15 ～ 图 6 –17 所示。由图 6 – 15 可以看出，未采用前馈控制时，转子的动框架位移峰值高达 $36\mu m$，相当于保护间隙的 18%，同时框架的实际角速率存在较大的迟滞和超调，加速时间长达 136ms(图 6 – 15)；前馈系数为 0.9 倍计算值时，动框架位移峰值减小到 $9.3\mu m$，相当于无前馈时的 26%，同时框架转速超调显著减小，加速时间减少到 106ms(图 6 – 16)；继续增大前馈系数到 1.03 倍计算值时，动框架位移峰值进一步减小到 $6.5\mu m$，相当于无前馈时的 18% 和保护间隙的 3%，框架加速时间进一步减小到 96ms(图 6 – 17)，已经接近要求的加速时间。这是现场调节达到的最好效果。

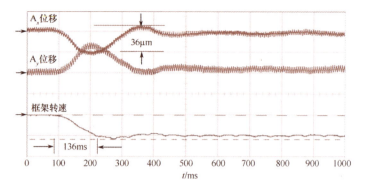

图 6-15　无前馈控制时 A 端转子位移与框架角速率实验结果

纵轴左侧箭头表示各个信号的零位;位移信号 28μm/格。

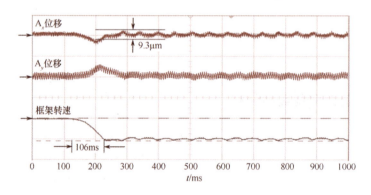

图 6-16　前馈系数为 0.9 倍计算值时 A 端转子位移与框架角速率实验结果

纵轴左侧箭头表示各个信号的零位;位移信号 28μm/格。

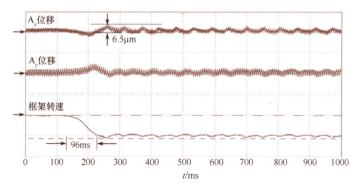

图 6-17　前馈系数为 1.03 倍计算值时 A 端转子位移与框架角速率实验结果

纵轴左侧箭头表示各个信号的零位;位移信号 28μm/格。

实验结果表明：

（1）角速率－电流前馈对动框架位移有显著的抑制效果，确保了框架运动时磁悬浮转子的稳定，同时减小了转子对框架系统的反作用，提高了框架系统的响应速度；

（2）由于存在模型误差和未建模因素，包括各通道参数的不对称性、非线性等，不仅最佳补偿系数与计算值有一定差距，而且补偿后的动框架位移仍然比仿真值大得多，仍然会影响框架系统的响应速度，因而需要考虑提高前馈补偿精度的措施。

6.5　动框架条件下 MSCMG 的反馈线性化解耦控制方法

6.4 节研究了框架转动对磁悬浮转子稳定性影响及抑制方法，但没有考虑到磁悬浮转子系统对框架伺服系统的影响，也没有实现磁悬浮转子与框架伺服系统之间的精确线性化解耦。在实际的 MSCMG 控制系统中，转子系统与框架系统之间相互耦合。一方面，框架运动给磁悬浮转子带来严重振动，同时陀螺效应使得受振动的磁悬浮转子系统的运动更加复杂，从而加剧了磁悬浮转子系统的超调量，甚至危及系统的稳定性。另一方面，受扰的磁悬浮转子又给框架伺服系统一振动力矩，从而影响了框架伺服系统的控制精度和调节时间。以上磁悬浮转子系统和框架伺服系统相互影响的现象，即所谓的"动框架"效应[3,4]。因此，在一个 MSCMG 中，仅仅实现磁悬浮转子系统径向四通道之间的解耦是不够的，还要实现磁悬浮转子系统和框架伺服系统之间的解耦控制。本节就是要在 6.4 节研究的基础上，研究动框架振动下 MSCMG 转子系统及整个 MSCMG 的高稳定度、高精度控制方法。

为了抑制涡动模态对系统稳定性的影响，国内外学者近年来提出了各种各样的方法。Okada 等提出交叉反馈控制的思想[14,15]，Ahrens 等采用分散 PID 加交叉反馈控制来改进系统的章动稳定性[16]。为了抑制微分运算导致噪声放大的问题，滤波交叉反馈控制已广泛应用，其中低通和高通滤波器分别用于抑制进动和章动模态对系统稳定性的影响[17,18]。同时，为了实现对刚度和阻尼的独立调节，Dever 等提出了模态控制器[19]。基于模态控制和交叉反馈策略,Brown 进一步提出了集中控制加交叉轴比例增益控制[20]。除此以外,还有鲁棒控制[21, 22]和最优控制[23, 24]等[25]。在这些方法中,由于简单性的原因,采用最多的还是各种类型的交叉反馈控制方法。

针对磁悬浮转子系统的控制精度和响应速率的问题,反馈线性化方法已经广泛地应用在单自由度[26-29]和一些简单的多自由度磁轴承[30,31]场合,但是对于具有多极的具有强陀螺效应场合,反馈线性化方法却很少报道,究其原因,主要在于高速下系统的稳定控制变得非常困难[31]。

针对上述问题,本节提出一种基于逆系统方法的反馈线性化解耦控制方法[7],该方法将磁悬浮转子系统和框架伺服系统看成一个有机整体,采用逆系统方法实现包括磁悬浮转子径向四通道和框架伺服系统(简称框架通道)在内的五通道间解耦控制,并通过内模控制器进一步提高解耦控制系统的稳定性和鲁棒性。

6.5.1 MSCMG 的系统建模及耦合性分析

1. MSCMG 的系统建模

根据陀螺技术方程和牛顿第二定律,可以建立如下 MSCMG 的动力学方程

$$
\begin{cases}
m\ddot{x} = f_{ax} + f_{bx} + \dfrac{\sqrt{2}}{2}mg\cos\theta_g \\[2mm]
J_r\left(\ddot{\beta} - \dfrac{\sqrt{2}}{2}\dot{\omega}_g\right) - J_z\Omega\left(\dot{\alpha} + \dfrac{\sqrt{2}}{2}\omega_g\right) = p_y = l_m(f_{ax} - f_{bx}) \\[2mm]
m\ddot{y} = f_{ay} + f_{by} + \dfrac{\sqrt{2}}{2}mg\cos\theta_g \\[2mm]
J_r\left(\ddot{\alpha} + \dfrac{\sqrt{2}}{2}\dot{\omega}_g\right) + J_z\Omega\left(\dot{\beta} - \dfrac{\sqrt{2}}{2}\omega_g\right) = p_x = l_m(f_{by} - f_{ay}) \\[2mm]
J_g\dot{\omega}_g = k_g i_g - \dfrac{\sqrt{2}}{2}(p_x - p_y) + T_G\cos\theta_g - T_{f0}
\end{cases}
\tag{6-24}
$$

式中:k_g 和 i_g 分别为框架电机的力矩系数和电流;T_G 为框架伺服系统的最大静不平衡力矩;θ_g 为框架角;ω_g 为框架角速度;T_{f0} 为静摩擦力矩。

在 MSCMG 中,影响系统精确建模的主要因素是电磁力和功放系统,其中,功放系统的建模误差将在后面通过补偿滤波器的办法予以解决,而磁力的模型主要通过测试的办法进行查表得到,即用电流刚度和位移刚度的方式表示

出磁力的表达式。这样不仅可以避免因采用复杂数学模型带来的庞大的计算量,简化线性化解耦过程,而且可以较好地消除机理建模误差和残余耦合,提高解耦精度。

采用"输出力矩法"可以得到磁轴承径向各通道在某些悬浮位置和电流下的电流刚度和位移刚度,再通过曲线拟合的办法即可得到不同悬浮位置下的刚度值,在实际使用时通过查表法即可获得。这样,磁力可表示成如下线性形式

$$f_\lambda = k_{i\lambda} i_\lambda + k_{h\lambda} h_\lambda \quad (\lambda = A_x, A_y, B_x, B_y) \tag{6-25}$$

式中:$k_{i\lambda}$ 和 $k_{h\lambda}$ 分别为磁悬浮转子的径向 A_x、A_y、B_x 和 B_y 通道的电流刚度和位移刚度。

2. MSCMG 的非线性和耦合性分析

从磁悬浮力模型可知,磁悬浮转子系统在整个工作区域内的磁力 – 电流 – 位移间具有强非线性,再结合式(6 – 24)可得转子系统与框架伺服系统之间也存在非线性关系,因此,整个 MSCMG 具有明显的非线性特性。

从磁轴承坐标系到转子位置的广义坐标系可表示为

$$\begin{cases} x = (h_{ax} + h_{bx})/2 \\ \beta = (h_{ax} - h_{bx})/(2l_m) \\ y = (h_{ay} + h_{by})/2 \\ \alpha = (h_{by} - h_{ay})/(2l_m) \end{cases} \tag{6-26}$$

将式(6 – 26)代入式(6 – 24),得

$$\begin{cases} \dfrac{m}{2}(\ddot{h}_{ax} + \ddot{h}_{bx}) = f_x = f_{ax} + f_{bx} + \dfrac{\sqrt{2}}{2}mg\cos\theta_g \\[2mm] J_r\left(\dfrac{\ddot{h}_{ax} - \ddot{h}_{bx}}{2l_m} - \dfrac{\sqrt{2}}{2}\dot{\omega}_g\right) - H\left(\dot{\alpha} + \dfrac{\sqrt{2}}{2}\omega_g\right) = l_m(f_{ax} - f_{bx}) \\[2mm] \dfrac{m}{2}(\ddot{h}_{ay} + \ddot{h}_{by}) = f_y = f_{ay} + f_{by} + \dfrac{\sqrt{2}}{2}mg\cos\theta_g \\[2mm] J_r\left(\dfrac{\ddot{h}_{by} - \ddot{h}_{ay}}{2l_m} + \dfrac{\sqrt{2}}{2}\dot{\omega}_g\right) + H\left(\dot{\beta} - \dfrac{\sqrt{2}}{2}\omega_g\right) = l_m(f_{by} - f_{ay}) \\[2mm] J_g\dot{\omega}_g = k_g i_g - \dfrac{\sqrt{2}l_m}{2}(f_{by} - f_{ay} - f_{ax} + f_{bx}) + T_G\cos\theta_g - T_{f0} \end{cases} \tag{6-27}$$

式中:$H = J_z\Omega$。

将方程组(6-27)的第一式代第二式得到

$$f_{ax} = \frac{m}{4}(\ddot{h}_{ax} + \ddot{h}_{bx}) + \frac{J_r}{4l_m^2}(\ddot{h}_{ax} - \ddot{h}_{bx}) + \frac{H}{4l_m^2}(\dot{h}_{ay} - \dot{h}_{by}) -$$

$$\frac{\sqrt{2}}{4l_m}(J_r\dot{\omega}_g + H\omega_g) - \frac{\sqrt{2}}{4}mg\cos\theta_g \qquad (6-28)$$

以 A_x 通道为例,从式(6-28)可得,在 $H \neq 0$ 的条件下,f_{ax} 是 $\ddot{h}_{ax}$、$\dot{h}_{ay}$、$\ddot{h}_{bx}$、$\dot{h}_{by}$、$\dot{\omega}_g$、ω_g 和 θ_g 的函数。因此,A_x 通道与 A_y、B_x、B_y 及框架伺服系统具有强烈的动力学耦合关系。同理可得,其他 3 个径向通道也有类似的结论。同样,框架伺服系统和磁悬浮转子系统之间也始终存在强耦合关系。

为了分析框架转动对磁悬浮转子系统稳定性的影响,可以将框架系统折合至磁悬浮转子系统的前向通道。通过对比折合前后系统前向控制通道的频率特性可得[4],框架伺服系统和磁悬浮转子的动力学耦合主要影响转子系统的低频控制性能,且影响随转速升高而更为显著;而这种耦合对转子系统的高频控制性能的影响几乎可以忽略不计。因此,动框架效应主要影响磁悬浮转子系统进动稳定性,而对章动稳定性的影响很小。

通过以上分析可知,MSCMG 是一个多变量、非线性且强耦合的复杂系统。不仅磁悬浮转子径向四通道之间存在强耦合关系,而且磁悬浮转子系统与框架伺服系统之间也存在着强动力学耦合,且这种耦合不仅影响磁悬浮转子系统的角动量精度,而且影响其进动稳定性。因此,要实现磁悬浮转子系统的高稳定度高精度控制,实现整个 MSCMG 各径向通道和框架伺服系统之间的精确线性化解耦是非常必要的。

6.5.2 MSCMG 的 α 阶逆解耦

1. MSCMG 的可逆性分析

分别定义系统的状态变量,输入变量和输出变量如下:

$$\boldsymbol{x} = \begin{bmatrix} x_1 & x_2 & x_3 & x_4 & x_5 & x_6 & x_7 & x_8 & x_9 & x_{10} \end{bmatrix}^T$$

$$= \begin{bmatrix} x & \beta & y & -\alpha & \theta_g & \dot{x} & \dot{\beta} & \dot{y} & -\dot{\alpha} & \omega_g \end{bmatrix}^T \qquad (6-29)$$

$$\boldsymbol{u} = \begin{bmatrix} u_1 & u_2 & u_3 & u_4 & u_5 \end{bmatrix}^T = \begin{bmatrix} i_{ax} & i_{bx} & i_{ay} & i_{by} & i_g \end{bmatrix}^T \qquad (6-30)$$

$$\boldsymbol{y} = \begin{bmatrix} y_1 & y_2 & y_3 & y_4 & y_5 \end{bmatrix}^T = \begin{bmatrix} h_{ax} & h_{bx} & h_{ay} & h_{by} & \omega_g \end{bmatrix}^T \qquad (6-31)$$

这样,原系统可表示为如下状态空间方程形式:

$$
\begin{cases}
\dot{x} = f(x,u) \\
y = Cx
\end{cases}
\tag{6-32}
$$

其中

$$
f(x,u) =
\begin{bmatrix}
\dot{x} \\[4pt]
\dot{\beta} \\[4pt]
\dot{y} \\[4pt]
-\dot{\alpha} \\[4pt]
\omega_{\mathrm{g}} \\[4pt]
\dfrac{1}{m}(k_{\mathrm{i}ax}i_{ax} + k_{\mathrm{h}ax}h_{ax}) + \dfrac{1}{m}(k_{\mathrm{i}bx}i_{bx} + k_{\mathrm{h}bx}h_{bx}) + \dfrac{\sqrt{2}}{2}g\cos\theta_{\mathrm{g}} \\[10pt]
\dfrac{l_{\mathrm{m}}}{J_{\mathrm{r}}}(k_{\mathrm{i}ax}i_{ax} + k_{\mathrm{h}ax}h_{ax} - k_{\mathrm{i}bx}i_{bx} - k_{\mathrm{h}bx}h_{bx}) + \dfrac{H}{J_{r}}\left(\dot{\alpha} + \dfrac{\sqrt{2}}{2}\omega_{\mathrm{g}}\right) + \dfrac{\sqrt{2}}{2}\dot{\omega}_{\mathrm{g}} \\[10pt]
\dfrac{1}{m}(k_{\mathrm{i}ay}i_{ay} + k_{\mathrm{h}ay}h_{ay}) + \dfrac{1}{m}(k_{\mathrm{i}by}i_{by} + k_{\mathrm{h}by}h_{by}) + \dfrac{\sqrt{2}}{2}g\cos\theta_{\mathrm{g}} \\[10pt]
\dfrac{l_{\mathrm{m}}}{J_{\mathrm{r}}}(k_{\mathrm{i}ay}i_{ay} + k_{\mathrm{h}ay}h_{ay} - k_{\mathrm{i}by}i_{by} - k_{\mathrm{h}by}h_{by}) + \dfrac{H}{J_{r}}\left(\dot{\beta} - \dfrac{\sqrt{2}}{2}\omega_{\mathrm{g}}\right) + \dfrac{\sqrt{2}}{2}\dot{\omega}_{\mathrm{g}} \\[10pt]
\dfrac{k_{\mathrm{g}}}{J_{\mathrm{g}}}i_{\mathrm{g}} - \dfrac{\sqrt{2}l_{\mathrm{m}}}{2J_{\mathrm{g}}}(k_{\mathrm{i}by}i_{by} + k_{\mathrm{h}by}h_{by} - k_{\mathrm{i}ay}i_{ay} - k_{\mathrm{h}ay}h_{ay}) + \\[6pt]
\quad \dfrac{\sqrt{2}l_{\mathrm{m}}}{2J_{\mathrm{g}}}(k_{\mathrm{i}ax}i_{ax} + k_{\mathrm{h}ax}h_{ax} - k_{\mathrm{i}bx}i_{bx} - k_{\mathrm{h}bx}h_{bx}) + \dfrac{T_{\mathrm{G}}\cos\theta_{\mathrm{g}}}{J_{\mathrm{g}}}
\end{bmatrix}
\tag{6-33}
$$

$$
C =
\begin{bmatrix}
1 & l_{\mathrm{m}} & 0 & 0 & 0 & 0 & 0 & 0 & 0 & 0 \\
1 & -l_{\mathrm{m}} & 0 & 0 & 0 & 0 & 0 & 0 & 0 & 0 \\
0 & 0 & 1 & l_{\mathrm{m}} & 0 & 0 & 0 & 0 & 0 & 0 \\
0 & 0 & 1 & -l_{\mathrm{m}} & 0 & 0 & 0 & 0 & 0 & 0 \\
0 & 0 & 0 & 0 & 0 & 0 & 0 & 0 & 0 & 1
\end{bmatrix}
\tag{6-34}
$$

根据逆系统方法,首先对输出变量求导,直到输出方程中明显包含输入变量,可得

$$J(u) = [\ddot{y}_1 \quad \ddot{y}_2 \quad \ddot{y}_3 \quad \ddot{y}_4 \quad \ddot{y}_5]^{\mathrm{T}}$$

$$= \begin{bmatrix}
\lambda_{x1}(k_{iax}u_1 + k_{hax}h_{ax}) + \lambda_{x2}(k_{ibx}u_2 + k_{hbx}h_{bx}) + \dfrac{l_m^2}{2J_g}(k_{iay}u_3 + k_{hay}h_{ay}) - \\[2mm]
\dfrac{l_m^2}{2J_g}(k_{iby}u_4 + k_{hby}h_{by}) + \dfrac{\sqrt{2}l_m k_g}{2J_g}u_5 + \dfrac{Hl_m}{J_y}\left(\dot{\alpha} + \dfrac{\sqrt{2}}{2}\omega_g\right) + \lambda_{ga} \\[4mm]
\lambda_{x2}(k_{iax}u_1 + k_{hax}h_{ax}) + \lambda_{x1}(k_{ibx}u_2 + k_{hbx}h_{bx}) - \dfrac{l_m^2}{2J_g}(k_{iay}u_3 + k_{hay}h_{ay}) + \\[2mm]
\dfrac{l_m^2}{2J_g}(k_{iby}u_4 + k_{hby}h_{by}) - \dfrac{\sqrt{2}l_m k_g}{2J_g}u_5 - \dfrac{Hl_m}{J_y}\left(\dot{\alpha} + \dfrac{\sqrt{2}}{2}\omega_g\right) + \lambda_{ga} \\[4mm]
\dfrac{l_m^2}{2J_g}(k_{iax}u_1 + k_{hax}h_{ax}) - \dfrac{l_m^2}{2J_g}(k_{ibx}u_2 + k_{hbx}h_{bx}) + \lambda_{y1}(k_{iay}u_3 + k_{hay}h_{ay}) + \\[2mm]
\lambda_{y2}(k_{iby}u_4 + k_{hby}h_{by}) + \dfrac{\sqrt{2}l_m k_g}{2J_g}u_5 + \dfrac{Hl_m}{J_x}\left(\dot{\beta} - \dfrac{\sqrt{2}}{2}\omega_g\right) + \lambda_{ga} \\[4mm]
-\dfrac{l_m^2}{2J_g}(k_{iax}u_1 + k_{hax}h_{ax}) + \dfrac{l_m^2}{2J_g}(k_{ibx}u_2 + k_{hbx}h_{bx}) + \lambda_{y2}(k_{iay}u_3 + k_{hay}h_{ay}) + \\[2mm]
\lambda_{y1}(k_{iby}u_4 + k_{hby}h_{by}) - \dfrac{\sqrt{2}l_m k_g}{2J_g}u_5 + \dfrac{Hl_m}{J_x}\left(\dot{\beta} - \dfrac{\sqrt{2}}{2}\omega_g\right) + \lambda_{gb} \\[4mm]
\dfrac{\sqrt{2}l_m}{2J_g}(k_{iax}u_1 + k_{hax}h_{ax} - k_{ibx}u_2 - k_{hbx}h_{bx}) - \dfrac{\sqrt{2}l_m}{2J_g}(l_{iby}u_4 + k_{hby}h_{by} - \\[2mm]
k_{iay}u_3 - k_{hay}h_{ay}) + \dfrac{k_g}{J_g}u_5 + \dfrac{T_G\cos\theta_g - T_{f0}}{J_g}
\end{bmatrix}$$

$$(6-35)$$

式中：$\lambda_{x1} = \dfrac{1}{m} + \dfrac{l_m^2}{J_r} + \dfrac{l_m^2}{2J_g}$；$\lambda_{x2} = \dfrac{1}{m} - \dfrac{l_m^2}{J_r} - \dfrac{l_m^2}{2J_g}$；$\lambda_{y1} = \dfrac{1}{m} + \dfrac{l_m^2}{J_r} + \dfrac{l_m^2}{2J_g}$；$\lambda_{y2} = \dfrac{1}{m} - \dfrac{l_m^2}{J_r} - \dfrac{l_m^2}{2J_g}$；$\lambda_{ga} = \dfrac{\sqrt{2}l_m}{2J_g}(T_G\cos\theta_g - T_{f0}) + \dfrac{\sqrt{2}}{2}g\cos\theta_g$；$\lambda_{gb} = \dfrac{\sqrt{2}l_m}{2J_g}(T_{f0} - T_G\cos\theta_g) + \dfrac{\sqrt{2}}{2}g\cos\theta_g$。

可以得到系统的 Jacobian 矩阵为

$$\frac{\partial \boldsymbol{J}}{\partial \boldsymbol{u}} = \begin{bmatrix} \dfrac{\partial \ddot{y}_1}{\partial u_1} & \dfrac{\partial \ddot{y}_1}{\partial u_2} & \dfrac{\partial \ddot{y}_1}{\partial u_3} & \dfrac{\partial \ddot{y}_1}{\partial u_4} & \dfrac{\partial \ddot{y}_1}{\partial u_5} \\[2mm] \dfrac{\partial \ddot{y}_2}{\partial u_1} & \dfrac{\partial \ddot{y}_2}{\partial u_2} & \dfrac{\partial \ddot{y}_2}{\partial u_3} & \dfrac{\partial \ddot{y}_2}{\partial u_4} & \dfrac{\partial \ddot{y}_2}{\partial u_5} \\[2mm] \dfrac{\partial \ddot{y}_3}{\partial u_1} & \dfrac{\partial \ddot{y}_3}{\partial u_2} & \dfrac{\partial \ddot{y}_3}{\partial u_3} & \dfrac{\partial \ddot{y}_3}{\partial u_4} & \dfrac{\partial \ddot{y}_3}{\partial u_5} \\[2mm] \dfrac{\partial \ddot{y}_4}{\partial u_1} & \dfrac{\partial \ddot{y}_4}{\partial u_2} & \dfrac{\partial \ddot{y}_4}{\partial u_3} & \dfrac{\partial \ddot{y}_4}{\partial u_4} & \dfrac{\partial \ddot{y}_4}{\partial u_5} \\[2mm] \dfrac{\partial \dot{y}_5}{\partial u_1} & \dfrac{\partial \dot{y}_5}{\partial u_2} & \dfrac{\partial \dot{y}_5}{\partial u_3} & \dfrac{\partial \dot{y}_5}{\partial u_4} & \dfrac{\partial \dot{y}_5}{\partial u_5} \end{bmatrix}$$

$$= \begin{bmatrix} \lambda_{x1}k_{iax} & \lambda_{x2}k_{ibx} & \dfrac{l_m^2}{2J_g}k_{iby} & -\dfrac{l_m^2}{2J_g}k_{iby} & \dfrac{\sqrt{2}l_mk_g}{2J_g} \\[3mm] \lambda_{x2}k_{iax} & \lambda_{x1}k_{ibx} & -\dfrac{l_m^2}{2J_g}k_{iay} & -\dfrac{l_m^2}{2J_g}k_{iby} & -\dfrac{\sqrt{2}l_mk_g}{2J_g} \\[3mm] \dfrac{l_m^2}{2J_g}k_{iax} & -\dfrac{l_m^2}{2J_g}k_{ibx} & \lambda_{y1}k_{iay} & \lambda_{y2}k_{iby} & \dfrac{\sqrt{2}l_mk_g}{2J_g} \\[3mm] -\dfrac{l_m^2}{2J_g}k_{iax} & \dfrac{l_m^2}{2J_g}k_{ibx} & \lambda_{y2}k_{iay} & \lambda_{y1}k_{iby} & -\dfrac{\sqrt{2}l_mk_g}{2J_g} \\[3mm] \dfrac{\sqrt{2}l_m}{2J_g}k_{iax} & -\dfrac{\sqrt{2}l_m}{2J_g}k_{ibx} & \dfrac{\sqrt{2}l_m}{2J_g}k_{iay} & -\dfrac{\sqrt{2}l_m}{2J_g}k_{iby} & \dfrac{k_g}{J_g} \end{bmatrix}$$

$$(6-36)$$

因此

$$\det\left(\frac{\partial \boldsymbol{J}}{\partial \boldsymbol{u}}\right) = \frac{16 l_m^4 k_g k_{iax} k_{ibx} k_{iay} k_{iby}}{m^2 J_r^2 J_g} \qquad (6-37)$$

考虑到在实际系统中式(6-37)各变量均为正，$\det(\partial\boldsymbol{J}/\partial\boldsymbol{u}) \neq 0$ 总是成立的。于是，原系统的相对阶为 $a=(2,2,2,2,1)$，且满足 $2+2+2+2+1 \leqslant n$，这里 n 表示式(6-29)所定义的状态变量数。根据逆系统理论，式(6-32)所示的原系统可逆。

2. MSCMG 的解析逆求解及系统综合

根据逆系统理论,定义如下新的输入变量:

$$\begin{bmatrix} \varphi_1 & \varphi_2 & \varphi_3 & \varphi_4 & \varphi_5 \end{bmatrix}^{\mathrm{T}} = \begin{bmatrix} \ddot{y}_{d1} & \ddot{y}_{d2} & \ddot{y}_{d3} & \ddot{y}_{d4} & \ddot{y}_{d5} \end{bmatrix}^{\mathrm{T}} \quad (6-38)$$

式中: $y_{di}(i=1,2,3,4,5)$ 为期望的输出值。

用 $\begin{bmatrix} \varphi_1 & \varphi_2 & \varphi_3 & \varphi_4 & \varphi_5 \end{bmatrix}^{\mathrm{T}}$ 替代式(6-35)中的 $\begin{bmatrix} \ddot{y}_1 & \ddot{y}_2 & \ddot{y}_3 & \ddot{y}_4 & \ddot{y}_5 \end{bmatrix}^{\mathrm{T}}$,可以得到关于 u_1,u_2,u_3,u_4 和 u_5 的方程组,求解该方程组,可得逆系统表达式为

$$\left[\begin{aligned}
u_1 &= -\frac{k_{\mathrm{hax}}}{k_{\mathrm{iax}}}(x+l_{\mathrm{m}}\beta) - \frac{J_z\Omega}{2l_{\mathrm{m}}k_{\mathrm{iax}}}\left(\dot{\alpha}+\frac{\sqrt{2}}{2}\omega_{\mathrm{g}}\right) + \frac{1}{4k_{\mathrm{iax}}}\left(m+\frac{J_{\mathrm{r}}}{l_{\mathrm{m}}^2}\right)\varphi_1 + \\
&\quad \frac{1}{4k_{\mathrm{iax}}}\left(m-\frac{J_{\mathrm{r}}}{l_{\mathrm{m}}^2}\right)\varphi_2 - \frac{\sqrt{2}J_{\mathrm{r}}}{4l_{\mathrm{m}}k_{\mathrm{iax}}}\varphi_5 - \frac{\sqrt{2}mg}{4k_{\mathrm{iax}}}\cos\theta_{\mathrm{g}} \\
u_2 &= -\frac{k_{\mathrm{hbx}}}{k_{\mathrm{ibx}}}(x-l_{\mathrm{m}}\beta) + \frac{J_z\Omega}{2l_{\mathrm{m}}k_{\mathrm{ibx}}}\left(\dot{\alpha}+\frac{\sqrt{2}}{2}\omega_{\mathrm{g}}\right) + \frac{1}{4k_{\mathrm{ibx}}}\left(m-\frac{J_{\mathrm{r}}}{l_{\mathrm{m}}^2}\right)\varphi_1 + \\
&\quad \frac{1}{4k_{\mathrm{ibx}}}\left(m+\frac{J_{\mathrm{r}}}{l_{\mathrm{m}}^2}\right)\varphi_2 + \frac{\sqrt{2}J_{\mathrm{r}}}{4l_{\mathrm{m}}k_{\mathrm{ibx}}}\varphi_5 - \frac{\sqrt{2}mg}{4k_{\mathrm{ibx}}}\cos\theta_{\mathrm{g}} \\
u_3 &= -\frac{k_{\mathrm{hay}}}{k_{\mathrm{iay}}}(y-l_{\mathrm{m}}\alpha) - \frac{J_z\Omega}{2l_{\mathrm{m}}k_{\mathrm{iay}}}\left(\dot{\beta}-\frac{\sqrt{2}}{2}\omega_{\mathrm{g}}\right) + \frac{1}{4k_{\mathrm{iay}}}\left(m+\frac{J_{\mathrm{r}}}{l_{\mathrm{m}}^2}\right)\varphi_3 + \\
&\quad \frac{1}{4k_{\mathrm{iay}}}\left(m-\frac{J_{\mathrm{r}}}{l_{\mathrm{m}}^2}\right)\varphi_4 - \frac{\sqrt{2}J_{\mathrm{r}}}{4l_{\mathrm{m}}k_{\mathrm{iay}}}\varphi_5 - \frac{\sqrt{2}mg}{4k_{\mathrm{iay}}}\cos\theta_{\mathrm{g}} \\
u_4 &= -\frac{k_{\mathrm{hby}}}{k_{\mathrm{iby}}}(y+l_{\mathrm{m}}\alpha) + \frac{J_z\Omega}{2l_{\mathrm{m}}k_{\mathrm{iby}}}\left(\dot{\beta}-\frac{\sqrt{2}}{2}\omega_{\mathrm{g}}\right) + \frac{1}{4k_{\mathrm{iby}}}\left(m-\frac{J_{\mathrm{r}}}{l_{\mathrm{m}}^2}\right)\varphi_3 + \\
&\quad \frac{1}{4k_{\mathrm{iby}}}\left(m+\frac{J_{\mathrm{r}}}{l_{\mathrm{m}}^2}\right)\varphi_4 + \frac{\sqrt{2}J_{\mathrm{r}}}{4l_{\mathrm{m}}k_{\mathrm{iby}}}\varphi_5 - \frac{\sqrt{2}mg}{4k_{\mathrm{iby}}}\cos\theta_{\mathrm{g}} \\
u_5 &= k_{\mathrm{g}}\left[\frac{\sqrt{2}J_z\Omega}{2}(\dot{\alpha}+\dot{\beta}) + \frac{\sqrt{2}J_{\mathrm{r}}}{4l_{\mathrm{m}}}(\varphi_4-\varphi_3) + \frac{\sqrt{2}J_{\mathrm{r}}}{4l_{\mathrm{m}}}(\varphi_2-\varphi_1) + \right. \\
&\quad \left. (J_{\mathrm{g}}+J_{\mathrm{r}})\varphi_5 + T_{\mathrm{f0}} - T_{\mathrm{G}}\cos\theta_{\mathrm{g}} \right]
\end{aligned} \right.$$

$$(6-39)$$

⚐ 6.5.3　内模控制器的设计

众所周知,由于振动的不确定性及模型误差的客观存在性,逆系统控制方法往往会影响系统的跟踪性和鲁棒性[25,32],尤其是对于高速磁悬浮转子系统的电流模式逆系统控制器,由于在系统建模时并没有考虑功放系统的带宽、计算延时和系统噪声等非线性因素[33,34],且实际的磁悬浮转子系统的磁中心与其几何中心往往并不完全重合,导致所建立的系统模型与实际系统之间必然存在差异。因此,将求出的逆系统直接串联在被控对象之前,并不能得到完全解耦的伪线性子系统,这些未建模因素必将影响系统的解耦控制性能甚至危及系统的稳定性。为了解决电流模式逆系统方法的不足,积分滑模控制[35]、μ综合控制[25,32]等方法[35-38]已经被应用于解耦后的伪线性子系统。

然而,这些方法很难实现对跟踪特性和振动抑制以及对模型误差的鲁棒性的独立调节。由于基于二自由度内模控制的鲁棒控制器不仅结构简单便于实现,而且能够实现跟踪性和鲁棒性的独立调整,故能同时达到二者性能的最优化[39-42]。因此,本节采用二自由度内模控制来实现对系统的综合。

1. 二自由度内模控制器的结构

以 A_x 通道为例,其伪线性子系统的传递函数可以表示为

$$G_{ax}(s) = 1/s^2 \qquad (6-40)$$

以上传递函数是解耦后 A_x 通道的名义模型。在实际系统中,考虑到参数和模型误差,将反馈控制律(式(6-39))与系统(式(6-24))结合所得的控制系统并不等于二阶伪线性子系统(式(6-40))。包括不确定部分的系统可简单表示为

$$G_p(s) = G_{ax}(s) + \Delta G(s) \qquad (6-41)$$

其中,$\Delta G(s)$ 为任意不确定项。

图 6-18 给出了用于 A_x 通道的二自由度内模控制器结构示意图,其中 $G_{ax}(s)$ 为内部模型,$Q_1(s)$ 和 $Q_2(s)$ 组成二自由度内模控制器,r_{ax} 为参考输入,y_{ax} 为输出,d_{ax} 为振动输入,v 为控制输入,e 为误差量。

由图 6-18 可得系统输出:

$$y_{ax}(s) = \frac{G_p(s)Q_1(s)r_{ax}(s) + (1 - Q_2(s)G_{ax}(s))d_{ax}(s)}{1 + Q_2(s)(G_p(s) - G_{ax}(s))} \qquad (6-42)$$

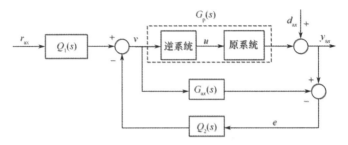

图 6 – 18　二自由度内模控制器结构示意图

假定模型是精确的,即 $G_{ax}(s) = G_p(s)$,式(6 – 42)可重新表示为

$$y_{ax}(s) = G_{ax}(s)Q_1(s)r_{ax}(s) + (1 - Q_2(s)G_{ax}(s))d_{ax}(s) \qquad (6 – 43)$$

显然,系统的跟踪特性仅仅取决于 $Q_1(s)$,而系统的振动抑制特性仅仅依赖于 $Q_2(s)$。为了实现无稳态误差跟踪参考输入,并提高系统的鲁棒性,$Q_1(s)$ 和 $Q_2(s)$ 分别引进低通滤波器 $F_1(s)$ 和 $F_2(s)$,且其满足

$$\begin{cases} Q_1(s) = F_1(s)/G_{ax}(s) \\ Q_2(s) = F_2(s)/G_{ax}(s) \end{cases} \qquad (6 – 44)$$

式中

$$\begin{cases} F_1(s) = \dfrac{1}{(\varepsilon_1 s + 1)^2} \\ F_2(s) = \dfrac{1}{(\varepsilon_2 s + 1)^2} \end{cases} \qquad (6 – 45)$$

其中,$\varepsilon_1 > 0$,$\varepsilon_2 > 0$。

因此,图 6 – 18 可进一步等价为图 6 – 19。

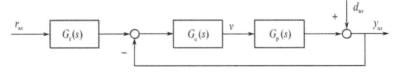

图 6 – 19　等效的二自由度内模控制器结构图

图 6 – 19 中:

$$\begin{cases} G_f(s) = \dfrac{Q_1(s)}{Q_2(s)} = \dfrac{(\varepsilon_2 s + 1)^2}{(\varepsilon_1 s + 1)^2} \\ G_c(s) = \dfrac{Q_2(s)}{1 - G_{ax}(s)Q_2(s)} = \dfrac{s^2}{(\varepsilon_2 s + 1)^2 - 1} \end{cases} \qquad (6 – 46)$$

用同样的方法可以设计出通道 B_x、A_y 和 B_y 的二自由度内模控制器。

2. 二自由度内模控制器性能分析

本小节将分析二自由度内模控制器跟踪和振动抑制性能。

定义输出误差传递函数为

$$E(s) = r_{ax}(s) - y_{ax}(s)$$

$$= \frac{(1 + G_c(s)G_p(s) - G_f(s)G_c(s)G_p(s))r_{ax}(s) - d_{ax}(s)}{1 + G_c(s)G_p(s)} \quad (6-47)$$

为了分析系统的跟踪性能，令 $d_{ax} = 0$，可得

$$E(s) = \frac{1 + G_c(s)G_p(s) - G_f(s)G_c(s)G_p(s)}{1 + G_c(s)G_p(s)}r_{ax}(s) \quad (6-48)$$

假定 $G_{ax}(s) = G_p(s)$，将式(6-40)和式(6-46)代入式(6-48)，可得

$$E(s) = (1 - F_1(s))r_{ax}(s) = \left[1 - \frac{1}{(\varepsilon_1 s + 1)^2}\right]r_{ax}(s) \quad (6-49)$$

显然，$E(s)$ 具有高通滤波器特征，ε_1 越小，$E(s)$ 趋于零的速度越快，其跟踪特性也就越好。当参考输入 r_{ax} 为阶跃信号时，即 $r_{ax}(s) = r_0/s$，此时

$$e_r(\infty) = \lim_{s \to 0} \frac{\varepsilon_1^2 s^2 + 2\varepsilon_1 s}{(\varepsilon_1 s + 1)^2} \frac{r_0}{s} = 0 \quad (6-50)$$

即闭环控制系统可以无稳态误差地跟踪阶跃信号。

当参考输入信号是正弦信号时，即 $r_{ax}(s) = \omega/(s^2 + \omega^2)$，同理可得

$$e_r(\infty) = \lim_{s \to 0} \frac{\varepsilon_1^2 s^2 + 2\varepsilon_1 s}{(\varepsilon_1 s + 1)^2} \frac{\omega}{s^2 + \omega^2} = 0 \quad (6-51)$$

显然，闭环系统也可以无稳态误差地跟踪正弦信号。

同样可以证明，闭环系统可以抑制阶跃和正弦信号振动，ε_2 越小，振动抑制能力越强。

如图 6-19 所示的内模控制器鲁棒稳定的充要条件是

$$|G_c(j\omega)G_{ax}(j\omega)|\bar{l}_m < 1 \quad (6-52)$$

式中：$\bar{l}_m$ 是模型不确定上界。

将式(6-40)和式(6-46)代入式(6-52)得

$$|(\varepsilon_2 s + 1)^2 - 1| > \bar{l}_m \quad (6-53)$$

因此，通过选取合适的 ε_2，总可以实现闭环控制系统的稳定，且 ε_2 越大，系统可允许的 $\Delta G(s)$ 也就越大。

当模型不精确的时候,如图 6 – 18 所示的系统误差 e 并不为零,因此从参考输入 r_{ax} 到输出 y_{ax} 的传递函数可表示为

$$y_{ax}(s) = r_{ax}(s)Q_1(s)G_{ax}(s) + Se \qquad (6-54)$$

式中:$S = 1 - Q_2(s)G_{ax}(s)$,S 为灵敏度函数。根据鲁棒控制理论,可以证明 S 越小,系统的鲁棒性越好,结合式(6 – 40)、式(6 – 44)和式(6 – 45),可得

$$S = 1 - 1/(1 + \varepsilon_2 s)^2 \qquad (6-55)$$

因此,S 是一个高通滤波器,ε_2 越小,系统对模型误差的鲁棒性越好。

6.5.4　涡动模态稳定判据在 MSCMG 转子系统解耦控制中的应用

如前文所述,磁悬浮转子系统是一个多变量、非线性且强耦合的复杂系统,存在着明显的陀螺效应和动框架效应。由涡动模态稳定判据可得,要实现磁悬浮转子系统的高稳定度控制,主要有两个方面的解决途径:其一是磁轴承开关功放系统的相位补偿;其二是解耦控制器的设计。两者相辅相成,良好的解耦控制效果不仅依赖于合适的解耦控制器,而且与开关功放系统的相位补偿密切相关。过大的相位补偿不仅容易引入噪声,而且会影响系统的动态响应速度,而过小的相位补偿又会使得系统稳定裕度较小甚至不稳定。在解耦控制器的设计中,第 4、5 章只是从定性的角度提出了动态补偿滤波器的设计方法,并没有作定量的计算。要实现磁悬浮转子系统的高稳定度、高精度控制,进行定量的分析是必不可少的,尽管采用传统的方法也可以分析系统的相对稳定性,但这些传统的方法往往较为间接和抽象,不便于指导工程实践。特别是考虑在工作状态大范围变化时,这些方法将变得更加复杂。

第 3 章提出的磁悬浮转子系统的涡动模态稳定判据不仅为磁悬浮转子系统绝对稳定性的分析提供了有效手段,而且为系统高稳定度控制的定量设计提供了强有力的理论依据。本章将在前面研究的基础上,利用涡动模态稳定判据,在定性分析的基础上进行控制器稳定裕度的定量设计,从而达到优化设计的目的。

本节将进一步分析涡动模态稳定判据在大型 MSCMG 磁悬浮转子系统解耦控制中的应用,研究动态补偿滤波器的定量设计方法,从动框架效应下的通道解耦控制和模态解耦控制两个方面进行分析。

当分析磁悬浮转子系统的涡动模态稳定性时,由于进动频率较低,反馈线

性化方法中未建模动态造成的相位滞后对其稳定性影响很小,而对频率较高的章动和弹性模态稳定性的影响却较大。考虑到采用陷波器能有效抑制弹性模态,而陷波器的引入又进一步影响了章动频率处的相位滞后,因此对章动的动态补偿滤波器的设计是动态补偿的关键。

6.5.1 节的研究表明,动框架效应主要影响磁悬浮转子系统进动稳定性,而对章动稳定性的影响很小。因此,在分析磁悬浮转子系统的章动稳定性时,可以忽略框架伺服系统的影响。于是,磁悬浮转子系统的状态反馈控制律式(6-39)可简化为

$$
\begin{cases}
u_1 = -\dfrac{k_h}{k_i}(x + l_m\beta) - \dfrac{J_z\Omega}{2l_mk_i}\dot\alpha + \dfrac{1}{4k_i}\left(m + \dfrac{J_r}{l_m^2}\right)\varphi_1 + \dfrac{1}{4k_i}\left(m - \dfrac{J_r}{l_m^2}\right)\varphi_2 \\[3mm]
u_2 = -\dfrac{k_h}{k_i}(x - l_m\beta) + \dfrac{J_z\Omega}{2l_mk_i}\dot\alpha + \dfrac{1}{4k_i}\left(m - \dfrac{J_r}{l_m^2}\right)\varphi_1 + \dfrac{1}{4k_i}\left(m + \dfrac{J_r}{l_m^2}\right)\varphi_2 \\[3mm]
u_3 = -\dfrac{k_h}{k_i}(y - l_m\alpha) - \dfrac{J_z\Omega}{2l_mk_i}\dot\beta + \dfrac{1}{4k_i}\left(m + \dfrac{J_r}{l_m^2}\right)\varphi_3 + \dfrac{1}{4k_i}\left(m - \dfrac{J_r}{l_m^2}\right)\varphi_4 \\[3mm]
u_4 = -\dfrac{k_h}{k_i}(y + l_m\alpha) + \dfrac{J_z\Omega}{2l_mk_i}\dot\beta + \dfrac{1}{4k_i}\left(m - \dfrac{J_r}{l_m^2}\right)\varphi_3 + \dfrac{1}{4k_i}\left(m + \dfrac{J_r}{l_m^2}\right)\varphi_4
\end{cases}
$$

$$(6-56)$$

由于章动稳定判据仅与磁悬浮转子的转动部分有关,为便于分析,首先对式(6-56)所示的控制器进行模态分离。从模态坐标系到磁轴承坐标系的坐标变换可表示为

$$
\begin{cases}
i_{ax} = i_x + i_\beta \\
i_{bx} = i_x - i_\beta \\
i_{ay} = i_y - i_\alpha \\
i_{by} = i_y + i_\alpha
\end{cases}
$$

$$(6-57)$$

式中:i_x 和 i_y 分别为产生 x、y 方向平动的等效电流;i_α 和 i_β 分别为产生 α 和 β 方向力矩的等效转动电流。

结合式(6-56)、式(6-57)和式(6-26)可得

$$
\begin{cases}
i_\alpha = -\dfrac{k_h l_m}{k_i}\alpha + \dfrac{H}{2l_mk_i}\dot\beta + \dfrac{J_r}{2l_m^2 k_i}(\varphi_4 - \varphi_3) \\[3mm]
i_\beta = -\dfrac{k_h l_m}{k_i}\beta - \dfrac{H}{2l_mk_i}\dot\alpha + \dfrac{J_r}{2l_m^2 k_i}(\varphi_1 - \varphi_2)
\end{cases}
$$

$$(6-58)$$

因此,可以将转动模态控制器等效为如图6-20所示的结构。这样,磁悬浮转子转动模态控制通道的复系数传递函数可以描述为

$$G(s) = \frac{1}{2l_m k_i} \Big[J_r G_c(s) + 2l_m^2 k_h + jH \frac{s}{1+ks} \Big] g_a(s) g_f(s) \qquad (6-59)$$

式中:k 为反馈线性化修正控制律的不完全微分系数;j 为虚数单位且 $j^2 = -1$;$g_a(s)$ 和 $g_f(s)$ 分别为磁轴承开关功放和转子位移信号的抗混叠滤波器的传递函数;$G_c(s)$ 为二自由度内模控制器。

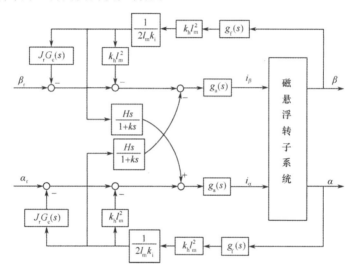

图 6-20　基于逆系统和内模控制的 MSR 转动模态等效控制框图

根据第3章提出的章动和进动稳定判据,就可以通过绘制控制通道的正、负频率特性曲线获得在不同涡动频率处的章动和进动的相位裕度,兼顾不同转速下章动和进动的相位值,结合实现的难易程度和抗噪声抑制能力,可以得出相对较优的补偿滤波器。

需要说明的是,由于涡动模态稳定判据针对的是线性控制系统,而电磁力本质上是非线性的,特别是在动框架作用下磁悬浮转子的位移和电流会发生大范围波动,因此在使用该判据之前有必要对其进行分段线性化处理。涡动模态稳定判据具有很好的鲁棒性,因此其线性化后设计的值对控制器仍然是可行的。

当电流刚度增大时,根据涡动模态稳定判据可得,当控制器参数不发生变化时,各个相位穿越点对应的临界转速都增大,即临界转速区间向坐标轴正方

向移动,章动和进动的幅值裕度和相位裕度都增加。同理,当位移刚度增大时,各个相位穿越点对应的临界转速都相应减小,即临界转速区间向坐标轴负方向移动,章动和进动的幅值裕度和相位裕度都相应减小。

另外,在采用恒气隙控制方案下,当输出陀螺力矩时,磁轴承电流会大幅增加,使得磁轴承功放带宽降低。因此,除考虑电流刚度、位移刚度的非线性外,也要考虑开关功放系统随电流变化的非线性。电流刚度和位移刚度都可以通过"输出力矩法"的方式获得,而功放系统的非线性特性可以通过信号分析仪在不同激励电流信号作用下测得。当然,在变气隙低功耗控制的场合,由于轴承绕组电流很小,可以不考虑功放系统的非线性因素。

✍ 6.5.5 仿真和实验研究

为了验证本章提出的控制方法的有效性和可行性,对新方法和传统方法进行了对比仿真和实验验证,采用 MSCMG – Ⅶ作为实验对象,如图 6 – 21 所示。在 $\Omega = 20000 \mathrm{r/min}$ 条件下:$t = 0.1 \mathrm{s}$ 时,框架速率从 0 阶跃到 $5°/\mathrm{s}$;$t = 0.6 \mathrm{s}$ 时,径向 A_x 通道位移给定从 0 阶跃到 $40 \mu \mathrm{m}$,其他通道位移给定保持不变。仿真与实验结果如图 6 – 22 所示。

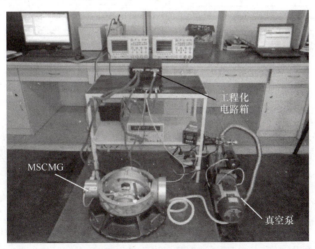

图 6 – 21　MSCMG – Ⅶ实验系统

从图 6 – 22 可得,实验结果与仿真结果基本一致,其微小的差别主要来自实际系统中转子的动、静不平衡和系统噪声因素的影响。如图 6 – 22 所示,当

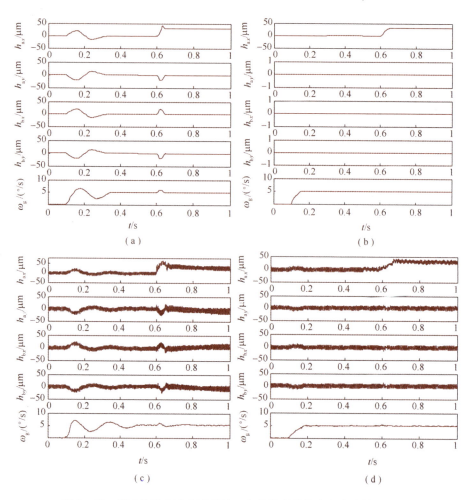

图 6 - 22　基于传统方法和逆系统 + 内模控制的仿真与实验结果对比

（a）角速率前馈 + 交叉控制仿真结果；（b）逆系统 + 内模控制仿真结果；

（c）角速率前馈 + 交叉控制实验结果；（d）逆系统 + 内模控制实验结果。

参考角速率阶跃时，磁悬浮转子的 A 端约有 30μm 的超调量和约 2°/s 的框架速率超调量，同时调节时间约为 0.3s。相比之下，当采用本章提出的方法时，转子 A 端和框架速率几乎没有超调，且仅有约 0.1s 的调节时间（约为传统方法的 33%）。类似地，在传统方法控制下，A_x 通道参考位移的变化给其他 3 个径向通道和框架角速率分别带来了约 10μm 和 1°/s 的显著振动。这表明，一个通道的输入变化影响到了所有通道的输出，不仅磁悬浮转子系统之间而且转子系统与框架伺服系统之间都存在强烈的动力学耦合关系,这与前面的理论分析结果一致。而当采用本书提出的方法后,上述振动值几乎减小为零,说明提出的方法很好地实现了各通道间的解耦控制。

另外,从图 6 – 22(c)可以看出,当系统的工作点发生变化后,磁悬浮径向通道位移的峰 – 峰值也发生了变化,从约 15μm 增加到约 20μm。相比之下,如图 6 – 22(d)所示,采用本书提出的方法后,在磁轴承工作点变化前后转子位移的峰 – 峰值却基本保持不变。这充分说明本书提出的方法提高了磁悬浮转子系统的控制精度。虽然仅仅通过磁悬浮转子的位移峰 – 峰值来判断系统的控制精度是不合适的,但是在同样的控制器和控制对象的条件下,位移峰 – 峰值的变化却可以说明这一点。事实上,对于传统方法而言,其稳态控制精度是相当不错的,而变工作点后其控制精度的降低主要是由于近似线性化误差所致。

6.6　基于不对称电流检测电阻网络的 MSCMG 开关功放数控系统延时补偿方法

已有的研究表明,磁悬浮转子系统控制通道在高频段的相位滞后导致章动失稳。由于磁轴承系统是一个典型的阻感负载,功放系统的相位滞后是整个磁轴承控制系统相位滞后的主要因素[12, 13]。特别是对于大型 MSCMG 而言,磁轴承绕组电感远远大于中型和小型 MSCMG 的磁轴承绕组电感,其功放系统在高频段的相位滞后更加严重。因此,要提高大型 MSCMG 磁悬浮转子系统的章动稳定性,必须对磁轴承功放系统进行相位补偿。

特别地,受《航天器元器件选择目录》的限制,在工程型号产品上不能采用商业级和工业级的高性能处理芯片,导致控制器的数控延时较大,严重影响了磁悬浮转子系统在高速时的章动稳定性,因此有必要对过大的数字控制系统延时进行补偿。

除此之外,磁轴承绕组电感的大小还随着磁悬浮转子的位置和绕组温度的变化而变化,导致磁轴承开关功放系统的相位也随之变化。由于磁轴承功放系统过大或过小的相位补偿值对系统都会产生不利影响,因此有必要对磁轴承功放系统进行随绕组电感变化的自适应相位补偿。然而,要现场检测绕组电感并对其进行自适应相位补偿对于 MSCMG 来说是非常困难甚至不可能的,尽管理论上通过离线检测的方式也可获得绕组电感的大致信息,但这种检测方式也相对复杂,需要耗费大量的软件资源,从而又不可避免地增加控制系统延时,使得磁轴承控制通道的相位滞后更加严重。

为了解决因 MSCMG 轴承绕组电感和数控延时较大而导致系统章动失稳的技术难题,实现对 MSCMG 的高稳定度控制,本节提出了一种基于不对称电流检测电阻网络的磁轴承开关功放系统的相位补偿方法,并分析了其补偿效果随电感变化的自适应特性。

磁悬浮转子系统的延时主要包括对象延时和数字控制系统延时两部分。在型号产品研制过程中,一些商业级或工业级的高速处理芯片,如 TMS320F2812、TMS320F28335 等不能选用,而只能选用处理速度较慢的 TMS320C31/32 芯片,这必然进一步加大系统的计算延时,使得功放系统的相位滞后进一步增大。功放系统的延时必将影响电流的跟踪精度,加大电流噪声和电流纹波,甚至影响系统的涡动模态稳定性。因此,必须对磁轴承功放系统的数字控制系统延时进行补偿。

相比各种模型预测控制算法[43-49]和鲁棒预测控制方法[50-54],线性预测是一种简单且鲁棒性较好的方法,它仅通过相邻的两个采样值来预测下一个时刻的值[55]。但这种预测控制方法的主要缺点是:电流的稳态跟踪精度较差;差分运算容易引进较大的系统噪声;系统的稳定性受到电流采样频率的限制,特别是当系统采样频率较低时甚至会影响系统的稳定性。为了解决这些问题,微分电流检测[56]是一个很好的方案,但会不可避免地增加硬件和软件的复杂程度[57],不便于航天应用。

本节基于线性扩张预测理论,提出了一种简单有效的基于不对称电流采样电阻网络的相位补偿方法[12,13]。与传统的线性预估方法相比,该方法不仅改善了电流的跟踪精度,减小了电流噪声和电流纹波,而且简化了工程实现。

6.6.1 MSCMG 磁轴承开关功放数控系统延时建模

众所周知,在一个电流开关功放中,需要确定采样周期 T_s、伺服周期 T_c 和 PWM 开关周期 T_p。为简单起见,实际应用中通常采用固定的采样频率且有 $T_s = T_c$,且 $T_s = nT_p$,其中 n 是一个整数。

图 6 – 23 给出了 A/D 延时、计算延时和 PWM 等待延时之间的关系。其中 A/D 转换延时可根据其 A/D 芯片的 datasheet 资料获得。不失一般性，定义 A/D 的转换延时为 T_{ad}，其导致的系统延时可表示为

$$G_{ad}(s) = e^{-s \cdot T_{ad}} \qquad (6-60)$$

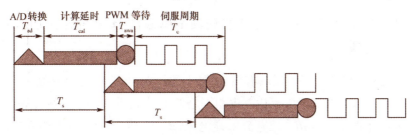

图 6 – 23　功放数控系统延时逻辑关系

对于同样的计算程序所耗的计算延时取决于数字信号处理器的处理速度，事实上，系统的计算延时 T_{cal} 是可以测试的，其导致的系统延时可表示为

$$G_{cal}(s) = e^{-s \cdot T_{cal}} \qquad (6-61)$$

对于固定开关频率的控制系统而言，计算的占空比 d 只能在每个 PWM 周期的开始时刻进行更新，这样也会导致延时，将其称为 PWM 等待延时 T_{awa} $(0 \leqslant T_{awa} \leqslant T_p)$，即

$$T_{awa} = \mathrm{rem}\left(\frac{T_c - T_{cal}}{T_p}\right) \qquad (6-62)$$

式中：符号"rem"表示除法的求余运算。其导致的系统延时为

$$G_{awa}(s) = e^{-s \cdot T_{awa}} \qquad (6-63)$$

在下一个伺服周期，计算出的 PWM 占空比将被应用到系统上，也即系统存在一个采样 – 保持环节以使得同一占空比 d 在整个伺服周期保持不变。因此，PWM 的调制延时可表示为

$$G_{PWM}(s) = \frac{1 - e^{-s \cdot T_c}}{s} \qquad (6-64)$$

将 $s = j\omega$ 代入式(6 – 64)中，得

$$G_{PWM}(j\omega) = \frac{2e^{-j\omega T_c/2}(e^{j\omega T_c/2} - e^{-j\omega T_c/2})}{2j\omega} = T_c \frac{\sin(\omega T_c/2)}{\omega T_c/2} e^{-j\omega T_c/2} \qquad (6-65)$$

显然，其引入了半个伺服周期的延时，即

$$G_{\text{PWM}}(s) = \mathrm{e}^{-sT_c/2} \qquad (6-66)$$

因此,整个数字控制系统延时的传递函数可表示为

$$G_{\text{del}}(s) = G_{\text{ad}}(s) \cdot G_{\text{cal}}(s) \cdot G_{\text{awa}}(s) \cdot G_{\text{PWM}}(s) \approx \mathrm{e}^{-s \cdot T_d} \qquad (6-67)$$

式中:$T_d = T_{\text{ad}} + T_{\text{cal}} + T_{\text{awa}} + T_c/2$ 为整个数字控制系统延时。

✍ 6.6.2　基于状态空间平均法的磁轴承单极性 H 全桥开关功放系统建模

电流检测电阻网络方法具有简单、可靠的特点,在工业生产中得到了广泛应用。图 6-24 为基于电流检测电阻网络的 H 全桥开关功放系统原理图,其中 A 表示运算放大器,R_m 是电流采样电阻,R_a、R_b、R_c 和 R_d 构成调制电阻网络。采样电阻与调制电阻网络构成电流检测电阻网络。传统的电流检测电阻方法采用对称的结构,即 $R_b/(R_a + R_b) = R_c/(R_c + R_d)$,其中 $R_b = R_c$ 且 $R_a = R_d$。不同于传统的电流检测电阻网络方法,本章提出一种基于不对称电流检测电阻网络的方法,即 $R_b/(R_a + R_b) \neq R_c/(R_c + R_d)$,且 $R_b/(R_a + R_b) > R_c/(R_c + R_d)$。

下面将采用状态空间平均法[59]对不对称电流检测电阻网络的开关功放系统进行建模,为简化起见,忽略饱和等非线性因素。

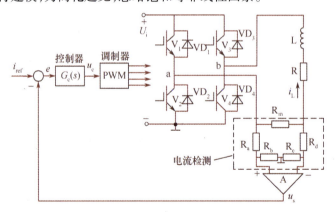

图 6-24　基于电流检测电阻网络的 H 全桥开关功放系统原理图

对于占空比为 d 的单极性全桥 PWM 开关功放,在一个 PWM 周期 T_p,存在两种状态,即充电和续流状态,其对应的等效拓扑结构分别如图 6-25(a)和图 6-25(b)所示。

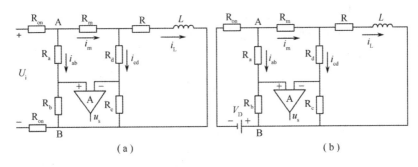

图 6 - 25　不对称电流检测电阻网络在充电状态和续流状态下的等效拓扑结构

(a) 充电状态 $(0 \leqslant t < dT_{p})$；(b) 续流状态 $(dT_{p} \leqslant t < T_{p})$。

根据基尔霍夫电流定律,可得在充电状态下的电压和电流方程为

$$
\begin{cases}
i_{m}(t) = i_{L}(t) + i_{cd}(t) \\
U_{i}(t) = R_{m}i_{m}(t) + Ri_{L}(t) + L\dfrac{di_{L}(t)}{dt} + 2R_{on}(i_{m}(t) + i_{ab}(t)) \\
u_{ab}(t) = R_{m}i_{m}(t) + Ri_{L}(t) + L\dfrac{di_{L}(t)}{dt} \\
(R_{c} + R_{d})i_{cd}(t) = Ri_{L}(t) + L\dfrac{di_{L}(t)}{dt} \\
u_{s}(t) = A_{d}(R_{b}i_{ab}(t) - R_{c}i_{cd}(t)) + \dfrac{A_{c}}{2}(R_{b}i_{ab}(t) + R_{c}i_{cd}(t)) \\
(R_{a} + R_{b})i_{ab}(t) = R_{m}i_{m}(t) + Ri_{L}(t) + L\dfrac{di_{L}(t)}{dt}
\end{cases}
\tag{6-68}
$$

式中:R_{on} 为开关管的导通电阻;A_{d} 和 A_{c} 分别为运算放大器的差模和共模增益。

定义状态变量 $x = i_{L}$,输入变量 $u = U_{i}$,输出变量 $\boldsymbol{y} = [y_{1}, y_{2}]^{T} = [u_{s}, u_{ab}]^{T}$,可得系统在 $0 \leqslant t < dT_{p}$ 时的状态空间方程为

$$
\begin{cases}
\dfrac{dx(t)}{dt} = -\dfrac{a}{b}x(t) + \dfrac{1}{b}u(t) \\
y_{1}(t) = \left[k_{1}k_{ab}\left(R_{m} + cR - \dfrac{Lca}{b} \right) - k_{2}k_{cd}\left(R - \dfrac{aL}{b} \right) \right]x(t) + \\
\qquad\qquad \left(\dfrac{k_{1}k_{ab}c}{b} - \dfrac{k_{2}k_{cd}}{b} \right)Lu(t) \\
y_{2}(t) = -2R_{on}x(t) + u(t)
\end{cases}
\tag{6-69}
$$

其中

$$a = \left(R_m + 2R_{on} + \frac{2R_{on}R_m}{R_a + R_b} \right)\left(1 + \frac{R}{R_c + R_d} \right) + \frac{R_a + R_b + 2R_{on}}{R_a + R_b}R \quad (6-70)$$

$$b = \left(R_m + 2R_{on} + \frac{2R_{on}R_m}{R_a + R_b} \right)\frac{L}{R_c + R_d} + \frac{R_a + R_b + 2R_{on}}{R_a + R_b}L \quad (6-71)$$

$$\begin{cases} k_{ab} = R_b/(R_a + R_b) \\ k_{cd} = R_d/(R_c + R_d) \end{cases} \quad (6-72)$$

$$\begin{cases} c = 1 + \dfrac{R_m}{R_c + R_d} \\ k_1 = A_d + \dfrac{1}{2}A_c \\ k_2 = A_d - \dfrac{1}{2}A_c \end{cases} \quad (6-73)$$

在实际系统中,$R_a + R_b \gg 2R_{on}R_m$,$R_c + R_d \gg R$,$R_a + R_b \gg 2R_{on}$,因此,$a \approx R_m + R + 2R_{on}$,$b \approx L$,$c \approx 1$,于是,式(6-69)可简化为

$$\begin{cases} \dfrac{dx(t)}{dt} = -\dfrac{R + R_m + 2R_{on}}{L}x(t) + \dfrac{1}{L}u(t) \\ y_1(t) = [k_2 k_{cd}R_m + 2R_{on}(k_2 k_{cd} - k_1 k_{ab})]x(t) + (k_1 k_{ab} - k_2 k_{cd})u(t) \\ y_2(t) = -2R_{on}x(t) + u(t) \end{cases}$$

$$(6-74)$$

同理,当 $dT_p \leqslant t < T_p$ 时,有

$$\begin{cases} i_m(t) = i_L(t) + i_{cd}(t) \\ 0 = R_m i_m(t) + Ri_L(t) + L\dfrac{di_L(t)}{dt} + R_{on}(i_m(t) + i_{ab}(t)) + V_D \\ u_{ab}(t) = R_m i_m(t) + Ri_L(t) + L\dfrac{di_L(t)}{dt} \\ (R_c + R_d)i_{cd}(t) = Ri_L(t) + L\dfrac{di_L(t)}{dt} \\ u_s(t) = A_d(R_b i_{ab}(t) - R_c i_{cd}(t)) + \dfrac{A_c}{2}(R_b i_{ab}(t) + R_c i_{cd}(t)) \\ (R_a + R_b)i_{ab}(t) = R_m i_m(t) + Ri_L(t) + L\dfrac{di_L(t)}{dt} \end{cases} \quad (6-75)$$

式中:V_D 为二极管的管压降。

其状态空间方程为

$$
\begin{cases}
\dfrac{\mathrm{d}x(t)}{\mathrm{d}t} = -\dfrac{R_{\mathrm{m}} + R + R_{\mathrm{on}}}{L} i_{\mathrm{L}}(t) - \dfrac{V_{\mathrm{D}}}{L} \\[2mm]
y_1(t) = k_2 k_{\mathrm{cd}} (R_{\mathrm{m}} + R_{\mathrm{on}}) x(t) + k_2 k_{\mathrm{cd}} V_{\mathrm{D}} \\[2mm]
y_2(t) = -R_{\mathrm{on}} x(t) - V_{\mathrm{D}}
\end{cases}
\tag{6-76}
$$

根据状态空间平均方法[58]，将式(6-74)和式(6-76)分别乘以 d 和 $1-d$，并将结果相加可得平均的状态空间方程为

$$
\begin{cases}
\dfrac{\mathrm{d}x(t)}{\mathrm{d}t} = -\dfrac{R + R_{\mathrm{m}} + R_{\mathrm{on}}(1+d)}{L} x(t) + \dfrac{d}{L} u(t) - (1-d)\dfrac{V_{\mathrm{D}}}{L} \\[2mm]
y_1(t) = [k_2 R_{\mathrm{on}} k_{\mathrm{cd}}(1+d) - 2k_1 R_{\mathrm{on}} k_{\mathrm{ab}} d + k_2 k_{\mathrm{cd}} R_{\mathrm{m}}] x(t) + \\[2mm]
\qquad\quad (1-d) k_2 k_{\mathrm{cd}} V_{\mathrm{D}} + (k_1 k_{\mathrm{ab}} - k_2 k_{\mathrm{cd}}) d u(t) \\[2mm]
y_2(t) = -R_{\mathrm{on}}(1+d) x(t) + d u(t) - V_{\mathrm{D}}(1-d)
\end{cases}
\tag{6-77}
$$

式(6-77)是一个关于 t 的非线性连续方程，可通过小信号摄动的方法线性化。令 $x = X + \tilde{x}, u = U + \tilde{u}, y_1 = Y_1 + \tilde{y}_1, y_2 = Y_2 + \tilde{y}_2$ 和 $d = D + \tilde{d}$，其中，"～"代表小信号，大写字母代表直流值。

小信号建模的前提条件包括信号振动足够小，即 $D \gg \tilde{d}, U \gg \tilde{u}$，同时这些振动在一个开关周期里并没有发生显著的变化。对于实际的磁轴承开关功放系统，这两个条件是满足的。于是可得系统对应的线性小信号状态空间方程为

$$
\begin{cases}
\dfrac{\mathrm{d}\tilde{x}(t)}{\mathrm{d}t} = -\dfrac{R + R_{\mathrm{m}} + R_{\mathrm{on}}(1+D)}{L} \tilde{x}(t) + \dfrac{D}{L} \tilde{u}(t) + \left(\dfrac{U + V_{\mathrm{D}} - R_{\mathrm{on}} X}{L}\right) \tilde{d}(t) \\[2mm]
\tilde{y}_1(t) = [k_2 R_{\mathrm{on}} k_{\mathrm{cd}}(1+D) - 2k_1 R_{\mathrm{on}} k_{\mathrm{ab}} D + k_2 k_{\mathrm{cd}} R_{\mathrm{m}}] \tilde{x}(t) + \\[2mm]
\qquad\quad D(k_1 k_{\mathrm{ab}} - k_2 k_{\mathrm{cd}}) \tilde{u}(t) + (k_1 k_{\mathrm{ab}} - k_2 k_{\mathrm{cd}}) U \tilde{d}(t) - \\[2mm]
\qquad\quad k_2 k_{\mathrm{cd}} V_{\mathrm{D}} \tilde{d}(t) + (k_2 k_{\mathrm{cd}} - 2k_1 k_{\mathrm{ab}}) R_{\mathrm{on}} X \tilde{d}(t) \\[2mm]
\tilde{y}_2(t) = -R_{\mathrm{on}}(1+D) \tilde{x}(t) + D \tilde{u}(t) + (U + V_{\mathrm{D}} - R_{\mathrm{on}} X) \tilde{d}(t)
\end{cases}
$$

$$\tag{6-78}$$

对式(6-78)进行拉普拉斯变换即可得到磁轴承开关功放系统的小信号传递函数，即

$$
G_{\mathrm{i}}(s) = \frac{\tilde{x}(s)}{\tilde{u}(s)} = \frac{\tilde{i}_{\mathrm{L}}(s)}{\tilde{u}_{\mathrm{i}}(s)} = \frac{D}{R + R_{\mathrm{m}} + R_{\mathrm{on}}(1+D) + Ls}
\tag{6-79}
$$

$$G_{y_1}(s) = \frac{\tilde{y}_1(s)}{\tilde{u}(s)} = D \frac{k_1 k_{ab}[R_m + R_{on}(1-D)] + (k_1 k_{ab} - k_2 k_{cd})(R + Ls)}{R + R_m + R_{on}(1+D) + Ls}$$

$$(6-80)$$

$$G_{y_2}(s) = \frac{\tilde{y}_2(s)}{\tilde{u}(s)} = \frac{\tilde{u}_{ab}(s)}{\tilde{u}_i(s)} = D \frac{R + R_m + Ls}{R + R_m + R_{on}(1+D) + Ls} \quad (6-81)$$

由式(6-79)和式(6-80)可得比例-微分电流传感器的传递函数,即

$$G_s(s) = \frac{\tilde{y}_1(s)}{\tilde{x}(s)} = k_1 k_{ab}[R_m + R_{on}(1-D)] + (k_1 k_{ab} - k_2 k_{cd})(R + Ls)$$

$$(6-82)$$

由于在实际控制系统中 $R_{on} \ll R_m$,式(6-82)可简化为

$$G_s(s) = k_1 k_{ab} R_m + (k_1 k_{ab} - k_2 k_{cd})(R + Ls)$$
$$= k_1 k_{ab} R_m + (k_1 \delta + A_c k_{cd})(R + Ls) \quad (6-83)$$

式中:δ 为不对称因子,即

$$\delta = k_{ab} - k_{cd} = \frac{R_b}{R_a + R_b} - \frac{R_c}{R_c + R_d} \quad (6-84)$$

结合式(6-79)和式(6-81)可得

$$G_L(s) = \frac{\tilde{x}(s)}{\tilde{y}_2(s)} = \frac{\tilde{i}_L(s)}{\tilde{u}_{ab}(s)} = \frac{1}{R + R_m + Ls} \quad (6-85)$$

从占空比到输出 u_{ab} 的传递函数为

$$G_d(s) = \frac{\tilde{u}_{ab}(s)}{\tilde{d}(s)} = \frac{R + R_m + Ls}{R + R_m + R_{on}(1+D) + Ls}(U_d + V_D - R_{on}I_L) \quad (6-86)$$

式中:U_d 和 I_L 分别为 $U_i(t)$ 和 $i_L(t)$ 的稳态值。

对于单极性 PWM 功放,有

$$G_m(s) = \frac{\tilde{d}(s)}{\tilde{u}_c(s)} = \frac{1}{U_{tri}} \quad (6-87)$$

式中:U_{tri} 为三角载波的幅值。

结合式(6-85)~式(6-87)可得包括调制器和桥式功放电路在内的传递函数为

$$G_p(s) = \frac{\tilde{i}_L(s)}{\tilde{u}_c(s)} = G_L(s)G_d(s)G_m(s) = \frac{1}{U_{tri}} \frac{U_d + V_D - R_{on}I_L}{R + R_m + R_{on}(1+D) + Ls}$$

$$(6-88)$$

由于在实际控制系统中 $R_{on} \ll R + R_m$ 和 $V_D - R_{on}I_L \ll U_d$ 成立,式(6 - 88)可简化为

$$G_p(s) = \frac{U_d}{U_{tri}} \frac{1}{R + R_m + Ls} \tag{6-89}$$

因此,整个单极性 PWM 磁轴承开关功放系统等效结构如图 6 - 26 所示。其中,$G_{del}(s) = e^{-s \cdot T_d}$ 表示数字控制延时导致的滞后环节,i_{co} 是电流控制环反馈增益,$G_f(s)$ 是磁轴承开关功放抗混叠滤波器的传递函数。

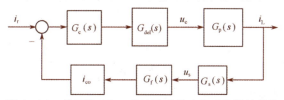

图 6 - 26　单极性 PWM 磁轴承开关功放系统等效结构

☑ 6.6.3　不对称电流检测电阻网络的延时补偿特性分析

对于传统的电流检测方法,$\delta = 0$ 且 $A_c \rightarrow 0$,因此式(6 - 83)被简化为

$$G_s(s) = k_1 k_{ab} R_m \tag{6-90}$$

也就是说,传统的电流检测方法仅具有比例检测特性。

由式(6 - 83),如果 $\delta > 0$,电流检测电阻网络不仅具有比例特性而且具有微分属性,而微分运算本身就具有预测功能。众所周知,线性预测方法无需被控对象的先验知识,只需要通过现在和前一时刻的值便可预测下一时刻的值。因此,不对称因子 δ 和功放增益 k_1 可以通过线性预测控制的方法予以求解。

根据线性预测方法,在 DSP 中计算的离散传递函数应当满足

$$G_{pred}(z) = \frac{i_{pred}}{i_L} = 1 + \frac{T_d}{T_c} - \frac{T_d}{T_c}z^{-1} \tag{6-91}$$

其微分方程形式可表示为

$$i_{pred,k} = \left(1 + \frac{T_d}{T_c}\right)i_{L,k} - \frac{T_d}{T_c}i_{L,k-1} \tag{6-92}$$

采用后向差分,微分方程(6 - 83)可表示成

$$u_k = \left[k_1 k_{ab} R_m + (k_1\delta + A_c k_{cd})\left(R + \frac{L}{T_s}\right)\right]i_{L,k} - \frac{(k_1\delta + A_c k_{cd})L}{T_s}i_{L,k-1}$$

$$\tag{6-93}$$

结合式(6-92)和式(6-93),令 $u_k = i_{\mathrm{pred},k}$,得

$$\begin{cases} \delta = \dfrac{T_s T_d}{k_1 L T_c} - \dfrac{A_c k_{cd}}{k_1} \\[3mm] k_1 = \dfrac{L T_c - T_s T_d R}{k_{ab} R_m L T_c} \end{cases} \qquad (6-94)$$

对于具有高共模抑制比的功放系统,式(6-94)可进一步简化为

$$\begin{cases} \delta = \dfrac{T_s T_d}{G L T_c} \\[3mm] G = \dfrac{L T_c - T_s T_d R}{k_{ab} R_m L T_c} \end{cases} \qquad (6-95)$$

式中:G 为微分功放的电压增益。

从式(6-95)可得,在 T_c、T_s 和 L 固定的情况下,δ 正比于 T_d。由于功放的共模输入在同一开关周期的两个开关状态下差别较大,在共模抑制比较低的情况下,这必将给信号的采样精度造成较大影响。因此,与传统的电流检测电阻网络电路一样,本章所提出的方法同样也要求开关功放具有较高的共模抑制比。

图6-27 是采用本章提出的数控延时补偿方法前、后,包括整个数控延时、磁轴承阻感负载和电流检测在内的开环系统的频率特性曲线。从图6-27中可以看出,在50~800Hz的频域范围内,系统相位增加了约60°,从而提高了

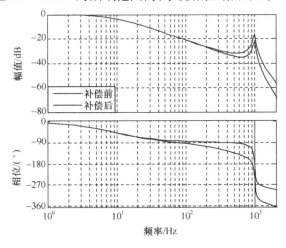

图6-27 采用数控延时补偿方法前、后的频率特性曲线

电流环的控制带宽和稳定性。虽然在该频域范围内的幅值也增加了约 5dB，但电流检测电阻网络存在于反馈通道而非前向通道，对电流环的高频增益影响较小，即该方法几乎不会改变传统方法对噪声的抑制能力。

传统的线性预测方法的性能与电流采样频率密切相关，电流采样频率越高，预测控制效果越好。传统方法中数字微分运算不可避免地会引进额外的计算延时和系统噪声。由于本书提出的基于不对称电流检测电阻网络的相位补偿方法实现电流的微分运算仅在传统电流检测网络的基础上将对称变成不对称，因此可以有效地解决传统方法存在的固有问题。总之，提出的数控延时补偿方法通过比例 – 微分电流检测代替了传统的电流传感器和传统的预测控制方法，从而在无需增加任何硬件资源和软件计算量的基础上实现了对数控延时的有效补偿，且最大限度地抑制了系统噪声。

温度漂移（简称温漂）和老化是两个影响系统比例 – 微分检测功能的主要因素。由于运算放大器本身具有差动结构（图 6 – 24），因此只要选取的电流检测电阻网络的各电阻具有相同或相近的温漂和老化系数，电阻的变化便不会影响系统的性能。因此，基于不对称电流检测电阻网络的相位补偿方法对电阻变化具有很强的鲁棒性。另外，该方法对电感变化也有很强的自适应特性，这将在 6.6.3 节中具体介绍。

此外，基于不对称电流检测电阻网络的相位补偿方法不仅适合于磁轴承开关功放系统，而且也适合于其他具有阻感负载特性的电流数字控制系统。

需要说明的是，本书提出的数控延时补偿方法仅仅适合于单极性开关功放系统，而不合适于双极性开关功放系统，其主要原因在于后者无法实现比例 – 微分电流检测。这可以通过求取从 $i_L(s)$ 到 $u_s(s)$ 的传递函数而得以证明。其次，由于按线性预测控制理论设计补偿值是以延时环节的一阶泰勒级数展开作为基准计算的，因此不可能实现对数控延时的完全补偿。

⚑ 6.6.4　不对称电流检测电阻网络的自适应相位补偿特性分析

磁轴承是一个典型的阻感负载，其功放系统的相位滞后是影响整个控制系统相位滞后的主要因素，同时其等效绕组电感随着转子悬浮位置和绕组温度的变化而变化，导致其开关功放系统的相位滞后也必然随之变化。特别是对于大型 MSCMG 来说，一方面磁轴承绕组电感远远大于中型和小型 MSCMG

的绕组电感,另一方面与中、小型 MSCMG 相比,大型 MSCMG 磁间隙和磁轴承的保护间隙又大致相当,大型磁悬浮转子位移的变化将带来比中、小型 MSCMG 更大的电感变化值。因此,非常有必要研究磁轴承开关功放系统对电感的补偿及其随电感变化的自适应相位补偿方法。

上一节提出了基于不对称电流检测电阻网络的磁轴承功放系统数控延时补偿方法,本节将进一步研究这种补偿对电感变化的自适应相位补偿特性,说明该方法不仅可以有效地补偿数控系统延时,而且可以实现功放系统随电感变化的自适应相位补偿。

1. 起始补偿频率点对电感变化的自适应特性

根据图 6 - 26 可得,磁轴承功放系统的闭环传递函数可表示为

$$G_{ac}(s) = \frac{G_c(s)G_{del}(s)G_p(s)}{1 + G_c(s)G_{del}(s)G_p(s)i_{co}G_f(s)G_s(s)} \quad (6-96)$$

对于具有高共模抑制比的运算放大器而言,$A_c \to 0$,即 $A_c k_{cd} R \ll k_1 k_{ab} R_m$ 且 $k_1 \delta R \ll k_1 k_{ab} R_m$,因此式(6 - 83)可简化为

$$G_s(s) = k_1 k_{ab} R_m + k_1 \delta L s \quad (6-97)$$

考虑到电流环控制器通常采用比例控制,即 $G_c(s) = k_{amp}$,将式(6 - 67)、式(6 - 89)和式(6 - 97)代入式(6 - 96)可得

$$G_{ac}(s) = \frac{k_{amp} e^{-T_d s} \dfrac{U_d}{U_{tri}(R + R_m + Ls)}}{1 + k_{amp} e^{-T_d s} \dfrac{U_d}{U_{tri}(R + R_m + Ls)} i_{co} G_f(s)(k_1 k_{ab} R_m + k_1 \delta L s)}$$

$$= \frac{k_{amp} U_d \dfrac{1}{G_f(s)}}{k_{amp} U_d i_{co}(k_1 k_{ab} R_m + k_1 \delta L s) + U_{tri}(R + R_m + Ls) e^{T_d s} \dfrac{1}{G_f(s)}}$$

$$(6-98)$$

对于传统的方法,即 $\delta = 0$,其对应的电流环传递函数可记为 $G_a(s)$,且

$$G_a(s) = \frac{k_{amp} U_d \dfrac{1}{G_f(s)}}{k_{amp} U_d i_{co} k_1 k_{ab} R_m + U_{tri}(R + R_m + Ls) e^{T_d s} \dfrac{1}{G_f(s)}} \quad (6-99)$$

将 $s = j\omega$ 分别代入式(6 - 98)和式(6 - 99)可得

$$G_{ac}(j\omega) = \cfrac{k_{amp}U_d \cfrac{1}{G_f(j\omega)}}{k_{amp}U_d i_{co}k_1 k_{ab}R_m + k_{amp}U_d i_{co}k_1 \delta Lj\omega + U_{tri}(R+R_m+Lj\omega)e^{T_{d}j\omega}\cfrac{1}{G_f(j\omega)}}$$

$$(6-100)$$

$$G_{a}(j\omega) = \cfrac{k_{amp}U_d \cfrac{1}{G_f(j\omega)}}{k_{amp}U_d i_{co}k_1 k_{ab}R_m + U_{tri}(R+R_m+Lj\omega)e^{T_{d}j\omega}\cfrac{1}{G_f(j\omega)}} \quad (6-101)$$

对比式(6-100)和式(6-101),采用不对称电流检测电阻网络与采用对称的电流检测电阻网络相比,电流环的闭环传递函数的分母多了一个关于 j 的一次项 $k_{amp}U_d i_{co}k_1 \delta Lj\omega$。

根据式(6-100)和式(6-101)分别可得

$$\angle G_{ac}(j\omega) = -\angle G_f(j\omega) - \angle[G_\triangle(j\omega)+G_0(j\omega)] \quad (6-102)$$

$$\angle G_{a}(j\omega) = -\angle G_f(j\omega) - \angle G_0(j\omega) \quad (6-103)$$

式中:$G_\triangle(j\omega) = k_{amp}U_d i_{co}k_1 \delta Lj\omega$;$G_0(j\omega) = k_{amp}U_d i_{co}k_1 k_{ab}R_m + U_{tri}(R+R_m+Lj\omega)e^{T_{d}j\omega}\cfrac{1}{G_f(j\omega)}$。

令 $\angle G_{ac}(j\omega) = \angle G_a(j\omega)$,则

$$\angle G_{ac}(j\omega) - \angle G_a(j\omega) = \angle G_0(j\omega) - \angle[G_0(j\omega)+G_\triangle(j\omega)] = 0$$

$$(6-104)$$

当 $\omega > 0$ 时,$\angle G_\triangle(j\omega) \equiv 90°$,因此当且仅当 $Re[G_0(j\omega)] = 0$ 时,式(6-104)成立。即当 $\angle G_0(j\omega) = 90° + n \times 180°(n=0,1,2,\cdots)$ 时,采用不对称电流检测电阻网络补偿前后的频率特性曲线相交,记相交频率从小到大依次为 $\omega_{c90},\omega_{c270},\omega_{c450},\cdots$。其起始补偿频率为 $\angle G_0(j\omega) = 90°$ 所对应的频率,即为 ω_{c90}。考虑到在有限带宽内,磁轴承电流滤波器的带宽较大,即 $\angle G_f(j\omega_{c90}) \approx 0°$。因此

$$\angle G_{a}(j\omega_{c90}) = -\angle G_f(j\omega_{c90}) - \angle G_0(j\omega_{c90}) \approx -\angle G_0(j\omega_{c90}) = -90°$$

$$(6-105)$$

对于实际的磁轴承功放系统而言,由于控制系统延时相对较小且电流环抗混叠滤波器的截止频率(通常在 3.5kHz 左右)远大于磁悬浮转子的额定章动频率,因此在 MSCMG 磁轴承有效的控制带宽内(通常为 2kHz 以内),不可

能出现第二个相交频率,即 $\angle G_0(\mathrm{j}\omega) = 270°$ 所对应的频率 ω_{c270}。这样我们只需重点研究在起始补偿频率前后的相位补偿作用即可。根据相位合成可知,当 $\omega < \omega_{c90}$ 时,有

$$\angle G_{ac}(\mathrm{j}\omega) - \angle G_a(\mathrm{j}\omega) = \angle G_0(\mathrm{j}\omega) - \angle[G_0(\mathrm{j}\omega) + G_{\triangle}(\mathrm{j}\omega)] < 0$$

$$(6-106)$$

即不对称电流检测电阻网络($\delta > 0$)在 $\omega < \omega_{c90}$ 范围内对磁轴承有相位滞后补偿作用。

而当 $\omega_{c90} < \omega < \omega_{c270}$ 时,有

$$\angle G_{ac}(\mathrm{j}\omega) - \angle G_a(\mathrm{j}\omega) = \angle G_0(\mathrm{j}\omega) - \angle[G_0(\mathrm{j}\omega) + G_{\triangle}(\mathrm{j}\omega)] > 0$$

$$(6-107)$$

即不对称电流检测电阻网络($\delta > 0$)在 $\omega_{c90} < \omega < \omega_{c270}$ 范围内对磁轴承开关功放有相位超前补偿作用。为方便描述,本书将该部分频率区间称为相位补偿工作区。

2. **相位补偿大小对电感变化的自适应特性**

由于章动稳定性是控制系统设计的重点和难点,这里重点研究不对称电流检测电阻网络对章动稳定性的影响,即在高频段范围内($\omega_{c90} < \omega < \omega_{c270}$)的相位补偿规律。为便于表述,假设电感的标称值为 L_0,实际值为 L_1,考察在某一高频 ω_n 处($\omega_{c90} < \omega_n < \omega_{c270}$)系统相位补偿的情况。一方面,从式(6-103)可得,未加补偿时磁轴承开关功放在 ω_n 处的相位滞后随电感的增加而增加;另一方面,从式(6-104)可知,电感越大,$G_{\triangle}(\mathrm{j}\omega)$ 也就越大,即在 ω_n 处补偿的相位也就越大;反之则相反。因此,不对称电流检测电阻网络方法可以有效减小电感变化对功放系统相位变化的影响,从而达到随电感变化的自适应相位补偿,即自适应地减小转子悬浮位置和绕组温度变化对章动稳定裕度的影响。

事实上,不对称电流检测电阻网络方法之所以能够实现对电感变化的自适应相位补偿,根本原因在于其能够实现电流的比例-微分检测,且微分项的大小正比于绕组电感。而传统的电流线性预测控制方法却不能实时检测电感的变化,采用固定的控制器参数,不能实现对绕组电感变化的自适应补偿。

另外,由式(6-107)可知,在某一高频 ω_n 处($\omega_{c90} < \omega_n < \omega_{c270}$),补偿的相位值与不对称因子 δ 是密切相关的,δ 越大,所能提供的超前补偿值越大。

综上所述,不对称电流检测电阻网络具有随电感变化的自适应相位补偿

特性,其自适应特性主要表现在以下两个方面:

(1)补偿作用的起始工作频率(简称起始补偿频率)具有随电感变化的自适应特性。无论电感如何变化,系统的起始补偿频率所对应的相位均约为 $-90°$,且当 $\omega < \omega_{c90}$ 时具有相位滞后特性,当 $\omega_{c90} < \omega < \omega_{c270}$ 时具有相位超前特性。因此,当绕组的等效电感增加,开关功放系统的起始补偿频率减小,而当绕组的电感减小,其起始补偿频率增加。

(2)在相位补偿工作区内的相位补偿值具有随绕组电感变化的自适应补偿能力。当绕组电感增加时,相位补偿值增加;当电感减小时,相位补偿值减小。

6.6.5 基于涡动模态稳定判据的不对称电流检测电阻网络优化设计方法

从 6.6.3 节和 6.6.4 节的分析可知,不对称因子的选取既要考虑数控延时的补偿效果,又要考虑整个开关功放系统相位补偿大小。因此,有必要对不对称因子进行优化。本节正是研究基于章动稳定判据的不对称因子的优化设计方法。

1. 不对称电流检测电阻网络相位补偿方法对系统稳定性影响分析

6.6.3 节的研究表明,当 $\omega_{c90} < \omega < \omega_{c270}$ 时(即系统相位滞后 $90° \sim 270°$ 范围内)具有随绕组电感的自适应相位超前特性。根据章动稳定判据,在实际控制系统中,章动稳定的必要条件是控制通道的相频特性曲线的相位介于 $0° \sim 180°$ 之间,而交叉反馈控制所能提供的超前相位通常在 $90° \sim 180°$ 之间,再加上位移环的数控延时及抗混叠滤波器所带来的相位滞后,当开关功放系统的相位滞后大于 $90°$ 后,系统的章动稳定性将逐渐降低,因此在功放相位滞后约 $90°$ 后开始进行相位补偿是合理的,有利于提高章动模态的稳定性。由于控制通道正频频率特性曲线在低频段可以提供较大的相位稳定裕度,开关功放系统在低频段的相位相对滞后(相对于传统的对称电流检测电阻网络情形)并不会影响系统在该频段内的章动稳定性。

对于控制通道幅频特性曲线

$$|G_{ac}(j\omega)| - |G_a(j\omega)| = \frac{k_{amp}U_d(|G_0(j\omega)| - |G_0(j\omega) + G_\triangle(j\omega)|)}{|G_f(j\omega)||G_0(j\omega) + G_\triangle(j\omega)||G_0(j\omega)|}$$

$$(6-108)$$

当 $\angle G_0(j\omega) \in (0, 180°)$ 时，$|G_0(j\omega) + G_\triangle(j\omega)| > |G_0(j\omega)|$，即

$$|G_{ac}(j\omega)| - |G_a(j\omega)| < 0 \qquad (6-109)$$

同样，考虑到在有限带宽内，磁轴承电流滤波器的带宽较大，即 $\angle G_f(j\omega_{c180}) \approx 0°$。因此

$$\angle G_a(j\omega_{c180}) = -\angle G_f(j\omega_{c180}) - \angle G_0(j\omega_{c180})$$
$$\approx -\angle G_0(j\omega_{c180}) = -180° \qquad (6-110)$$

也就是说，采用不对称电流检测电阻网络补偿后，系统的幅频特性曲线的幅值在起始补偿频率点前后的很大频率范围内会减小。根据第 6 章提出的章动模态临界稳定定理可知，在其他参数相同的条件下，控制通道幅频特性曲线的幅值越小，在额定转速下系统的临界章动频率越低。这有利于减小系统在额定转速下对应的控制通道的相位滞后，从而提高系统的章动稳定裕度。

对于进动模态稳定性，由于 $\lim\limits_{\omega \to 0}[\angle G_{ac}(j\omega) - \angle G_a(j\omega)] = 0$，而在 ω 很小时，不对称电流检测电阻网络方法所带来的相位滞后很小，且进动模态的相位裕度通常较大，因此，基于不对称电流检测电阻网络的相位补偿方法对系统的进动稳定性几乎没有影响。

以上分析表明，不对称相位补偿方法可以有效地提高系统的章动稳定性而对系统的进动稳定性影响很小。下面将进一步定量研究基于章动稳定判据的电流检测电阻网络不对称网络的不对称因子的优化设计方法。

2. 基于章动稳定判据的不对称因子的优化设计方法

6.6.3 节从补偿数控延时的角度给出了不对称因子的定量计算方法，6.6.4 节定性研究了不对称电流检测电阻网络随电感变化的自适应补偿特性。本节首先给出以实现额定章动频率处的某一相位裕度为设计目标时不对称因子的定量设计方法，在此基础上结合数控延时补偿效果进行不对称因子的优化设计。

首先，以补偿额定章动频率处的某一相位滞后为目标进行设计。假设根据系统性能指标需求，要求系统额定章动频率处的相位裕度为 γ_n，则可利用章动稳定判据确定不对称电流检测电阻网络的不对称因子 δ。

根据章动相对稳定性判据可知，章动稳定裕度 γ_n 是控制通道正频频率特性曲线在额定章动频率处的相位值，而从控制通道的正频频率特性传递函数的定义可知，在控制器不变的情况下，功放系统的闭环频率特性直接决定了整个控制通道的正频频率特性，因此可直接通过对功放系统的补偿实现对章动

稳定裕度的调节,以下给出其具体设计方法。

图 6 - 28 给出了基于不对称电流检测电阻网络的相位超前补偿矢量图,图中,$r_\delta = \mathrm{j}k_{\mathrm{amp}}U_\mathrm{d}i_{\mathrm{co}}k_1\delta L\mathrm{j}\omega_0$,$r_0 = k_{\mathrm{amp}}U_\mathrm{d}i_{\mathrm{co}}k_1k_{\mathrm{ab}}R_\mathrm{m} + U_{\mathrm{tri}}(R + R_\mathrm{m} + L\mathrm{j}\omega_0)\mathrm{e}^{T_\mathrm{d}\mathrm{j}\omega_0}$,$r_1 = r_0 + r_\delta$。

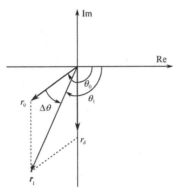

图 6 - 28　基于不对称电流检测电阻网络的相位超前补偿矢量图

对于已知的额定章动频率 ω_0,根据式(6 - 101)可得

$$G_\mathrm{a}(\mathrm{j}\omega)\mid_{\omega=\omega_0} = \frac{k_{\mathrm{amp}}U_\mathrm{d}}{k_{\mathrm{amp}}U_\mathrm{d}i_{\mathrm{co}}k_1k_{\mathrm{ab}}R_\mathrm{m}G_\mathrm{f}(\mathrm{j}\omega_0) + U_{\mathrm{tri}}(R + R_\mathrm{m} + L\mathrm{j}\omega_0)\mathrm{e}^{T_\mathrm{d}\mathrm{j}\omega_0}}$$

$$(6-111)$$

由于额定章动频率通常远小于抗混叠滤波器的截止频率,$G_\mathrm{f}(\mathrm{j}\omega_0)$ 可以近似为单位比例环节,即式(6 - 111)可简化为

$$G_\mathrm{a}(\mathrm{j}\omega)\mid_{\omega=\omega_0} \approx \frac{k_{\mathrm{amp}}U_\mathrm{d}}{k_{\mathrm{amp}}U_\mathrm{d}i_{\mathrm{co}}k_1k_{\mathrm{ab}}R_\mathrm{m} + U_{\mathrm{tri}}(R + R_\mathrm{m} + L\mathrm{j}\omega_0)\mathrm{e}^{T_\mathrm{d}\mathrm{j}\omega_0}} \quad (6-112)$$

由图 6 - 28 可以求得

$$\theta_0 = \arctan\frac{U_{\mathrm{tri}}((R + R_\mathrm{m})\sin(T_\mathrm{d}\omega_0) + L\omega_0\cos(T_\mathrm{d}\omega_0))}{k_{\mathrm{amp}}U_\mathrm{d}i_{\mathrm{co}}k_1k_{\mathrm{ab}}R_\mathrm{m} + U_{\mathrm{tri}}((R + R_\mathrm{m})\cos(T_\mathrm{d}\omega_0) - L\omega_0\sin(T_\mathrm{d}\omega_0))} + \pi$$

$$(6-113)$$

定义章动频率处需要补偿的相位为 $\Delta\theta$,则此时功放环节的延迟相位大小为 $\theta_1 = \Delta\theta + \theta_0$。根据不对称电流检测电阻网络的微分预测算法可知

$$\theta_1 = \arctan\frac{k_{\mathrm{amp}}U_\mathrm{d}i_{\mathrm{co}}k_1\delta L\omega_0 + U_{\mathrm{tri}}((R + R_\mathrm{m})\sin(T_\mathrm{d}\omega_0) + L\omega_0\cos(T_\mathrm{d}\omega_0))}{k_{\mathrm{amp}}U_\mathrm{d}i_{\mathrm{co}}k_1k_{\mathrm{ab}}R_\mathrm{m} + U_{\mathrm{tri}}((R + R_\mathrm{m})\cos(T_\mathrm{d}\omega_0) - L\omega_0\sin(T_\mathrm{d}\omega_0))} + \pi$$

$$(6-114)$$

从而可以求得

$$\delta = \frac{-\tan\theta_1(k_{amp}U_d i_{co}k_1 k_{ab}R_m + U_{tri}((R+R_m)\cos(T_d\omega_0) - L\omega_0\sin(T_d\omega_0))) - \vartheta}{k_{amp}U_d i_{co}k_1 L\omega_0}$$

$$(6-115)$$

式中:$\vartheta = U_{tri}((R+R_m)\sin(T_d\omega_0) + L\omega_0\cos(T_d\omega_0))$。

为便于描述,将以补偿数控延时、额定章动频率处的某一相位滞后作为补偿目标计算出的不对称因子分别记为 δ_1 和 δ_2。由于实际的被控对象和控制器参数不同,计算出的这两个值通常是不相等的,有必要根据实际的情况,结合控制目标,对这两个目标值算出的 δ 进行分类讨论,以此确定在各种不同目标下相对较优的 δ 值。

第3章的研究表明,当不对称因子 $\delta > \delta_1$ 时,电流环的电流调节时间增加且电流波形发生振荡。因此过大的 δ 对系统的稳定性和跟踪性都是不利的。考虑到 δ_1 和 δ_2 的相对大小对电流环动态性能、相位补偿能力及随电感变化的自适应特性,可以得出如下优化规则:

(1) 当 $\delta_1 \geqslant \delta_2$ 时,选取 $\delta = \delta_2$;

(2) 当 $\delta_1 < \delta_2$ 时,考虑到当 $\delta > \delta_1$ 时会影响电流环的动态性能,需要重新设计控制器,让控制器提供一定的相位裕度,在此基础上再根据新的控制通道频率特性确定需要补偿的相位值,直至满足 $\delta_1 \geqslant \delta_2$ 为止,此时选取 $\delta = \delta_2$。

综上所述,不对称因子的选取不仅关系到电流环的电流跟踪性能和控制带宽,还关系到整个电流闭环相位补偿值的大小和随电感变化的自适应相位补偿的能力,因此在实际的控制系统中,应根据被控对象和性能指标要求,选取合适的 δ。基于章动稳定判据的不对称电流检测电阻网络的优化设计方法流程如图 6-29 所示。

6.6.6 仿真和实验研究

为了证明本章所提出的比例-微分电流检测的优越性和有效性,对传统的数字控制方法(无预测)和传统的线性预测控制方法及不对称电流检测电阻网络方法进行了对比仿真和实验研究。

1. 仿真和实验条件

为便于实验研究,以大型 MSCMG 为实验平台(图 3-4),对不同方法进行

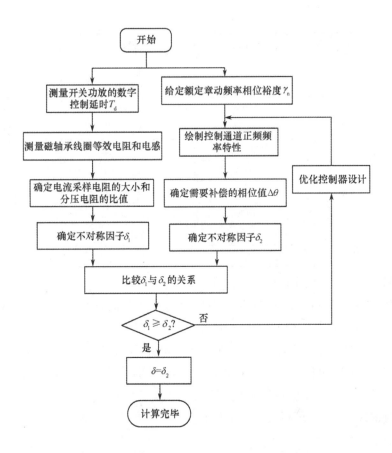

图 6-29　基于章动稳定判据的不对称电流检测电阻网络的优化设计方法流程

了对比仿真和实验。磁悬浮转子系统的径向四通道和轴向通道分别采用单极性 H 桥开关功放驱动,即共采用 5 个开关功放实现对磁悬浮转子系统的驱动控制,而 5 个通道之间的驱动是独立进行的。为方便叙述,本书仅以磁悬浮转子的 A_x 通道来进行仿真和实验研究。仿真和实验参数如表 6-1所列。

　　仿真模型采用前面通过状态空间平均法建立的小信号模型。电流环控制器采用 TMS320C31 数字信号处理芯片,模数转换芯片选用 AD1674,采用高共模抑制比运放 AMP02 作为开关功放的运算放大器,其共模抑制比为 115dB,即 $20\lg |A_d/A_c| = 115\text{dB}$。电流环控制器采用比例控制器,其传递函数为 $G_c(s) = k_{\text{amp}}$。

> 271

表 6 - 1　仿真和实验参数

参数	数值	参数	数值
U_i/V	28.0	$R_a/k\Omega$	7.500
R/Ω	2.0	$R_b/k\Omega$	1.519 (1.511)
L/mH	63	$R_c/k\Omega$	1.500
R_m/Ω	1.0	$R_d/k\Omega$	7.500
k_{amp}	3.5 (1.8)	i_{co}	10.0
V_D/V	0.3	$R_{on}/m\Omega$	44
$T_s/\mu s$	150	$T_p/\mu s$	50
$T_d/\mu s$	129	$T_c/\mu s$	150
k_1	6.0	CMRR/dB	115
G	6.0	—	—

AD1674 芯片单通道的采样时间约为 $10\mu s$,10 个采样通道(5 个电流通道和 5 个位移通道)耗费的总时间约 $100\mu s$。整个系统的计算延时约为 $97\mu s$,其可以通过测试的方法得到。基于香农采样定理,并考虑功放性能和功耗之间的平衡,系统的采样和伺服周期均为 $150\mu s$,且 PWM 开关周期为 $50\mu s$。根据式(6 - 62)可得系统的等待延时为 $3\mu s$,再加上 $75\mu s$ 的调制延时,根据式(6 - 67)可得系统总的延时是 $275\mu s$。

根据式(6 - 92)可得线性预测控制律为

$$i_{pred,k} = \left(1 + \frac{T_d}{T_c}\right)i_{L,k} - \frac{T_d}{T_c}i_{L,k-1} = 2.83i_{L,k} - 1.83i_{L,k-1} \quad (6-116)$$

根据式(6 - 94)可得参数 δ 和 k_1 可分别选为:$\delta = 0.002$、$k_1 = 6.0$。对于期望的 δ,为便于设计,可以在调制电阻网络的 4 个电阻中首先选取 3 个标准的高精度电阻,$R_a = R_d = 7.500k\Omega$,$R_c = 1.500k\Omega$。这样根据不对称因子 δ 的定义即可计算出 $R_b = 1.522k\Omega$。结合 $k_1 = 6.0$ 和 CMRR $= 115dB$,运算放大器 AMP02 的电压增益可确定为 $G = 6.0$。

考虑到 MSCMG 电流环需要的控制带宽和便于实现等因素,二阶抗混叠滤波器设计如下

$$G_f(s) = \frac{1}{(3.5 \times 10^{-5}s + 1)^2} \quad (6-117)$$

该滤波器的截止频率约为 $2.91kHz$,其远低于 PWM 开关频率 $20kHz$,因此

满足线性预测控制的条件。

2. 仿真和测试结果

仿真和实验条件为：在 $t = 0.001\mathrm{s}$ 时，A_x 通道参考电流从 0 阶跃到 1A。图 6-30 和图 6-31 分别给出了对比仿真和实验结果。

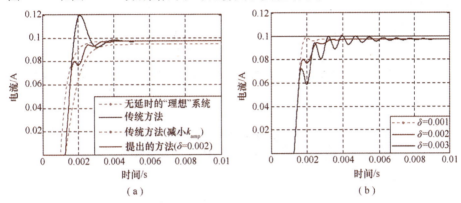

图 6-30　不同方法的电流阶跃响应对比仿真结果

(a) 传统方法与本章提出方法的对比结果；(b) 不同 δ 下的对比结果。

从图 6-30 可得，与没有延时的"理想"系统相比，实际控制系统无论是否采用电流预测控制，其阶跃响应的延时均约为 $275\mu\mathrm{s}$。传统的方法（没有电流预测控制）为了减小控制系统在跟踪阶跃电流输入时的超调量，通过减小电流环比例增益 k_{amp}（从 3.8 到 1.8）来实现，但电流环的响应速度明显下降，且电流跟踪的稳态误差加大，从而导致开关功放控制带宽降低。与之相比，本章提出的数控延时补偿方法使实际控制系统具有更小的电流超调量，而电流控制带宽却基本保持不变。这表明，相比于传统方法，本章提出的方法显著改善了系统的电流环的跟踪特性，并且在带宽不变的条件下改善了因数控延时恶化的控制系统的稳定性，这与前面的理论分析一致。需要说明的是，参考的电流输入为 1A，而经过开关功放后实际的电流输出却略小于 0.1A，这主要是由于为提高磁轴承电流环带宽，所采用的闭环控制并非单位负反馈而致，另外电流环控制器仅采用比例控制（为避免积分运算导致的相位滞后没有使用比例 - 积分控制）也不可避免地导致稳态误差。相应的实验结果如图 6-31(a) 所示，实验结果进一步证明了仿真和理论分析的正确性。

图 6-31(b) 给出了不对称电流检测电阻网络方法在不同 δ 下的对比仿

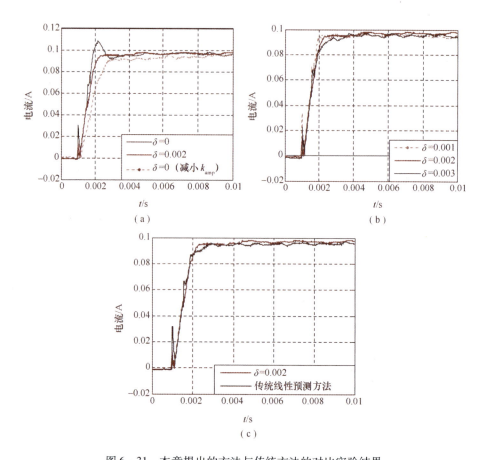

图 6-31　本章提出的方法与传统方法的对比实验结果

(a) 传统方法与本章提出的方法的对比结果；(b) 不同 δ 下的对比结果；

(c) 线性预测方法与本章提出的方法的对比结果。

真结果，从图 6-30(b)中可以看出，随着 δ 的增大，控制系统抑制电流超调的能力增强，但过大的 δ 会导致电流调节时间增加且带来振荡，过小的 δ 也会导致电流超调。图 6-31(b) 所示的实验结果进一步证明了仿真结果的正确性。图 6-31 (c) 给出了本章提出的方法和线性预测控制方法的对比实验结果，从图 6-31(c)中可以看出，本章所提出的方法具有比线性预测控制方法更小的电流噪声和更好的电流跟踪特性，这也证明了前面理论分析的正确性。由于负载的突然振动也会引起参考电流的阶跃，所以本章提出的方法同时有助于提高系统的振动抑制能力。

图 6 – 32 给出了采用本章提出的相位补偿控制方法前后,功放系统在 A_x 通道的频率特性曲线。从相频特性曲线可以看出,与传统的控制方法($\delta = 0$) 相比,新方法在 280Hz 后开始进行相位超前补偿,即起始补偿频率为 280Hz, 而起始补偿频率处功放系统的相位滞后约为 85°(略小于 90°),并且 δ 越大, 在起始补偿频率后的相位补偿越大,而在起始补偿频率前(小于 280Hz)的相 位滞后也越大,这与 6.6.3 节中的理论分析一致。同时,高频段的电流增益并 没有显著增加,在 10 ~ 850Hz 的频率范围内,系统的电流增益反而有所降低。 因此,本章提出的方法不仅可以有效地提高控制带宽,而且能够避免引进过大 的高频噪声。

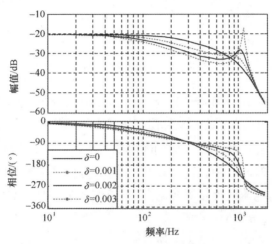

图 6 – 32　不同 δ 下功放系统频率特性仿真结果($L = 63\mathrm{mH}$)

为验证提出的方法能够实现起始补偿频率随电感自适应变化的功能,在 以上仿真的基础上,采用同样的参数对中型陀螺的磁轴承开关功放进行对比 仿真,即将绕组电感从 $L = 63\mathrm{mH}$ 减小为 $L = 21\mathrm{mH}$,在不同 δ 下的仿真结果如 图 6 – 33 所示。

对比图 6 – 32 和图 6 – 33 可得,当电感从 63mH 减小为 21mH 后,系统的 起始补偿频率约从 280Hz 增加到 500Hz,而起始补偿频率对应的相位滞后仍 然略小于 90°,同样在起始补偿频率前,随着 δ 的增加,系统的相位滞后增加, 在起始补偿频率后的相当大的带宽范围内(即相位补偿工作区),随着 δ 的增 加,系统的相位超前增加,这证明了所提出的方法能够实现起始补偿频率随电

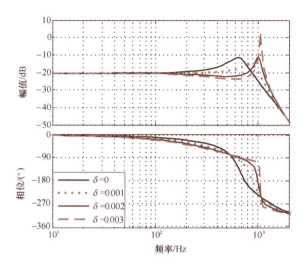

图 6-33　不同 δ 下功放系统频率特性仿真结果($L=21\text{mH}$)

感变化的自适应调整,从而有效地提高磁悬浮系统的章动稳定性。

为验证所提出的方法在相位补偿工作区内的相位补偿值具有随绕组电感变化的自适应补偿能力,假设某时刻随温度的升高和转子悬浮位置的变化,A_x 通道绕组电感从 21mH 的标称值增加到 30mH,分别采用本章提出的方法($\delta=0.002$)和传统的电流线性预测控制方法(控制律为式(6-116)所示)进行对比仿真,仿真结果如图 6-34 所示。

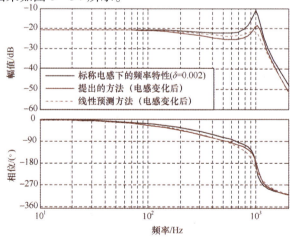

图 6-34　电感变化下不同方法的仿真结果

从图 6-34 可得,在标称电感下,采用本章提出的方法或传统的线性预测控制方法时其频率特性曲线是一样的(如图中细线所示),即补偿效果是一样的。而当电感增加后,采用这两种方法的频率特性在相位补偿工作区都出现了不同程度的滞后,但其滞后的程度却是不一样的。相比于传统的线性预测方法(如图中粗虚线所示),采用本章提出的方法(如图中的粗实线所示)在相位补偿工作区内的相位滞后明显较小,且在 900Hz 后,几乎实现了与电感变化前相当的补偿效果。这说明相比于传统的线性预测方法,本章方法具有随电感变化的自适应补偿特性,即能够自适应地减小由于电感变化对系统相位带来的波动。

综上所述,与电流线性预测控制方法相比,不对称电流检测电阻网络方法具有随电感变化的自适应相位补偿特性:不仅起始补偿频率具有随电感变化的自适应特性,而且在相位补偿工作区内的相位补偿值也具有随绕组电感变化的自适应补偿能力。不对称因子的选取不仅关系到电流环的电流跟踪性能和控制带宽大小,还关系到整个电流闭环相位补偿值的大小和随电感变化的自适应相位补偿的能力,因此在实际的控制系统中,应根据实际的被控对象和性能指标要求,选取合适的 δ。不过,在通常情况下,按线性预测控制理论来确定 δ 即可。

3. 实验结果

为了进一步验证基于不对称电流检测电阻网络的相位补偿方法的有效性,对不对称因子 $\delta = 0.002$ 和 $\delta = 0$ 两种不同方法下进行对比实验。将大型磁悬浮 CMG 放置于常温环境下,在额定转速 12000r/min 下进行长时间运行,轴承绕组的温度将随运行时间的增加而升高直至饱和。

当采用对称电流检测电阻网络时(即 $\delta = 0$),在轴承绕组温度达到 47℃时(约稳定运行了 30h)系统章动失稳。图 6-35 给出了磁悬浮转子系统的章动幅值随温度变化的曲线。从图中可以看出,随着磁轴承绕组温度的升高,章动幅值从 -53dB 增加到约 -47dB。这说明温度升高导致的电感加大严重影响了系统的稳定性,传统的控制方法很难保证系统在环境变化条件下的稳定性。

当采用不对称电流检测电阻网络后(即 $\delta = 0.002$),系统一直稳定运行到饱和温度 52℃(约 70h)也没有发生章动失稳。图 6-36 给出了磁悬浮转子系统章动幅值随温度变化的关系曲线。从图中可以看出章动幅值基本不受温度变化的影响,始终保持在 -53dB 左右。系统连续运行 20 天,章动幅值仍然保持不变。

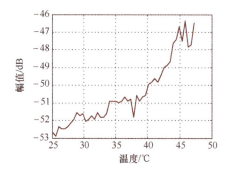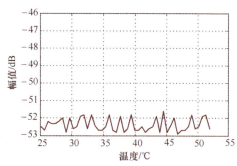

图 6 – 35　采用不对称电流检测电阻
网络前章动幅值随温度变化的曲线

图 6 – 36　采用不对称电流检测电阻
网络后章动幅值随温度变化的曲线

图 6 – 37 给出了 20 天稳定运行期间磁悬浮转子径向四通道位移随时间的变化曲线(每隔 1h 采样一次数据)。从图中可以看出,径向四通道位移的峰 – 峰值基本保持在 $10 \sim 15 \mu m$ 之间,并不随着时间(温度)的变化而变化,进而说明磁悬浮转子系统的控制精度并不随着温度等外部因素的变化而变化。这说明不对称采样电阻网络能有效地补偿由于温度升高而增加的相位滞后,从而保证了系统的鲁棒稳定性。

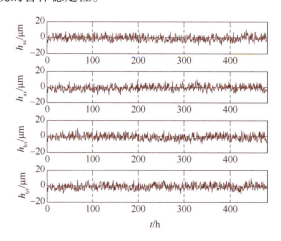

图 6 – 37　磁悬浮转子径向各通道位移随时间的变化曲线

为了验证磁轴承开关功放系统相位随温度的变化情况,在 25℃ 和 52℃ 条件下对磁轴承线圈等效电感和电阻进行了测试,测试结果分别如表 6 – 2 和表 6 –3 所列。

表 6 – 2　不同绕组温度下各通道等效电感

参数　　　　　　通道	A_x	A_y	B_x	B_y	Z
25℃ 下的电感/mH	62.20	61.89	54.77	53.71	60.25
52℃ 下的电感/mH	66.81	67.18	61.55	60.26	66.40
变化率/(%)	7.4	8.5	12.4	12.2	10.2

表 6 –3　不同绕组温度下各通道等效电阻

参数　　　　　　通道	A_x	A_y	B_x	B_y	Z
25℃ 下的电阻/Ω	3.10	3.10	3.0	3.10	14.5
52℃ 下的电阻/Ω	3.15	3.15	3.05	3.15	14.7
变化率/(%)	1.6	1.6	1.6	1.6	1.4

从表 6 –2 可以看出,磁轴承线圈等效电感随着温度的升高而增大,且从室温 25℃ 升高到 52℃ 时电感增大约 10%。从表 6 –3 可以看出,磁轴承线圈等效电阻也随着温度的升高而增大,但变化幅度相对较小。从理论上讲,轴承绕组等效电阻的加大有利于增大轴承功放系统的带宽,但因轴承电阻的变化率远小于电感的变化率,因此轴承功放系统的带宽必然随着温度的升高而降低,这与理论分析一致。

6.7　本章小结

针对陀螺效应和动框架效应对磁悬浮转子系统稳定性和控制精度的影响,本章首先提出了一种基于框架角速率 – 轴承电流前馈的动框架位移抑制方法。在此基础上,提出了动框架条件下 MSCMG 的反馈线性化解耦控制方法,通过二自由度内模控制器中 Q 滤波器的调节克服了反馈线性化方法对模型依赖较大的缺点,并利用磁悬浮转子的涡动模态稳定判据给出了定量的设计方法。针对开关功放系统数控延时的问题,提出了基于不对称采样电阻网络的补偿方法,有效解决了电流模式逆系统方法存在未建模动态导致的残余耦合和残余非线性影响系统稳定性及解耦精度的共性问题。仿真和实验结果证明了上述方法的正确性和优越性。

参 考 文 献

[1] 房建成,孙津济,樊亚洪. 磁悬浮惯性动量轮技术[M]. 北京:国防工业出版社,2012.

[2] 郑世强. 双框架磁悬浮控制力矩陀螺磁轴承控制及应用研究[D]. 北京:北京航空航天大学, 2011.

[3] 魏彤, 房建成. MSCMG 的动框架效应及其角速率前馈控制方法研究[J]. 宇航学报, 2005, 26(1): 19 - 23.

[4] 魏彤, 房建成. 磁悬浮控制力矩陀螺动框架效应的 FXLMS 自适应精确补偿控制方法仿真研究[J]. 宇航学报, 2006, 27(6): 1205 - 1210.

[5] 霍甲, 魏彤, 房建成. 基于简化 FXLMS 算法的磁悬浮控制力矩陀螺动框架效应精确补偿方法实验研究[J]. 宇航学报, 2010, 31(3): 786 - 792.

[6] 魏彤. CMG 磁悬浮转子控制系统稳定性分析与实验研究[D]. 北京: 北京航空航天大学, 2006.

[7] Fang J, Ren Y. High precision control for a single gimbal magnetically suspended control moment gyro based on inverse system method[J]. IEEE Transactions on Industrial Electronics, 2011, 58(9):4331 - 4342.

[8] Ren Y, Fang J. High - stability and Fast - response twisting motion control for the magnetically suspended rotor system in a control moment gyro[J]. IEEE/ASME Transactions on Mechatronics, 2013, 18(5): 1625 - 1634.

[9] Ren Y, Fang J. High - precision and Strong - robustness Control of a MSCMG based on modal separation and rotation motion decoupling strategy[J]. IEEE Transactions on Industrial Electronics, 2014, 61(3): 1539 - 1550.

[10] 任元. 大型 CMG 磁悬浮转子系统高稳定度高精度控制方法及实验研究[D]. 北京: 北京航空航天大学,2012.

[11] Fang J, Ren Y. Docoupling control of magnetically suspended rotor system in control moment gyros based on inverse system method[J]. IEEE/ASME Transactions on Mechatronics. 2012, 17(6): 1133 - 1144.

[12] Fang J, Ren Y. A Self - adaptive phase - lead compensation method based on unsymmytrical current sampling resistance network[J]. IEEE Transactions on Industrial Electronics, 2012, 59(2): 1218 - 1227.

[13] Ren Y, Fang J. Current sensing resistor network design to include current derivative in PWM H – bridge unipolar switching power amplifiers for magnetic bearings[J]. IEEE Transactions on Industrial Electronics, 2012, 59(12): 4590 – 4600.

[14] Okada Y, Nagai B, Shimane T. Cross – feedback stabilization of the digitally controlled magnetic beareing[J]. J. Vib. Acoustics, 1992, 114: 54 – 59.

[15] Okada Y, Nagai B, Shimane T. Digital control of magnetic bearing with rotationally synchronized interruption[C]. in Proc. of First Int. Sym. on Magn. Bearings, Zurich, Switerland, 1988,6.

[16] Ahrens M, Kucera L, Larsonneur R. Performance of a magnetically suspended flywheel energy storage device[J]. IEEE Transactions on Control System Technology, 1996, 4(5): 494 – 502.

[17] Fan Y, Fang J. Experimental research on the nutational stability of magnetically suspended momentum flywheel in control moment gyroscope (CMG)[C]. in Proc. 9th Int. Sym. Magn. Bearings, Lexington, USA, 2004,8.

[18] Chen J, Liu K, Chen X. Modeling and low power control of active magnetic bearings system[C]. in Proc. Int. Conf. Modeling, Identification, Control, Shanghai, China, Jun. 2011.

[19] Dever T P, Brown G V, Duffy K P, et al. Modeling and development of a magnetic bearing controller for a high speed flywheel system[C]. in Proc. 2nd Int. Energy Convers. Eng. Conf., Providence, Rhode Island, Aug. 2004, AIAA 2004 – 5626.

[20] Brown G V, Kascak A, Jansen R H, et al. Stabilizing gyroscopic modes in magnetic – bearing – supported flywheels by using cross – axis proportional gains[C]. in AIAA Guid., Naviga., and Control conf. and Exhibit, San Francisco, CA, Aug. 2005, AIAA 2005 – 5955.

[21] Chen S – L, Weng C – C. Robust control of a voltage – controlled three – pole active magnetic bearing system[J]. IEEE/ASME Transactions on Mechatronics, 2010, 15(3): 381 – 388.

[22] Sivrioglu S, Nonami K. Sliding mode control with time – varying hyperplane for AMB systems[J]. IEEE/ASME Transactions on Mechatronics, 1998, 3(1): 51 – 59.

[23] Tamisier V. Optimal control of the gyroscopic effects[C]. in Proc. IEEE Int. Symp. Ind. Electron., Montreal, Quebec, Canada, 2006: 2556 – 2561.

[24] Zhu K Y, Xiao Y, Rajendra A U. Optimal control of the magnetic bearings for a flywheel energy storage system[J]. IEEE/ASME Transactions on Mechatronics, 2009, 19: 1221 – 1235.

[25] Grabner H, Amrhein W, Silber S, et al. Nonlinear feedback control of a bearingless brushless dc motor[J]. IEEE/ASME Transactions on Mechatronics, 2010, 15(1): 40 – 47.

[26] Chen M, Knospe C R. Feedback linearization of active magnetic bearings: current – model implementation[J]. IEEE/ASME Transactions on Mechatronics, 2005, 10(6): 632 – 639.

[27] J D Lindlau, C R Knospe. Feedback linearization of an active magnetic bearing with voltage control. IEEE Transactions Control Syst. Technol. , 2002, 10(1): 21 – 31.

[28] Yang Z, Zhao L, Zhao H. Global linearization and microsynthesis for high – speed grinding spindle with active magnetic bearings[J]. IEEE Transactions on Magnetics, 2002, 38(1): 250 – 256.

[29] Li L, Shinshi T. Asymptotically exact linearizations for active magnetic bearing actuators in voltage control configuration[J]. IEEE Transactions on Control Systems Techonlogy, 2003, 11(2): 185 – 195.

[30] Grabner H, Amrhein W, Silber S, et al. Nonlinear feedback control of a bearingless brushless DC motor[J]. IEEE/ASME Transactions on Mechatronics, 2010, 15(1): 40 – 47.

[31] Hsu C T, Chen S L. Exact linearization of a voltage – controlled 3 pole active magnetic bearing system [J]. IEEE Transactions on Industrial Electronics, 2002, 10(4): 618 – 625.

[32] Lindlau J D, Knospe C R. Feedback linearization of an active magnetic bearing with voltage control[J]. IEEE Transactions on Control Systems Technology, 2002, 10(1): 21 – 31.

[33] 洪奕光,程代展. 非线性系统的分析与控制[M]. 北京: 科学出版社, 2005: 63 – 95.

[34] Cheng D, Hu X, Shen T. Analysis and design of nonlinear control systems[M]. Beijing: Science press Beijing and spinger – Verlag Berlin Heideberg, 2010: 173 – 194.

[35] Lin F J, Hung Y C, Chen S Y. FPGA – based computed force control system using Elman neural network for linear ultrasonic motor[J]. IEEE Transactions on Industrial Electronics, 2009, 56(4): 1238 – 1253.

[36] Hua C, Liu P X, Guan X. Backstepping control for nonlinear systems with time delays and applications to chemical reactor system[J]. IEEE Transactions on Industrial Electronics, 2009, 56(9): 3723 – 3732.

[37] Bashash S, Jalili N. Robust adaptive control of coupled parallel piezo – flexural nanopositioning stages [J]. IEEE/ASME Transactions on Mechatronics, 2009, 14(1): 11 – 20.

[38] Islam S, Liu P X. Robust adaptive fuzzy output feedback control system for robot manipulators[J]. IEEE/ASME Transactions on Mechatronics, 2011, 16(2): 288 – 296.

[39] Cho G R, Chang P H, Park S H, et al. Robust tracking under nonlinear friction using time – delay control with internal model[J]. IEEE Transactions on Control Systems Technology, 2009, 17(6): 1406 – 1414.

[40] Yang S M, Huang M S. Design and implementation of a magnetically levitated single – axis controlled axial blood pump[J]. IEEE Transactions on Industrial Electronics, 2009, 56

(6): 2213 – 2219.

[41] Rupp D, Guzzella L. Iterative tuning of internal model controllers with application to air/fuel ratio control[J]. IEEE Transactions on Control Systems Technology, 2010, 18(1): 177 – 184.

[42] Hoagg J B, Santillo M A, Bernstein D S. Internal model control in the shift and Delta domains[J]. IEEE Transactions on Automatic Control, 2008, 53(4): 1066 – 1072.

[43] Smith O J M. Closer control of loops with dead time[J]. Chemical Engineering Progress, 1957, 53(5): 217 – 219.

[44] Astrom K J, Hang C C, Lim B C. A new Smith predictor for controlling a process with an integrator and long dead time[J]. IEEE Transactions on Automatic Control, 1994, 39(2): 343 – 345.

[45] Mollov S, Babuska R, Abonyi J, et al. Effective optimization for fuzzy model predictive control[J]. IEEE Transactions on Fuzzy Systems, 2004, 12(5): 661 – 675.

[46] Kouro S, Cortes P, Vargas R, et al. Model predictive control – A simple and powerful method to control power converters[J]. IEEE Transactions on Industrial Electronics, 2009, 56(6): 1826 – 1838.

[47] Reindl M, Schaltz E, Thogersen P. Switching frequency reduction using model predictive direct current control for high – power voltage source inverters[J]. IEEE Transactions on Industrial Electronics, 2011, 58(7): 2826 – 2835.

[48] Bemporad A, Cairano S D. Model – predictive control of discrete hybrid stochastic automata [J]. IEEE Transactions on Automatic Control, 2011, 56(6): 1307 – 1321.

[49] Qian Z, Abdel – Rahman O, Al – Atrash H, et al. Modeling and control of three – port DC/DC converter interface for satellite applications[J]. IEEE Transactions on Power Electronics, 2010, 25(3): 637 – 649.

[50] Wu L, Gao H, Wang G. Quasi sliding mode control of differential linear repetitive processes with unknown input disturbance [J]. IEEE Transactions on Industrial Electronics, 2011, 58(7): 3059 – 3068.

[51] Huerta J M, Moreno J C, Fischer J R, et al. A synchronous reference frame robust predictive current control for three – phase grid – connected inverters[J]. IEEE Transactions on Industrial Electronics, 2010, 57(3): 954 – 962.

[52] Moreno J C, Huerta M E, Gil R G, et al. A robust predictive current control for three – phase grid – connected inverters[J]. IEEE Transactions on Industrial Electronics, 2009, 56(6): 1993 – 2004.

[53] Kim M H, Lee S, Lee K C. Experimental performance evaluation of smoothing predictive redundancy using embedded microcontroller unit[J]. IEEE Transactions on Industrial Electronics, 2011, 58(3): 784 – 791.

[54] Vidal – Idiarte E, Carrejo C E, Calvente J, et al. Two – loop digital sliding mode control of DC – DC power converters based on predictive interpolation[J]. IEEE Transactions on Industrial Electronics, 2011, 58(6): 2491 – 2501.

[55] Nussbaumer T, Heldwein M L, Gong G, et al. Comparison of prediction techniques to compensate time delays caused by digital control of a three – phase buck – type PWM rectifier system[J]. IEEE Transactions on Industrial Electronics, 2008, 55(2): 791 – 799.

[56] Tzartzanis N, Walker W W. Differential current – mode sensing for efficient on – chip global signaling[J]. IEEE Journal of Solid – State Circuits, 2005, 40(11): 2141 – 2147.

[57] Singh T, Saether T, Ytterdal T. Current – mode capacitive sensor interface circuit with single – ended to differential output capability[J]. IEEE Transactions on Instrumentation and Measurement, 2009, 58(11): 3914 – 3920.

[58] Witulski A F, Erickson R W. Extension of state – space averaging to resonant switches and beyond[J]. IEEE Transactions on Power Electronics, 1990, 5(1): 98 – 109.

第 7 章
单框架 MSCMG 的高带宽、高精度控制方法

▶ 7.1 引言

框架转动不仅影响 MSCMG 的稳定性[1-6],而且会影响系统的控制精度和动态响应速度[7-11]。第 6 章提出的 MSCMG 的高稳定度控制方法[10,11],其解耦思想主要基于通道的反馈线性化[12,13],本书称其为通道解耦方法。通道解耦方法源于系统实际驱动控制的物理实现思想,因而其物理意义明确且便于理解[10]。这种方法虽然在低动态条件下可以取得高精度的解耦控制效果,但在高动态输出陀螺力矩或在磁悬浮转子作变气隙偏转控制的情况下[14-17],该方法却产生了一些问题[7,8]:(1)通道解耦方法对系统数学模型的依赖程度较大,而在磁悬浮转子系统的绕组电流或悬浮位移大范围内波动时,要建立其精度较高的模型是非常困难甚至不可能的[18-22],这必然影响系统的鲁棒性[23-25];(2)通道解耦方法尽管实现了磁悬浮转子系统径向各通道直接的解耦,但它并不能实现对磁悬浮转子平动和转动的独立控制[26],而在实际的控制系统中,实现对磁悬浮转子平动和转动的独立调节,不仅可以减小系统对模型的过度依赖,而且可以实现模态分离,即实现对磁轴承刚度和阻尼的独立调节,从而有助于提高系统的稳定性和动态性能;(3)由于通道解耦方法要进行

5 个通道间的解耦,且解耦后的每个通道都需要设计鲁棒控制器,另外磁轴承的 4 个径向通道还需要进行相位补偿滤波器的设计[11],导致其实现相对复杂而不便于在工程型号产品中应用。

尽管文献[25]提出的模态解耦控制方法可以实现平动和转动模态的解耦,但是这种方法并不能实现转动模态之间的解耦控制,因此其无法从根本上解决陀螺效应和动框架效应对 MSCMG 稳定性和控制精度的影响[8]。文献[26]进一步提出了基于状态反馈的模态解耦控制策略来实现进动模态的稳定控制,但是该方法无法保证在高转速条件下章动模态稳定控制。

针对上述问题,本章提出了基于模态分离和转动模态解耦的控制方法[8],并在此基础上结合磁悬浮转子系统的物理特性提出了基于动态反馈 – 前馈控制的磁悬浮转子系统的高精度快响应偏转控制策略[7],进一步简化了现有方法并提高了系统的动态响应速度和稳定性;最后提出了基于非线性微分跟踪器的框架伺服系统的高带宽控制方法[27 – 29]。

7.2 基于模态分离和转动解耦的磁悬浮转子系统高稳定度、高精度控制

为实现大型 MSCMG 高动态条件下的高稳定度和快响应控制,本节在第 6 章提出的通道解耦控制方法的基础上,进一步提出了基于模态分离和转动解耦的控制方法。

7.2.1 系统耦合性分析

磁悬浮转子系统理论上是一个对称系统,然而实际情况下,由于加工、装配及材料等因素的影响,磁轴承的磁中心和几何中心通常并不完全重合。图 7 –1 给出了磁中心处径向各通道电流刚度与电流的关系曲线,图 7 – 2 给出了在零电流条件下径向各通道位移刚度与位移的关系曲线,其中符号"△"、"☆"、"○"、"□"分别表示实际的四通道的测试点,曲线是经过 Matlab 曲线拟合而成的。从测试结果可以看出,径向各通道的电流刚度并不关于电流对称,同时各通道的位移刚度也并非关于位移完全对称,即在实际系统中磁悬浮转子径向四通道的电流刚度和位移刚度并不关于几何中心对称。因此,在实际

的 MSCMG 中,为更好地分析系统的耦合性,考虑不对称电流刚度和位移刚度是必要的。

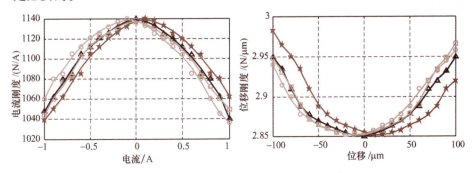

图 7 - 1 磁中心处径向各通道   　图 7 - 2 径向各通道位移

电流刚度与电流关系   　　　　刚度与位移关系

根据模态控制的思想,磁轴承径向各通道的电流可表示成平动电流和转动电流的和。定义 i_{axt}、i_{bxt}、i_{ayt}、i_{byt} 分别为径向 A_x、B_x、A_y 和 B_y 通道的等效平动电流,i_{axr}、i_{bxr}、i_{ayr}、i_{byr} 分别为其对应的转动电流,则径向各通道的绕组电流可表示为

$$\begin{cases} i_{ax} = i_{axt} + i_{axr} \\ i_{ay} = i_{ayt} + i_{ayr} \\ i_{bx} = i_{bxt} + i_{bxr} \\ i_{by} = i_{byt} + i_{byr} \end{cases} \tag{7-1}$$

在考虑不对称电流刚度和位移刚度的条件下,MSCMG 的动力学方程式(6 - 24)可以重写为

$$\begin{cases} m\ddot{x} = 2k_{iax}i_x + 2k_{hax}x - \Delta k_{hx}h_{bx} + \dfrac{\sqrt{2}}{2}mg\cos\theta_g \\[2mm] J_r\left(\ddot{\beta} - \dfrac{\sqrt{2}}{2}\dot{\omega}_g\right) - J_z\Omega\left(\dot{\alpha} + \dfrac{\sqrt{2}}{2}\omega_g\right) = 2l_m k_{iax}i_{\beta} + 2l_m^2 k_{hax}\beta + l_m\Delta k_{hx}h_{bx} \\[2mm] m\ddot{y} = 2k_{iby}i_y + 2k_{hby}y - \Delta k_{hy}h_{ay} + \dfrac{\sqrt{2}}{2}mg\cos\theta_g \\[2mm] J_r\left(\ddot{\alpha} + \dfrac{\sqrt{2}}{2}\dot{\omega}_g\right) + J_z\Omega\left(\dot{\beta} - \dfrac{\sqrt{2}}{2}\omega_g\right) = 2l_m k_{iby}i_{\alpha} + 2l_m^2 k_{hby}\alpha + l_m\Delta k_{hy}h_{ay} \\[2mm] J_g\dot{\omega}_g = k_g i_g - \dfrac{\sqrt{2}}{2}\big[2l_m(k_{iby}i_{\beta} - k_{iax}i_{\alpha}) + 2l_m^2(k_{hby}\alpha - k_{hax}\beta) + \\[2mm] \quad l_m(\Delta k_{hy}h_{ay} - \Delta k_{hx}h_{bx})\big] + T_d \end{cases} \tag{7-2}$$

式中：$i_x = i_{axt} = k_{ibx} i_{bxt}/k_{iax}$；$i_y = i_{byt} = k_{iay} i_{ayt}/k_{iby}$；$i_\beta = i_{axr} = -k_{ibx} i_{bxr}/k_{iax}$；$i_\alpha = i_{byr} = -k_{iay} i_{ayr}/k_{iby}$；$\Delta k_{hx} = k_{hax} - k_{hbx}$；$\Delta k_{hy} = k_{hby} - k_{hay}$；$T_d = T_G \cos\theta_g - T_{f0}$；$\begin{bmatrix} i_x & i_\alpha & i_y & i_\beta \end{bmatrix}^T$ 构成模态坐标系。

从模态坐标系到磁轴承坐标系的坐标变换可表示为

$$\begin{cases} i_{ax} = i_x + i_\beta \\ i_{bx} = (i_x - i_\beta) k_{iax}/k_{ibx} \\ i_{ay} = (i_y - i_\alpha) k_{iby}/k_{iay} \\ i_{by} = i_y + i_\alpha \end{cases} \qquad (7-3)$$

根据式(7-2)可得,在转子位置的广义坐标系下,当且仅当 $\Delta k_{hx} = \Delta k_{hy} \equiv 0$ 时,磁悬浮转子的平动和转动之间没有耦合。然而在实际的磁悬浮转子系统中,这种条件是很难满足的。即使对于对称的磁悬浮转子系统,由于其不可能始终悬浮在磁中心,也不可能保证该条件。

由以上分析可得,对于实际的 MSCMG 而言,不仅在三自由度转动之间存在强动力学耦合,而且在二自由度平动和三自由度转动之间也存在动力学耦合。由于三自由度转动之间的耦合是陀螺效应和动框架效应产生的根本原因,其不可避免地影响系统稳定性和控制精度。而磁悬浮转子的二自由度平动与二自由度转动之间的耦合影响了对磁悬浮转子刚度和阻尼的独立调节。另外,磁悬浮转子的二自由度平动与框架转动之间虽然存在耦合,但这种耦合相对较弱且在太空环境下可忽略不计(由于在太空中几乎没有重力)。因此,实现磁悬浮转子二自由度平动与二自由度转动之间的解耦及整个 MSCMG 三自由转动运动(包括磁悬浮转子二自由度转动和框架的单自由度转动)之间的解耦是一种理想的控制策略。

7.2.2 基于简化的模态控制器的模态分离控制策略

模态控制的目标是实现转子系统平动模态和转动模态的分离,从而实现对平动和转动的独立调节,即实现对磁轴承刚度和阻尼的独立调整。为了实现这一目标,传统的方法需要抵消径向磁轴承各个通道的负刚度。其具体实现办法是通过在磁轴承各通道的输出参考电流中增加相应的可抵消磁轴承负刚度的控制信号。

事实上,在 $\Delta k_{hx} = \Delta k_{hy} \equiv 0$ 的条件下,为了实现对磁悬浮转子径向二自由度平动和二自由度转动之间的解耦,一种较为简单的办法是仅补偿径向通道的不对称值而无需补偿各个通道的整个位移负刚度。因此,这里提出的新方法无需补偿 4 个径向通道的位移负刚度,仅需补偿两个通道(同一平动自由度两端只需选取其中一个)即可,本书选取 A_x 通道和 B_y 通道。

图 7 - 3 给出了简化的模态控制器结构图,其实现的步骤是:①将磁轴承位置传感器输入转化为模态坐标,分离后的信号经过平动和转动模态控制器后分别用于对平动和转动的独立调节;②将模态坐标系转化为磁轴承作动器坐标系的输出;③将该输出与不对称负刚度补偿控制器的输出相加即可得到整个模态控制器的输出,该输出作用于磁轴承各通道即可实现模态分离。

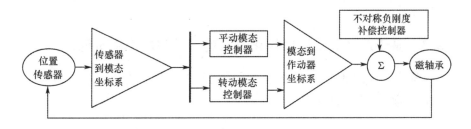

图 7 - 3　简化的模态控制器结构图

根据式(7 - 2),可求得不对称负刚度补偿控制器的输出为

$$
\begin{cases}
\Delta i_{bx} = \dfrac{\Delta k_{hx}}{k_{ibx}} h_{bx} \\[3mm]
\Delta i_{ay} = \dfrac{\Delta k_{hy}}{k_{iay}} h_{ay}
\end{cases}
\qquad (7 - 4)
$$

于是,通过不对称负刚度补偿,不对称的磁轴承系统变成了对称的磁轴承系统,式(7 - 2)可以重新描述为

$$\begin{cases} m\ddot{x} = 2k_{\text{iax}}i_x + 2k_{\text{hax}}x + \dfrac{\sqrt{2}}{2}mg\cos\theta_{\text{g}} \\[2mm] J_{\text{r}}\left(\ddot{\beta} - \dfrac{\sqrt{2}}{2}\dot{\omega}_{\text{g}}\right) - J_z\Omega\left(\dot{\alpha} + \dfrac{\sqrt{2}}{2}\omega_{\text{g}}\right) = 2l_{\text{m}}k_{\text{iax}}i_{\beta} + 2l_{\text{m}}^2 k_{\text{hax}}\beta \\[2mm] m\ddot{y} = 2k_{\text{iby}}i_y + 2k_{\text{hby}}y + \dfrac{\sqrt{2}}{2}mg\cos\theta_{\text{g}} \\[2mm] J_{\text{r}}\left(\ddot{\alpha} + \dfrac{\sqrt{2}}{2}\dot{\omega}_{\text{g}}\right) + J_z\Omega\left(\dot{\beta} - \dfrac{\sqrt{2}}{2}\omega_{\text{g}}\right) = 2l_{\text{m}}k_{\text{iby}}i_{\alpha} + 2l_{\text{m}}^2 k_{\text{hby}}\alpha \\[2mm] J_{\text{g}}\dot{\omega}_{\text{g}} = k_{\text{g}}i_{\text{g}} - \dfrac{\sqrt{2}}{2}\left[2l_{\text{m}}(k_{\text{iby}}i_{\beta} - k_{\text{iax}}i_{\alpha}) + 2l_{\text{m}}^2(k_{\text{hby}}\alpha - k_{\text{hax}}\beta)\right] + T_{\text{d}} \end{cases} \quad (7-5)$$

从式(7-5)可以看出,磁悬浮转子系统平动和转动之间的耦合不再存在,从而实现了模态分离。由于对磁轴承平动的控制相对简单且成熟,采用传统的平动 PID 控制器即可。而转动之间却存在与转子转速和框架角速率密切相关的陀螺效应和动框架效应,因此有必要研究 MSCMG 三自由度转动之间的反馈线性化解耦控制方法。

🖋 7.2.3 基于改进的反馈线性化方法的转动解耦控制研究

根据式(7-5),定义 MSCMG 三自由度转动运动的状态变量 $\boldsymbol{x}$,输入变量 $\boldsymbol{u}$ 和输出变量 $\boldsymbol{y}$ 分别如下

$$\boldsymbol{x} = \begin{bmatrix} x_1 & x_2 & x_3 & x_4 & x_5 & x_6 \end{bmatrix}^{\text{T}} = \begin{bmatrix} \alpha & \beta & \theta_{\text{g}} & \dot{\alpha} & \dot{\beta} & \omega_{\text{g}} \end{bmatrix}^{\text{T}} \quad (7-6)$$

$$\boldsymbol{u} = \begin{bmatrix} u_1 & u_2 & u_3 \end{bmatrix}^{\text{T}} = \begin{bmatrix} i_{\alpha} & i_{\beta} & i_{\text{g}} \end{bmatrix}^{\text{T}} \quad (7-7)$$

$$\boldsymbol{y} = \begin{bmatrix} y_1 & y_2 & y_3 \end{bmatrix}^{\text{T}} = \begin{bmatrix} \alpha & \beta & \theta_{\text{g}} \end{bmatrix}^{\text{T}} \quad (7-8)$$

则式(7-5)所示的非线性系统对应的状态空间方程可表示为

$$\begin{cases} \dot{\boldsymbol{x}} = f(\boldsymbol{x}) + \displaystyle\sum_{i=1}^{3} g_i(\boldsymbol{x})u_i \\[2mm] \boldsymbol{y} = h(\boldsymbol{x}) = \begin{bmatrix} h_1(\boldsymbol{x}) & h_2(\boldsymbol{x}) & h_3(\boldsymbol{x}) \end{bmatrix}^{\text{T}} = \begin{bmatrix} x_1 & x_2 & x_3 \end{bmatrix}^{\text{T}} \end{cases} \quad (7-9)$$

式中: $f(\boldsymbol{x}) =$
$$\begin{bmatrix} x_4 \\[2mm] x_5 \\[2mm] x_6 \\[2mm] \dfrac{2l_{\mathrm{m}}^2(k_{\mathrm{hby}}x_1 - k_{\mathrm{hax}}x_2) - \sqrt{2}T_{\mathrm{d}}}{2J_{\mathrm{g}}} + \dfrac{2l_{\mathrm{m}}^2 k_{\mathrm{hby}}x_1 - H(x_5 - \sqrt{2}/2x_6)}{J_{\mathrm{r}}} \\[4mm] \dfrac{2l_{\mathrm{m}}^2(k_{\mathrm{hax}}x_2 - k_{\mathrm{hby}}x_1) + \sqrt{2}T_{\mathrm{d}}}{2J_{\mathrm{g}}} + \dfrac{2l_{\mathrm{m}}^2 k_{\mathrm{hax}}x_2 + H(x_4 + \sqrt{2}/2x_6)}{J_{\mathrm{r}}} \\[4mm] \dfrac{\sqrt{2}}{J_{\mathrm{g}}}l_{\mathrm{m}}^2(k_{\mathrm{hax}}x_2 - k_{\mathrm{hby}}x_1) + \dfrac{T_{\mathrm{d}}}{J_{\mathrm{g}}} \end{bmatrix};$$

$$g_1(\boldsymbol{x}) = \begin{bmatrix} 0 \\[2mm] 0 \\[2mm] 0 \\[2mm] \dfrac{-l_{\mathrm{m}}k_{\mathrm{iax}}}{J_{\mathrm{g}}} \\[4mm] \dfrac{2l_{\mathrm{m}}k_{\mathrm{iax}}}{J_{\mathrm{r}}} + \dfrac{l_{\mathrm{m}}k_{\mathrm{iax}}}{J_{\mathrm{g}}} \\[4mm] \dfrac{\sqrt{2}}{J_{\mathrm{g}}}l_{\mathrm{m}}k_{\mathrm{iax}} \end{bmatrix}; g_2(\boldsymbol{x}) = \begin{bmatrix} 0 \\[2mm] 0 \\[2mm] 0 \\[2mm] \dfrac{2l_{\mathrm{m}}k_{\mathrm{iby}}}{J_{\mathrm{r}}} + \dfrac{l_{\mathrm{m}}k_{\mathrm{iby}}}{J_{\mathrm{g}}} \\[4mm] \dfrac{-l_{\mathrm{m}}k_{\mathrm{iby}}}{J_{\mathrm{g}}} \\[4mm] \dfrac{-\sqrt{2}}{J_{\mathrm{g}}}l_{\mathrm{m}}k_{\mathrm{iby}} \end{bmatrix}; g_3(\boldsymbol{x}) = \begin{bmatrix} 0 \\[2mm] 0 \\[2mm] 0 \\[2mm] \dfrac{-\sqrt{2}k_{\mathrm{g}}}{2J_{\mathrm{g}}} \\[4mm] \dfrac{\sqrt{2}k_{\mathrm{g}}}{2J_{\mathrm{g}}} \\[4mm] \dfrac{k_{\mathrm{g}}}{J_{\mathrm{g}}} \end{bmatrix}。$$

根据微分几何理论[29-32]，可得

$$L_{g_i}h_j(x) = 0 \quad (i,j = 1,2,3) \tag{7-10}$$

所以

$$A(\boldsymbol{x}) = \begin{bmatrix} L_{g_1}L_{\mathrm{f}}h_1(\boldsymbol{x}) & L_{g_2}L_{\mathrm{f}}h_1(\boldsymbol{x}) & L_{g_3}L_{\mathrm{f}}h_1(\boldsymbol{x}) \\[2mm] L_{g_1}L_{\mathrm{f}}h_2(\boldsymbol{x}) & L_{g_2}L_{\mathrm{f}}h_2(\boldsymbol{x}) & L_{g_3}L_{\mathrm{f}}h_2(\boldsymbol{x}) \\[2mm] L_{g_1}L_{\mathrm{f}}h_3(\boldsymbol{x}) & L_{g_2}L_{\mathrm{f}}h_3(\boldsymbol{x}) & L_{g_3}L_{\mathrm{f}}h_3(\boldsymbol{x}) \end{bmatrix}$$

$$= \begin{bmatrix} \dfrac{-l_m k_{iax}}{J_g} & \dfrac{2l_m k_{iby}}{J_r} + \dfrac{l_m k_{iby}}{J_g} & \dfrac{-\sqrt{2}k_g}{2J_g} \\[3mm] \dfrac{2l_m k_{iax}}{J_r} + \dfrac{l_m k_{iax}}{J_g} & \dfrac{-l_m k_{iby}}{J_g} & \dfrac{\sqrt{2}k_g}{2J_g} \\[3mm] \dfrac{\sqrt{2}l_m k_{iax}}{J_g} & \dfrac{-\sqrt{2}l_m k_{iby}}{J_g} & \dfrac{k_g}{J_g} \end{bmatrix} \quad (7-11)$$

因此

$$\det A(\boldsymbol{x}) = -\frac{4l_m^2 k_{iax} k_{iby} k_g}{J_r^2 J_g} \neq 0 \quad (7-12)$$

于是,式(7-9)的相对阶为(2,2,2),且6=2+2+2,因此系统可以进行全状态反馈线性化[30-32]。

根据微分几何理论,选取坐标变换

$$\begin{bmatrix} z_1 \\ z_2 \\ z_3 \\ z_4 \\ z_5 \\ z_6 \end{bmatrix} = \begin{bmatrix} h_1(\boldsymbol{x}) \\ L_f h_1(\boldsymbol{x}) \\ h_2(\boldsymbol{x}) \\ L_f h_2(\boldsymbol{x}) \\ h_3(\boldsymbol{x}) \\ L_f h_3(\boldsymbol{x}) \end{bmatrix} = \begin{bmatrix} x_1 \\ x_4 \\ x_2 \\ x_5 \\ x_3 \\ x_6 \end{bmatrix} \quad (7-13)$$

及非线性控制律

$$\boldsymbol{u} = -A^{-1}(\boldsymbol{x})(\boldsymbol{v} - \boldsymbol{\varphi}) \quad (7-14)$$

其中,$\boldsymbol{v} = [v_1, v_2, v_3]^T$是一个新的控制变量,且满足

$$\boldsymbol{\varphi} = \begin{bmatrix} \dfrac{2l_m^2(k_{hby}x_1 - k_{hax}x_2) - \sqrt{2}T_d}{2J_g} + \dfrac{2l_m^2 k_{hby}x_1 - H(x_5 - \sqrt{2}/2x_6)}{J_r} \\[3mm] \dfrac{2l_m^2(k_{hax}x_2 - k_{hby}x_1) + \sqrt{2}T_d}{2J_g} + \dfrac{2l_m^2 k_{hax}x_2 + H(x_4 + \sqrt{2}/2x_6)}{J_r} \\[3mm] \dfrac{\sqrt{2}}{J_g}l_m^2(k_{hax}x_2 - k_{hby}x_1) + \dfrac{T_d}{J_g} \end{bmatrix} (7-15)$$

则式(7-9)中的系统可以转化为3个二阶伪线性子系统。

将式(7-11)和式(7-15)代入式(7-14)可得如下非线性反馈控制律

$$u_1 = \frac{1}{2l_m k_{iby}}\left[J_r\left(v_1 + \frac{\sqrt{2}}{2}v_3\right) + H\left(x_5 - \frac{\sqrt{2}}{2}x_6\right) - 2l_m^2 k_{hby}x_1 \right] \quad (7-16)$$

$$u_2 = \frac{1}{2l_m k_{iax}}\left[J_r\left(v_2 - \frac{\sqrt{2}}{2}v_3\right) - H\left(x_4 + \frac{\sqrt{2}}{2}x_6\right) - 2l_m^2 k_{hax}x_2 \right] \quad (7-17)$$

$$u_3 = \frac{1}{k_g}\left[(J_g + J_r)v_3 + \frac{\sqrt{2}}{2}J_r(v_1 - v_2) + \frac{\sqrt{2}}{2}H(x_4 + x_5) - T_d \right] \quad (7-18)$$

为解决因微分运算引进系统噪声从而影响解耦精度和跟踪性能的问题，本书对上述反馈非线性控制律进行修正，用不完全微分代替纯微分运算。于是，得到修正后的非线性反馈控制律为

$$\hat{u}_1 = \frac{1}{2l_m k_{iby}}\left[J_r\left(v_1 + \frac{\sqrt{2}}{2}v_3\right) + H\left(\tilde{x}_5 - \frac{\sqrt{2}}{2}\tilde{x}_6\right) - 2l_m^2 k_{hby}x_1 \right] \quad (7-19)$$

$$\hat{u}_2 = \frac{1}{2l_m k_{iax}}\left[J_r\left(v_2 - \frac{\sqrt{2}}{2}v_3\right) - H\left(\tilde{x}_4 + \frac{\sqrt{2}}{2}\tilde{x}_6\right) - 2l_m^2 k_{hax}x_2 \right] \quad (7-20)$$

$$\hat{u}_3 = \frac{1}{k_g}\left[(J_g + J_r)v_3 + \frac{\sqrt{2}}{2}J_r(v_1 - v_2) + \frac{\sqrt{2}}{2}H(\tilde{x}_4 + \tilde{x}_5) - T_d \right] \quad (7-21)$$

式中：$\tilde{x}_4$、$\tilde{x}_5$ 和 $\tilde{x}_6$ 分别为 x_1、x_2 和 x_3 的不完全微分；$\hat{u}_1$、$\hat{u}_2$ 和 $\hat{u}_3$ 分别为采用不完全微分后 u_1、u_2 和 u_3 的修正值。为便于叙述，将本节提出的方法称为修正模态解耦控制方法。

7.2.4　鲁棒调节器设计

由于在实际的系统中，残余耦合和残余非线性必然存在[33,34]，为了提高解耦控制的鲁棒性，解耦后的伪线性子系统通常与鲁棒控制器配合使用从而完成控制器的综合。考虑到鲁棒调节器优越的跟踪和鲁棒性能[35,36]，本书采用鲁棒调节器实现闭环控制器的综合。

鲁棒调节器包括伺服补偿器 $T(s)$ 和镇定补偿器 $K(s)$。对于三自由度转动运动而言，其解耦后的伪线性子系统可统一表示为 $G_p(s) = 1/s^2$。根据鲁棒调节器的设计方法，令 $T(s) = (a_0 + a_1 s)/s$，则闭环传递函数可表示为

$$\phi(s) = \frac{\omega_n^2(s+\delta)}{(s+\delta)(s^2 + 2\xi\omega_n s + \omega_n^2)} \quad (7-22)$$

式中：ξ 为阻尼系数；ω_n 为自然角频率。

为了提高系统的响应速度,选取 $\delta = 5$,$\omega_n = 800\text{rad/s}$,$\xi = 0.707$,$K(s) = k_0 + k_1 s$。根据待定系数法可得控制器系数为

$$\begin{cases} a_0 = \delta\omega_n^2 = 3200000 \\ a_1 = \omega_n^2 = 640000 \\ k_0 = 2\xi\omega_n\delta = 5656 \\ k_1 = \delta + 2\xi\omega_n = 1136 \end{cases} \qquad (7-23)$$

与第4章提出的通道解耦控制的相位补偿策略不同,本方法无需对4个径向通道进行动态补偿,而只需对磁悬浮转子的两个转动自由度进行补偿。因此,相对于通道解耦控制方法,该方法可以减小系统的软件资源和系统噪声,从而有助于工程应用。图7-4给出了基于模态分离和反馈线性化的MSCMG解耦控制原理框图。图中 $G_t(s)$ 表示平动PID控制器,$G_c(s)$ 是动态补偿滤波器。

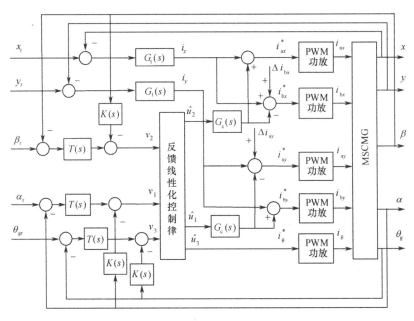

图 7 - 4 基于修正解耦控制方法的 MSCMG 原理框图

于是,整个控制器的输出,即各通道参考电流为

$$\begin{cases} i_{\mathrm{ax}}^{*} = i_{x} + \hat{u}_{2} G_{\mathrm{c}}(s) \\ i_{\mathrm{bx}}^{*} = (i_{x} - \hat{u}_{2} G_{\mathrm{c}}(s)) k_{\mathrm{iax}} / k_{\mathrm{ibx}} + \Delta i_{\mathrm{bx}} \\ i_{\mathrm{ay}}^{*} = (i_{y} - \hat{u}_{1} G_{\mathrm{c}}(s)) k_{\mathrm{iby}} / k_{\mathrm{iay}} + \Delta i_{\mathrm{ay}} \\ i_{\mathrm{by}}^{*} = i_{y} + \hat{u}_{1} G_{\mathrm{c}}(s) \\ i_{\mathrm{g}}^{*} = \hat{u}_{3} \end{cases} \qquad (7-24)$$

从以上分析可得,与通道解耦方法不同,该方法的平动控制器不再完全依赖于系统的数学模型,大幅提高系统的鲁棒性,且与传统的模态控制方法相比,新的模态控制器对系统模型的依赖程度减弱且更便于工程实现。相对于传统的交叉反馈和速率前馈控制方法,由于修正模态解耦控制方法实现了三自由度转动运动之间的精确线性化解耦,从而提高了系统的解耦控制精度。

⊿ 7.2.5　动态补偿滤波器在模态解耦控制中的设计方法

在模态解耦控制系统中,当分析磁悬浮转子系统的章动模态的稳定性时,由于框架伺服系统的工作带宽远远低于章动频率,磁悬浮转子的反馈线性化控制律可以简化为没有框架运动时的情形[1]。这样,根据式(7 – 19)和式(7 – 20),磁悬浮转子系统的转动控制律可以简化为

$$\hat{u}_{1} = \frac{1}{2 l_{\mathrm{m}} k_{\mathrm{iby}}} (J_{\mathrm{r}} v_{1} + H \tilde{x}_{5} - 2 l_{\mathrm{m}}^{2} k_{\mathrm{hby}} x_{1}) \qquad (7-25)$$

$$\hat{u}_{2} = \frac{1}{2 l_{\mathrm{m}} k_{\mathrm{iax}}} (J_{\mathrm{r}} v_{2} - H \tilde{x}_{4} - 2 l_{\mathrm{m}}^{2} k_{\mathrm{hax}} x_{2}) \qquad (7-26)$$

对于实际的磁悬浮转子系统,尽管径向各通道往往不会严格对称,但根据第 6 章对所提判据的鲁棒性分析可得,基于正负频率特性的涡动模态稳定判据具有较好的鲁棒性,因此在分析稳定裕度时,可以通过分析对称时系统的稳定性来评估实际系统的稳定性,即令 $k_{\mathrm{iax}} = k_{\mathrm{iby}} = k_{\mathrm{i}}$ 且 $k_{\mathrm{hax}} = k_{\mathrm{hby}} = k_{\mathrm{h}}$。因此,可以将图 7 – 4 等效为如图 7 – 5 所示的结构。

磁悬浮转子转动模态控制通道的复系数传递函数可以表示为

$$G(s) = \frac{1}{2 l_{\mathrm{m}} k_{\mathrm{iax}}} \Big[J_{\mathrm{r}} (T(s) + K(s)) + 2 l_{\mathrm{m}}^{2} k_{\mathrm{hax}} + \mathrm{j} H \frac{s}{1 + ks} \Big] g_{\mathrm{a}}(s) g_{\mathrm{f}}(s)$$

$$(7-27)$$

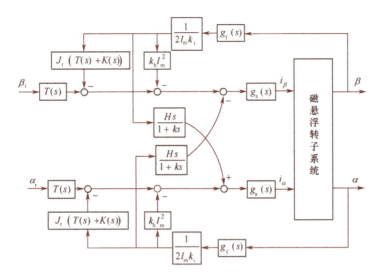

图 7 – 5   基于反馈线性化和鲁棒伺服控制的磁悬浮转子转动模态控制框图

其中,k 为反馈线性化修正控制律的不完全微分系数,取 $k = 0.0001$。

相位补偿前后控制通道正频频率特性曲线如图 7 – 6 所示。从图 7 – 6 中的细线可以看出,在额定章动频率(约 280 Hz)处的相位仅约为 – 2°,即章动模态不稳定。假定在额定章动频率处期望的相位裕度是 45°,可得需要补偿的相位是 47°。

基于以上分析,结合补偿滤波器实现的难易程度和噪声抑制水平,我们可以设计如下的二阶补偿滤波器,其传递函数可表示为

$$G_{c}(s) = \frac{5.9s^2 + 8600s + 1.2 \times 10^7}{2.5s^2 + 5200s + 1.2 \times 10^7} \tag{7 – 28}$$

从图 7 – 6 中的粗线可以看出,经过动态补偿后,280 Hz 处的相位从 – 2° 提高到约 45°,达到了期望的相位补偿值,从而大幅提高了磁悬浮转子系统的章动稳定性。

7.2.6   仿真和实验研究

为了验证修正模态解耦控制方法的有效性和优越性,对传统方法(分散PID 加交叉反馈和速率前馈控制)、通道解耦方法和本方法进行了对比仿真和实验研究。

采用大型 MSCMG 作为实验对象,MSCMG 的各个通道采用单极性 H 全桥

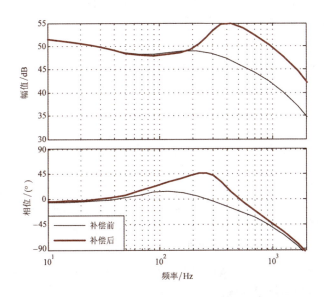

图 7 - 6　相位补偿前后控制通道正频频率特性曲线

开关功放进行独立驱动。采用 TMS320C31 数字信号处理器进行控制器设计，模数转换器选用 AD1674。采样和伺服周期均为 150μs，开关周期为 50μs。采用电涡流传感器测量转子位移，由于径向位移传感器和磁轴承的安装位置固定且可测，因此磁轴承的广义转子位置坐标系可通过坐标变换的方式获得。

　　为了比较不同方法在解耦、跟踪和计算时间之间的差异，通道解耦方法和修正模态解耦控制方法均采相同的相位补偿滤波器。仿真和实验中系统主要的参数和控制器参数分别如表 7 - 1 和表 7 - 2 所列。

表 7 - 1　大型 MSCMG 参数

参数名	数值	参数名	数值
$m/(\text{kg} \cdot \text{m}^2)$	56	$J_r/(\text{kg} \cdot \text{m}^2)$	0. 6032
l_s/m	0.177	l_m/m	0.113
$J_z/(\text{kg} \cdot \text{m}^2)$	0.7958	R/Ω	2. 5
L/mH	60. 5	L_g/mH	1. 27
R_g/Ω	13. 6	$k_g/(\text{N} \cdot \text{m/A})$	0. 49

表 7 – 2　基于分散 PID 加交叉反馈的控制器参数

参数名	参数值	参数名	参数值
k_{am}	2.0	i_c	10
k_p	2.5 (3.5)	k_i	25
k_d	0.008	k_{hc}	0.0045
k_{lc}	0.00015	k_c	1.0
f_h/Hz	300	f_l/Hz	30
k_{rp}	0.8	k_{ri}	0.04
k_{rd}	0.3	k_{cp}	30
δ	5	ξ	0.707
$\omega_n/(rad/s)$	400(600)	—	—

3 种不同控制方法的计算延时如表 7 – 3 所列,从表中可以得出,修正模态解耦控制方法与传统控制方法的计算延时相当,远小于通道解耦控制方法的延时,这与前面分析结果一致。

表 7 – 3　不同控制方法计算延时

方法	计算延时/μs
分散 PID 加交叉反馈和速率前馈控制	96.7
通道解耦控制	125.2
修正模态解耦控制方法	98.3

由 6.6.1 节的分析可知,数字控制延时能够通过 $T_d = T_{ad} + T_{cal} + T_{awa} + T_c/2$ 计算获得,其中,T_{ad}、T_{cal}、T_{awa} 和 T_c 分别表示 AD 转换延时、计算延时、PWM 等待延时和伺服周期。由于 AD1674 每个采样通道的采样时间约为 $10\mu s$,且有 10 个采样通道(5 个电流通道,5 个位移通道),因此,整个 AD 转换延时约为 $100\mu s$。根据式(6 – 67)可以求得传统的控制方法、通道解耦控制方法和本方法的数控延时分别为 $275\mu s$、$325\mu s$ 和 $275\mu s$。

1. 跟踪、解耦和稳定性

首先,对比不同控制方法的跟踪、解耦和稳定性。在额定转速 $\Omega = 12000r/min$ 和框架角速率给定为 $\omega_{gr} = 0°/s$ 的情况下:在 $t = 0.2s$ 时,参考平动位移 y_r 从 0 阶跃到 $20\mu m$;在 $t = 0.4s$,参考的框架角位置开始跟踪余弦信号 $(0.3183\cos(5\pi t + \pi))$,即框架的角速度给定为 $\omega_{gr} = (5\sin(5\pi t))°/s$。

图 7 - 7 和图 7 - 8 分别给出了传统方法与修正解耦方法及通道解耦方法与修正解耦方法的仿真和实验结果。为便于描述,在仿真结果中,分别用"T"、"C"和"P"表示传统方法、通道解耦方法和本节提出的方法。

如图 7 - 7(a)和图 7 - 8(a)所示,当跟踪平动位移阶跃信号 y_r 时,通道解耦方法和本节提出的方法均未对 x、α、β 和 ω_g 造成任何影响。同时,当框架角速率正弦波动时,通道解耦方法和修正解耦方法均未对转子平动产生任何扰动。相比之下,在框架角速率波动时,传统方法却在 x 和 y 通道上产生约 $0.6\mu m$ 的扰动。该现象表明,和通道解耦方法一样,修正模态解耦方法能够实现磁悬浮转子系统平动和转动之间的解耦;同时,磁悬浮转子的模态分离能很好地抑制框架角速率波动产生的扰动。根据图 7 - 7(a),对于传统的控制方法,在 $k_p = 2.5$ 的条件下,当跟踪阶跃信号 y_r 和框架正弦速率给定时,分别在 y 向产生约 $20\mu m$ 的超调,转动模态 α 和 β 上产生频率为 2.5Hz,幅值为 $1.5° \times 10^{-4}$(相当于偏转角位移 $17.0\mu m$)的正弦波动。相比之下,当采用修正模态解耦控制方法时,上述值分别减小到 0 和 3.2×10^{-5}(相当于偏转角位移 $3.6\mu m$)。对于传统的控制方法,尽管通过增加 k_p(从 2.5 ~ 3.5)可以有效地减轻框架角速率波动对 α 和 β 的影响($1.5° \times 10^{-4}$ ~ $1.0° \times 10^{-4}$),但其不可避免地在 y 向带来更大的超调($20 \sim 30\mu m$),况且太大的 k_p 对磁悬浮转子系统章动稳定性不利。

图 7 - 8(a)和(b)分别给出了通道解耦控制方法和本节提出的控制方法在不同 ω_n 下的对比仿真结果。在 $\omega_n = 400rad/s$ 条件下,通道解耦方法比本节提出的控制方法在跟踪阶跃信号时具有更长的调节时间。尽管通过将 ω_n 从 $400rad/s$ 增加到 $600rad/s$ 可以缩短通道解耦方法的调节时间,但同时在 y 向却带来了约 $8\mu m$ 的超调量。同理,根据章动稳定判据,太大的 ω_n 必然会影响系统的章动稳定性。相比之下,如图 7 - 8(b)所示,对于本节提出的方法,将 ω_n 从 $400rad/s$ 增加到 $600rad/s$ 时,在进一步缩短调节时间的同时却没有给 y 向带来任何超调。

即使对于相同的 ω_n,通道解耦方法比本节提出的方法在 α 和 β 上具有更大幅度的扰动,这是由于通道解耦方法较本节提出的方法产生额外的计算延时所导致的。为了证明这一结论,在修正模态解耦控制系统中增加 $50\mu s$ 的延时以使得其与通道解耦方法具有相同的计算延时,即 $325\mu s$。具有相同计算延

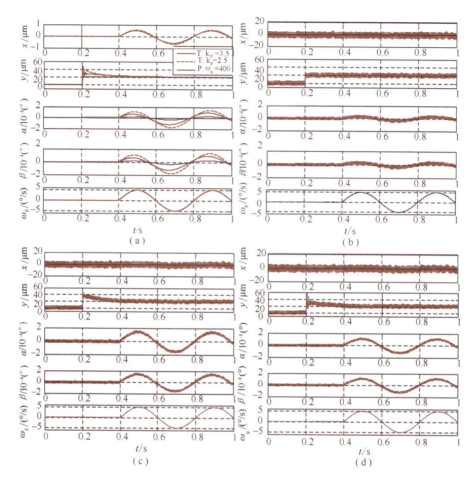

图 7-7　传统方法和修正模态解耦控制方法的仿真和实验结果

（a）不同 ω_n 下两种方法对比仿真结果；（b）修正模态解耦控制方法的实验结果；

（c）传统方法（$k_p = 2.5$）的实验结果；（d）传统方法（$k_p = 3.5$）的实验结果。

时的这两种解耦方法的对比仿真结果如图 7-8（c）所示。从图 7-8（c）可以得出，在增加额外的 $50\mu s$ 延时后，这两种解耦方法在框架角速率波动时，α 和 β 具有幅值相同的扰动，这有效地证明了上述结论的正确性。同时，从图 7-8（c）可得，平动 y 向的调节时间并不随着计算延时的改变而改变，进一步说明了本节提出的解耦控制方法可以有效地实现磁悬浮转子平动和转动模态的分离控制，即实现对刚度和阻尼的独立调节。

　　为了证明补偿滤波器对磁悬浮转子系统稳定性和控制精度的影响,在选择本节提出的解耦控制算法的基础上,对采用补偿滤波器前后的情形做了如上的对比仿真和实验,其结果如图 7-9 所示。

　　从图 7-9(a)可得,与采用相位补偿滤波器后的情形相比,未采用补偿滤波器时的 α 和 β 均受到更大的超调和振荡,这表明相位补偿滤波器大大提高了系统的解耦精度和稳定性。尽管由于实际系统中磁悬浮转子动、静不平衡和系统噪声的存在使得实验结果和仿真结果之间存在一定的差异,但总体上它们是一致的。

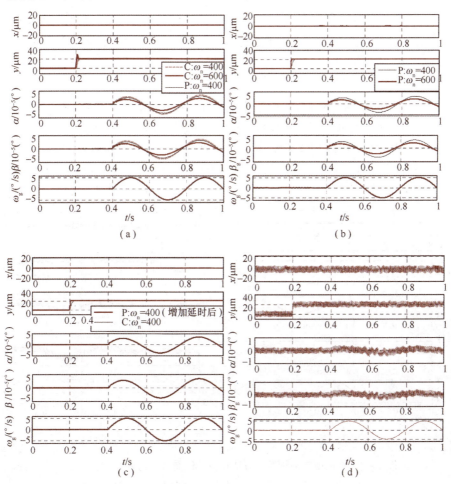

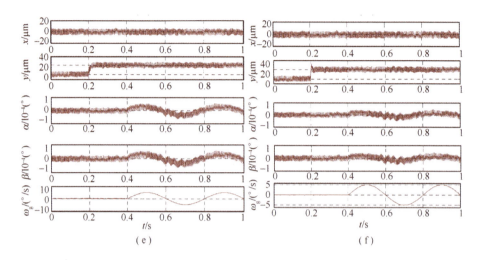

图 7 - 8 　通道解耦和修正模态解耦控制方法的对比仿真和实验结果

（a）对比仿真结果；（b）修正模态解耦方法在不同 ω_n 下的仿真结果；

（c）具有相同延时下两种方法对比仿真结果；（d）修正模态解耦方法（$\omega_n = 600 \text{rad}/\text{s}$）的实验结果；

（e）通道解耦方法（$\omega_n = 400 \text{rad}/\text{s}$）的实验结果；（f）通道解耦方法（$\omega_n = 600 \text{rad}/\text{s}$）的实验结果。

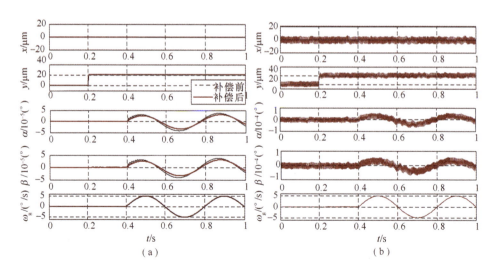

图 7 - 9 　修正模态解耦控制方法相位补偿前后的仿真和实验结果

（a）对比仿真结果；（b）在 325μs 计算延时下的实验结果。

2. 对参数变化的鲁棒性

为了展示修正模态解耦控制方法优越的鲁棒性能,对以上 3 种方法进行了进一步的仿真和实验。在 $t = 0.1s$ 时,假定磁悬浮转子径向各通道的电流刚度降低为原来的 60%,在 $t = 0.4s$ 时,平动 y 的参考值 y_r 从 0 阶跃到 $20\mu m$;在 $t = 0.6s$ 时,框架伺服系统开始跟踪频率 $2.5Hz$,幅值为 $5°/s$ 的正弦信号,对比仿真和实验结果如图 $7-10$ 所示。

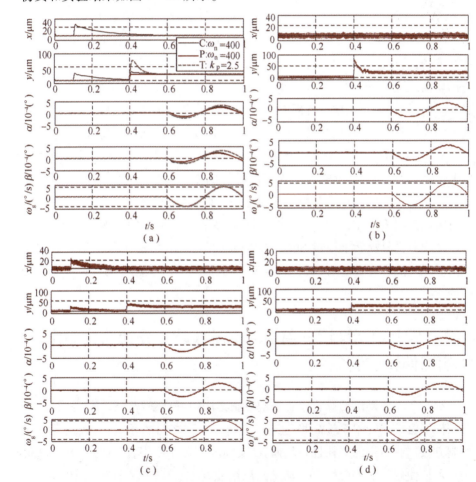

图 7-10　不同控制方法在模型参数失配下的对比仿真和实验结果

(a) 3 种不同方法的对比仿真结果;(b) 传统方法($k_p = 2.5$)的实验结果;

(c) 通道解耦方法($\omega_n = 400rad/s$)的实验结果;(d) 本节提出方法($\omega_n = 400rad/s$)的实验结果。

从图 7-10(a)可以看出,对于传统方法和修正模态解耦控制方法,磁轴承参数变化并没有给转子平动 x 和 y 造成明显的扰动。相比之下,当采用通道解耦控制方法时,x 和 y 却受到约 $25\mu m$ 的扰动。该结果表明,相对于通道解耦方法,修正模态解耦控制方法大大地提高了平动运动的鲁棒性。同时,在跟踪 y 向的阶跃响应时,传统方法和通道解耦控制方法分别在 y 上产生约 $45\mu m$ 和 $15\mu m$ 的超调,其与没有模型误差的情形相比(如图 7-7(a)和图 7-8(a)所示),这些超调量均明显增加。相反地,当采用修正模态解耦控制方法时,x 向的位移阶跃几乎没有给 y 向带来任何超调。另外,分别采用传统方法、通道解耦方法和修正模态解耦方法时,框架角速率波动给 α 和 β 带来的扰动幅值分别为 $3.0° \times 10^{-4}$、$2.7° \times 10^{-4}$ 和 $2.5° \times 10^{-4}$。尽管与没有模型误差的情形相比,修正模态解耦方法给 α 和 β 带来的扰动幅值也大幅增大,即其解耦精度明显降低,但与其他两种方法相比,仍然是解耦精度最好的一种。

图 7-10(b)~(d)的实验结果进一步证明了理论和仿真分析的正确性。以上仿真和实验结果表明,修正模态解耦控制方法较传统方法和通道解耦控制方法具有更高的解耦控制精度和更好的跟踪性能,且具有更强的鲁棒性;与通道解耦控制方法相比,它具有实施简单,参数易整定和调试方便的优点,且可以实现对磁悬浮转子刚度和阻尼的独立调节。总之,修正解耦方法大大地提高了系统的鲁棒性和解耦精度,解决了现有 MSCMG 高精度与强鲁棒控制之间的矛盾。

7.3 基于动态反馈-前馈的磁悬浮转子系统的高稳定度快响应偏转控制

尽管 7.2 节提出的修正模态解耦控制方法很好地解决了传统方法在高动态条件下磁悬浮转子系统高稳定度和快响应控制之间的矛盾,且较通道解耦控制方法具有更强的鲁棒性。然而,在实际的工程应用中,广大工程技术人员仍然习惯使用传统的分散 PID 加交叉反馈控制方法[37-40]。针对这个问题,本节结合 7.2 节模态解耦控制的思想和磁悬浮转子系统的物理特性,在结合前馈控制的快响应特性[41-43]和反馈控制高精度特性[44,45]的基础上,提出了一种基于动态反馈-前馈控制的高稳定度、快响应偏转控制方法[7]。该方法通过动态反馈有效地提高了系统的动态响应速度,实现了对磁悬浮转子动态响应速度和稳定性的独立调节。

✍ 7.3.1　磁悬浮转子偏转运动特性分析

根据牛顿第二定律和转子动力学原理,MSCMG 的动力学模型可描述为

$$\begin{cases}
m\ddot{x} = f_{ax} + f_{bx} \\
J_r\left(\ddot{\beta} - \dfrac{\sqrt{2}}{2}\dot{\omega}_g\right) - J_z\Omega\left(\dot{\alpha} + \dfrac{\sqrt{2}}{2}\omega_g\right) = p_y = l_m(f_{ax} - f_{bx}) \\
m\ddot{y} = f_{ay} + f_{by} \\
J_r\left(\ddot{\alpha} + \dfrac{\sqrt{2}}{2}\dot{\omega}_g\right) + J_z\Omega\left(\dot{\beta} - \dfrac{\sqrt{2}}{2}\omega_g\right) = p_x = l_m(f_{by} - f_{ay}) \\
J_g\dot{\omega}_g = k_g i_g - \dfrac{\sqrt{2}}{2}(p_x - p_y) - T_f
\end{cases} \tag{7-29}$$

由于磁力本质上是一个关于电流和位移的非线性函数,再加上实际系统的加工、装配误差及材料的不均匀性,仅通过机理建模的方式很难获得其较为准确的数学模型。尤其是在偏转运动时,这些因素变得更加强烈。图 7-11 给出了 4 个径向通道在不同电流和位移下的电磁力。其中符号"□"、"＋"、"◇"、"△"和"○"分别代表在不同测量状态下的测量点,曲线是通过 Matlab 曲线拟合获得。

这样通过变工作点线性化的方法可以获得磁力与电流和位移的关系。也就是说,磁力可以表示成电流刚度和位移刚度的形式,即

$$f_\lambda = \tilde{k}_{i\lambda} i_\lambda + \tilde{k}_{h\lambda} h_\lambda \qquad (\lambda = ax, ay, bx, by) \tag{7-30}$$

式中:h_{ax}、h_{bx}、h_{ay} 和 h_{by} 分别为磁悬浮转子径向各通道的线性位移;$\tilde{k}_{i\lambda}$ 和 $\tilde{k}_{h\lambda}$ 为 λ 通道在不同工作点(i_λ, h_λ)的电流刚度和位移刚度;$[h_{ax} \quad h_{bx} \quad h_{ay} \quad h_{by}]^T$ 构成磁轴承坐标系。

与传统的固定位置(恒气隙)控制相比,偏转运动(变气隙)会导致如下问题:

(1) 磁力 – 电流 – 位移非线性变得更加强烈。如图 7-11 所示,当磁悬浮绕组电流和转子位移越大时,其非线性越明显。因此,传统固定位置控制时采用的基于固定电流刚度和位移刚度的方法将不可避免地带来较大误差。

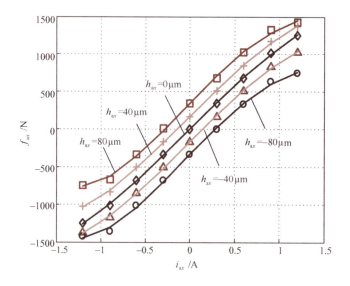

图 7 – 11   磁力与电流和位移的关系

（2）动态和电磁耦合特性变得更加强烈。一方面,磁悬浮转子径向四通道之间以及磁悬浮转子系统与框架伺服系统之间的动力学耦合变得更加强烈。与传统固定位置控制不同的是,转子偏转必然导致 $\dot{\alpha}$ 和 $\dot{\beta}$ 不再近似于零。根据 MSCMG 动力学模型,这种动力学耦合的大小随着 $\dot{\alpha}$ 和 $\dot{\beta}$ 的增大而增加。另一方面,对于二自由度径向永磁偏置混合磁轴承而言,x 与 y 之间的电磁耦合也必然随着磁悬浮转子偏离平衡位置的加大而变得更加强烈。在磁中心和几何中心重合的条件下,径向 x 与 y 间的耦合近似为零,而当偏离平衡位置时,这种耦合显著增大,且偏离越远,耦合越大。

（3）偏转运动导致变化的磁轴承绕组电感。气隙中转子位移的波动将导致气隙的变化,而气隙的变化又将导致磁链密度的变化,从而导致绕组电感的变化。图 7 – 12 给出了在转子转速为零时 A_x 通道的绕组电感随其垂直方向上的位移变化的关系图。从图中可以看出,绕组电感随着位移的增加而增大,这给磁悬浮转子系统的章动稳定性造成了更大的挑战。

尤其是偏转运动本身不可避免地带来额外的动态扰动力矩。根据式(6 – 24)可得,在暂态过程中,x 和 y 方向上的力矩 p_x 和 p_y 包括两个部分：其一是由框架速率 ω_g 产生的静态输出力矩；其二是由 $\dot{\alpha}$、$\dot{\beta}$、$\ddot{\alpha}$、$\ddot{\beta}$ 和 ω_g 产生的

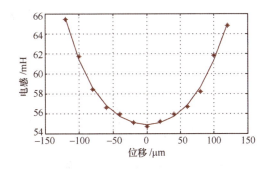

图 7 - 12　绕组电感与位移的关系

动态输出力矩,该部分力矩在磁悬浮转子偏转运动时不再近似为零。对于磁悬浮转子系统而言,动态输出力矩可以被当作扰动力矩,会增加系统的调节时间以及位移和电流超调。同时,框架伺服系统在磁悬浮转子偏转运动时也受到额外的扰动力矩。

总之,与固定位置控制相比,偏转运动控制给系统带来了更强的非线性和耦合性、变化的电感以及更大的扰动,从而严重影响了系统性能甚至危及系统的稳定性。为了有效地抑制偏转运动带来的问题,实现磁悬浮转子的高稳定度、快响应偏转控制显得尤为重要。

✍ 7.3.2　基于动态反馈 - 前馈的磁悬浮转子高稳定度偏转控制方法

图 7 - 13 和图 7 - 14 分别给出了传统的偏转控制方法和本书提出的偏转控制方法。传统的方法和本书的方法均采用分散 PID 加交叉反馈控制器来实现磁悬浮转子的稳定控制。与传统的方法相比,本书的控制方法主要有以下 3 个方面的不同点:

(1) 将位移前馈控制律从 $\Phi(\,\cdot\,)$ 修正到 $\Phi^{*}(\,\cdot\,)$,系统的非线性和耦合性在新的控制律中得以体现;

(2) 考虑到了磁悬浮转子系统到框架伺服系统的反作用力矩,相应地,动态反馈 - 前馈控制器 $R(\,\cdot\,)$ 应用于框架伺服系统;

(3) 在磁悬浮转子系统中引入了动态反馈 - 前馈控制器 $G(\,\cdot\,)$。

在图 7 - 13 和图 7 - 14 中,$G_{\mathrm{d}}(\,\cdot\,)$ 表示分散 PID 加交叉反馈控制器,$G_{\mathrm{g}}(\,\cdot\,)$ 表示框架角速率控制器,且 $\boldsymbol{h}_{\mathrm{m}}=\begin{bmatrix} h_{\mathrm{ax}} & h_{\mathrm{bx}} & h_{\mathrm{ay}} & h_{\mathrm{by}} \end{bmatrix}^{\mathrm{T}}$。

根据 MSCMG 的动力学模型,定义 x 和 y 方向上的静态输出力矩和动态输

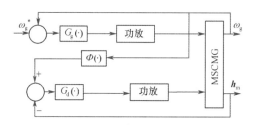

图 7 - 13　传统的偏转控制方法

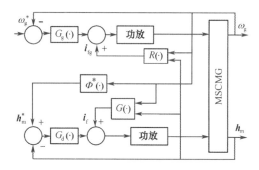

图 7 - 14　基于动态反馈 - 前馈控制的偏转控制方法

出力矩分别为 p_{xs}、p_{ys} 和 p_{xd}、p_{yd},其中,$p_{xs} = -\dfrac{\sqrt{2}}{2}H\omega_{g}$,$p_{ys} = -\dfrac{\sqrt{2}}{2}H\omega_{g}$。可以得到 $p_{x} = p_{xs} + p_{xd}$,$p_{y} = p_{ys} + p_{yd}$。

对于提出的偏转控制策略,电磁力仅仅用于输出动态力矩,而永磁力用于输出静态力矩。于是,永磁力满足如下关系

$$\begin{cases} \tilde{k}_{hax}h_{ax} + \tilde{k}_{hbx}h_{bx} = 0 \\[2mm] p_{xs} = l_{m}(\tilde{k}_{hby}h_{by} - \tilde{k}_{hay}h_{ay}) = -\dfrac{\sqrt{2}}{2}H\omega_{g} \\[2mm] \tilde{k}_{hay}h_{ay} + \tilde{k}_{hby}h_{by} = 0 \\[2mm] p_{ys} = l_{m}(\tilde{k}_{hax}h_{ax} - \tilde{k}_{hbx}h_{bx}) = -\dfrac{\sqrt{2}}{2}H\omega_{g} \end{cases} \qquad (7-31)$$

其中,$H = J_{z}\Omega$。求解式(7 - 31)可得位移前馈控制器 $\Phi^{*}(\cdot)$ 的输出,即 4 个径向通道的位移前馈值 $\boldsymbol{h}_{m}^{*} = \begin{bmatrix} h_{ax}^{*} & h_{bx}^{*} & h_{ay}^{*} & h_{by}^{*} \end{bmatrix}^{T}$:

$$\begin{cases} h_{ax}^* = -\sqrt{2}H\omega_g/(4\tilde{k}_{hax}l_m) \\ h_{bx}^* = \sqrt{2}H\omega_g/(4\tilde{k}_{hbx}l_m) \\ h_{ay}^* = \sqrt{2}H\omega_g/(4\tilde{k}_{hay}l_m) \\ h_{by}^* = -\sqrt{2}H\omega_g/(4\tilde{k}_{hby}l_m) \end{cases} \quad (7-32)$$

由于位移刚度是通过分段线性化而得到而非采用固定的值,因此与传统的角速率位移前馈控制律相比,本控制律给出了更准确的前馈位移值,从而有助于进一步减小磁轴承的功耗。

修正的位移前馈律(式(7-32))给出了偏转运动控制的静态解,以下将进一步求解其动态解。既然所提出的方法中轴承绕组电流仅用于输出动态力矩,结合式(7-29)和式(7-32)可得

$$\begin{cases} \tilde{k}_{iax}i_{ax} + \tilde{k}_{ibx}i_{bx} = m\ddot{x} \\ p_{xd} = l_m(\tilde{k}_{iay}i_{ay} - \tilde{k}_{iby}i_{by}) = H\dot{\beta} + J_r\left(\ddot{\alpha} + \dfrac{\sqrt{2}}{2}\dot{\omega}_g\right) \\ \tilde{k}_{iay}i_{ay} + \tilde{k}_{iby}i_{by} = m\ddot{y} \\ p_{yd} = l_m(\tilde{k}_{iax}i_{ax} - \tilde{k}_{ibx}i_{bx}) = -H\dot{\alpha} + J_r\left(\ddot{\beta} - \dfrac{\sqrt{2}}{2}\dot{\omega}_g\right) \\ J_g\dot{\omega}_g = k_gi_g - \dfrac{\sqrt{2}}{2}(p_x - p_y) - T_{f0} \end{cases} \quad (7-33)$$

由式(7-33)可进一步求解出 4 个径向通道的绕组电流和框架伺服电机的电流

$$\begin{cases} i_{ax} = \dfrac{m\ddot{x}}{2\tilde{k}_{iax}} + \dfrac{1}{2l_m\tilde{k}_{iax}}\left[-H\dot{\alpha} + J_r\left(\ddot{\beta} - \dfrac{\sqrt{2}}{2}\dot{\omega}_g\right)\right] \\ i_{bx} = \dfrac{m\ddot{x}}{2\tilde{k}_{ibx}} - \dfrac{1}{2l_m\tilde{k}_{ibx}}\left[-H\alpha + J_r\left(\ddot{\beta} - \dfrac{\sqrt{2}}{2}\dot{\omega}_g\right)\right] \\ i_{ay} = \dfrac{m\ddot{y}}{2\tilde{k}_{iay}} - \dfrac{1}{2l_m\tilde{k}_{iay}}\left[H\dot{\beta} + J_r\left(\ddot{\alpha} + \dfrac{\sqrt{2}}{2}\dot{\omega}_g\right)\right] \\ i_{by} = \dfrac{m\ddot{y}}{2\tilde{k}_{iby}} + \dfrac{1}{2l_m\tilde{k}_{iby}}\left[H\dot{\beta} + J_r\left(\ddot{\alpha} + \dfrac{\sqrt{2}}{2}\dot{\omega}_g\right)\right] \\ i_g = \dfrac{1}{k_g}\left[\dfrac{\sqrt{2}}{2}J_r(\ddot{\alpha} - \ddot{\beta}) + \dfrac{\sqrt{2}}{2}H(\dot{\alpha} + \dot{\beta}) + T_{f0} + (\sqrt{2}J_r - J_g)\dot{\omega}_g\right] \end{cases} \quad (7-34)$$

由式(7-34)可得,磁悬浮转子系统的电流表达式包含两个部分:其一是来自框架伺服系统的动态信号$\dot{\omega}_g$;其二是来自磁悬浮转子系统自身的动态反馈信号$\dot{\alpha}$、$\dot{\beta}$、$\ddot{\alpha}$、$\ddot{\beta}$、$\ddot{x}$ 和 $\ddot{y}$。事实上,对于磁悬浮转子系统而言,由于框架运动给磁悬浮转子系统带来额外的扰动力矩,因此$\dot{\omega}_g$可以被当作来自框架伺服系统的前馈信号。同样,对于框架伺服系统而言,$\dot{\alpha}$、$\dot{\beta}$、$\ddot{\alpha}$ 和 $\ddot{\beta}$ 可以被当作来自磁悬浮转子系统的前馈信号,而$\dot{\omega}_g$是来自其自身的动态反馈信号。另外,式(7-34)所描述的解并非标准的电流反馈控制,因此也可当作磁轴承绕组电流和框架伺服系统的电流"前馈"值。基于以上两点,为便于描述,将这个包含前馈和动态信息反馈的控制器称为动态反馈-前馈控制器。

在该动态反馈-前馈控制器中,$\dot{\alpha}$、$\dot{\beta}$、$\dot{\omega}_g$、$\ddot{\alpha}$、$\ddot{\beta}$、$\ddot{x}$ 和 $\ddot{y}$ 可以通过磁轴承坐标系的一阶或二阶数字微分运算获得,而磁轴承坐标系可以通过坐标变换获得。在磁悬浮转子的偏转过程中,$|J_r\ddot{\beta}| \ll |H\dot{\alpha}|$、$|J_r\ddot{\alpha}| \ll |H\dot{\beta}|$、$l_m|m\ddot{y}| \ll |H\dot{\beta}|$、$l_m|m\ddot{x}| \ll |H\dot{\alpha}|$,且$T_{f0} \ll |H\dot{\alpha}|$,为了避免额外的噪声和由二阶微分运算导致的过多计算资源,动态反馈-前馈控制器$R(\cdot)$的输出,也即框架伺服系统的电流前馈值i_{fg}能够简化成如下形式

$$i_{fg} = \frac{1}{k_g}\left[\frac{\sqrt{2}}{2}H(\dot{\alpha}+\dot{\beta}) + (\sqrt{2}J_r - J_g)\dot{\omega}_g\right] \tag{7-35}$$

同理,动态反馈-前馈控制器$G(\cdot)$的输出,也即磁轴承绕组径向四通道电流前馈值$\boldsymbol{i}_f = [i_{fax}, i_{fbx}, i_{fay}, i_{fby}]^T$能够简化成如下形式

$$\begin{cases} i_{fax} = \dfrac{1}{2l_m\tilde{k}_{iax}}\left(-H\dot{\alpha} - \dfrac{\sqrt{2}}{2}J_r\dot{\omega}_g\right) \\[2mm] i_{fbx} = -\dfrac{1}{2l_m\tilde{k}_{ibx}}\left(-H\dot{\alpha} - \dfrac{\sqrt{2}}{2}J_r\dot{\omega}_g\right) \\[2mm] i_{fay} = -\dfrac{1}{2l_m\tilde{k}_{iay}}\left(H\dot{\beta} + \dfrac{\sqrt{2}}{2}J_r\dot{\omega}_g\right) \\[2mm] i_{fby} = \dfrac{1}{2l_m\tilde{k}_{iby}}\left(H\dot{\beta} + \dfrac{\sqrt{2}}{2}J_r\dot{\omega}_g\right) \end{cases} \tag{7-36}$$

从以上分析可得,电流动态反馈-前馈控制器$R(\cdot)$和$G(\cdot)$直接给出了框架伺服系统及磁悬浮转子系统径向各通道用来输出磁悬浮转子偏转运动时的动态力矩所需要的绕组电流。相比之下,采用传统的速率-电流前馈控

制器时,磁悬浮转子的参考电流仅根据转子位移和框架角速率这些静态信息给出。因此,本书所提出的方法能够大大改进偏转运动的响应速度。更重要的是,既然动态反馈－前馈控制律很好地抑制了偏转运动时的扰动力矩,分散PID加交叉反馈控制器仅仅需要集中于磁悬浮转子的稳定控制。也就是说,本书提出的方法可以实现磁悬浮转子偏转控制性能和磁悬浮转子稳定性的独立调节,即在实现良好偏转性能的同时实现磁悬浮转子较高的稳定裕度。

针对该偏转控制方法,需要做如下说明:

(1)由于偏转运动频率远远低于磁悬浮转子的转动频率及其对应的章动频率,因此采用低通滤波器来抑制在求解 $\dot{\alpha}$、$\dot{\beta}$ 和 $\dot{\omega}_g$ 时产生的高频噪声。另外,由于磁悬浮转子偏转运动的频率受限于框架带宽,而框架带宽又非常有限(通常不超过 10Hz),因此本控制方法并没有考虑磁轴承开关功放的带宽对控制性能的影响。

(2)本控制方法旨在提高磁悬浮转子在偏转控制中的动态性能,该控制方法做适当修改后同样可以适用于高动态条件下恒气隙控制的场合。在这种条件下,位移前馈值始终为零,动态反馈－前馈控制器 $R(\cdot)$ 保持不变,而动态反馈－前馈控制器 $G(\cdot)$ 的前馈电流值除框架伺服系统的加速度和转子系统自身的动态信息外,还应增加框架速率－电流前馈。

7.3.3　仿真和实验研究

结合磁悬浮转子电流环和位置环的控制带宽、实现的难易程度及噪声抑制能力,磁悬浮转子系统的电流环和位移环均采用如下二阶抗混叠滤波器

$$G_{fa}(s) = \frac{1}{(3.3 \times 10^{-5} s + 1)^2} \qquad (7-37)$$

关于用于提取 $\dot{\alpha}$、$\dot{\beta}$ 和 $\dot{\omega}_g$ 的低通滤波器,由于框架伺服系统的带宽不大于 10Hz,为简化起见,选择如下的低通滤波器

$$G_{fd}(s) = \frac{1}{3.3 \times 10^{-2} s + 1} \qquad (7-38)$$

为便于比较偏转控制的各项性能,我们首先定义如下系统性能指标。关于偏转运动的动态性能,主要的指标为调节时间、上升时间、超调量和动态功耗。这里动态功耗用于评估磁悬浮转子系统在偏转控制中的电磁损耗,其简

单定义为在磁悬浮转子偏转运动中电流波动的幅值乘以电流调节时间。磁悬浮转子系统的稳定性用转速稳定裕度（定义为当前转速与临界失稳转速之间的差值）来描述，其可以通过转速根轨迹法获得。另外，噪声水平用磁悬浮转子在稳态运行时的峰–峰值位移来描述。

在设计分散 PID 加交叉反馈控制器时，首先必须保证磁悬浮转子系统章动和进动模态的稳定性。根据仿真和实验测试，可以得到 PID 加交叉反馈控制的参数选择范围为：$1.5 \leqslant k_p \leqslant 4.1$，$0.004 \leqslant k_d \leqslant 0.013$ 且 $k_i \leqslant 36$。在 50Hz 转速裕度的条件下，其参数可进一步整定为：$k_p = 2.5$，$k_d = 0.008$，$k_i = 25$。考虑到传统方法具有高精度和快响应之间的固有矛盾，这些参数可以在 50Hz 转速裕度范围内考虑转速裕度和动态性能以进行进一步的优化。

仿真和实验条件：转速 $\Omega = 10000 \text{r/min}$，在 $t = 0.4\text{s}$ 时，参考框架角速率从 0 阶跃到 $3°/\text{s}$。图 7-15 给出了在 $k_p = 2.5$，$k_d = 0.008$ 和 $k_i = 25$ 条件下传统方法和本书提出方法的对比仿真和实验结果，图中"T"和"P"分别表示传统方法和电流动态反馈–前馈控制方法。

如图 7-15 所示，当参考框架角速率发生阶跃时，传统方法和本书提出的方法都没有产生显著的位移、电流和框架角速率超调。对于磁悬浮转子，与传统方法相比，本书方法仅有 0.05s 的调节时间，相当于传统方法的 50%。同时，当采用本书方法后，框架伺服系统的调节时间从传统方法的 0.08s 降到 0.05s。以上数据表明，电流动态反馈–前馈控制方法能够有效地提高磁悬浮转子系统的响应速率，这与 7.3.2 节中的理论分析结果一致。另外，在磁悬浮转子偏转运动中，传统方法和本书方法均有近似相等的电流波动（约 0.1A），这表明偏转运动导致了额外的力矩扰动，这也与 7.3.2 节中的分析一致。既然本书方法具有更短的调节时间，那么在电流波动幅值近似相等的情况下，本书方法较传统方法具有更小的动态功耗。图 7-15（b）、（c）所示的实验结果进一步证明了仿真结果的正确性。

为了进一步证实所提出方法的优越性，在采用传统控制器的条件下对不同的控制参数之间进行对比仿真和实验。由于框架伺服系统控制器的设计相对简单，这里我们只调整磁悬浮转子系统的分散 PID 控制器，其对比仿真和实验结果如图 7-16 所示，符号"T"表示传统的控制方法。

表 7-4 具体给出了传统方法和本书方法在不同控制器参数下控制性能

的对比。从表 7 - 4 可以看出，对于传统的控制器，随着 k_p 的增加（从 2.5 到 4.0），虽然系统的响应速率（通过上升时间描述）得以大幅提高，但是电流和位移的超调却明显增大且调节时间延长。尽管超调增加的问题可以通过增加微分系数 k_d 来解决（从 0.008 到 0.012），但其又使得系统的响应速率降低且噪声更大。同时，k_p 和（或）k_d 的增加导致磁悬浮转子系统转速裕度减小。这些

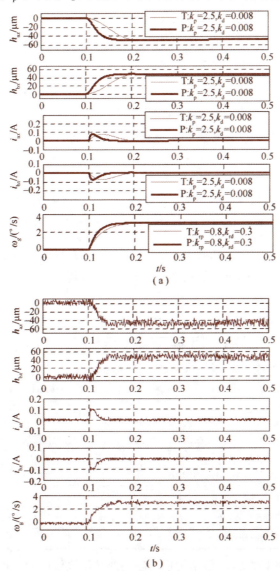

（a）

（b）

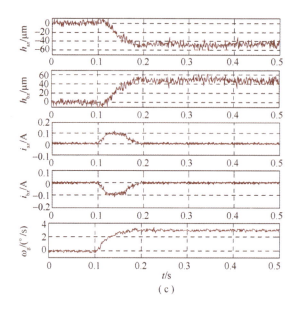

（c）

图 7 - 15 传统方法与本书提出方法的对比仿真和实验结果（$k_p = 2.5, k_d = 0.008$）

（a）对比仿真结果；（b）传统方法的实验结果；（c）本书提出方法的实验结果。

结果与 7.3.2 节中的分析相吻合。由于磁悬浮转子的稳态精度是可接受的，且受限于磁悬浮转子的进动稳定性，本书没有对 PID 控制器的积分系数进行调整。

表 7 - 4 传统方法与本书方法在不同控制器参数下的控制性能对比

方法 / 参数 / 性能	本书方法	传统方法		
	$k_p = 2.5$ $k_d = 0.008$	$k_p = 2.5$ $k_d = 0.008$	$k_p = 4.0$ $k_d = 0.008$	$k_p = 4.0$ $k_d = 0.012$
磁悬浮转子系统 超调/（%）	0	0	22	5
调节时间/s	0.05	0.10	0.15	0.08
上升时间/s	0.05	0.10	0.04	0.06
动态功耗/（A·s）	0.05	0.10	0.15	0.08
噪声水平/μm	15	15	16	20
速率稳定裕度/Hz	50	50	11	13
框架伺服系统 调节时间/s	0.05	0.08	0.08	0.08

总之，传统的控制方法很难实现对磁悬浮转子系统的稳定性、超调量及响

应速率的独立调整,因此寻找到最优的控制参数是非常困难的事情。即使得到了这样的控制系数,也不可能同时实现高稳定度、零超调和快响应控制。相比之下,动态反馈－前馈控制可以有效地抑制扰动力矩,提高响应速度而分散 PID 加交叉反馈控制器可以专注于磁悬浮转子稳定性的调节,故而可以有效地解决以上问题。

　　为了进一步证实动态反馈－前馈控制器 $R(\cdot)$ 在整个电流动态反馈－前馈控制中的有效性,对是否采用 $R(\cdot)$ 进行了对比仿真和实验,仿真和实验结

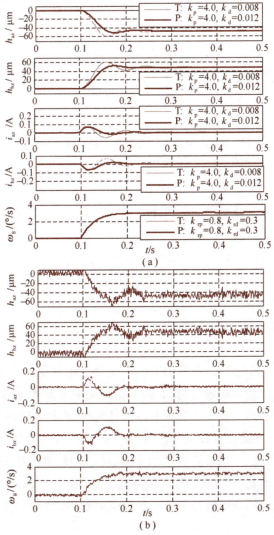

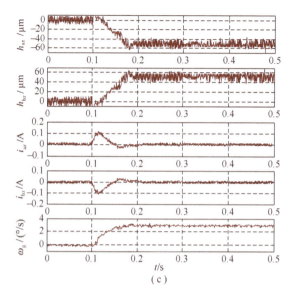

图 7 - 16　传统方法在不同参数下的对比仿真和实验结果

(a) 对比仿真结果；(b) 传统方法的实验结果 ($k_p = 4.0, k_d = 0.008$)；

(c) 传统方法的实验结果 ($k_p = 4.0, k_d = 0.012$)。

果如图 7 - 17 所示。图 7 - 17(a) 中粗线和细线分别表示采用 $R(\cdot)$ 前后的偏转运动的对比波形。从图 7 - 17(a) 可以看出，磁悬浮转子系统和框架伺服系统均有约 0.07s 的调节时间。与传统的方法相比(如图 7 - 16(a) 中的细线)，该方法一定程度上缩短了调节时间，这证明了动态反馈 - 前馈控制器 $G(\cdot)$ 的有效性。未采用 $R(\cdot)$ 时与采用 $R(\cdot)$ 时的情形相比(图 7 - 16(a) 中的粗线)，其调节时间又相对较长，这反过来证明了动态反馈 - 前馈控制器 $R(\cdot)$ 的有效性。

另外，由图 7 - 16、图 7 - 17 可以得出，传统方法与动态反馈 - 前馈控制方法均实现了磁悬浮转子在稳态时的零功耗控制，这也证明了修正的位移前馈控制策略的正确性和可行性。事实上，对于传统的控制方法而言，由于稳态负载较小，其稳态性能是可以接受的，其在暂态过程中性能降低是由于偏转运动造成的力矩扰动所致。当负载突然加大时，传统的控制方法将不可避免地导致大的超调和长的调节时间。因此，电流动态反馈 - 前馈控制方法也可应用于传统的固定位置控制的情形来进一步提高动框架扰动条件下磁悬浮转子系统的动态性能。

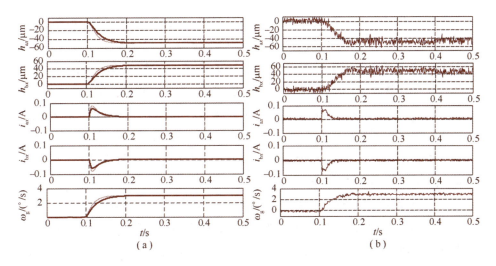

图 7 - 17　采用 $R(\cdot)$ 前后的对比仿真和实验结果

（a）采用 $R(\cdot)$ 前后对比仿真结果；（b）没有 $R(\cdot)$ 时的实验结果。

　　综上所述,相比于传统的偏转控制方法,电流动态反馈 – 前馈控制方法不仅能够极大地提高磁悬浮转子在低功耗偏转控制中的动态性能,而且还能够保证磁悬浮转子期望的稳定裕度,简化控制系统的设计和调试。

7.4　MSCMG 框架伺服高带宽控制系统

　　为满足星体大姿态机动和快速响应能力要求研制的轻型 MSCMG 系统,高精度、高带宽的框架伺服系统控制问题成为其必须攻克的关键技术之一[46,47]。

　　MSCMG 框架角速度越高,MSCMG 力矩输出越大,而框架角速度输出精度越高 MSCMG 力矩输出的精度也越高,框架角速度响应快,MSCMG 力矩输出的响应速度也快[48-51]。因此框架伺服系统快响应速度、高精度控制器是其必须突破的关键技术。但是,在提高 MSCMG 框架伺服系统带宽的同时又给整个系统带来了下列问题:①在提高带宽的同时,给框架伺服系统速率的输出精度增加了控制难度;②在高带宽条件下保证控制精度,同时给传感器技术提高了要求。

　　提高系统的快速性,应尽量避免采用多环结构,在动态校正的方法上除了经常采用的串联校正(调节器校正)外,还可以采用并联校正(反馈校正)或者前馈与反馈相结合的复合控制。现有的框架伺服控制系统分为三环控制和两环控制两种控制方式:三环控制方式为电流环、速率环和位置环,位置环的设计是为了保证框架伺服系统的速率输出精度,但是位置环的设计也降低了整个系统的响应速度,减小了伺服系统的带宽;两环控制方式不影响系统的带宽特性,但是现有角速率传感器的输出精度远远低于角位置传感器的输出精度,传感器的精度严重降低了控制系统角速率精度的控制,求取角速率信号的另一种方法是通过角位置传感器信号的差分,但是差分信号依赖于采样时间,采样时间的减小导致混入大幅值高频率的类随机噪声信号。因此目前的这两种方法不能满足响应速度快、精度高的 MSCMG 框架伺服控制系统的要求。

目前,在 MSCMG 框架伺服控制系统中,速率环控制器应用的速率信号普遍是采用测速电机的测速输出或者利用差分角位置计算得到,而测速电机本身带有的大噪声会给速率信号带来不精确问题,角位置差分法同样也存在类噪声的大误差问题,这两种角速率的求取方法直接给控制器引进了噪声。因此,怎样在实现高带宽的前提下又不损失框架伺服系统的精度成为本节研究的重点。

通过分析上述情况,本节针对伺服控制系统设计采用测速电机或利用差分方法求取角速率信号而带来的噪声与大误差问题进行了研究,提出了一种基于非线性微分跟踪器的高带宽控制方法,使得框架伺服系统的角轨迹能快速精确地跟踪设定值,提高了整个框架伺服系统的带宽,克服了噪声对角位置跟踪的影响。

7.4.1 问题描述

MSCMG 系统的力矩输出精度由框架伺服控制系统的角速率输出精度决定,而 MSCMG 框架伺服控制系统与其他伺服控制系统不同之处在于框架旋转过程中需要带动内部高速转子一起运动,这给控制器增加了负荷同时对框架角速率和角位置传感器也带来了大扰动。MSCMG 与机械 CMG 的不同之处在于内部的高速转子为磁轴承支承。磁悬浮高速转子本身存在的强陀螺效应和强非线性问题,在系统受到干扰时,出现失稳和不平衡振动,这些扰动力矩随即影响控制力矩陀螺的框架系统,导致整个控制力矩陀螺输出力矩的不精确。因此高精度的控制力矩陀螺框架控制系统是保证 CMG 高精度力矩输出的必

要条件。控制力矩陀螺框架是电机直接驱动的伺服控制系统,考虑机械谐振模态的情况,采用如下微分方程描述:

$$\frac{\mathrm{d}^2\theta_t(t)}{\mathrm{d}t^2} + \cdots + a_1\frac{\mathrm{d}\theta_t(t)}{\mathrm{d}t} + a_0\theta_t(t) = b_0 u(t) - b_1 f(\dot{\theta}_t(t),\omega_r,u(t))$$

$$(7-39)$$

式中:$\theta_t(t)$ 为系统输出转角;$u(t)$ 为控制电压;ω_r 为陀螺房内部转子的角速率;且

$$0 \leqslant \underline{a_i} \leqslant a_i \leqslant \overline{a_i} \quad (i=0,1,\cdots,n-1) \qquad (7-40)$$

$$0 \leqslant \underline{b_0} \leqslant b_0 \leqslant \overline{b_0} \qquad (7-41)$$

$$0 \leqslant \underline{b_1} \leqslant b_1 \leqslant \overline{b_1} \qquad (7-42)$$

式(7-39)中的 $f(\dot{\theta}_t(t),\omega_r,u(t))$ 为非线性摩擦(包括摩擦力矩、耦合力矩及外部干扰力矩),在控制系统中统一称为干扰,表示为

$$f(\dot{\theta}_t(t),\omega_r,u(t)) = \lambda(\dot{\theta}_t(t))F_c(\dot{\theta}_t(t)) +$$
$$[1-\lambda(\dot{\theta}_t(t))]F_s(u(t),\dot{\theta}_t(t)) + F_r(\omega_r,\dot{\theta}_t(t))$$

$$(7-43)$$

$$\lambda(\dot{\theta}_t(t)) = \begin{cases} 1 & (|\dot{\theta}_t(t)| \geqslant D_V) \\ 0 & (|\dot{\theta}_t(t)| < D_V) \end{cases} \qquad (7-44)$$

$$F_r(\omega_r,\dot{\theta}_t(t)) = \frac{J}{d}\omega_r\dot{\theta}_t(t) \qquad (7-45)$$

其中,$F_s(u,\dot{\theta}_t(t))$、$F_c(\dot{\theta}_t(t))$ 和 $F_r(\omega_r,\dot{\theta}_t(t))$ 为有界函数,J 和 d 分别为陀螺房内部转子的转动惯量和两磁轴承之间的间距,ω_r 为陀螺房内部转子的角速度,且对于任意的 $u(t)$ 和 $\dot{\theta}_t(t)$ 有

$$\begin{cases} |F_s(u,\dot{\theta}_t(t))| \leqslant \overline{F_s} \\ |F_c(\dot{\theta}_t(t))| \leqslant \overline{F_c} \\ |F_r(\omega_r,\dot{\theta}_t(t))| \leqslant \overline{F_r} \end{cases} \qquad (7-46)$$

对于系统(式(7-39)),设计控制量为 $u(t)$,使得对于 MSCMG 框架角位置或角速率的任意初态和干扰存在的情况下,框架角速率的输出信号 $\omega_g(t)$ 能够跟踪框架伺服控制系统的期望角速率给定值 $\omega_m(t)$,定义角速率误差信号

$$e_\omega(t) = \omega_g(t) - \omega_m(t), e_\omega(t) \text{满足} \lim_{t\to\infty} e_\omega(t) = 0。$$

7.4.2 控制系统结构及组成

为了保证整个 CMG 系统的高精度力矩输出,框架伺服系统高精度的角速率和角位置输出是其必要条件。目前,角位置传感器的测量精度较角速率传感器的测量精度高,且用角位置差分计算得到的角速率信号带有大量的噪声(由于差分计算过程中将角位置的测量噪声以采样频率的倍数扩大),因此伺服控制系统通常用角位置的跟踪精度来保证伺服系统的角速率跟踪精度。在实际的系统中,整个框架伺服控制系统设计为三环控制结构:电流环、速率环和位置环。位置环的设计保证了整个框架伺服系统的控制精度,但是会制约系统的带宽,对于姿态机动要求敏捷的航天器,高带宽的框架伺服控制系统是其设计的关键。本章针对 MSCMG 框架伺服系统带宽和控制的精度问题,提出了一种基于非线性微分跟踪器的 MSCMG 框架伺服控制系统,如图 7 – 18 所示。我们将速率环控制器和电流环控制器统一作为框架伺服系统控制器,首先非线性微分跟踪器对框架伺服系统的角位置信号进行精确还原,然后将精确的角速率信号实时反馈给控制器,避免了速率反馈信号引入噪声导致控制性能降低的问题。最终实现高带宽、高精度的 MSCMG 框架伺服系统。

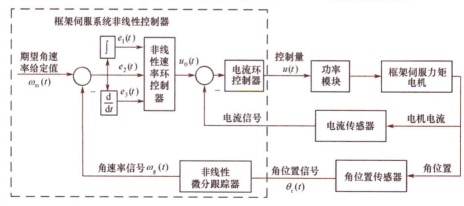

图 7 – 18　基于非线性微分跟踪器的 MSCMG 框架伺服系统

7.4.3 非线性微分跟踪器及其稳定性分析

提出的非线性微分跟踪器形式如下:

$$\begin{cases} \dfrac{\mathrm{d}(x_1(t))}{\mathrm{d}t} = x_2(t) \\ \dfrac{\mathrm{d}(x_2(t))}{\mathrm{d}t} = -a_1(x_1(t) - \theta_t(t))^{\frac{m_1}{n_1}} - a_2(x_2(t))^{\frac{n_2}{m_2}} \end{cases} \qquad (7-47)$$

其中，$a_1 > 0$，$a_2 > 0$，m_1，n_1，m_2，n_2 都为奇数，且 $m_1 > 0$，$n_1 > 0$，$m_2 > 0$，$n_2 > 0$，$T > 0$，那么

$$\lim_{t \to +\infty} x_1(t) = \theta_t(t) \qquad (7-48)$$

$$\lim_{t \to +\infty} \int_{t_0}^{t_0+T} |x_1(t) - \theta_t(t)| \mathrm{d}t = 0 \qquad (7-49)$$

定理　考虑系统式(7-47)，如果 $a_1 > 0$，$a_2 > 0$，对于 MSCMG 框架伺服系统的期望角速率给定值 $\omega_m(t) \in L[0, +\infty)$ 和合理的采样值 $T(0 < T < +\infty)$，式(7-47)是渐近稳定的系统，并且对于任意的时间 t，下面的两个方程成立

（1）

$$\lim_{t \to +\infty}(x_1(t) - \theta_t(t)) = 0 \qquad (7-50)$$

（2）

$$\lim_{t_0 \to +\infty} \int_{t_0}^{t_0+T} |x_1(t) - \theta_t(t)| \mathrm{d}t = 0 \qquad (7-51)$$

证明　定义 $z_1(h) = \theta_g(t) - x_1(t)$，$z_2(h) = x_2(t)$，式(7-47)则变为

$$\begin{cases} \dfrac{\mathrm{d}(z_1(h))}{\mathrm{d}h} = z_2(h) \\ \dfrac{\mathrm{d}(z_2(h))}{\mathrm{d}h} = -a_1 z_1^{\frac{m_1}{n_1}}(h) - a_2 z_2^{\frac{n_2}{m_2}}(h) \end{cases} \qquad (7-52)$$

这里，若 m_1，n_1，m_2，n_2 为奇数，且 $n_1 > 0$，$m_1 > 0$，$n_2 > 0$，$m_2 > 0$，$a_1 > 0$，$a_2 > 0$，则系统（式(7-52)）在点(0,0)渐近稳定，即

$$\lim_{h \to +\infty} z_1(h) = 0, \ \lim_{h \to +\infty} z_2(h) = 0 \qquad (7-53)$$

选取正定渐近稳定李雅普诺夫(Luapunov)函数 V 如下：

$$\begin{aligned} V(z_1(h), z_2(h)) &= \int_0^{z_1(h)} \frac{n_1}{m_1 + n_1} a_1 z_1(h)^{\frac{m_1}{n_1}} \mathrm{d}z_1(h) + \frac{z_2(h)^2}{2} \\ &= \frac{n_1}{m_1 + n_1} a_1 [z_1(h) - 0] z_1(h)^{\frac{m_1}{n_1}} + \frac{z_2(h)^2}{2} \end{aligned}$$

$$= \frac{n_1}{m_1 + n_1} a_1 z_1(h)^{\frac{m_1+n_1}{n_1}} + \frac{z_2(h)^2}{2} > 0 \qquad (7-54)$$

所以

$$\frac{\mathrm{d}(V(z_1(h),z_2(h)))}{\mathrm{d}h} = a_1 z_1^{\frac{m_1}{n_1}}(h) \frac{\mathrm{d}(z_1(h))}{\mathrm{d}h} + z_2(h) \frac{\mathrm{d}(z_2(h))}{\mathrm{d}h}$$

$$= a_1 z_1^{\frac{m_1}{n_1}}(h) z_2(h) + z_2(h) \left(-a_1 z_1^{\frac{m_1}{n_1}}(h) - a_2 z_2^{\frac{n_2}{m_2}}(h) \right)$$

$$= -a_2 z_2^{\frac{m_2+n_2}{m_2}}(h) \leqslant 0 \qquad (7-55)$$

如果 $\dfrac{\mathrm{d}(V(z_1(h),z_2(h)))}{\mathrm{d}h} \equiv 0$，得 $z_2(h) \equiv 0$，所以 $\dfrac{\mathrm{d}(z_2(h))}{\mathrm{d}h} \equiv 0$。代入

式(7-47)中，有 $z_1(h)=0$，$\dfrac{\mathrm{d}(z_1(h))}{\mathrm{d}h}=0$。所以只有在平衡点(0,0)处李雅普诺

夫函数的导数才取等号。所以由李雅普诺夫稳定定理，可知系统(式(7-52))

在(0,0)点渐近稳定，即有 $\lim\limits_{h\to+\infty} z_1(h) = 0$，$\lim\limits_{h\to+\infty} z_2(h) = 0$。由式(7-54)和

式(7-55)得 $\lim\limits_{t\to+\infty} x_1(t) = \theta_t(t)$，$\lim\limits_{t_0\to+\infty} \int_{t_0}^{t_0+T} |x_1(t) - \theta_t(t)| \mathrm{d}t = 0$ 成立。

7.4.4 非线性速率环控制器

用参考输入和被调量的误差及其微分、积分的非线性组合设计的框架伺服系统非线性速率环控制器具有两层内容。①产生的控制量 $u_0(t)$ 所依据的基本要素：输入 - 输出误差 $e_2(t)$、其积分 $\int_0^t e_2(t)\mathrm{d}t = e_1(t)$ 和微分 $\dfrac{\mathrm{d}e_2(t)}{\mathrm{d}t} = \dot{e}_2(t) = e_3(t)$。②由 $e_1(t)$、$e_2(t)$ 和 $e_3(t)$ 产生控制量 $u_0(t)$ 的非线性组合形式如下：

$$u_0(t) = k_1 \mathrm{fal}(e_1(t),\alpha,\delta) + k_2 \mathrm{fal}(e_2(t),\alpha,\delta) + k_3 \mathrm{fal}(e_3(t),\alpha,\delta)$$
$$(7-56)$$

$$\mathrm{fal}(e_i(t),\alpha,\delta) = \begin{cases} |e_i(t)|^\alpha \mathrm{sgn}(e_i(t)) & (|e_i(t)| > \delta) \\ \dfrac{e_i(t)}{\delta^{1-\alpha}} & (|e_i(t)| \leqslant \delta) \end{cases} \qquad (i=1,2,3)$$
$$(7-57)$$

电流环控制器采用比例系数 k 调节，即

$$u(t) = k \cdot (u_0(t) - i(t)) \qquad (7-58)$$

整个框架伺服系统非线性速率环和电流环控制器含有 6 个参数：$\alpha, \delta, k_1,$ k_2, k_3, k。其中：α 应该取 $(0.5,1)$ 之间的数；δ 适当小；k_1, k_2, k_3 依据 PID 的参数规律来确定；k 根据电流传感器的比例倍数和伺服电机的设计参数来调节。

非线性微分跟踪器含有 6 个参数：$a_1, a_2, m_1, n_1, m_2, n_2$，取值要求都大于零，其中：$a_1$ 是依据过渡过程要求确定，通常取得较大；a_2 近似于 $\sqrt{a_1}$；$m_1, n_1,$ m_2, n_2 4 个参数都为奇数，且满足 $0 < m_1/n_1 < 1$ 和 $0 < n_2/m_2 < 1$。

理论分析和大量的实践表明，框架伺服系统控制器的非线性组合形式能够解决常规"线性组合"形式的的快速性和超调之间的矛盾。

7.4.5　仿真和实验研究

1. 仿真研究

选取 MSCMG 框架伺服系统的相关参数进行仿真研究，磁悬浮转子稳速为 20000r/min。采用设计参数（见表 7 - 5）对框架伺服系统进行建模得到对象方程：

$$\alpha_0 \ddot{\theta}_t(t) + \alpha_1 \dot{\theta}_t(t) + \alpha_2 = bu(t) - \lambda(\dot{\theta}_t(t)) F_c(\dot{\theta}_t(t)) +$$
$$[1 - \lambda(\dot{\theta}_t(t))] F_s(u(t), \dot{\theta}_t(t)) +$$
$$\frac{J}{d} \dot{\theta}_t(t) [-\mathrm{sgn}(\dot{\theta}_t(t)) \cdot |\omega_r|] + n(t) \qquad (7-59)$$

这里 $\lambda(\dot{\theta}_t(t)) F_c(\dot{\theta}_t(t)) + [1 - \lambda(\dot{\theta}_t(t))] F_s(u(t), \dot{\theta}_t(t))$ 为系统的摩擦干扰，$\dfrac{J}{d} \dot{\theta}_t(t) [-\mathrm{sgn}(\dot{\theta}_t(t)) \cdot |\omega_r|]$ 是来自内部磁悬浮高速转子对框架伺服系统的耦合干扰，是测量噪声和各种外部干扰，在仿真过程中用白噪声代替。MSCMG 系统的摩擦干扰参数满足下面的条件

$$\lambda(\dot{\theta}_t(t)) = \begin{cases} 1, & |\dot{\theta}_t(t)| \geqslant D_V \\ 0, & |\dot{\theta}_t(t)| < D_V \end{cases}$$

$$|F_s(u(t), \dot{\theta}_t(t))| \leqslant \overline{F_s}, |F_c(\dot{\theta}_t(t))| \leqslant \overline{F_c}, |\omega_r| \leqslant \overline{\omega_r} \qquad (7-60)$$

MSCMG 框架伺服系统的参数如表 7 - 5 所列。MSCMG 框架伺服系统的角速率输出跟踪正弦信号 $\omega_m(t) = \sin(0.5t)$，框架伺服系统的角位置的初始

值为 $0 \sim 360°$ 任意值, 内部磁悬浮转子以 20000r/min 的角速度稳速旋转。框架伺服系统非线性控制器的最优参数选择如表 7 – 6 所列。框架伺服系统的角速率 $\omega_g(t)$ 跟踪期望给定角速率信号 $\omega_m(t)$ 如图 7 – 19 所示; 图 7 – 20 为图 7 – 19 的跟踪效果局部放大。

表 7 – 5 MSCMG 框架伺服系统的参数

参数	值	参数	值
$\alpha_0, \alpha_1, \alpha_2$	0.138, 0.3, 0.43	$J/(\text{kg} \cdot \text{m}^2)$	0.138
b	0.9	d/mm	0.1
$\overline{F}_s$	0.5	$\overline{\omega}_r/(\text{rad/s})$	2093.3
$\overline{F}_c$	0.2	$\omega_r/(\text{rad/s})$	$-\text{sgn}(\dot{\theta}_t(t)) \cdot |\omega_r|$
$D_V/(°/s)$	0.3	—	—

表 7 – 6 MSCMG 框架伺服系统非线性控制器参数

非线性控制器单元名称	参数	值	非线性控制器单元名称	参数	值
非线性微分跟踪器	m_1	53	非线性速率环控制器	α	0.8
	n_1	57		δ	9
	m_2	53		k_1	10
	n_2	51		k_2	1
	a_1	100		k_3	2
	a_2	10	电流环控制器	k	14

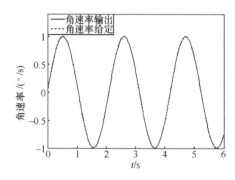

图 7 – 19 框架伺服系统的角速率 $\omega_g(t)$ 跟踪期望给定角速率信号 $\omega_m(t)$

从图 7 – 19 和图 7 – 20 可以得到 MSCMG 框架伺服系统的角位置信号经

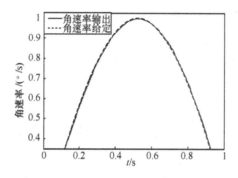

图 7 – 20　图 7 – 19 的跟踪效果局部放大

过非线性微分跟踪器计算很快收敛平滑,不再受传感器噪声和差分计算噪声放大的影响。经过非线性速率环控制器后,MSCMG 框架伺服系统的速率输出与角速率的期望给定信号间误差很小。

2. 实验研究

对提出的控制方案和控制算法在图 7 – 21 所示的实验系统中进行实验验证。

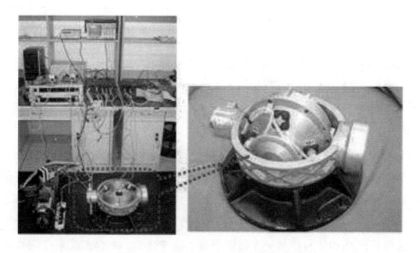

图 7 – 21　MSCMG 及其实验系统

MSCMG 框架伺服高带宽控制系统结构如图 7 – 22 所示,主要包括框架伺服力矩电机、MSCMG 框架、角位置传感器和 DSP 数字控制装置,其中 DSP 数字控制装置包括电流传感器、电流传感器接口电路、角位置传感器接口电路、非线性微分跟踪器与框架伺服系统控制器。角位置传感器采集框架伺服力矩电机的角位置信号,经过角位置传感器接口电路转换成 DSP 输入范围内的电压信号。然后进入非线性微分跟踪器实现点对点的角速率信号计算,电流传感器采集框架伺服力矩电机的电流模拟信号,经过电流传感器接口电路转换成 DSP 输入范围内的电压信号。框架伺服系统控制器采集上述计算出的角速率数字信号和伺服电机绕组的电流模拟信号后,同时进行伺服系统电流环和速率环的控制计算,生成控制量并将其通过功率模块进行 PWM 调制放大处理,生成框架伺服力矩电机所需的控制电流,从而实现对伺服系统的高精度控制。

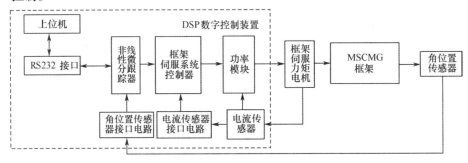

图 7 - 22 MSCMG 框架伺服高带宽控制系统结构

如图 7 - 22 所示,采用了非线性速率环控制器、电流环控制器加非线性微分跟踪器的控制算法,这种设计可以提高整个系统的动态响应速度,有效抑制框架伺服系统的摩擦和其他与电机转速相关的各种干扰,实现 MSCMG 框架伺服系统的高精度运转。高带宽控制系统的计算流程如图 7 - 23 所示,其中:$\omega_m(k)$ 为角速率给定信号;$\omega_g(k)$ 为为角位置经过非线性微分跟踪器计算出的角速率信号;θ_t 和 $i(k)$ 分别为采入角位置传感器输出的电机角位置数字信号和电流传感器输出的电机线圈电流数字信号。非线性微分跟踪器的速率输出信号 $\omega_g(k)$,通过调节微分跟踪器的参数,微分跟踪器的角位置输出信号能够跟踪角位置传感器信号的输入,则微分跟踪器的输出 $\omega_g(k)$ 就能点对点的跟踪伺服系统的角速率信号。角速率信号 $\omega_g(k)$ 直接送入控制系统的速率环。PWM1、PWM2 为 DSP 输出的电机控制量的 PWM 调制信号,调节非线性速率环控制器和电流控制器的参数得到控制量 $u(k)$,然后对该结果进行 PWM 调制并输出调制波形,驱动框架伺服电机进行旋转。

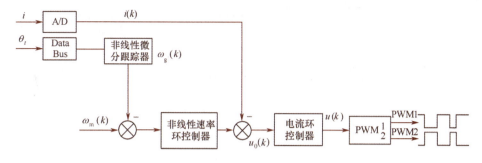

图 7 - 23 高带宽控制系统的计算流程

采用图 7 - 22 的控制结构和图 7 - 23 的控制计算流程,选择表 7 - 6 作为非线性控制器的控制参数,以图 7 - 21 的实验系统为研究对象,以频率为 1.2690Hz,幅值为 10°/s 的正弦信号作为框架伺服控制系统的给定角速率,光电码盘作为框架伺服控制系统的传感器高精度输出当前框架的实际角位置信号,图 7 - 24 为采用差分角速率计算法得到的实际角速率信号和采用非线性微分跟踪器计算得到的实际角速率信号,图 7 - 25 为图 7 - 24 的局部放大图。从图中可以看到采用角位置差分计算得到的角速率信号扩大了噪声信号的影响,具有明显的毛刺,而采用非线性微分跟踪器计算得到的角速率信号平滑能够更加真实地反映 MSCMG 框架伺服系统角速率的值。高精度的实际角速率信号为高精度、高带宽非线性控制系统的实现提供了保证。

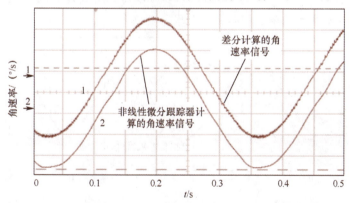

图 7 - 24 非线性微分跟踪器与角位置差分计算的角速率信号的对比图

为验证所设计非线性控制方案的有效性,以频率为 5Hz,幅值为 10°/s 的正弦信号作为框架伺服控制系统的给定,通过角速率的输出精度和跟踪滞后

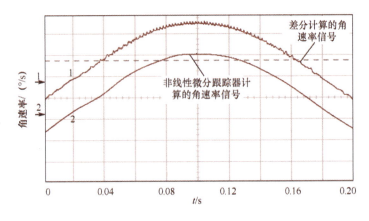

图 7 – 25 图 7 – 24 的局部放大图

角度测试系统的带宽和精度。框架伺服系统的角位置的初始值为 0～360°的任意值,内部磁悬浮转子以 20000r/min 的角速率稳速旋转。框架伺服系统非线性控制器的最优参数选择如表 7 – 6 所列。在没加入设计第 6 章的高带宽控制系统前,传统的 PID 三环闭环控制已经使得框架系统带宽达到 5Hz,在跟踪 5Hz 正弦信号时幅值已经能跟上,但相位滞后 33°。加入非线性微分控制器和非线性速率环控制器后,使得相位滞后减少到 11°。没加入高带宽控制算法时的正弦信号跟踪图如图 7 – 26 所示,加入高带宽控制算法后的跟踪图如图 7 – 27所示。通过图 7 – 26 和图 7 – 27 可以得到所设计的高带宽控制算法能够满足框架系统的精度和高带宽要求。

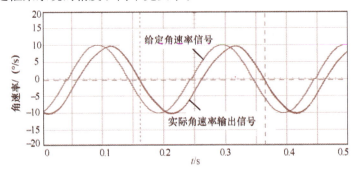

图 7 – 26 PID 三环控制算法时的正弦信号跟踪图

高带宽控制系统省去了现有数字控制装置中处理位置控制环的计算环节,简化了控制算法,加快了伺服系统的响应速度。同时能够采集处理位置数

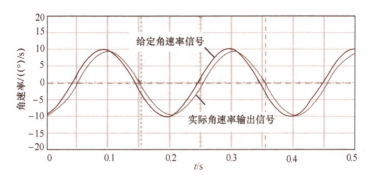

图 7-27　基于非线性微分跟踪器的两环控制时的正弦信号跟踪图

字信号和电流模拟信号,并将其控制算法同步运行。非线性微分跟踪器能够点对点计算角位置的微分信号,即角速率信号,实现了精确的角速率信号还原,该设计简化了电路,提高了系统的控制精度和抗干扰能力。

7.5　本章小结

　　为了克服传统控制方法和通道解耦方法在高动态或偏转运动下的不足,针对 MSCMG 高动态条件下磁轴承弹性支承严重影响磁悬浮转子系统稳定性、控制精度和响应速度的突出问题,提出了基于模态分离和转动模态解耦的 MSCMG 高带宽、高精度控制方法,给出了转动模态补偿滤波器的定量设计方法,实现了对磁悬浮转子刚度和阻尼的独立调节,有效缓解了现有控制方法高稳定度和快响应控制之间的矛盾。在此基础上,结合磁悬浮转子系统的物理特性,提出了基于动态反馈－前馈控制的磁悬浮转子系统的高精度、快响应偏转控制策略,进一步简化了模态解耦控制算法,方便了工程应用。针对 MSC-MG 框架伺服系统的高带宽控制问题,提出了一种基于非线性微分跟踪器的控制方法,对框架伺服系统的角位置信号进行精确还原,并通过选取的李雅普诺夫函数证明其稳定性。仿真和实验结果证明了本章所提出方法的有效性。

参 考 文 献

[1]　魏彤. 控制力矩陀螺磁悬浮转子控制系统稳定性分析与实验研究[D]. 北京：北京航空航天大学,2006.

［2］魏彤,房建成. 磁悬浮控制力矩陀螺的动框架效应及其角速率前馈控制方法研究［J］. 宇航学报,2005,26(1):19-23.

［3］魏彤,房建成. 磁悬浮控制力矩陀螺动框架效应的 FXLMS 自适应精确补偿控制方法仿真研究［J］. 宇航学报,2006,27(6):1205-1210.

［4］霍甲,魏彤,房建成. 基于简化 FXLMS 算法的磁悬浮控制力矩陀螺动框架效应精确补偿方法实验研究［J］. 宇航学报,2010,31(3):786-792.

［5］魏彤,房建成,刘珠荣. 双框架磁悬浮控制力矩陀螺动框架效应补偿方法［J］. 机械工程学报,2010,46(2):159-165.

［6］郑世强,房建成. 提高双框架磁悬浮控制力矩陀螺动态响应能力的磁轴承补偿控制方法与实验研究［J］. 机械工程学报,2010,46(24):22-28.

［7］Ren Y,Fang J. High - stability and fast - response twisting motion control for the magnetically suspended rotor system in a control moment gyro［J］. IEEE/ASME Transactions on Mechatronics. 2013,18(5):1625-1634.

［8］Ren Y,Fang J. High - precision and strong - robustness control of a MSCMG based on modal separation and rotation motion decoupling strategy［J］. IEEE Transactions on Industrial Electronics,2014,61(3):1539-1550.

［9］郑世强. 双框架磁悬浮控制力矩陀螺磁轴承控制及应用研究［D］. 北京:北京航空航天大学:2011.

［10］Fang J,Ren Y. Docoupling control of magnetically suspended rotor system in control moment gyros based on inverse system method［J］. IEEE/ASME Transactions on Mechatronics. 2012,17(6):1133-1144.

［11］Fang J,Ren Y. High precision control for a single gimbal magnetically suspended control moment gyro based on inverse system method［J］. IEEE Transactions on Industrial Electronics. 2011,58(9):4331-4342.

［12］Hua C,Liu P X,Guan X. Backstepping control for nonlinear systems with time delays and applications to chemical reactor system［J］. IEEE Transactions on Industrial Electronics,2009,56(9):3723-3732.

［13］Lindlau J D,Knospe C R. Feedback linearization of an active magnetic bearing with voltage control［J］. IEEE Transactions on Control System Technology,2002,10(1):21-31.

［14］刘珠荣,房建成,韩邦成,等. 磁悬浮控制力矩陀螺永磁偏置磁轴承的低功耗控制方法研究［J］. 宇航学报,2008,29(3):1036-1041.

［15］俞文伯,栾胜,房建成. 控制力矩陀螺磁悬浮转子系统的模型与控制［J］. 航空学报,2006,24(6):541-545.

［16］任元. 大型控制力矩陀螺磁悬浮转子系统高稳定度高精度控制方法及实验研究［D］. 北京:北京航空航天大学,2012.

［17］Fang J,Ren Y. Self - adaptive phase - lead compensation based on unsymmetrical current sampling resistance network for magnetic bearing switching power amplifiers[J]. IEEE Transactions on Industrial Electronics,2012,59(2):1218-1227.

[18] Ren Y,Fang J. Current sensing resistor network design to include current derivative in PWM H-bridge unipolar switching power amplifiers for magnetic bearings[J]. IEEE Transactions on Industrial Electronics. 2012,59(12):4590-4600.

[19] Chen M,Knospe C R. Feedback linearization of active magnetic bearings:current-mode implementation[J]. IEEE/ASME Transactions Mechatronics,2005,10(6):632-639.

[20] Morales R,Feliu V,Sira-Ramirez H. Nonlinear control for magnetic levitation systems based on fast online algebraic identification of the input gain[J]. IEEE Transactions Control System Technology,2011,19(4):757-771.

[21] Sun Z,Ge S S. Nonregular feedback linearization:a nonsmooth approach[J]. IEEE Transactions on Automatic Control,2003,48(10):1772-1776.

[22] Chen S L,Weng C C. Robust control of a voltage-controlled three-pole active magnetic bearing system[J]. IEEE/ASME Transactions on Mechatronics,2010,15(3):381-388.

[23] Li L,Shinshi T,Shimokohbe A. Asymptotically exact linearization for active magnetic bearing actuators in voltage control configuration[J]. IEEE Transactions on Control Systems Technology,2003,11(2):185-195.

[24] Lin F J,Hung Y C,Chen S Y. FPGA-based computed force control system using Elman neural network for linear ultrasonic motor[J]. IEEE Transactions on Industrial Electronics, 2009,56(4):1238-1253.

[25] Dever T P,Brown G V,Duffy K P,et al. Modeling and development of a magnetic bearing controller for a high speed flywheel system[C]. in Proc. 2nd Int. Energy Convers. Eng. Conf. ,Providence,Rhode Island,Aug. 2004,AIAA 2004-5626.

[26] Yu W,Luan S,Fang J. Model and control law of MSCMG active magnetic bearing rotor. (in Chinese),J. Astro-nautics,2003,24(6):541-545.

[27] 于灵慧. 高精度磁悬浮控制力矩陀螺系统的非线性控制研究[D]. 北京:北京航空航天大学,2008.

[28] 王鹏,房建成,磁悬浮控制力矩陀螺框架伺服系统非线性摩擦力矩建模与实验研究[J]. 宇航学报,2007,28(3):613-618.

[29] 李海涛,房建成. 一种双框架磁悬浮控制力矩陀螺框架伺服系统扰动抑制方法研究[J]. 宇航学报,2009,30(6):2199-2205.

[30] Wu F,Zhang X P,Ju P,et al. Sterling. decentralized nonlinear control of wind turbine with doubly fed induction generator[J]. IEEE Transactions on Power System,2008,23(2):613-621.

[31] Zhong Z,Wang J. Looper-tension almost disturbance decoupling control for hot strip finishing mill based on feedback linearization[J]. IEEE Transactions on Industrial Electron-

ics,2011,58(8):3668 – 3679.

[32] Bahrani B,Kenzelmann S,Rufer A. Multivariable – PI – based dq current control of voltage source converters with superior axis decoupling capability[J]. IEEE Transactions on Industrial Electronics,2011,58(7):3016 – 3026.

[33] Smadi I A,Omori H,Fujimoto Y. Development,analysis,and experimental realization of a direct – drive helical motor[J]. IEEE Transactions on Industrial Electronics, 2012,5(59) 5:2208 – 2216.

[34] Kim K H,Jeung Y C,Lee D C,et al. LVRT scheme of PMSG wind power systems based on feedback linearization [J] . IEEE Transactions on Power Electronics, 2012, 27 (5): 2376 – 2384.

[35] Lee T S,Liu J H. Modeling and control of a three – phase four – switch PWM voltage – source rectifier in d – q synchronous frame[J]. IEEE Transactions on Power Electronics, 2011,26(9):2476 – 2489.

[36] Davison E J. The robust control of a servomechanism problem for linear time – invariant multivariable systems [J] . IEEE Transactions on Automatic Control, 1976, 21 (1): 25 – 34.

[37] Karimi H,Davison E J,Iravani R. Multivariable servomechanism controller for autonomous operation of a distributed generation unit:design and performance evaluation[J]. IEEE Transactions on Power System,2010,25(2):853 – 865.

[38] Ahrens M,Kucera L,Larsonneur R. Performance of a magnetically suspended flywheel energy storage device[J]. IEEE Transactions on Control Systems Technology. 1996,4(5): 494 – 502.

[39] Tamisier V. Optimal control of the gyroscopic effects[C]. in Proc. IEEE Int. Symp. Ind. Electron. ,Montreal,Quebec,Canada,Jul. 2006, 2556 – 2561.

[40] Brown G V,Kascak A,Jansen R H,et al. Stabilizing gyroscopic modes in magnetic – bearing – supported flywheels by using cross – axis proportional gains[C]. in AIAA Guid. , Naviga. ,Control conf. Exhibit,San Francisco,CA,Aug. 2005,AIAA 2005 – 5955.

[41] Fan Y,Fang J. Experimental research on the nutational stability of magnetically suspended momentum flywheel in control moment gyroscope (CMG)[C]. in Proc. 9th Int. Symp. Magn. Bearings,Lexington,USA,Aug. 2004.

[42] Guo L,Tomizuka M. High – speed and high – precision motion control with an optimal hybrid feedforward controller[J]. IEEE/ASME Transactions on Mechatronics,1997,2(2): 110 – 122.

[43] Kazimierczuk M K,Starman L A. Dynamic performance of PWM DC – DC boost converter with input voltage feedforward control[J]. IEEE Transactions on Circuit System I,1999,46 (12):1473 – 1481.

[44] Wang J, Wang Y, Cao S. Add – on feedforward compensation for vibration rejection in HDD [J]. IEEE/ASME Transactions on Mechatronics, 2011, 16(6): 1164 – 1170.

[45] Islam S, Liu P X. PD output feedback control design for industrial robotic manipulators[J]. IEEE/ASME Transactions on Mechatronics, 2011, 16(1): 187 – 197.

[46] Gillella P, Sun Z. Design, modeling, and control of a camless valve actuation system with internal feedback[J]. IEEE/ASME Transactions on Mechatronics, 2011, 16(3): 527 – 539.

[47] 李海涛. 双框架磁悬浮控制力矩陀螺框架伺服系统的高精度控制方法研究[D]. 北京：北京航空航天大学, 2009.

[48] 李海涛, 房建成. 基于扩张状态观测器 DGMSCMG 框架伺服系统振动抑制方法[J]. 航空学报, 2010, 31(6): 1213 – 1219.

[49] Yu L, Fang J. Magnetically suspended control moment gyro gimbal servo – system using adaptive inverse control during disturbances[J]. IEE Electronics Letters, 2005, 41(17): 21 – 22.

[50] Yu L, Fang J. Non – linear adaptive inverse noise canceller based on fuzzy neural networks [J]. International Symposium on Test and Measurement, 2005, 1307 – 1311.

[51] 于灵慧, 房建成. 磁悬浮控制力矩陀螺框架伺服系统扰动力矩分析与抑制[J]. 宇航学报, 2007, 28(2): 287 – 291.

[52] 于灵慧, 房建成. 一种非线性自适应逆噪声控制器设计及其仿真[J]. 系统仿真学报, 2006, 18(1): 165 – 168.

第 8 章
双框架 MSCMG 的解耦控制方法

▶ 8.1 引言

第 6 章和第 7 章研究了单框架 MSCMG 的高稳定度及高精度、快响应控制方法,实现了磁悬浮转子系统与单框架伺服系统的解耦控制。与单框架 MSC-MG 相比,双框架 MSCMG 增加了一个框架,可输出两个自由度力矩,在体积、质量和避免奇异性等方面具有综合优势。然而,双框架 MSCMG 高速转子和内外框伺服系统之间存在更为复杂的非线性、强耦合特性,严重影响双框架 MSCMG 的稳定性和控制精度[1-3]。本章将重点研究双框架 MSCMG 的解耦控制问题。

针对载体(平台)运动对磁悬浮转子系统控制稳定性和精度的影响,国内外学者对此开展了广泛的研究。为了抑制基座振动对磁悬浮转子控制精度的影响,Suzuki 等[4,5] 提出了加速度前馈控制方法,取得较好的实验效果。但该研究只是针对转子的扰动力问题,而忽略了框架转动对高速转子的扰动力矩。魏[6-10]、任[11-14] 等采用了框架角速率 - 电流前馈控制方法,较好地解决了单框架 MSCMG 的动框架效应问题。但由于双框架 MSCMG 内、外框架之间存在强烈的动力学耦合,尤其内外框架同时快速机动时,较大的耦合力矩直接影响转子的稳定性和输出力矩精度[15-16]。因此,需要对双框架 MSCMG 的耦合力矩和陀螺力矩同时加以补偿。

本章在单框架 MSCMG 解耦控制研究工作的基础上,以双框架 MSCMG 为研究对象,分析了内、外框架非线性耦合特性,建立了内、外框架转动时的高速转子动力学模型,给出了陀螺力矩和耦合力矩补偿控制策略;针对耦合力矩中框架角加速度变量在测量中存在的不确定干扰和噪声,利用鲁棒滤波对其进行滤波估计,并进行了仿真分析和实验验证。

8.2　磁悬浮高速转子与内、外框架动力学耦合分析

8.2.1　基于动静法的双框架 MSCMG 力矩输出模型

双框架 MSCMG 可视为由高速陀螺转子、内框架和外框架组成的二自由度陀螺仪,而高速陀螺转子以永磁偏置混合磁轴承方式支承在内框架(陀螺房)上,如图 8-1 所示。如果要对内、外框转动时高速转子的耦合力矩进行补偿控制,可将框架静止时的高速转子支承陀螺技术方程与框架转动时输出力矩的动力学方程分别研究。对于框架静止时的高速转子系统控制,可采用分散控制器与交叉解耦相结合的控制方法[17,18]。本章只需考虑框架转动时输出力矩的动力学方程即可,为此采用基于达朗贝尔原理的动静法进行推导[19]。

转子沿 z 轴对称,转子的赤道转动惯量设为 J_r,极转动惯量设为 J_z,转子绕自转轴的角速度设为 Ω,则高速转子角动量为 $H_z = J_z\Omega$。内框轴和外框轴相对惯性空间转动的转角为 σ_i 和 σ_j,相应的角速度分别为 $\dot{\sigma}_i$ 和 $\dot{\sigma}_j$,角加速度为 $\ddot{\sigma}_i$ 和 $\ddot{\sigma}_j$(图 8-1)。

以内框架(陀螺房)为动参考系,初态时定义转子自转轴、内框轴与外框轴三轴处于正交位置,此时 $\sigma_i = 0$。当高速转子以角加速度 $\ddot{\sigma}_i$ 和 $\ddot{\sigma}_j$ 转动时,产生转动惯性力矩 M_{Ii} 和 M_{Ij},其方向与角加速度的方向相反,其表达式为

$$\begin{cases} M_{Ii} = -J_r\ddot{\sigma}_i \\ M_{Ij} = -J_r\ddot{\sigma}_j \end{cases} \tag{8-1}$$

由于高速转子具有角动量 H_z,当高速转子绕外框轴和内框轴出现角速度

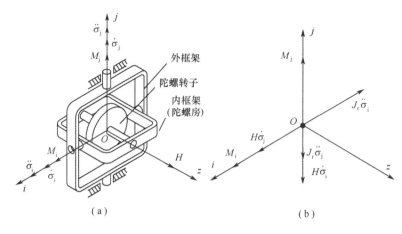

图 8-1 双框架 MSCMG 结构示意图及相关坐标系

(a) 结构示意图;(b) 相关坐标系。

分别为 $\dot{\sigma}_j$ 和 $\dot{\sigma}_i$ 时,产生的陀螺力矩 M_{Gj} 和 M_{Gi},其表达式为

$$\begin{cases} M_{Gj} = H_z \dot{\sigma}_i \\ M_{Gi} = -H_z \dot{\sigma}_j \end{cases} \qquad (8-2)$$

根据动静法原理[20],作用在质点上的主动力、约束力和虚加的惯性力在形式上组成平行力系,可得高速转子绕外框轴和内框轴的力平衡方程为[21]

$$\begin{cases} M_j + M_{Ij} + M_{Gj} = 0 \\ M_i + M_{Ii} + M_{Gi} = 0 \end{cases} \qquad (8-3)$$

式中:M_j、M_i 分别为外、内框架的输出力矩。

将式(8-1)、式(8-2)代入式(8-3),则可得

$$\begin{cases} M_j = J_r \ddot{\sigma}_j - H_z \dot{\sigma}_i \\ M_i = J_r \ddot{\sigma}_i + H_z \dot{\sigma}_j \end{cases} \qquad (8-4)$$

实际双框架 MSCMG 工作时,内、外框架均以 360°回转,所以外框架转动到角度 σ_i 时,角速度 $\dot{\sigma}_j$ 和 $\dot{\sigma}_i$ 在内框坐标系 x 轴和 y 轴上的投影分别为 $\dot{\sigma}_j \cos\sigma_i$ 和 $\dot{\sigma}_i$。因此根据式(8-4),在任意位置的输出力矩时的转子动力学方程变为

$$\begin{cases} M_j = J_r(\ddot{\sigma}_j \cos\sigma_i - \dot{\sigma}_j \dot{\sigma}_i \sin\sigma_i) - H_z \dot{\sigma}_i \\ M_i = J_r \ddot{\sigma}_i + H_z \dot{\sigma}_j \cos\sigma_i \end{cases} \qquad (8-5)$$

当磁悬浮转子运行在高速时,忽略 $J_r \dot{\sigma}_j \dot{\sigma}_i \sin\sigma_i$,有

$$\begin{cases} M_j = J_r \ddot{\sigma}_j \cos\sigma_i - H\dot{\sigma}_i \\ M_i = J_r \ddot{\sigma}_i + H\dot{\sigma}_j \cos\sigma_i \end{cases} \qquad (8-6)$$

⊿ 8.2.2　多体动力学耦合特性分析

双框架 MSCMG 整体动力学模型表示为[22]

$$\begin{cases} m\ddot{x} = f_x \\ m\ddot{y} = f_y \\ m\ddot{z} = f_z \end{cases} \qquad (8-7a)$$

$$\begin{cases} J_r(\ddot{\alpha} + \ddot{\sigma}_i) + H_z(\dot{\beta} + \dot{\sigma}_j \cos\sigma_i) = p_x \\ J_r(\ddot{\beta} + \ddot{\sigma}_j \cos\sigma_i) - H_z(\dot{\alpha} + \dot{\sigma}_i) = p_y \end{cases} \qquad (8-7b)$$

$$\begin{cases} J_{gx}\ddot{\sigma}_i - (J_{gz} - J_{gy})\dot{\sigma}_j^2 \cos\sigma_i \sin\sigma_i = p_{gx} - p_x \\ J_{gy}(\ddot{\sigma}_j \cos\sigma_i - \dot{\sigma}_j \sin\sigma_i) - (J_{gx} - J_{gz})\dot{\sigma}_j \dot{\sigma}_i \sin\sigma_i = p_{gy} - p_y \\ J_{gz}(-\ddot{\sigma}_j \sin\sigma_i - \dot{\sigma}_j \cos\sigma_i) + (J_{gy} - J_{gx})\dot{\sigma}_j \dot{\sigma}_i \cos\sigma_i = p_{gz} \end{cases} \qquad (8-7c)$$

$$\begin{cases} p_{jx} = p_{gx} \\ p_{jy} = J_{jy}\ddot{\sigma}_j + p_{gy}\cos\sigma_i + p_{gz}\sin\sigma_i \\ p_{jz} = -p_{gy}\sin\sigma_i + p_{gz}\cos\sigma_i \end{cases} \qquad (8-7d)$$

对式(8-7a)~式(8-7d)分析讨论,可以得出如下结论。

(1)由于双框架 MSCMG 引入有间隙的磁轴承支承,转子增加了五自由度运动,并且转子运动不仅取决于轴承力,同时还受框架运动的影响,而框架运动也受转子和基座反作用的影响。3 个单体之间的相互作用均为非线性的,大大增加了磁悬浮高速转子动力学行为的复杂程度。

(2)任一系统单个组件的动力学方程中均包含另外两个组件相对运动导致的耦合项,任一单体的相对运动将导致另外两个组件的相对运动,因此 3 个系统组件的相对转动是相互影响,相互耦合的。

(3)外框对内框运动的影响与 σ_j 无关而只取决于 $\dot{\sigma}_j$,外框静止时外框耦合项为零因而对内框不构成任何影响。但内框对外框的影响则不仅取决于 $\dot{\sigma}_i$,而且取决于 σ_i,而且总是非零的。

(4)双框架 MSCMG 的输出力矩在外框架坐标系的分量,具体形式如下:

$$\begin{cases} p_{jx} = J_{gy}\ddot{\sigma}_i - (J_{gz} - J_{gy})\dot{\sigma}_j^2\cos\sigma_i\sin\sigma_i + p_x \\ p_{jy} = J_{jy}\ddot{\sigma}_j + (J_{gy}(\ddot{\sigma}_j\cos\sigma_i - \dot{\sigma}_j\sin\sigma_i) - (J_{gx} - J_{gz})\dot{\sigma}_j\dot{\sigma}_i\sin\sigma_i + p_y)\cos\sigma_i + \\ \qquad J_{gz}(-\ddot{\sigma}_j\sin\sigma_i - \dot{\sigma}_j\cos\sigma_i) + (J_{gy} - J_{gx})\dot{\sigma}_i\dot{\sigma}_j\cos\sigma_i)\sin\sigma_i \\ p_{jz} = -(J_{gy}(\ddot{\sigma}_j\cos\sigma_i - \dot{\sigma}_j\sin\sigma_i) - (J_{gx} - J_{gz})\dot{\sigma}_j\dot{\sigma}_i\sin\sigma_i + p_y)\sin\sigma_i + \\ \qquad J_{gz}(-\ddot{\sigma}_j\sin\sigma_i - \dot{\sigma}_j\cos\sigma_i) + (J_{gy} - J_{gx})\dot{\sigma}_i\dot{\sigma}_j\cos\sigma_i)\cos\sigma_i \end{cases}$$

$$(8-8)$$

由式(8-8)可知,框架加速度和转子径向相对运动会影响双框架 MSCMG 输出力矩精度。在忽略框架转动的动态特性,不考虑框架转动的输出力矩以及转子不平衡振动条件下,式(8-8)可简化为

$$\begin{cases} p_{jx} = H_z\dot{\sigma}_j\cos\sigma_i \\ p_{jy} = -H_z\dot{\sigma}_i\cos\sigma_i \\ p_{jz} = H_z\dot{\sigma}_i\sin\sigma_i \end{cases}$$

$$(8-9)$$

通过式(8-9),可进一步得到航天器基座受到的双框架 MSCMG 整机输出的反作用力矩为

$$\boldsymbol{M}_{ij}^i = \begin{bmatrix} p_{ix} \\ p_{iy} \\ p_{iz} \end{bmatrix} = \begin{bmatrix} -H_z\dot{\sigma}_j\cos\sigma_i\cos\sigma_j + H_z\dot{\sigma}_i\sin\sigma_i\sin\sigma_j \\ H_z\dot{\sigma}_j\cos\sigma_i \\ -H_z\dot{\sigma}_i\sin\sigma_i\cos\sigma_j - H_z\dot{\sigma}_j\cos\sigma_i\sin\sigma_j \end{bmatrix}$$

$$(8-10)$$

(5) 双框架 MSCMG 各部件之间的力矩传递示意图如图 8-2 所示,在整机输出力矩时,内、外框架之间存在由陀螺效应引起的陀螺耦合力矩,该耦合力矩直接作用在内、外框架的负载轴上,因此,内、外框架驱动控制系统必须克服这些部件间的耦合力矩,才能保证陀螺力矩传递到航天器基座上。

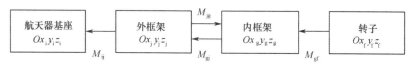

图 8-2 双框架 MSCMG 各部件之间的力矩传递示意图

8.3　基于前馈解耦的磁轴承力矩补偿控制策略

8.3.1　磁轴承力矩补偿控制系统组成

　　双框架 MSCMG 转子通过五自由度磁轴承实现悬浮控制,径向 4 个通道 (A_x, A_y, B_x, B_y) 提供两个径向平动自由度和两个转动自由度;轴向(z)通道提供一个平动自由度,其转动自由度由电机驱动,提供转子角动量。由于轴向磁轴承不参与力矩输出,所以只考虑输出力矩时对磁轴承径向通道的影响即可。为研究分析方便,假设各通道中的径向磁轴承、功放及控制系统的性能相同,径向磁轴承安装位置相对转子质心对称[23-27]。

　　图 8-3 为磁轴承控制系统示意图,图中只画出 x 方向的磁轴承,y 方向与之类似。其中 K 为分散控制器 + 交叉解耦控制器,C 为本章所设计的力矩补偿器,k_w 为功放直流增益(由于框架运动的时间常数比功放惯性的时间常数大得多,可忽略功放截止频率的影响),k_s 为位移传感器灵敏度。控制系统利用位移传感器检测出转子偏离参考点的位移 u_s,根据位移偏差和力矩补偿量,控制器 K 和补偿器 C 分别计算出控制量 u_c 和补偿量 u_f,生成 PWM 控制信号,功放将 PWM 信号转换为控制电流 i,驱动电磁铁产生电磁力,使转子悬浮在给定位置上。

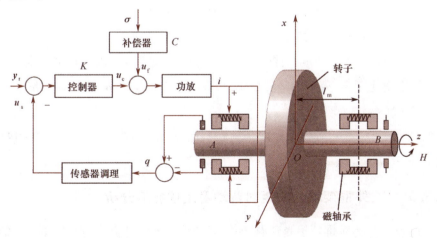

图 8-3　磁轴承控制系统示意图(以 x 方向为例)

🖉 8.3.2　磁轴承力矩补偿量计算

由于磁轴承的安装位置使定子坐标系与内框坐标系重合,对上节所得方程不再需要坐标转换。设磁轴承中心位置相对转子质心位置为 l_m,根据力矩原理及右手定则,则径向磁轴承的分别在 x 轴和 y 轴方向所受合力如下

$$\begin{cases} F_x = M_i/l_m \\ F_y = M_j/l_m \end{cases} \qquad (8-11)$$

轴承力 F 关于控制电流 i 和磁间隙 q 变化的线性化方程为

$$\boldsymbol{F} = k_i \times \boldsymbol{i} + k_h \times \boldsymbol{q} \qquad (8-12)$$

式中: k_i、k_h 分别为磁轴承的电流刚度和位移刚度,在零工作点附近,q 很小,可忽略 $k_h \times q$ 项的影响[31]。因此,A、B 端磁轴承为抵消内、外框架转动输出力矩而需要补偿的线圈电流折算到径向 4 通道控制补偿量计算如下

$$\begin{cases} u_{fax} = (J_r \ddot{\sigma}_i + H_z \dot{\sigma}_j \cos\sigma_i)/(l_m k_w k_i) \\ u_{fay} = -(J_r \ddot{\sigma}_j \cos\sigma_i - H_z \dot{\sigma}_i)/(l_m k_w k_i) \\ u_{fbx} = -(J_r \ddot{\sigma}_i + H_z \dot{\sigma}_j \cos\sigma_i)/(l_m k_w k_i) \\ u_{fbx} = (J_r \ddot{\sigma}_j \cos\sigma_i - H_z \ddot{\sigma}_i)/(l_m k_w k_i) \end{cases} \qquad (8-13)$$

由式(8-13)可知,对高速转子的惯性力矩和陀螺力矩进行补偿控制,需要准确获得以下 5 个变量:内框角位置 σ_i、内框角速度 $\dot{\sigma}_i$、内框角加速度 $\ddot{\sigma}_i$,以及外框角速度 $\dot{\sigma}_j$、外框角加速度 $\ddot{\sigma}_j$。设框架转动信号 $\boldsymbol{\sigma} = \{\sigma_i, \dot{\sigma}_i, \ddot{\sigma}_i, \dot{\sigma}_j, \ddot{\sigma}_j\}$,则式(8-13)可简写为

$$\boldsymbol{u}_f = \boldsymbol{C} \cdot \boldsymbol{\sigma} \qquad (8-14)$$

式中: $\boldsymbol{u}_f = [u_{fax}, u_{fay}, u_{fbx}, u_{fby}]^T$。

🖉 8.3.3　内、外框架耦合力矩对章动稳定性影响分析

设 M_x、M_y 为陀螺转子受到内、外框架转动引起的耦合力矩及电磁力矩的矢量和,其线性化动力学方程为

$$\begin{cases} J_r\ddot{\alpha} + H_z\dot{\beta} = M_x \\ J_r\ddot{\beta} - H_z\dot{\alpha} = M_y \end{cases} \tag{8-15}$$

令 $x = \dot{\alpha}, y = \dot{\beta}$，式(8-15)可解耦为[28-30]

$$\begin{cases} \ddot{x} + \dfrac{H_z^2}{J_r^2}x = -\dfrac{H_z}{J_r^2}M_y + \dfrac{\dot{M}_x}{J_r} \\ \ddot{y} + \dfrac{H_z^2}{J_r^2}y = \dfrac{H_z}{J_r^2}M_x + \dfrac{\dot{M}_y}{J_r} \end{cases} \tag{8-16}$$

令 $\gamma = \dfrac{H_z}{J_r}$，式(8-16)可重写为

$$\begin{cases} \ddot{x} + \gamma^2 x = -\dfrac{\gamma^2}{H_z}M_y + \dfrac{\dot{M}_x}{J_r} \\ \ddot{y} + \gamma^2 y = \dfrac{\gamma^2}{H_z}M_x + \dfrac{\dot{M}_y}{J_r} \end{cases} \tag{8-17}$$

方程(8-17)的解为齐次一般解与非齐次特解的叠加,前者即自由陀螺的章动,后者为外界耦合力矩激励下的受迫振动[31]。本书研究的双框架 MSC-MG,高速转子额定转速通常为 300Hz 以上,而框架伺服响应带宽 F_g 在 10Hz 以下,因此 $\gamma \gg F_g$。在这种情况下,方程(8-17)的受迫振动特解为

$$\begin{cases} x = -\dfrac{M_y}{H_z} + \dfrac{J_r\dot{M}_x}{H_z^2} \\ y = -\dfrac{M_x}{H_z} + \dfrac{J_r\dot{M}_y}{H_z^2} \end{cases} \tag{8-18}$$

由此可以看出,高速陀螺转子的运动是频率为 γ 的自由振动与频率为 F_g 的内、外框架转动引起的耦合力矩受迫振动的叠加,通过增大陀螺的角动量可使耦合力矩引起的振动降到极微小的程度,因而不会对磁悬浮高速转子的章动稳定性造成不利影响。实验研究表明,由内、外框架转动引起的耦合力矩对系统的影响主要体现在控制精度方面,强耦合力矩将导致磁悬浮高速转子各控制通道的位移波动量加大,低频干扰显著,严重时会导致高速转子碰撞保护轴承,甚至导致高速磁悬浮转子失稳。

此外,虽然内、外框架转动引起的耦合力矩是呈非线性变化的,但是由于

框架伺服系统的带宽(通常在 10Hz 以内)远远小于磁轴承控制系统的带宽(通常达 1000Hz),对于磁轴承控制系统控制周期内,其耦合力矩可以看成是一个常值,因而仍可按照线性控制系统理论进行分析。

⚐ 8.3.4　控制系统稳定性分析

下面分析加入力矩补偿器后闭环系统的稳定性。稳定性分析的前提条件是原系统闭环控制系统是稳定的,在闭环系统未加力矩补偿器情况下,由位置给定 y_r 到 u_r 的传递函数是

$$T_y = k_s k_w G (1 + KG)^{-1} \qquad (8-19)$$

即 T_y 是稳定的,设框架转动信号 $\boldsymbol{\sigma} = \{\sigma_i, \dot{\sigma}_i, \dot{\sigma}_j, \ddot{\sigma}_i, \ddot{\sigma}_j\}$,加入力矩补偿器后,$\boldsymbol{\sigma}$ 到位移传感器输出 u_s 的传递函数为

$$T_w = \frac{k_s k_w CG}{1 + KG} = C T_y \qquad (8-20)$$

由式(8-20)可以看出,引入补偿控制后,并没有改变原有系统的极点,因而系统仍然可保持原有的稳定性。此外,根据鲁棒稳定性定理,在原有控制器 K 稳定被控对象 G 的条件下,若保证 T_w 稳定,只须令 $\| C \| < \gamma$,显然根据式(8-13)可知,在保证框架运动信号 $\boldsymbol{\sigma} = \{\sigma_i, \dot{\sigma}_i, \dot{\sigma}_j, \ddot{\sigma}_i, \ddot{\sigma}_j\}$ 能量有界条件下,该闭环控制结构是稳定可行的。

▶ 8.4　一种角加速度信号鲁棒滤波估计方法

⚐ 8.4.1　鲁棒 H_∞ 滤波估计方法

本章研究的双框架 MSCMG 框架伺服系统采用高精度光电码盘对角位置及角速度进行测量和计算,这些信号比较平滑、噪声小,可直接供磁轴承控制系统使用。而对于外框角加速度和内框角加速度,由于机械重量、尺寸所限,不能采用角加速度传感器直接测量。如果对角速度直接进行差分,会造成很大的噪声,对差分后信号低通滤波又会带来相位延迟,降低相位裕度,从而导致系统的前馈补偿的超调量增加,甚至使系统产生振荡[32,33]。因此,基于角速度测量的角加速度实时估计是实现磁轴承机动快响应控制的重要前提。

卡尔曼(Kalman)滤波器是目前应用最广泛的最优状态估计器之一,其假设状态空间系统是由已知统计特性的白噪声过程驱动的[34,35]。由于框架伺服系统采用谐波传动机构,柔轮弹性变形以及光电码盘的测量噪声使得干扰噪声统计特性表现的越来越不确定[36-38],因此基于系统模型和噪声统计特性已知的卡尔曼滤波算法使系统稳定性变差,严重时会出现滤波发散。而鲁棒 H_∞ 滤波假定噪声能量有限,能有效抑制模型和噪声中不确定性误差的影响,显示了良好的鲁棒性[39,40]。为此,本章引入鲁棒 H_∞ 滤波来实现对内、外框架角加速度的预测估计。

假定内、外框架电机刚度足够大,内、外框架速率不相互影响,根据牛顿第二定律,可分别建立关于内框架和外框架的角速度与角加速度的离散系统状态方程和量测方程,以外框架模型为例

$$\begin{cases} \boldsymbol{x}_{j+1} = \boldsymbol{F}\boldsymbol{x}_j + \boldsymbol{N}u_j \\ \boldsymbol{y}_j = \boldsymbol{H}\boldsymbol{x}_j + v_j \\ \boldsymbol{s}_j = \boldsymbol{L}\boldsymbol{x}_j \end{cases} \tag{8-21}$$

式中:$\boldsymbol{F} = \begin{pmatrix} 1 & T \\ 0 & 1 \end{pmatrix}$ 为状态转移矩阵,T 为采样周期;$\boldsymbol{N} = \begin{pmatrix} T \\ 0 \end{pmatrix}$ 为干扰输入矩阵;

$\boldsymbol{H} = (0 \quad 1)$ 为观测矩阵;$\boldsymbol{L} = (0 \quad 1)$ 为估计矩阵;$\boldsymbol{x} = \begin{pmatrix} \dot{\sigma}_j \\ \ddot{\sigma}_j \end{pmatrix}$ 为状态矢量;

$\{u_j \quad v_j\}$ 为未知噪声干扰;y_j 为量测输出;s_j 为待估计的角加速度信号。

设系统初始状态为 $\boldsymbol{x}_0$,令 $\hat{\boldsymbol{x}}_0$ 表示对初始状态的一个估计,则初始估计误差方差为

$$\boldsymbol{P}_0 = E\{(\boldsymbol{x}_0 - \hat{\boldsymbol{x}}_0) \cdot (\boldsymbol{x}_0 - \hat{\boldsymbol{x}}_0)^{\mathrm{T}}\} \tag{8-22}$$

令 $\hat{\boldsymbol{s}}_j = \boldsymbol{F}_f(y_0, y_0, \cdots, y_j)$ 表示给定观测值 y_j 条件下对 s_j 的估计,定义误差

$$e_j = s_j - \hat{s}_j \tag{8-23}$$

则鲁棒 H_∞ 次优滤波问题是:对于一个给定的最小正数 γ,使得

$$\sup_{x_0, \{u_j\}, \{v_j\}} \frac{\displaystyle\sum_{j=1}^{i} \boldsymbol{e}_j^{\mathrm{T}} e_j}{\boldsymbol{x}_0^{\mathrm{T}} P_0^{-1} x_0 + \displaystyle\sum_{j=1}^{i} \boldsymbol{u}_j^{\mathrm{T}} u_j + \displaystyle\sum_{j=1}^{i} \boldsymbol{v}_j^{\mathrm{T}} v_j} \gamma \lambda^2 \tag{8-24}$$

次优 H_∞ 滤波问题的解为:对于给定的 $\gamma > 0$,如果 $[\begin{array}{cc} F & G \end{array}]$ 是满秩的,则满足式(8-24)滤波器存在的充要条件是[41]

$$P_j^{-1} + H^T H - \gamma^{-2} L^T L > 0 \qquad (8-25)$$

其中,P_{j+1} 满足如下里卡蒂(Ricatti)递推方程:

$$P_{j+1} = FP_j F^T + NN^T - FP_j(L^T H^T) R_{e,j}^{-1} \binom{L}{H} P_j F^T \qquad (8-26)$$

$$R_{e,j} = \begin{bmatrix} 1 & 0 \\ 0 & -\gamma^2 \end{bmatrix} + \begin{bmatrix} L \\ H \end{bmatrix} P_j(L^T H^T) \qquad (8-27)$$

如果式(8-25)成立,则存在 H_∞ 次优滤波递推算法为:

滤波估计方程

$$\hat{x}_{j+1} = F\hat{x}_j + K_{j+1}(y_{j+1} - HF\hat{x}_j) \qquad (8-28)$$

滤波增益方程

$$K_{j+1} = P_{j+1} H^T [I + HPH^T]^{-1} \qquad (8-29)$$

8.4.2 滤波估计实验

为验证上述滤波估计算法的有效性,首先利用框架伺服系统进行正弦10Hz带宽测试所采集到外框架角速度信息,分别采用直接差分法、卡尔曼滤波估计法、H_∞ 滤波估计法求取外框架的角加速度。在 H_∞ 滤波中,γ 取最小值时滤波器的鲁棒性最好,但方差不一定最小,当 $\gamma \to \infty$ 时可得到较小的方差,但鲁棒性较差。经大量实验,选取 $\gamma = 2$,初始条件选为 $x_0 = [\begin{array}{cc} 1 & 1 \end{array}]^T$,$P_0 = \begin{bmatrix} 1 & 0 \\ 0 & 1 \end{bmatrix}$。

图8-4(a)是直接对角速度信号进行差分的结果,很明显得到的角加速度信号具有很大的噪声;图8-4(b)是采用常规的卡尔曼滤波的结果,由图可知,角加速度估计幅值逐渐减小,说明对于噪声不确定性的离散系统,卡尔曼算法不能正常工作,失去其滤波估计能力;图8-4(c)为 H_∞ 滤波结果,由曲线可以看出,H_∞ 滤波对于噪声的不确定性具有良好的鲁棒性,其性能明显优于卡尔曼滤波估计法和直接差分法。

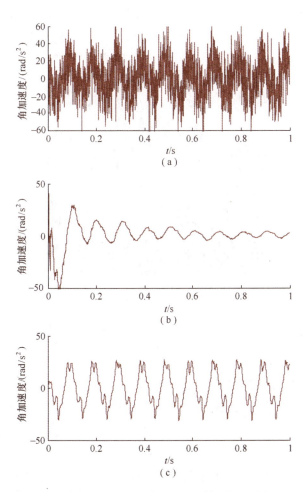

图 8 - 4　3 种方法的角加速度信号滤波结果

（a）直接差分；（b）卡尔曼滤波估计；（c）H_∞ 滤波估计。

8.5　磁轴承补偿控制实验研究

8.5.1　实验装置

以北京航空航天大学研制的 DG - Ⅲ型双框架 MSCMG 实验系统为对象进行实验研究，如图 8 - 5 所示，主要技术指标如表 8 - 1 所列。框架伺服系统采用传动比大、精度高、体积小的谐波减速器作为传动机构,采用光电码盘作为测角元件,数字控制系统基于 DSPVC33 + FPGA 架构,利用 14 位 D/A 将实际

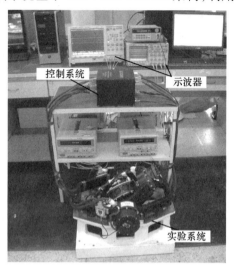

图 8 – 5   DG – Ⅲ型双框架 MSCMG 实验系统

检测的角速度、角位置用模拟量信号输出至磁轴承控制器。磁轴承控制器硬件电路是以 TMS320F2812 为核心,采用分散控制 + 交叉解耦的控制法,根据内、外框架角位置信号,计算基本控制量及补偿控制量,生成 PWM 信号,驱动功放电路产生相应的电流作用于磁轴承线圈,实时控制磁悬浮高速转子[42]。

表 8 – 1   DG – Ⅲ型双框架 MSCMG 实验系统主要技术指标

主要技术指标	指标值
高速转子角动量/(N·m·s)	50
转子最高转速/(r/min)	30000
最大输出力矩/(N·m)	10
框架转速范围/(°/s)	0.1 ~ 10
框架角速率带宽/Hz	大于 10

由于初始滤波效果对系统运行影响较小,为减少 DSP 程序计算量,在实际工作时,鲁棒滤波算法可取其稳态增益参数阵 $\boldsymbol{K} = \begin{bmatrix} 0.1623 & 0.0002 \end{bmatrix}^{\mathrm{T}}$。控制

器采样频率为 7kHz,对应定时采样周期为 142.8μs,加入力矩补偿算法后,DSP 周期运算时间为 98μs,可满足实时性要求。磁轴承控制用参数如表 8 - 2 所列。

表 8 - 2　DG - Ⅲ型双框架 MSCMG 磁轴承控制用参数

参数	数值
转子质量 m/kg	4.74
磁心到转子质心的距离 l_m/mm	48.92
转子赤道转动惯量 J_r/(kg·m²)	0.00948
转子极转动惯量 J_z/(kg·m²)	0.0159
径向电流刚度 k_i/(N/A)	209
径向位移刚度 k_h/(N/m)	9.1×10^5
功放直流增益 k_w/(A/V)	0.12
径向单边磁间隙 l_c/μm	110

下面通过对双框架 MSCMG 进行内、外框架 10Hz 正弦带宽测试,即在内、外框架运行在快速机动状态下,选择 3 种典型情况,验证本书所提出的补偿控制策略及滤波算法的有效性。

8.5.2　内框架机动时补偿控制

实验条件:高速转子转速为 15000r/min,外框架静止,即 $\dot{\sigma}_j = \ddot{\sigma}_j = 0$,内框架以 $\dot{\sigma}_i = 8°/s$ 进行 10Hz 正弦带宽测试,由于角位置 σ_i 很小,可设 $\sigma_i \approx 0°$。由式(8-5)得知,此时 x 方向的径向轴承提供转动惯性力矩 $M_{Ii} = J_r \ddot{\sigma}_i$,$y$ 方向的径向轴承提供陀螺力矩 $M_{Gj} = H\dot{\sigma}_j$。根据式(8-14)对力矩进行补偿控制,图 8-6 为 $\sigma_i = 0°$ 时内框架以 $\dot{\sigma}_i = 8°$ 进行 10Hz 正弦带宽测试时的转子径向位移波形,实验测试表明,径向 A 端 A_x 通道和 A_y 通道的转子位移在未加补偿控制时均受到框架角速度和角加速度较大的影响,转子位移在磁间隙平衡跳动幅值 h_{ax}、h_{ay} 分别达 99μm 和 152μm,影响系统的稳定性,因此只对陀螺力矩进行补偿是不够的,必须对转动惯性力矩加以补偿控制。加入力矩补偿控制后,A_x 通道和 A_y 通道转子位移跳动量分别为 19μm 和 32μm,减至补偿前的 19.2% 和 21.1%,提高了双框架输出力矩时的转子悬浮精度。

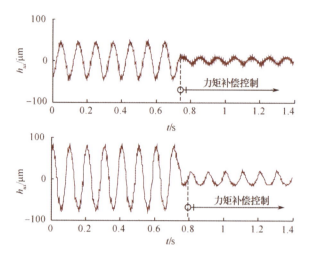

图 8 - 6　$\sigma_i \approx 0°$时内框架以 $\dot{\sigma}_i = 8°/s$ 进行 10Hz 正弦带宽测试时的转子径向位移波形

⚐ 8.5.3　外框架($\sigma_i \approx 90°$)机动时补偿控制

实验条件:高速转子转速为 15000r/min,内框架静止,即 $\dot{\sigma}_i = \ddot{\sigma}_i = 0$,内框架的角位置 $\sigma_i \approx 0°$;外框架以 $\dot{\sigma}_j = 8°/s$ 进行 10Hz 正弦带宽测试,此时,据式(8 - 5)可知,$M_i = M_j = 0$。实验验证转子的位移没有受到外界施加力矩的影响,如图 8 - 7 所示,间接证明了高速转子输出力矩时的动力学方程的正确性。

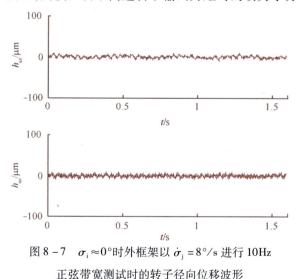

图 8 - 7　$\sigma_i \approx 0°$时外框架以 $\dot{\sigma}_j = 8°/s$ 进行 10Hz

正弦带宽测试时的转子径向位移波形

◁ 8.5.4　外框架($\sigma_i \approx 0°$)机动时补偿控制

实验条件:高速转子转速为 15000r/min,内框架静止,即 $\dot{\sigma}_i = \ddot{\sigma}_i = 0$,内框架的角位置 $\sigma_i \approx 90°$;外框架以 $\dot{\sigma}_j = 8°/s$ 进行 10Hz 正弦带宽测试,正好与 8.5.2 节情况相反,此时 x 方向的径向轴承提供陀螺力矩 $M_{Gi} = H\dot{\sigma}_j$,而 y 方向的径向轴承提供转动惯性力矩 $M_{Ij} = J_r \ddot{\theta}_j$。与 8.5.2 节情况一样,未进行力矩补偿控制时,径向 4 个通道的转子位移同样也会受到较大的影响,如图 8 - 8 所示,A_x 和 A_y 通道跳动量 h_{ax}、h_{ay} 分别达 133μm 和 102μm,而采用力矩补偿控制后,转子位移的跳动量得到有效控制,分别为 39μm 和 30μm,减至补偿前的 29.3% 和 29.4%。

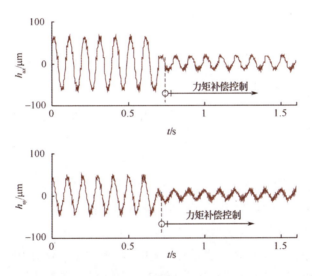

图 8 - 8　$\sigma_i \approx 90°$时外框架以 $\dot{\sigma}_j = 8°/s$ 进行 10Hz
正弦带宽测试时的转子径向位移波形

以上实验结果表明,采用力矩补偿控制后,内、外框架转动输出力矩时的转子跳动量得到有效抑制,减至补偿前的 30% 以内,提高了磁悬浮系统的稳定性和悬浮精度,改善了 MSCMG 的力矩输出精度。

8.6 基于电流前馈的内、外框架解耦控制方法

由前面的推导可以看出,双框架 MSCMG 在输出力矩时,内、外框架之间存在由于陀螺效应引起的耦合力矩,该耦合力矩直接作用在框架的负载轴上,影响了框架转速的稳定性和精度[43,44]。为了抑制该耦合力矩的影响,本章采用对内、外框架进行前馈控制的方式。由于内框架和外框架之间存在的是力矩的耦合,而框架力矩电机绕组电流的大小直接对应电机的输出力矩的大小,因此最直接的方式是对内、外框架系统分别采用电流前馈控制[45-48]。

8.6.1 前馈控制算法设计

由于转子的径向运动很小,忽略转子径向运动的影响,由式(8-7)可得

$$p_{gx} = J_{gx}\ddot{\theta} + H_{rz}\dot{\varphi}\cos\theta \qquad (8-30)$$

由于双框架 MSCMG 框架伺服系统的带宽一般要求不超过 10Hz,忽略框架运动的高阶项,则可以得到

$$p_{gx} = H_{rz}\dot{\varphi}\cos\theta \qquad (8-31)$$

同理,化简式(8-8)可以得到

$$p_{jy} = H_{rz}\dot{\theta}\cos\theta \qquad (8-32)$$

内框架受到的耦合力矩为 $H_G\dot{\varphi}\cos\theta = M_{x2}$,外框架受到的耦合力矩为 $-H_G\dot{\theta}\cos\theta = M_{y1}$。加前馈的框架电机电流环闭环控制框图如图 8-9 所示,其中:L 为电机绕组电感;R 为绕组电阻;K_m 为电机力矩系数;J 为折算到电机轴上的转动惯量;b 为黏性阻尼系数;M 为由于陀螺效应耦合的力矩大小;i_{in} 为速率环输出的电流参考值;i_b 为为了补偿 M 而加入的电流补偿值。

对于内框架来说,耦合力矩 M 大小为 $H_G\dot{\varphi}\cos\theta$,如果完全抵消由于 M 带来速率的影响,补偿的电流应该为

$$i_b = \frac{M(Ls + R + k_i)\left[(Ls + R + k_i)(Js + b) + Cek_m\right]}{k_m(Js + b)(Ls + R + k_i) - k_m Ce} \qquad (8-33)$$

由于电机的电感、折算到电机轴上的转动惯量及黏性阻尼系数都比较小,忽略它们之后得到 $i_b = \dfrac{R + k_i}{k_m}M$,令 $k = \dfrac{R + k_i}{k_m}$,可得 $i_b = kM$。因此对于内、外框

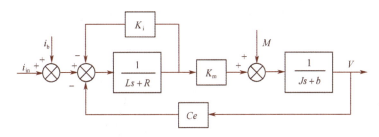

图 8 – 9　加前馈的框架电机电流环闭环控制框图

架来说,前馈控制量分别为:$i_{bn} = k_n H_G \dot{\varphi} \cos\theta$(内框);$i_{bw} = k_w H_G \dot{\theta} \cos\theta$(外框)。

对内、外框架电机都采用三环(电流环、速率环、位置环)控制方式,则内、外框架伺服控制系统框图如图 8 – 10 所示。

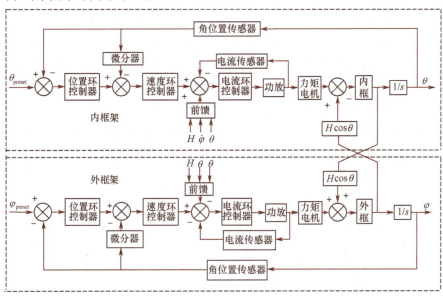

图 8 – 10　内、外框架伺服控制系统框图

8.6.2　仿真和实验研究

1. 仿真研究

为了验证上述电流前馈方法对于内、外框架耦合力矩的补偿,对内、外框架伺服系统进行了建模并利用 Matlab 进行了仿真,其中内、外框架均采用三相

直流无刷电机,仿真系统参数如表8-3所列。

表8-3 电流前馈仿真系统参数

参数	参数值	参数	参数值
电机绕组相电感/mH	4.3	位置环积分系数	0.1
电机绕组相电阻/Ω	8	位置环微分系数	1.2
电机力矩系数/(N/A)	0.84	速率环比例系数	6
高速转子转速/(r/min)	20000	电流环比例系数	1.35
高速转子角动量/(N·m·s)	200	位置微分系数	1.2
框架系统转动惯量/(kg·m²)	0.232	速率环比例系数	6
PWM放大倍数	11	电流环比例系数	1.35
位置环比例系数	70		

由8.2节的分析可以知道,内、外框架的耦合力矩在正交位置处最大,因此为了充分体现该陀螺耦合力矩对内、外框转速的影响,在内、外框架正交位置处,对内、外框架速率指令采用阶跃信号,使内、外框架上存在一个突变的阶跃力矩。另外在该仿真中没有考虑高速转子的不平衡转动的因素、非线性摩擦的影响及传动机构带来的影响。

如图8-11所示,不加电流前馈时,外框架伺服系统给定速率指令为0°/s,内框架伺服系统在旋转到与外框架正交时给定的速率指令8°/s~0°/s的阶跃信号。

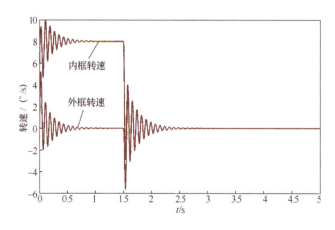

图8-11 不加电流前馈,外框架不动、内框架8°/s~0°/s阶跃时内、外框架转速

由图 8 – 11 可以看出,当内框架速率突然变化时,外框架速率同时也产生一个突然的阶跃。图 8 – 12 为同样仿真条件下加电流前馈时的速率波形。由图 8 – 12 可以看出,加入电流前馈后外框架的速率波动基本上被抑制了。

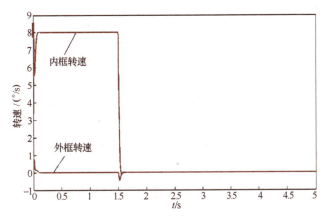

图 8 – 12　加电流前馈,内框架不动、外框架 8°/s ~ 0°/s 阶跃时内、外框架转速

图 8 – 13 和图 8 – 14 为内、外框架同时启动时,不加电流前馈和加电流前馈时的速率波形。同样可以验证,加入电流前馈对由于陀螺耦合力矩引起的内、外框架的速率波动有很好的抑制效果。

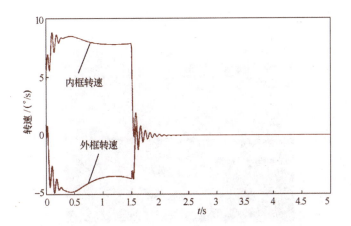

图 8 – 13　不加电流前馈,内框架 –4°/s ~ 0°/s 阶跃、
外框架 8°/s ~ 0°/s 阶跃时内、外框架转速

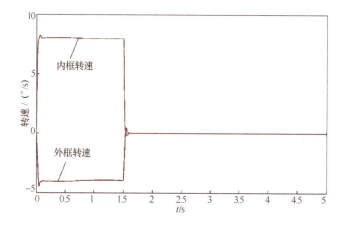

图 8 - 14　加电流前馈,内框架 - 4°/s ~ 0°/s 阶跃、
外框架 8°/s ~ 0°/s 阶跃时内、外框架转速

2. 实验研究

为了验证电流前馈控制算法的可行性,利用北京航空航天大学研制的 DG - Ⅰ型双框架 MSCMG 进行实验(图 8 - 15),实验平台主要包括双框架 MSCMG、磁悬浮数控系统、高速电机数控系统、框架数控系统及 28V 航天电源 等。框架系统的角位置反馈由安装在内、外框架负载轴上的高精度、双通道旋 转变压器提供[49,50]。DG - Ⅰ型双框架 MSCMG 主要技术指标如表 8 - 4 所列。

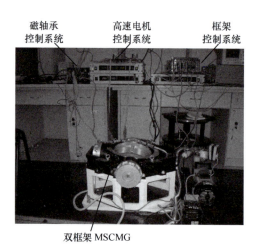

图 8 - 15　DG - Ⅰ型双框架 MSCMG 原理实验平台

表 8 - 4　DG - Ⅰ型双框架 MSCMG 主要技术指标

主要技术指标	指标值	主要技术指标	指标值
高速转子角动量/(N·m·s)	200	框架转速范围/(°/s)	0.1 ~ 10
转子最高转速/(r/min)	20000	双框架 MSCMG 的尺寸/mm³	678 × 651 × 320.5
最大输出力矩/(N·m)	33	双框架 MSCMG 的质量/kg	62

　　双框架 MSCMG 的磁悬浮高速转子系统、内框架系统及外框架系统之间都存在力矩的耦合,首先为了说明内、外框架转速对磁悬浮高速转子的影响,同时启动内、外框架,实时观测内、外框架角速率及转子的悬浮位置。具体的实验条件为:高速转子转速为 15000r/min;内外框架初始位置正交;内外框架角速率指令 0 ~ 5°/s;磁悬浮高速转子、内框架及外框架都没有针对耦合力矩进行控制。实验波形如图 8 - 16 所示。

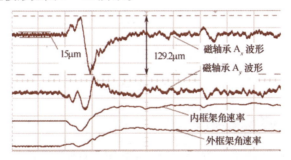

图 8 - 16　实验波形(转子 15000r/min,内框架 5°/s,外框架 5°/s 阶跃)

　　由图 8 - 16 可以看出,当内、外框架由 0°/s 阶跃到 5°/s 时,由于陀螺效应,转子位移由框架静止时的 15μm 跳到 129.2μm,而内、外框架的角速率在框架开始启动时也存在 3°/s 的波动。磁轴承的保护间隙设计值为 200μm,当内、外框架转速更高的情况下,磁悬浮转子系统与内、外框架系统之间的耦合力矩更大,转子的跳动量也会加大,最终会造成转子碰撞保护轴承,甚至导致系统失稳。

　　下面着重考虑耦合力矩对内、外框架角速率的影响,磁轴承控制针对耦合力矩采用了电流前馈的控制方式,框架的具体参数见表 8 - 3。图 8 - 17 和图 8 - 18 分别为转子在 10000r/min 情况下无前馈电流补偿及有前馈电流补偿实验波形。如图 8 - 17 所示,当外框给定 0 ~ 3°/s 的阶跃速率指令时,内框架上有很大的速率波动,图 8 - 18 中加入电流前馈后速率波动明显消失。

图 8 – 19 和图 8 – 20 分别为转子在 15000r/min 的转速下无前馈电流补偿及有前馈电流补偿实验波形,从图 8 – 20 中可以明显看出,加入电流前馈会使速率波动量减小。从图 8 – 19 可以看到转子转速高的情况下,框架的速率波动量大。

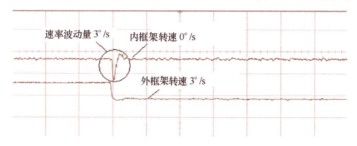

图 8 – 17　无前馈电流补偿实验波形(转子 10000r/min,内框架不动,外框架 3°/s 阶跃)

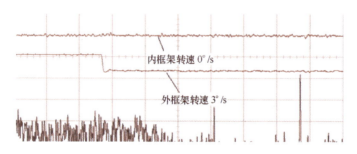

图 8 – 18　有前馈电流补偿实验波形(转子 10000r/min,内框架不动,外框架 3°/s 阶跃)

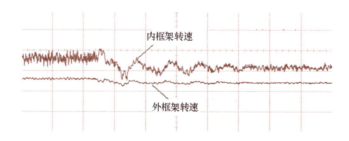

图 8 – 19　无前馈电流补偿实验波形(转子 15000r/min,内框架 2°/s,外框架 3°/s 阶跃)

从图 8 – 17 ~ 图 8 – 20 可以明显看出,实验结果与仿真结果相符,无论是外框架启动内框架不动还是内、外框架系统同时启动的情况下,加入电流前馈能够抑制耦合力矩引起的速率振荡。从图 8 – 18 可以看到,转子转速提高到 15000r/min 的情况下,没有加入电流前馈时内、外框架转速不能正确跟踪速率

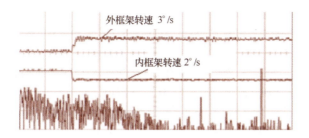

图 8 – 20　有前馈电流补偿实验波形(转子 15000r/min,内框架 2°/s,外框架 3°/s 阶跃)

指令。由图 8 – 20 可以看到,加入电流前馈后虽然角速率可以基本跟踪角速率指令,但内、外框架上的速率波动量都增大了,转速精度不高。

▶ **8.7　本章小结**

　　本章针对双框架 MSCMG 快速机动时产生的耦合力矩对磁悬浮高速转子稳定性和输出力矩精度的影响,提出了耦合力矩的补偿控制策略,并采用鲁棒滤波对内、外框架角加速度进行估计,以消除测量中存在的不确定干扰和噪声。针对双框架 MSCMG 内外框架耦合力矩对框架转速精度的影响,提出电流前馈控制算法。以上方法均得到了仿真及实验验证。

◉ 参 考 文 献

[1] 李海涛. 双框架磁悬浮控制力矩陀螺框架伺服系统的高精度控制方法研究[D]. 北京:北京航空航天大学,2010.

[2] 郑世强. 双框架磁悬浮控制力矩陀螺磁轴承控制及应用研究[D]. 北京:北京航空航天大学,2011.

[3] Zheng S,Han B,Guo L. Composite hierarchical anti – disturbance control for magnetic bearing system subject to multiple external disturbances[J]. IEEE Transactions on Industrial Electronics,2014,61(12):7004 – 7012.

[4] Suzuki Y. Acceleration feedforward control for active magnetic bearing systems excited by ground motion [J]. IEEE Proceedings of Control Theory and Applications,1998,145(2):113 – 118.

[5] Kang M S,Yoon W H. Acceleration feedforward control in active magnetic bearing system subject to base motion by filtered – X LMS algorithm [J]. IEEE Translations on Control Sys-

tems Technology,2006,14(1):134-141.

[6] 魏彤,房建成. 磁悬浮控制力矩陀螺的动框架效应及其角速率前馈控制方法研究[J]. 宇航学报,2005,26(1):19-23.

[7] 魏彤,房建成. 磁悬浮控制力矩陀螺动框架效应的 FXLMS 自适应精确补偿控制方法仿真研究[J]. 宇航学报,2006,27(6):1205-1210.

[8] 魏彤,房建成,刘珠荣. 双框架磁悬浮控制力矩陀螺动框架效应补偿方法[J]. 机械工程学报,2010,46(2):159-165.

[9] 魏彤. CMG 磁悬浮转子控制系统稳定性分析与实验研究[D]. 北京:北京航空航天大学,2006.

[10] 霍甲,魏彤,房建成. 基于简化 FXLMS 算法的磁悬浮控制力矩陀螺动框架效应精确补偿方法实验研究[J]. 宇航学报,2010,31(3):786-792.

[11] Fang J,Ren Y. Decoupling control of magnetically suspended rotor system in control moment gyros based on inverse system method[J]. IEEE/ASME Transactions on Mechatronics,2012,17(6):1133-1144.

[12] 任元. 大型 CMG 磁悬浮转子系统高稳定度高精度控制方法及实验研究[D]. 北京:北京航空航天大学:2012.

[13] Ren Y,Fang J. High - precision and strong - robustness control of a MSCMG based on modal separation and rotation motion decoupling strategy. IEEE Transactions on Industrial Electronics,2014,61(3):1539-1550.

[14] Ren Y,Fang J. High - stability and fast - response twisting motion control for the magnetically suspended rotor system in a control moment gyro[J]. IEEE/ASME Transactions on Mechatronics. 2013,18(5):1625-1634.

[15] Zhou D,Zhou J Y. Nonlinear adaptive slewing motion control of spacecraft truss driven by synchronous V - gimbaled CMG precession[J]. Chinese Journal of Aeronautics. 2007,20(4):332-338.

[16] Zhou J,Zhou D. Spacecraft attitude control with double - gimbaled control moment gyroscopes[A]. Proceedings of the IEEE International Conference on Robotics and Biomimetics. 2007:1557-1662.

[17] 房建成,郑世强,王英广,等. 一种双框架磁悬浮控制力矩陀螺结构模态振动控制方法[P]. 中国专利:ZL200910243818.5,2012-04-11.

[18] 郑世强,房建成. MSCMG 磁轴承 μ 综合控制方法与实验研究[J]. 仪器仪表学报,2010,31(6):1375-1380.

[19] 郑世强,房建成. 提高双框架 MSCMG 动态响应能力的磁轴承补偿控制方法与实验研究[J]. 机械工程学报,2010,46(24):22-28.

[20] 以光衢. 陀螺理论与应用[M]. 北京:北京航空航天大学出版社,1990:125-128.

[21] 刘延柱. 陀螺力学[M]. 北京:科学出版社,2009:160-161.

[22] Zheng S,Han B. Investigations of an integrated angular velocity measurement and attitude control system for spacecraft using magnetically suspended double – gimbal CMGs[J]. Advances in Space Research,2013,51(12): 2216 – 2228.

[23] Zheng S,Han B. Parameter hierarchical identification for magnetic bearing control system using frequency response testing method[J]. Advanced Science Letters,2011,4(8): 3052 – 3056.

[24] 冯锐,郑世强,房建成. 高速磁悬浮电动机对拖试验中转子不平衡量现场辨识与振动控制[J]. 机械工程学报,2014,03: 71 – 77.

[25] Chen X,Ren Y. Modal decoupling control for a double gimbal magnetically suspended control moment gyroscope based on modal controller and feedback linearization method[C]. Proc IMechE Part C: J Mechanical Engineering Science. DOI: 10. 1177/ 0954406213517871.

[26] 徐升,房建成,郑世强. 控制力矩陀螺磁悬浮转子的指数趋近积分滑模控制研究[J]. 宇航学报,2014,04: 439 – 446.

[27] Fang J,Zheng S. AMB vibration control for structural resonance of double gimbal control moment gyro with high – speed magnetically suspended rotor[J]. IEEE/ASME Transactions on Mechatronics, 2013,18(1): 32 – 43.

[28] Jin Y Q,Liu X D,Qiu W,et al. Time – varying sliding mode controls in rigid spacecraft attitude tracking [J]. Chinese Journal of Aeronautics,2008,21(4): 352 – 360.

[29] Abdessameud A,Tayebi A. Attitude synchronization of a group of spacecraft without velocity measurement[J]. IEEE Transactions on Automatic Control, 2009,54: 2642 – 2648.

[30] Ahmed J,Bernstein D. Adaptive control of double – gimbal control moment gyro with unbalanced rotor [J]. Journal of Guidance,Control and Dynamics,2002,25(1): 105 – 115.

[31] 房建成,郑世强,等. 一种永磁偏置混合磁轴承电流刚度和位移刚度确定方法[P]. 专利授权号: ZL201010200460. 0.

[32] 何玉庆,韩建达. 基于卡尔曼滤波及牛顿预测的角加速度估计方法试验研究[J]. 机械工程学报,2006,42(2): 226 – 232.

[33] Zhang H S,Xie L H,Soh Y C,et al. H_∞ Fixed – lag smoothing for linear time – varying discrete time systems [J]. Automatica,2005,41(5): 839 – 846.

[34] Nishiyama K. An H_∞ Optimization and its fast algorithm for time – variant system identification [J]. IEEE Transactions on Signal Processing,2004,52(5): 1335 – 1342.

[35] Xu H,Mannor S. A Kalman filter design based on the performance/robustness tradeoff [J]. IEEE Transactions on Automatic Control,2009,54(5): 1171 – 1175.

[36] Krishnan S,Voorhees C. The use of harmonic drives on NASA's mars exploration rover [R]. NASA,Jan 2001.

[37] Iwasaki M,Yamamoto M. Modeling and compensation for angular transmission error of har-

monic drive gearings in high precision positioning[C]. IEEE/ASME International Conference on Advanced Intelligent Mechatronics, 2009: 662 – 667.

[38] Ghorbel F H, Gandhi P S, Alpeter F. On the kinematic error in harmonic drive gears [J]. Journal of Mechanical Design, 2001, 123(1): 90 – 97.

[39] Hassibi B, Sayed A H, Kailath T. Linear estimation in krein space-Part Ⅰ: theory [J]. IEEE Transactions on Automatic Control, 1996, 41(1): 18 – 33.

[40] Hassibi B, Sayed A H, Kailath T. Linear estimation in krein space-Part Ⅱ: applications [J]. IEEE Transactions on Automatic Control, 1996, 41(1): 34 – 49.

[41] Hassibi B, Kailath T, Sayed A H. Array algorithms for estimation [J]. IEEE Transactions on Automatic Control, 2000, 45(4): 702 – 706.

[42] 房建成, 王英广, 丁力, 等. 一种集成化双框架磁悬浮控制力矩陀螺磁轴承控制系统 [P]. 中国专利: ZL200910085711.2, 2012 – 04 – 11.

[43] Yu L, Fang J. Magnetically suspended control moment gyro gimbalservo – system using adaptive inverse control during disturbances [J], Electronics Letters, 2005, 41(17): 21 – 22.

[44] Han B, Ma J. The Influence and optimization design of transmission ratio on the performances of gimbal servo – system in CMG[C]. International Conference on Computer Application and System Modeling. 2010: 280 – 284.

[45] 李海涛, 房建成. 一种双框架磁悬浮控制力矩陀螺框架伺服系统扰动抑制方法研究 [J]. 宇航学报, 2009, 30(6): 2199 – 2205.

[46] 李海涛, 房建成. 基于CMAC的CMG框架伺服系统摩擦补偿方法研究[J]. 系统仿真学报, 2008, 20(7): 1887 – 1891.

[47] 李海涛, 房建成. 基于扩张状态观测器的DGMSCMG框架伺服系统振动抑制方法研究[J]. 航空学报, 2010, 31(6): 1213 – 1219.

[48] 韩邦成, 马纪军, 李海涛. 谐波减速器的非线性摩擦建模及补偿[J]. 光学精密工程. 2011, 19(5): 1095 – 1103.

[49] 房建成, 李海涛, 于灵慧, 等. 一种高精度低功耗磁悬浮控制力矩陀螺框架伺服系统数字控制装置[P]. 中国专利: ZL200610113552.9, 2009 – 05 – 13.

[50] 房建成, 李海涛, 于灵慧, 等. 一种集成化磁悬浮控制力矩陀螺控制平台[P]. 中国专利: ZL200610165165.X, 2008 – 12 – 10.

第9章
双框架 MSCMG 结构模态振动鲁棒控制方法

▶ 9.1 引言

与单框架 MSCMG 相比,双框架 MSCMG 除了第 8 章研究的非线性耦合问题外,还有一个显著的特征是复杂的内外框架结构引起的模态振动[1,2]。单框架 MSCMG 的陀螺房安装在基座上,而双框架 MSCMG 的陀螺房支承在外框架结构体上[3,4]。由于机械设计时受质量、体积限制,加上其特有的环状结构,使得外框架结构体的机械强度远小于整机基座,导致外框架结构体固有频率低而且密集、结构阻尼小,其结构模态频率就很可能接近转子工作转速范围,从而影响到转子在高速运行时的稳定性[5-7]。

为了抑制结构振动,主动控制技术正被越来越多地应用[8]。研究人员提出了多种先进的控制方法,如自适应控制[9]、干扰观测器[10-13]、H_∞ 控制[14]、鲁棒内模补偿控制[15]、滑模变结构控制[16-19]等。然而,磁轴承控制不仅要对结构模态进行抑制,更要兼顾系统稳定性和鲁棒性等,因此基于主动磁轴承的振动控制具有多目标性。

针对磁悬浮转子系统结构模态振动问题,通常有前馈控制和反馈控制两种方法。前馈控制采用一个与干扰信号同频率和同相位的理想补偿信号来抑制振动[20,21]。Knospe 等[22,23] 提出了一种自适应开环控制方法,对不平衡量引起的振动进行抑制。Shi 等[24] 提出了一种基于 Filtered－X 的自适应滤波器,通过调节自适应补偿信号,对振动进行抑制。Matsushita 等[25] 也采用前馈控制方法对动基座引起的磁悬浮转子振动进行抑制。关于反馈控制,Herzog 等[26] 提出了一种广义自适应滤波器,但这种方法对强陀螺效应的高速陀螺转子并不适用。Felix 等[27] 采用多级标称 H_2 控制器来对磁悬浮硬盘的振动进行抑制。Chen 等[28] 提出了一种自调节 PID 控制器,通过改变控制器增益,解决磁悬浮转子振动问题。Yu 等[29] 在考虑高速转子陀螺效应的基础上,提出了双级鲁棒内模控制振动抑制方法。Huang 等[30] 提出了一种动态输出反馈－自适应转子不平衡补偿控制方法,基于解析 Takagi－Sugeno 模糊模型,有效地对复杂非线性磁轴承转子的振动进行抑制。上述方法都是对不平衡引起的同频振动进行抑制。然而,研究发现刚性磁悬浮转子由于其复杂的动力学耦合行为,其振动不仅包含同频振动,而且包括结构模态振动[31-34]。

针对模态振动对高速磁悬浮转子系统的影响,Wei 等[35-38] 提出陷波器方法来抑制单框架 MSCMG 中高速转子的一阶弹性模态自激振动,通过模态缩减和参数拟合获得准确描述弹性模态的模型,实验结果表明,该方法可以确保 MSCMG 高速转子弹性模态的稳定。然而高速转子的章动频率通常接近于框架模态,采用陷波器对框架模态引起的转子振动进行抑制,会对高速转子的章动控制带来影响。

为此,针对双框架 MSCMG 结构模态振动对磁悬浮高速转子系统的影响,本章首先对框架与陀螺房组合体结构模态进行有限元仿真,对磁轴承控制系统进行建模与通道耦合分析。在此基础上,提出了一种通过非参数频域辨识方法,对框架模态引起的转子模态振动进行辨识,选择合适的加权函数。最后应用结构奇异值理论,设计结构模态振动控制器,并进行相关的实验验证。

9.2 框架与陀螺房组合体结构模态分析

9.2.1 材料属性及有限元建模

双框架 MSCMG 的陀螺房支承在外框架结构体上,由于机械设计时受质量、体积所限,加上其特有的环状结构,外框架结构体的机械刚度、模态频率等远小于整机基座,因而需要对外框架结构体的结构特性进行分析。我们可以利用有限元方法,首先对框架结构进行有限元分析,可以大致确定结构在频带内的固有频率、振型,为下一步的仿真和实验研究提供理论指导。本章的研究针对双框架 MSCMG 实验系统,其外框架结构体采用铸铝 ZL205 合金,内框架轴承套的材料采用钛合金 TC4。为便于分析,陀螺房以配重方式给出,等效为圆柱体质量块,采用合金钢材料,以上材料的弹性模量、密度、泊松比等材料常数见表 9-1。

表 9-1　双框架 MSCMG 外框架与陀螺房的材料常数

常数\材料	TC4	ZL205	合金钢
弹性模量 E/Pa	1.1E11	6.9E10	2.06E11
密度 ρ/(kg/m^3)	4440	2820	7800
泊松比 ν	0.34	0.3	0.30

根据上述材料属性,利用 ANSYS 软件,内框架与陀螺房组合体结构的几何模型和有限元网格分别如图 9-1 和图 9-2 所示,对内框架与陀螺房组合体进行固有特性分析,有限元模型中共包含 123912 个节点和 60396 个单元。

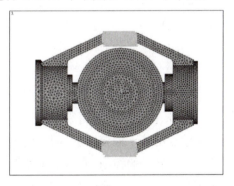

图 9-1　内框架与陀螺房组合
体结构的几何模型

图 9-2　内框架结构的有限元网格

9.2.2　有限元仿真分析结果

利用 ANSYS 软件计算结果见图 9-3~图 9-6,由分析数据可知,外框架与陀螺房组合体中的第一、二、三阶模态均在系统的控制带宽频率范围 1000Hz 以内,这三阶模态都有可能对磁悬浮高速转子的稳定性造成影响。

图 9 - 3　第一阶固有模态

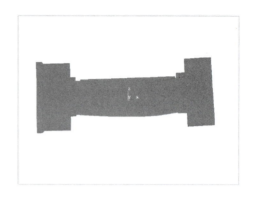

图 9 - 4　第二阶固有模态

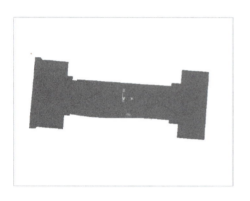

图 9 - 5　第三阶固有模态

图 9 - 6　第四阶固有模态

　　此外,由于本章所研究是框架模态对高速转子的影响,根据有限元方法分析所建立的基于框架质量、刚度的框架模态由于模型复杂,计算量大,很难应用于高速转子的控制,因而给建模带来一定困难[39]。采用有限元法虽然也可得到对象的较为精确的数学模型,但是存在降阶等问题,因此并不适合于控制律的设计。

▶ 9.3　磁轴承控制系统的建模及耦合分析

☑ 9.3.1　磁轴承控制系统建模

　　闭环磁悬浮转子控制系统由控制器、功放、电磁铁转子和位移传感器组成,利用位移传感器检测出转子偏离参考点的位移,控制器根据偏差计算出控制信号,然后功放将控制信号转换为控制电流,驱动电磁铁产生电磁力,使转子悬浮在给定位置上[40,41]。图 9-7 为磁轴承转子及控制系统的结构示意图,由于轴向轴承与径向轴承没有耦合,控制相对简单,因而本章对转子的轴向运动不做研究[42,43]。

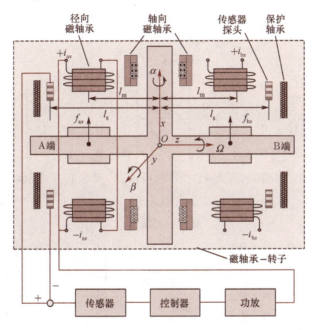

图 9-7　磁轴承转子结构及控制系统的结构示意图

设转子的质量为 m,O 为转子的质心。转子绕 z 轴的角速度为 Ω,绕 z 轴的转动惯量为 J_z,绕径向 x、y 方向转动惯量相等,设为 J_r,$H = J_z\Omega$ 为转子角动量,p_x、p_y 分别为绕质心处 x 轴和 y 轴的轴承力矩,f_x、f_y 分别为 x 轴和 y 轴方向上的轴承合力。设转子在径向轴承 A 和 B 端相对于平衡位置沿 x 轴和 y 轴方向的平动位移分别为 x、y;α、β 分别为转子绕 x 轴和 y 的转动角位移,l_m、l_s 分别为 A 端、B 两端径向磁轴承和传感器坐标系原点到坐标原点的距离。

由图 9-7 可知,转子位置可由广义坐标系 q、磁轴承坐标系 q_m、传感器坐标系 q_s 表示,定义如下:

$$\begin{cases} \boldsymbol{q} = \begin{bmatrix} x & \beta & y & -\alpha \end{bmatrix}^{\mathrm{T}} \\ \boldsymbol{q}_{\mathrm{m}} = \begin{bmatrix} h_{\mathrm{max}} & h_{\mathrm{mbx}} & h_{\mathrm{may}} & h_{\mathrm{mby}} \end{bmatrix}^{\mathrm{T}} \\ \boldsymbol{q}_{\mathrm{s}} = \begin{bmatrix} h_{\mathrm{sax}} & h_{\mathrm{sbx}} & h_{\mathrm{say}} & h_{\mathrm{sby}} \end{bmatrix}^{\mathrm{T}} \end{cases} \qquad (9-1)$$

根据转子空间位置关系,三者变换关系如下:

$$\begin{cases} \boldsymbol{q} = \boldsymbol{C}_{\mathrm{m}} \boldsymbol{q}_{\mathrm{m}} \\ \boldsymbol{q} = \boldsymbol{C}_{\mathrm{s}} \boldsymbol{q}_{\mathrm{s}} \\ \boldsymbol{q}_{\mathrm{m}} = \boldsymbol{C}_{\mathrm{m}}^{-1} \boldsymbol{C}_{\mathrm{s}} \boldsymbol{q}_{\mathrm{s}} \end{cases} \qquad (9-2)$$

式中:$\boldsymbol{C}_{\mathrm{m}} = \dfrac{1}{2l_{\mathrm{m}}} \begin{bmatrix} l_{\mathrm{m}} & l_{\mathrm{m}} & 0 & 0 \\ 1 & -1 & 0 & 0 \\ 0 & 0 & l_{\mathrm{m}} & l_{\mathrm{m}} \\ 0 & 0 & 1 & -1 \end{bmatrix}$;$\boldsymbol{C}_{\mathrm{s}} = \dfrac{1}{2l_{\mathrm{s}}} \begin{bmatrix} l_{\mathrm{s}} & l_{\mathrm{s}} & 0 & 0 \\ 1 & -1 & 0 & 0 \\ 0 & 0 & l_{\mathrm{s}} & l_{\mathrm{s}} \\ 0 & 0 & 1 & -1 \end{bmatrix}$。

根据牛顿第二定律和陀螺技术方程可得,广义坐标系中转子动力学方程描述如下:

$$\boldsymbol{M}\ddot{\boldsymbol{q}} + \boldsymbol{G}\dot{\boldsymbol{q}} = \boldsymbol{f} \qquad (9-3)$$

式中:$\boldsymbol{M} = \begin{bmatrix} m & 0 & 0 & 0 \\ 0 & J_{\mathrm{r}} & 0 & 0 \\ 0 & 0 & m & 0 \\ 0 & 0 & 0 & J_{\mathrm{r}} \end{bmatrix}$,为广义质量阵;$\boldsymbol{G} = \begin{bmatrix} 0 & 0 & 0 & 0 \\ 0 & 0 & 0 & H \\ 0 & 0 & 0 & 0 \\ 0 & -H & 0 & 0 \end{bmatrix}$,为陀螺阵;

$\boldsymbol{f} = \begin{bmatrix} f_x \\ p_y \\ f_y \\ -p_x \end{bmatrix}$,为力的广义坐标;$\boldsymbol{q} = \begin{bmatrix} x \\ \beta \\ y \\ -\alpha \end{bmatrix}$,为转子位置的广义坐标。

在稳定工作点附近,通过对轴承力-位移-电流小范围的线性化,可得在轴承坐标系下

$$\boldsymbol{f}_{\mathrm{m}} = k_{\mathrm{h}}\boldsymbol{q}_{\mathrm{m}} + k_{\mathrm{i}}\boldsymbol{i} \qquad (9-4)$$

式中:$\boldsymbol{i} = \begin{bmatrix} i_{\mathrm{ax}} & i_{\mathrm{bx}} & i_{\mathrm{bx}} & i_{\mathrm{by}} \end{bmatrix}$;$k_{\mathrm{h}}$、$k_{\mathrm{i}}$ 分别为位移刚度和电流刚度。

$\boldsymbol{f}_{\mathrm{m}}$ 和 $\boldsymbol{f}$ 存在以下坐标关系:

$$\boldsymbol{f} = \boldsymbol{C}_{\mathrm{m}}^{-\mathrm{T}}\boldsymbol{f}_{\mathrm{m}} \qquad (9-5)$$

对于式(9-3)所描述的转子动力学控制问题,对于低速时的控制,通常采用经试凑优化而得的 PID 方法[44],并没有对框架结构模态等不确定性因素进行针对性的有效抑制。本章通过在控制上减少高速转子转频在框架结构模态频率处的谐波分量幅值的方法,来抑制框架结构模态振动对高速转子的影响。基于这个思想,本章对单通道进行复合摄动模型建模,利用鲁棒的方法对这种含模态的复合摄动模型进行综合设计。对于高速时采用位移交叉解耦反馈方法解决陀螺效应引起的章动和进动的稳定性问题[45],本章不再论述。

在转子低速时,即 $G \approx 0$ 时,根据式(9-3)、式(9-4)以及式(9-2)的坐标系转换关系,在轴承坐标系下,动力学方程变为

$$C_m^T M C_m \ddot{q}_m - k_h q_m = k_i i \tag{9-6}$$

进行拉普拉斯变换,则得到以功放电流 $i(s)$ 为输入、轴承坐标下转子位移 $q_m(s)$ 为输出的磁轴承转子的传递函数为

$$G_m(s) = k_i (M_m s^2 - k_h I_4)^{-1} \tag{9-7}$$

其中,$M_m = C_m^T M C_m$ 记为轴承坐标系下的质量阵。

此外,功放驱动环节通常可用一阶线性模型来近似,将控制器输出电压 u_c 转换为电流 i,其标称模型的传递函数为

$$G_a(s) = k_w \frac{w_w}{s + w_w} I_4 \tag{9-8}$$

式中:k_w 为功放直流放大倍数;w_w 为功放低通截止频率。

位移传感器的截止频率相对系统带宽很高,灵敏度系数为 k_s,可近似为一阶环节,因而调理模块模型为

$$G_s = k_s I_4 \tag{9-9}$$

9.3.2　控制通道耦合分析

综合式(9-7)~式(9-9),可得系统综合被控对象为

$$G = G_m G_a G_s \tag{9-10}$$

显然,作为一个 4 输入、4 输出的多变量控制模型,其通道耦合情况取决于式(9-7)中 M_m 的惯性耦合,推导得到

$$\boldsymbol{M}_{\mathrm{m}} = \frac{1}{4l_{\mathrm{m}}^2} \begin{pmatrix} ml_{\mathrm{m}}^2 + J_{\mathrm{r}} & ml_{\mathrm{m}}^2 - J_{\mathrm{r}} & & \\ ml_{\mathrm{m}}^2 - J_{\mathrm{r}} & ml_{\mathrm{m}}^2 + J_{\mathrm{r}} & & 0 \\ & & ml_{\mathrm{m}}^2 + J_{\mathrm{r}} & ml_{\mathrm{m}}^2 - J_{\mathrm{r}} \\ 0 & & ml_{\mathrm{m}}^2 - J_{\mathrm{r}} & ml_{\mathrm{m}}^2 + J_{\mathrm{r}} \end{pmatrix} \quad (9-11)$$

根据如表 9 - 2 所列的本章所采用转子参数,可得到

$$\boldsymbol{M}_{\mathrm{m}} = \begin{pmatrix} 1.36 & 0.12 & & \\ 0.12 & 1.36 & & 0 \\ & & 1.36 & 0.01 \\ 0 & & 0.12 & 1.12 \end{pmatrix} \quad (9-12)$$

表 9 - 2 双框架 MSCMG 磁轴承转子参数

参数	参数意义	参数值
m/kg	转子质量	3.2
$J_{\mathrm{r}}/(\mathrm{kg \cdot m^2})$	赤道转动惯量	$4.44 \cdot 10^{-3}$
$J_{\mathrm{z}}/(\mathrm{kg \cdot m^2})$	极转动惯量	6.4×10^{-3}
$l_{\mathrm{s}}/\mathrm{m}$	传感器中心距离转子几何中心距离	$6.55 \cdot 10^{-2}$
$l_{\mathrm{m}}/\mathrm{m}$	磁轴承中心距离转子几何中心距离	4.05×10^{-2}
$l_{\mathrm{c}}/\mathrm{mm}$	径向单边电磁间隙	0.11

由此可知,在低速时,Oxz 和 Oyz 平面内没有耦合,且在同一平面内,A 端和 B 端间的耦合间也很小(矩阵 $\boldsymbol{M}_{\mathrm{m}}$ 中主对角项值为 1.36,而耦合项值仅为 0.12)。根据上述结论,上述动力学方程可转化为单自由度系统来处理,这为后续系统模型的实验辨识提供了理论依据。在单自由度系统分析中,磁轴承 - 转子模型可表示为

$$g_{\mathrm{m}}(s) = \frac{2k_{\mathrm{i}}}{ms^2 - 2k_{\mathrm{h}}} \quad (9-13)$$

此外,由于磁悬浮转子系统的结构特性决定,测量磁悬浮转子系统各自由度的位移传感器不能直接测得磁轴承处的位移,因此导致各传感器信号之间的相互耦合。为确保系统输入量的解耦,在控制器设计时,经过坐标转换为轴承坐标下的转子位置后作为系统的输入,这一点在后续的仿真中做进一步分析。

▶ 9.4　系统不确定性分析及频域特性测试辨识

由式(9-7)~式(9-9)所确定的磁轴承-转子系统标称模型,忽略了许多次要因素,如框架结构模态对系统的影响,系统综合刚度受功放放大增益、磁轴承的电流刚度、位移刚度的等受电路本身和受磁导率非线性、轴承力-位移-电流非线性、电磁铁线圈的感抗特性、转子的动不平衡等的影响,存在较大的参数摄动,以上摄动不确定性称之为复合摄动。

⬚ 9.4.1　功放增益摄动确定

根据 9.3 节的结论,在轴承坐标系下,低速时各通道近似解耦,因此可通过分别对各通道采用扫频辨识实验的方法,确定以上复合摄动。考虑控制带宽,激励信号的频带范围选择 10 ~ 2000Hz。图 9-8 为扫频实验原理框图,实验中采用离线辨识法,通过 Agilent 35670A 型动态信号分析仪获得系统控制通道的幅值、相位、频率响应特性,对通道进行辨识和建模。

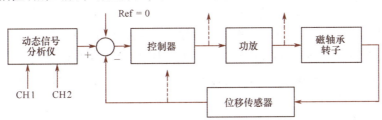

图 9-8　扫频实验原理框图

利用 PID 方法对磁悬浮转子进行静态悬浮,在控制器的输入端叠加动态信号分析仪生成的正弦扫频激励信号,分别将功放模块两端信号接入动态信号分析仪的输入端 CH1 和 CH2,进行频域扫频实验,分别获得 4 个通道的功放频率特性,结合式(9-8)所给出的功放标称模型结构,通过测量功放增益和截止频率参数的上下界,确定参数的标称值和参数摄动,功率环节幅值、相位特性如图 9-9 所示。

实际的功放增益 $\hat{k}_w$ 有一定程度的参数摄动,可表示为

$$\hat{k}_w = k_w(1 + p_k\delta_k) \qquad (9-14)$$

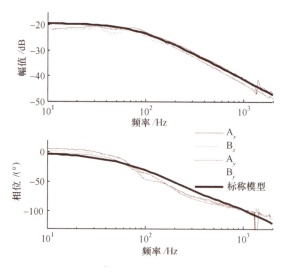

图 9 - 9 功放环节幅值、相位特性

式中:δ_k 为规范化参数摄动,满足 $-1 < \delta_k < 1$;p_k 为功放增益。

根据上述频域扫频实验结果,在本章所研究对象中,标称参数 $k_s = 0.12$,$k_w = 3895\mathrm{rad/s}$,$\delta_k = 20\%$。此外,由于 k_s 是开环系统综合刚度的乘积项之一,k_s 的参数摄动实际上也包含了对被控对象综合刚度摄动的考虑。

为方便利用鲁棒控制方法进行分析,采用线性分式变换算子 $F_u(\cdot)$ 表示这种参数摄动,以参数 k_w 为例,参数摄动的线性分式变换如图 9 - 10 所示,可得

$$\begin{cases} \hat{k}_w = F_u(M_k, \delta_k) \\ M_k = \begin{bmatrix} 0 & k_w \\ p_k & k_w \end{bmatrix} \end{cases} \qquad (9-15)$$

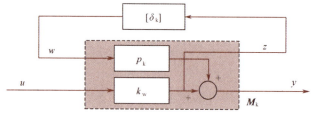

图 9 - 10 参数摄动的线性分式变换

✒ 9.4.2　框架模态实验辨识

　　根据以上测试方法,分别将磁轴承转子模块输入信号和位移传感器的输出信号接入动态信号分析仪,测量径向四通道的磁轴承转子与位移传感器的实际模型[46]。为便于实验进行数据采集,将传感器环节并入磁轴承转子模型,设标称模型为 $g_{ms}(s)$。利用 9.3 节所给出的磁轴承系统非参数辨识测试方法,得到的 A_x 通道的磁轴承转子的幅频特性曲线(其他通道近似相同)如图 9 – 11 所示,图中虚线为测得的实际幅频特性曲线,实线为辨识得到标称模型,其结构如式(9 – 13)所示,标称参数为 $k_i = 142.1\mathrm{N/A}, k_h = -5.2 \times 10^5 \mathrm{N/m}$, $k_s = 1.14 \times 10^4 \mathrm{V/m}$。

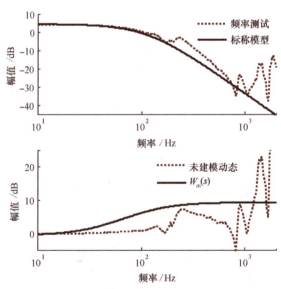

图 9 – 11　磁轴承转子幅频特性曲线

　　由图 9 – 11 可以看出,存在框架结构模态和转子模态等带来的动态不确定性,采用乘性摄动描述的实际模型 g_{ms} 表示为

$$\tilde{g}_{ms} = g_{ms}(I + W_m(s)\Delta_m) \tag{9 – 16}$$

式中:Δ_m 为归一化的不确定性函数,满足范数有界条件,即 $\|\Delta_m\|_\infty \leqslant 1$;$W_m$ (s) 为结构模态和未建模动态加权函数。由于中低频段拟合精度较高,故 W_m (s) 取为高通滤波器的形式。由小增益定理得到乘性不确定模型鲁棒稳定的

H_∞ 范数充要条件为

$$\| G(s)K(s)(I+G(s)K(s))^{-1}W_m(s) \|_\infty \leqslant 1 \qquad (9-17)$$

为了选择适当的权函数 $W_m(s)$，需要确定磁轴承转子模型中乘性不确定的大小。由于转子的一阶模态达到 1.48kHz，超出控制器的控制带宽，不会对控制精度带来影响，因而 $W_m(s)$ 的确定不考虑转子的一阶模态，只需覆盖由于框架模态等影响造成的乘性不确定性区域，如图 9-11(b) 所示，$W_m(s)$ 选为

$$W_m(s) = \frac{3.957(s+235.6)}{s+879.7} \qquad (9-18)$$

▶ 9.5 鲁棒 μ 控制器设计与稳定性分析

✍ 9.5.1 控制器设计方法

针对归一化的参数摄动和框架模态不确定性，定义复合摄动不确定块对角阵为

$$\boldsymbol{\Delta}_1 = \left\{ \begin{pmatrix} \delta_k & \\ & \boldsymbol{\Delta}_m \end{pmatrix} : \| \hat{\boldsymbol{\Delta}} \| \leqslant 1 \right\} \qquad (9-19)$$

为了使闭环系统当模型存在不确定时仍然满足干扰抑制和控制器增益约束（线圈电流有限幅要求）性能指标，引入反映这两个性能指标的虚拟不确定块 Δ_p、Δ_u，定义增广不确定块对角阵 $\overline{\boldsymbol{\Delta}}$：

$$\boldsymbol{\Delta} = \left\{ \begin{pmatrix} \boldsymbol{\Delta}_1 & 0 \\ 0 & \boldsymbol{\Delta}_2 \end{pmatrix} : \| \overline{\boldsymbol{\Delta}} \|_\infty < 1 \right\} \qquad (9-20)$$

式中：$\boldsymbol{\Delta}_2 = \mathrm{diag}(\Delta_u, \Delta_p)$。

图 9-12 所示为含参数摄动、结构模态、未建模动态和性能评价的系统框图，其中：$F_u(M_k, \delta_k)$ 为含参数摄动的功放增益；w_k、z_k 分别为反映参数摄动的等效输入与输出；$(1+W_m\Delta_m)g_{ms}$ 为含结构模态、未建模动态的电磁铁转子模块；w_m、z_m 分别为反映框架模态等未建模动态的等效输入与输出；e_p 为反映系统外扰抑制性能的加权输出；e_u 为反映控制增益约束性能的加权输出；W_p、W_u 分别为反映干扰抑制性能和控制增益约束性能的加权函数；u、y 分别为可量测的实际系统的输入与输出。对功放模块、电磁铁转子模块和位移传感器组成的广义被控对象进行综合，最终可得到具有 4 输入和 5 输出的广义被控对象

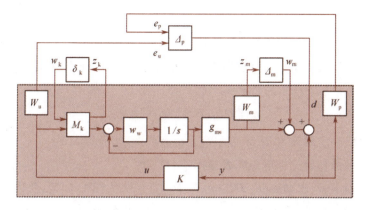

图 9 - 12　含参数摄动、结构模态、未建模动态和性能评价的系统框图

$P(s)$,表示为

$$
\begin{bmatrix} z_k \\ z_m \\ e_p \\ e_u \\ y \end{bmatrix} = \begin{bmatrix} \boldsymbol{o} & \boldsymbol{o} & \boldsymbol{o} & k_w \\ p_k W_m g_{ms} g_a & \boldsymbol{o} & W_m g_{ms} & k_w W_m g_{ms} g_a \\ p_k W_p g_{ms} g_a & W_p & W_p g_{ms} & k_w W_p g_{ms} g_a \\ \boldsymbol{o} & \boldsymbol{o} & \boldsymbol{o} & W_u \\ p_k g_{ms} g_a & \boldsymbol{I} & g_{ms} & k_w g_{ms} g_a \end{bmatrix} \begin{bmatrix} w_k \\ w_m \\ d \\ u \end{bmatrix} = P(s) \begin{bmatrix} w_k \\ w_m \\ d \\ u \end{bmatrix}
$$

$$(9-21)$$

式中:$g_a = w/(s+w)$;$\boldsymbol{o}$ 、$\boldsymbol{I}$ 分别为适当维数的零矩阵和单位矩阵。

图 9 - 13 所示为最终得到的 CMG 磁轴承 μ 综合的基本构架,即 $M - \Delta$ 结构,其中,M 为 P 与待设计的控制器 K 的线性分式变换,表示为

$$M = F_l(P,K) \qquad (9-22)$$

式中:$F_l(\cdot)$ 为下线性分式变换算子。

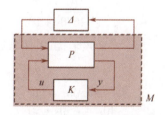

图 9 - 13　系统 μ 综合的基本构架

鲁棒控制器的求解问题可归结为,通过设计优化目标 γ ,寻找一个稳定化

控制器 K,使

$$\| \mu_\Delta [F_1(P,K)] \|_\infty \leqslant \gamma \qquad (9-23)$$

$\mu_\Delta [F_1(P,K)]$ 可通过选择一个标度矩阵 $\boldsymbol{D}$ 来进行计算,因而 μ 综合问题变成

$$\inf_{D \in \underline{D}} \| \boldsymbol{D} F_1(P,K) \boldsymbol{D}^{-1} \|_\infty \leqslant \gamma \qquad (9-24)$$

通过反复求解 K 和 $\boldsymbol{D}$,可以求解 μ 综合问题,步骤如下[47]:

(1) 选择初始的标度矩阵 $\boldsymbol{D}$,通常令 $\boldsymbol{D} = \boldsymbol{I}$;

(2) 固定 $\boldsymbol{D}$,求 $\arg \inf_K \| \boldsymbol{D} F_1(P,K) \boldsymbol{D}^{-1} \|_\infty$ 的 H_∞ 控制问题,获得 K;

(3) 固定 K,求 $\inf_{D \in \underline{D}} \| \boldsymbol{D} F_1(P,K) \boldsymbol{D}^{-1} \|_\infty \leqslant \gamma$ 的关于 $\boldsymbol{D}$ 的凸优化问题,得到标度矩阵 $\boldsymbol{D}$,并记作 $\tilde{\boldsymbol{D}}$;

(4) 比较 $\boldsymbol{D}$ 和 $\tilde{\boldsymbol{D}}$,如果两者接近,则由第(2)步获得的控制器 K 是最优控制器,否则,令 $\boldsymbol{D} = \tilde{\boldsymbol{D}}$,返回到第(2)步迭代求解。

根据性能鲁棒性原理[48-49],满足式(9-23)的控制器能保证图 9-13 中闭环系统在 $\| \Delta \| \leqslant 1$ 的范围内鲁棒稳定,且满足如下的干扰抑制和控制增益约束的性能指标:

$$\left\| \begin{matrix} W_p(\boldsymbol{I} + (1 + W_m \Delta_m) g_{ms} \hat{k}_w g_a K)^{-1} \\ W_u K(\boldsymbol{I} + (1 + W_m \Delta_m) g_{ms} \hat{k}_w g_a K)^{-1} \end{matrix} \right\|_\infty < 1 \qquad (9-25)$$

✍ 9.5.2 系统鲁棒稳定性和鲁棒性能分析

利用加权函数对控制性能进行评价,针对功放模块输出电流中的高频噪声,采用高通加权函数 W_u 进行抑制,为保证良好的鲁棒性能指标,W_u 为

$$W_u = \frac{10s^2}{s^2 + 42670s + 10} \qquad (9-26)$$

针对电磁铁转子易受外界环境低频干扰,采用低通加权函数 W_p 对位移传感器输出进行抑制,W_p 为

$$W_p = \frac{s^2 + 6500s + 720}{40s^2 + 650s + 50} \qquad (9-27)$$

基于 μ 综合控制算法[51],应用 Matlab 控制工具箱,经过 3 次 DK 迭代得到 11 阶控制器 $K(s)$,闭环系统的鲁棒稳定性分析和性能分析如图 9-

14 和图 9 – 15 所示,由图可知,控制器满足鲁棒稳定性条件以及式(9 – 25)对系统性能鲁棒性的要求。但由于 $K(s)$ 为 11 阶,不便于实际结构的控制实验,又采用平衡降阶法将其降为 4 阶控制器 $K(s)$,系统仍能维持原有的鲁棒性。

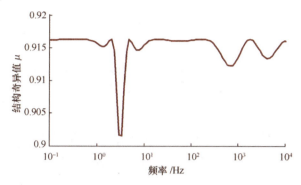

图 9 – 14　磁轴承转子闭环系统的鲁棒稳定性分析

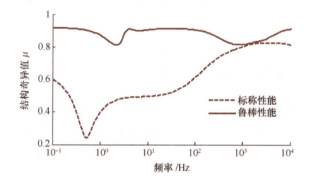

图 9 – 15　磁轴承转子闭环系统的鲁棒性能分析

9.5.3　仿真研究

1. 传感器偏置耦合分析

由于磁悬浮转子系统的结构特性,测量磁悬浮转子系统各自由度的位移传感器不能直接测得磁力轴承处的位移,因此导致各传感器信号之间的相互耦合。因此,可在调理后加以变换阵,为方便分析转子位置的坐标系关系,式(9 – 10)可进一步扩充得到

$$G' = C_m^{-1} C_s G \tag{9 – 28}$$

采用 μ 综合控制器,对系统进行控制,未对传感器进行解耦时,A_x、B_x 阶跃响应如图 9-16 所示,在 Oxz 平面内,在 A_x 和 B_x 通道进行阶跃时,都会对其他通道产生明显影响。采用传感器解耦后,在 x 轴上进行阶跃时这些耦合变得很小(图 9-17)。

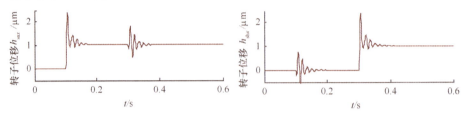

图 9-16　传感器解耦前的 A_x、B_x 通道的阶跃响应

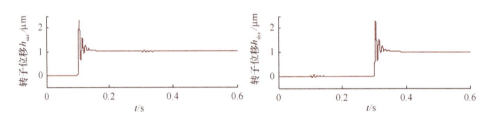

图 9-17　传感器解耦后的 A_x、B_x 通道的阶跃响应

2. 鲁棒性能比较

图 9-18 和图 9-19 所示为一组摄动闭环系统分别采用优化 PID 控制器和 μ 控制器时的动态性能曲线,从图 9-18 中可以看出,采用优化 PID 控制

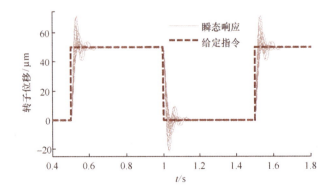

图 9-18　采用优化 PID 控制器下的摄动系统动态性能

器,系统的动态性能变化很大,超调量从 5% ～40% 不等,其他性能指标,如峰值时间、稳定时间等,也变化很大。这表明在系统摄动下,优化 PID 控制器具有较差的鲁棒性能。而从图 9 – 19 中可以看出,μ 控制器的动态性能变化较小,所有摄动系统的超调量不超过 17% ,表明系统具有较好的鲁棒性能。

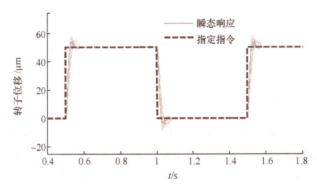

图 9 – 19　采用 μ 控制器下的摄动系统动态性能

9.6　结构模态振动抑制实验研究

9.6.1　实验装置

利用北京航空航天大学研制的 DG – Ⅱ型双框架 MSCMG 实验系统进行验证,如图 9 – 20 所示,其主要技术指标及经过有限元分析采用框架模态频率和对应的振型如表 9 – 3 所列。

图 9 – 20　DG – Ⅱ型双框架 MSCMG 实验系统

表 9 – 3   DG – II 型双框架 MSCMG 实验系统主要技术指标

主要技术指标	指标值
高速转子角动量/(N·m·s)	20
转子最高转速/(r/min)	30000
最大输出力矩/(N·m)	3.4
框架转速范围/((°)/s)	0.1 ~ 10
框架角速率带宽/Hz	大于 3

✍ 9.6.2   参数摄动实验研究

为了验证 μ 控制器的有效性,在 DG – II 型双框架 MSCMG 实验系统上进行了转子起浮的阶跃响应实验,并与常用的优化 PID 控制器进行了对比,如图 9 – 21 所示,控制系统的时域性能指标,如超调量、稳定时间等均有较大的改善,优化 PID 控制器位置超调量为 49.4%,稳定时间为 221ms,而 μ 控制器的位置超调量为 10.8%,稳定时间为 92ms。

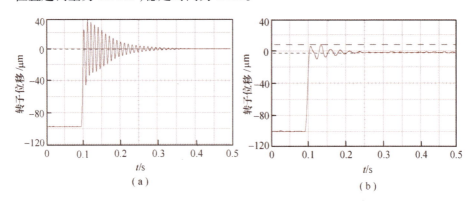

图 9 – 21   阶跃响应实验性能比较

(a) PID 控制器;(b) μ 综合控制器。

为检验系统对参数摄动的鲁棒性能,被控对象磁轴承的电流刚度减少了 40%,实验结果如图 9 – 22 所示。优化 PID 控制器的转子位移跳动量峰值为 26.6μm,约为保护间隙的 12.1%,调节时间为 420ms,其在反复振荡之后趋于稳定;而采用 μ 控制器,转子位移跳动量峰值为 9.1μm,约为保护间隙的 4.1%,调节时间为 72ms,表明了 μ 控制器在系统参数摄动较大时,具有良好的鲁棒性能。

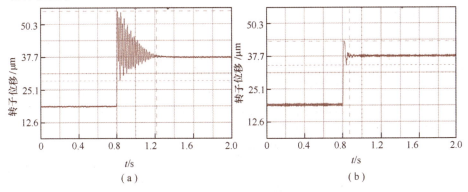

图 9 – 22　磁轴承电流刚度变化 40% 时的实验结果

（a）PID 控制器；（b）μ 综合控制器。

9.6.3　框架结构模态振动抑制实验研究

为验证本章所提方法的有效性,首先采用 PID + 位移交叉反馈控制方法,利用 DG – Ⅱ型双框架 MSCMG 实验系统,将内、外框架旋转到正交位置处,即转子角动量、内框架角速度、外框架角速度三者矢量方向两两垂直,进行升速实验。当高速转子转速(即转频)在 270 ~320Hz 时,在框架静止、整机不对外输出陀螺力矩的情况下,在转子与外框架结构体的耦合力矩作用下,框架结构模态就已经被激发出来。图 9 – 23 为转子转频为 292Hz 时,利用 Agilent 54624A 型示波器所测得的径向 4 路位移信号,同时利用示波器的 Math 功能,对 A_x 通道信号进行 FFT 变换,得到实时的高速转子振动的功率谱分布图。

从图 9 – 23 中可以看出,被激发的框架结构模态频率为 876Hz,对应于外框架与陀螺房组合体的二阶模态,而其他模态并没有激发出来,从径向四路通道 A_x、A_y、B_x、B_y 的位移来看,转子位移信号功率谱中,模态频率处的功率谱幅值达到 – 11.5dB,已超过转频幅值,成为信号的最大频率分量,已经严重影响到高速转子系统控制的精度和稳定性,严重时会导致失稳。

采用 μ 方法 + 位移交叉反馈控制方法,进行升速实验,当高速转子转频在 270 ~320Hz 时,在框架静止、高速转子不对外输出陀螺力矩的情况下,框架结构模态没有被激发出来。图 9 – 24 为转子转频为 308Hz 时,所测得的径向 4 路位移信号,从 A_x 通道位移信号的实时功率谱分布图可以看出,在 876Hz 左右附近,没有相应的频率分量。由此可以看出,采用 μ 控制器对框架模态具有很好的抑制能力。

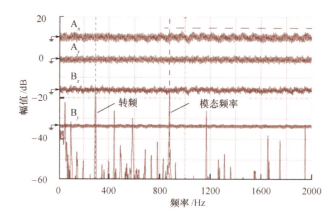

图 9 - 23　框架静止时采用 PID 控制的径向位移信号及功率谱

说明:图 9 - 23 ~ 图 9 - 26 中所标注的坐标系用来表征功率谱的频率与相应幅值的关系;箭头分别表示径向 A_x、A_y、B_x、B_y 4 路通道的位移信号的悬浮中心零点的参考位置,纵轴 2V/格,对应 27.5μm,横轴 50ms/格。

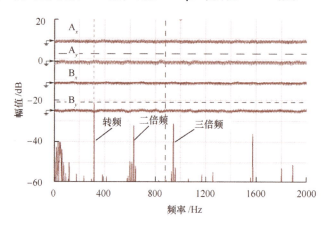

图 9 - 24　框架静止时采用 μ 控制的径向位移信号及功率谱

为进一步分析内、外框架与高速转子耦合力矩对模态的影响,内、外框架分别给定 5°/s 角速度旋转,当转到系统正交位置时,此时系统的耦合力矩最大,整机对外输出力矩为 1.65N·m,可由下式计算得到:

$$M_{\mathrm{g}} = \frac{J_{\mathrm{z}} \cdot \varOmega \cdot \sqrt{\sigma_{\mathrm{i}}^2 + \sigma_{\mathrm{j}}^2}}{2} \qquad\qquad (9-29)$$

从图 9 – 25 可以得到,此时模态频率处的功率谱幅值是 – 53.5dB;内、外框架分别给定 10°/s 速率,旋转到正交位置时示波器如图 9 – 26 所示,此时整机对外输出力矩 3.291N·m,模态频率处的功率谱幅值为 – 43.8dB。由此可以看出,随着耦合力矩增大,虽然模态频率还是被一定程度激发出来,但其幅值相对于转频幅值很小,并没有影响到系统的稳定性,证明了 μ 控制器的对框架模态振动抑制的有效性。

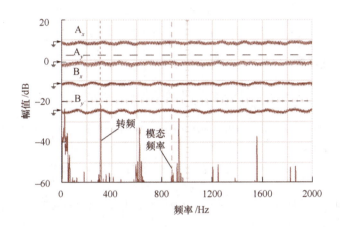

图 9 – 25　内、外框架分别以 5°/s 速率旋转时,采用 μ 控制的径向位移信号及功率谱

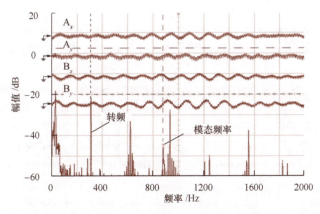

图 9 – 26　内、外框架分别以 10°/s 速率旋转时,采用 μ 控制的径向位移信号及功率谱

▶9.7　本章小结

　　本章分析了双框架 MSCMG 主动磁轴承各个环节的参数摄动和未建模动态,引入性能加权函数评价系统性能。在此基础上,对鲁棒控制问题规范化,应用结构奇异值理论进行鲁棒性能分析,通过 D - K 迭代,设计了主动磁轴承的 μ 控制器。仿真和实验结果表明,所设计的 μ 控制器对控制系统的时域性能指标有较大改善,对系统参数的摄动也有较强的鲁棒性,在输出力矩的条件下,对由框架结构模态引起的磁悬浮转子振动进行了很好的抑制。

参 考 文 献

[1] 李海涛. 双框架磁悬浮控制力矩陀螺框架伺服系统的高精度控制方法研究[D]. 北京:北京航空航天大学,2009.

[2] 郑世强. 双框架磁悬浮控制力矩陀螺磁轴承控制及应用研究[D]. 北京:北京航空航天大学:2011.

[3] 汤亮,陈义庆. 双框架控制力矩陀螺群的建模与分析[J]. 航空学报,2008,29(2):424 - 429.

[4] 周荻,周净扬. 基于双框架控制力矩陀螺的空间飞行器非线性姿态控制[J]. 航空学报,2009,30(1):179 - 187.

[5] Zheng S,Han B,Guo L. Composite hierarchical anti - disturbance control for magnetic bearing system subject to multiple external disturbances[J]. IEEE Transactions on Industrial Electronics,2014,61(12):7004 - 7012.

[6] Taghirad H D,Belanger P R. An experimental study on modeling and identification of harmonic drive systems[C]. in Proc. IEEE Conf. Decision and Control,1996,4(12):4725 - 4730.

[7] Fang J,Zheng S. AMB vibration control for structural resonance of double gimbal control moment gyro with high - speed magnetically suspended rotor[J]. IEEE/ASME Transactions on Mechatronics, 2013,18(1):32 - 43.

[8] Moheimani S O R. A survey of recentinnovations in vibration damping and control using shunted piezoelectric transducers[J]. IEEE Transactions on Control Systems Technology,2003,11(4):482 - 494.

[9] Semba T,Whit M T. Seek control to suppress vibrations of hard disk drives using adaptive filtering[J]. IEEE/ASME Transactions on Mechatronics,2008,13(5):502 - 509.

[10] Bang J S,Shim H,Park S K,et al. Robust tracking and vibration suppression for a two – inertia system by combining backstepping approach with disturbance observer[J]. IEEE Transactions on Industrial Electronics,2010,57(9)：3197 – 3206.

[11] 李海涛,房建成,韩邦成,等. 一种双框架磁悬浮控制力矩陀螺框架伺服系统扰动抑制方法研究[J]. 宇航学报,2009,30(6)：2199 – 2206.

[12] 李海涛,房建成. 基于扩张状态观测器 DGMSCMG 框架伺服系统振动抑制方法[J]. 航空学报,2010,31(6)：1213 – 1219.

[13] 丁力,房建成,魏彤,等. 一种抑制扰动的轴向磁轴承鲁棒控制新方法[J]. 北京航空航天大学学报,2010,36(4)：420 – 423.

[14] Kar I N K,Seto,Doi F. Multimode vibration control of a flexible structure using H_∞ – based robust control [J]. IEEE/ASME Transactions on Mechatronics,2000,5(1)：23 – 31.

[15] Kim B K,Park S,Chung W K,et al. Robust controller design for PTP motion of vertical XY positioning systems with a flexible beam[J]. IEEE/ASME Transactions on Mechatronics,2003,8(1)：99 – 110.

[16] Lee S H,Chung C C,Lee C W. Active high – frequency vibration rejection in hard disk drives[J]. IEEE/ASME Transactions on Mechatronics,2006,11(3)：339 – 345.

[17] 徐升,房建成,郑世强. 控制力矩陀螺磁悬浮转子的指数趋近积分滑模控制研究[J]. 宇航学报,2014,4：439 – 446.

[18] Rundell A E,Drakunov S V,DeCarlo R A. A sliding mode observer and controller for stabilization of rotational motion of a vertical shaft magnetic bearing[J]. IEEE Transactions Control System Technology,1996,4(5)：598 – 608.

[19] Kang M S,Lyou J,Lee J K. Sliding mode control for an active magnetic bearing system subject to base motion[J]. Mechatronics,2010,20(1)：171 – 178.

[20] Betschon F,Knospe C R. Reducing magnetic bearing currents via gain scheduled adaptive control [J]. IEEE/ASME Transactions on Mechatronics,2001,6(4)：437 – 443.

[21] Fleming A J. Nanopositioning system with force feedback for high – performance tracking and vibration Control [J]. IEEE/ASME Transactions on Mechatronics,2010,15(3)：433 – 447.

[22] Chen M,Knospe C R. Control Approaches to the suppression of machining chatter using active magnetic bearings [J]. IEEE Transactions on Control Systems Technology,2007,15(2)：220 – 232.

[23] Knospe C R,Tamer S M,Fittro R. Rotor synchronous response control：approaches for addressing speed dependence [J]. Journal of Vibration and Control,1997,3：435 – 458.

[24] Shi J,Zmood R,Qin L. Synchronous disturbance attenuation in magnetic bearing systems using adaptive compensating signals [J]. Control Engineering Practice,2004,12：283 – 290.

[25] Matsushita O, Imashima T, Hisanaga Y, et al. Aseismic vibration control of flexible rotors using active vibration control [J]. Journal of Vibration and Acoustics, 2002, 124: 49 – 57.

[26] Herzog R, Buhler P, Gahler C, et al. Unbalance compensation using generalized notch filters in the multivariable feedback of magnetic bearings [J]. IEEE Transactions on Control Systems Technology, 1996, 4(5): 580 – 586.

[27] Felix S, Nie J B, Horowitz R. Enhanced vibration suppression in hard disk drives using instrumented suspensions [J]. IEEE Transactions on Magnetics, 2009, 45(11): 5118 – 5122.

[28] Chen, K Y, Tung P C, Tsai M T, et al. A self – tuning fuzzy PID – type controller design for unbalance compensation in an Active Magnetic Bearing [J]. Expert Systems with Applications, 2009, 36(4): 8560 – 8570.

[29] Yu H C, Lin Y H, Chu C L. Robust modal vibration suppression of a flexible rotor [J]. Mechanical Systems and Signal Processing, 2007, 22(1): 334 – 347.

[30] Huang S J, lin L C. Fuzzy dynamic output feedback control with adaptive rotor imbalance compensation for magnetic bearing systems [J]. IEEE Transactions on Systems Man, and Cybernetics, Part B, 2004, 34(4): 1854 – 1864.

[31] Inayat – Hussain J I. Chaos via torus breakdown in the vibration response of a rigid rotor supported by active magnetic bearings [J]. Chaos, Solitons & Fractals, 2007, 31(4): 912 – 927.

[32] Inayat – Hussain J I. Geometric coupling effects on the bifurcations of a flexible rotor response in active magnetic bearings [J]. Chaos, Solitons & Fractals, 2009, 41(5): 2664 – 2671.

[33] Cole M O T, Keogh P S, Burrows C R. Control of multi rrequency rotor vibration components [J]. Journal of Mechanical Engineering Science, 2002, 216(2): 165 – 177.

[34] Cole M O T, Keogh P S, Burrows C R, et al. Adaptive control of rotor vibration using compact wavelets [J]. Journal of Vibration and Acoustics – Transactions of the Asme, 2006, 128(5): 653 – 665.

[35] 魏彤, 房建成. 磁悬浮控制力矩陀螺高速转子高频自激振动的抑制[J]. 宇航学报, 2006, 27(2): 291 – 296.

[36] 魏彤, 房建成. 基于双频 Bode 图设计磁悬浮弹性转子陷波器[J]. 光学精密工程, 2008, 16(5): 789 – 796.

[37] 魏彤. CMG 磁悬浮转子控制系统稳定性分析与实验研究[D]. 北京: 北京航空航天大学, 2006.

[38] 魏彤, 房建成. 高速大惯量磁悬浮转子系统章动交叉控制的保相角裕度设计[J]. 光学精密工程, 2007, 15(6): 858 – 865.

[39] Lin R M, Lim M K. Modal analysis of close modes using perturbative sensitivity approach

[J]. Engineering Structures,1997,19(6)：397 - 406.

[40] 田希晖. 磁悬浮飞轮磁轴承数字控制技术与应用研究[D]. 北京：北京航空航天大学,2008.

[41] 刘虎. 新型五自由度磁悬浮飞轮磁轴承控制学与实验研究[D]. 北京：北京航空航天大学,2008.

[42] 郑世强,房建成. MSCMG 磁轴承 μ 综合控制方法与实验研究[J]. 仪器仪表学报,2010,31(6)：1375 - 1380.

[43] 郑世强,房建成. 提高双框架 MSCMG 动态响应能力的磁轴承补偿控制方法与实验研究[J]. 机械工程学报,2010,46(24)：22 - 28.

[44] 俞文伯,栾胜,房建成. CMG 磁悬浮转子的模型与控制律[J]. 航空学报,2003,24(6)：541 - 545.

[45] Wei T,Fang J. Stability Analysis method of magnetically suspended high - speed rotor based on two frequency bode diagram [J]. Acta Aeronautica et Astronautica Sinica,2007,28 (3)：641 - 646.

[46] Zheng S,Han B. Parameter hierarchical identification for magnetic bearing control system using frequency response testing method[J]. Advanced Science Letters,2011,4(8)：3052 - 3056.

[47] 房建成,郑世强,王英广,等. 一种双框架磁悬浮控制力矩陀螺结构模态振动控制方法[P]. 中国专利：ZL200910243818. 5,2012 - 06 - 06.

[48] 周克敏. 鲁棒与最优控制[M]. 北京：国防工业出版社,2002.

[49] Chen S L,Weng C C. Robust control of a voltage - controlled three - pole active magnetic bearing system [J]. IEEE/ASME Transactions on Mechatronics,2010,15(3)：381 - 388.

[50] Weibacher C,Stelzer H,Hameyer K. Application of a tubular linear actuator as an axial magnetic bearing [J]. IEEE/ASME Transactions on Mechatronics, 2010, 15 (4)：615 - 622.

第 10 章
MSCMG 框架伺服系统高精度控制方法

▶ 10.1　引言

MSCMG 由磁轴承支承的高速转子系统和框架伺服系统组成,框架角速度输出精度越高,MSCMG 力矩输出的精度也越高;框架角速率响应越快,MSCMG 力矩输出的响应速度也越快。因此框架伺服系统高精度、高带宽控制是其必须突破的关键技术。

对于 MSCMG 框架伺服系统来讲,扰动力矩是影响框架角速率精度的主要因素。从频域的角度分析,影响 MSCMG 框架伺服系统控制精度的干扰可分为低频大幅值扰动和高频小增益干扰两类[1]。由于强陀螺效应的存在,MSCMG 框架伺服的扰动与一般电机伺服系统的扰动力矩不同,作用在框架轴上的扰动力矩与框架的角速度及角位置有关,呈现非线性,属于低频范畴。高频小增益干扰主要来源于磁悬浮高速转子的不平衡振动和传感器的噪声[2]。

双框架 MSCMG 在输出力矩时,内、外框架之间存在强耦合力矩,因此作用在内、外框架上的力矩必须大于陀螺的输出力矩。如果采用单框架 MSCMG 的直接驱动方式,力矩电机的体积和质量也会相应增大。为减小框架系统的体积和质量,一般采用加入减速机构对电机力矩进行放大的方式。谐波减速器具有传动比大、精度高、体积小、质量轻等优点,是 MSCMG 框架传动机构的最佳选择,但由于其结构存在柔性、非线性摩擦、低阻尼等缺点[3,4],给系统带来了机械谐振点,影响了框架伺服系统的稳定性。尤其是谐波减速器在负载力矩比较小的情况下其扭转刚度也较小,谐振频率相应也较小,谐波减速器扭转刚度的非线性滞回特性[5]又引起谐振频率的非线性变化。这个问题直接影响了框架伺服系统的角速率输出精度。

本章在动力学分析与建模的基础上,首先建立了框架系统的非线性摩擦模型,设计了基于神经网络的非线性摩擦补偿算法。分析了 MSCMG 框架伺服系统的高频小增益干扰特性,并提出相应的抑制方法。针对双框架 MSCMG 框架系统谐波减速器柔性及运动误差引起的框架角速率波动,研究了基于扩张状态观测器的谐振抑制方法。

10.2　非线性摩擦特性及对框架伺服系统精度的影响

MSCMG 框架系统是一个低速速率伺服系统,框架工作转速很低,而摩擦存在于所有的运动中,特别是对高性能伺服系统的影响尤为突出[6]。摩擦是影响框架低速性能的主要因素,使框架在单向旋转时产生爬行现象,在速度换向时产生跟踪误差和速度的不连续[7]。因此,深入分析摩擦对框架伺服系统低速特性的影响并加以消除,对提高框架伺服系统的性能有着极大的促进作用。20 世纪 80 年代,摩擦学研究者已经对摩擦进行了比较全面的研究,特别是 90 年代,随着非线性理论研究的深入,学者们对摩擦的研究更加深入。消除摩擦的影响有两种方法:一种方法是从机械设计和制造上减小摩擦;另一种方法是设计控制律消除摩擦的影响,即摩擦补偿方法[8-10]。

MSCMG 框架伺服系统的摩擦不同于其他伺服系统,其来源也比较特殊,主要由框架伺服系统本身的轴承摩擦、高速磁悬浮转子应用的滑环部分的摩擦、来自于高速磁悬浮转子对框架变速运动的耦合力矩分解到垂直于轴承接触面的正压力导致的摩擦三部分组成。单纯的轴承摩擦可以按照普遍意义上的摩擦模型分析,滑环摩擦也可等价于一般滑动摩擦模型,但是,耦合力矩导致的轴承摩擦尤为特殊,它不但随着转子角动量方向的改变而改变,也随着框架转速的变化而变化[9],因此,整个框架伺服系统的摩擦不能够按照现有的摩擦模型进行分析和补偿。

MSCMG 框架伺服系统中的摩擦是一种难以避免的、复杂的物理现象,再加上 MSCMG 及其复杂的系统结构,它的存在给 MSCMG 系统带来了以下几个方面的影响:

(1) 使 MSCMG 框架伺服系统角速率输出产生难以消除的静态误差,从而使 MSCMG 框架伺服系统的速率输出精度降低;

(2) 使 MSCMG 框架伺服系统产生爬行现象,从而降低了 MSCMG 系统力矩输出的精度;

(3) 使 MSCMG 框架伺服系统在低速工作时产生不连续运动,从而引起振动;

(4) 导致 MSCMG 框架伺服系统在高速工作状态产生较大的跟随误差,降低了速率输出精度。

为了克服摩擦给 MSCMG 框架伺服系统带来的危害,最直接的办法就是尽量减小系统中存在的摩擦力(力矩)。例如提高有关机械零件的加工精度、改进润滑条件以及采用高性能轴承,如气浮轴承、磁悬浮轴承等。然而这些纯机械的方法往往造价比较昂贵,再加上 MSCMG 系统的内部转子采用的是磁悬浮轴承支承。框架采用磁悬浮轴承支承方式会给整个系统的稳定性控制带来更大的困难。因此,有必要寻找其他更经济的方法来减小或消除摩擦对系统性能的不利影响,这些方法一般称为摩擦补偿方法。但在对 MSCMG 框架伺服系统进行摩擦补偿时,首先应对摩擦进行分析,找出 MSCMG 框架伺服系统的摩擦特性。最后根据其特性设计摩擦补偿器,对框架伺服系统的非线性摩擦进行完全补偿。本章首先详细分析了框架伺服系统的非线性摩擦模型,并提出了一种基于模型的非线性摩擦补偿方案。

10.2.1 框架伺服系统非线性摩擦补偿方法综述

摩擦补偿的方法多种多样,特别是随着控制理论的发展,近年来学者们针对摩擦补偿问题提出了很多新的见解并取得了一定的成效。尽管关于摩擦补偿的文献很多,但根据补偿方法是否需要具体模型可以将这些文献分为两类,即基于模型的补偿和非模型的补偿方式[11]。

1. 基于模型的摩擦补偿方法

基于模型的摩擦补偿一般是选用合适的摩擦模型,根据相关信息计算出系统的摩擦力矩,在控制力矩中加入一个大小相等方向相反的控制量与摩擦力矩相抵消,其原理框如图 10 - 1 所示。

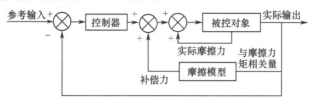

图 10 - 1　摩擦模型原理框图

　　目前工程中常用的摩擦模型有库仑摩擦模型、库仑 + 粘滞摩擦模型、静摩擦 + 库仑 + 粘滞摩擦模型[11]和 Stribeck 摩擦模型[12]等。经典的摩擦模型并不能反映出增加的摩擦力和摩擦记忆现象,因此近年来为更加全面描述摩擦的动态特性,一些学者又提出了更加复杂的摩擦模型,如状态变量模型(State variable model)[13]、鬃毛模型(Bristle model)[14]、集成模型(Integrated friction model)[15]及 Lugre 模型[14,16]等,但是复杂的模型在工程中实现起来比较难。Armstrong 和 Caundas de Wit 对摩擦模型的建立、摩擦的分析方法、补偿方法做了总结性概括。

　　通过系统的设计与仿真可以大体得到该系统的摩擦模型,但模型中的参数仍需要通过具体实验来确定。随着自适应控制理论的不断发展,自适应摩擦补偿方法成为人们研究的重点之一。Gilbart 最早提出采用模型参考自适应控制补偿库仑摩擦,通过选择李雅普洛夫函数消除一阶参考模型中的加速度项[17]。有些学者也提出利用滑模自适应或改变暂态性能的模型参考自适应控制进行摩擦补偿,并取得了一定的控制效果[18,19]。Brandenburg 和 Schafer 则采用基于李雅普洛夫函数的 MRAC 结构,利用速度估计设计了前向库仑摩擦补偿器,并通过实验验证了算法的有效性[20,21]。TAN 针对永磁直线电机利用传统静态摩擦模型提出一种鲁棒自适应位置控制器,而且考虑了电机波动力矩的变化[22]。

　　由于库仑摩擦是一个不连续的摩擦模型,系统在低速情况下不能简单地用库仑摩擦来表示。为了得到更好的低速补偿效果,一些研究者也采用了其他的摩擦模型,如参数线性化的 Stribeck 模型等[23,24]。Dahl 和 Bliman 等则利用状态变量摩擦模型,通过设计内部状态观测器实现摩擦补偿[25,26]。Friedland 采用基于李雅普诺夫的自适应摩擦补偿方法,该方法中不包含加速度项[27]。文献[28]在库伦摩擦模型补偿滑模控制基础上,提出一种基于模型参考自适应滑模控制的直线电机速率环控制方案。Craig 等利用学习补偿控制方法提高机器人及其他伺服系统的控制性能[29]。文献[30]利用 LuGre 模型提出了两种自适应补偿方法,但是假设所有摩擦参数随外界影响一致变化。文献[31]在假设所有 LuGre 模型参数均已知条件下,提出了一种基于观测器的位置跟踪补偿器,保证了闭环系统渐进稳定。有的学者则利用模糊控制方法对摩擦进行补偿[32,33]。

基于模型的补偿方法实现起来相对比较简单,但其不足之处在于摩擦模型的选择及模型参数的确定很繁琐,而且一般由于摩擦力矩与速率有关,速率信号的检测也是一个很重要的因素。

2. 非模型的摩擦补偿

基于非模型的补偿方法很多,主要是将摩擦看作外部扰动,通过改变控制器结构或调整控制器参数来提高系统的抗干扰能力,主要的控制方法有以下几种:

(1)基于 PD 或 PID 的摩擦补偿。高增益 PD 控制是人们最早采用的抑制摩擦非线性的控制方法。其微分项能增大系统的阻尼,由于摩擦的记忆特性,从而可以在一定程度上改善系统的低速性能[34]。但对于实际系统来说,增益太大会引起系统的不稳定,因此该方法的应用有一定的局限性。B. Armstrong 等学者研究了非线性 PID 控制策略,通过调整 PID 参数抑制摩擦的影响[35],但 PID 控制中积分项的引入理论上可以消除系统的静态误差,但由于摩擦在低速时的非线性特性,会导致极限环的出现,在速度换向时使摩擦的影响更大。

(2)信号抖动方法。该方法是在控制信号上叠加一个高频小幅值的抖动信号,其频率比较高。抖动信号的加入在一定程度上平滑系统在低速时的不连续性。L. Horowitz 等研究了抖动信号的频率对补偿效果的影响[36]。抖动信号的加入在一定程度上减小了摩擦的非线性,削弱了静摩擦的影响,但这种方法很难满足高精度控制的要求。

(3)脉冲控制方法。脉冲控制方法的基本原理是将一系列不同宽度的脉冲作为系统的控制输入信号,通过小脉宽小幅值的脉冲可以克服静摩擦力。

S. Yang 等采用自适应方法调整脉冲宽度,理论上提高了系统的性能[37]。

（4）力矩反馈控制。力矩反馈控制通过在输出轴上安装力矩传感器检测输出力矩,并通过力矩反馈来稳定输出力矩。这种方法不依赖于摩擦模型,如果力矩传感器的带宽足够宽,则可以通过控制补偿掉摩擦力,但这种方法必须安装力矩传感器。

近年来很多学者开始尝试利用先进控制理论来实现摩擦补偿,并取得了一定的成效。A. Tesfaye 采用数值优化方法,使系统灵敏度函数和选定的目标灵敏度函数匹配,降低了对名义模型精确程度的要求[38]。P. Korondi 设计了基于滑动模态的非连续干扰观测器,对系统的不确定参数和外部扰动进行观测然后补偿[39]。Du 采用 RBF 神经网络逼近构造方法,根据速度的不同方向设计摩擦补偿控制器[40]。Teeter 提出一种模糊逻辑与 PI 控制器结合的摩擦补偿控制方案,模糊控制器（FFC）根据系统输入输出计算控制器增益,根据参考输入制定增益表[41]。M. Tomizuka 等采用重复控制消除系统低速运动的跟踪误差,对摩擦力进行了预测和补偿[42]。丛爽[43]与何波[44]采用把模糊与神经网络的算法结合起来用于摩擦补偿。Larsen 等提出采用小脑神经模型控制器（Cerebellar Modal Articulation Controller,CMAC）来近似系统中的摩擦环节,通过对 CMAC 网络权值的迭代调整辨识摩擦,实现高精度控制[45]。Y. H. Kim 则采用神经网络辨识系统中的摩擦和干扰力矩,提出了基于增强学习的摩擦补偿方法[46]。

摩擦补偿的方法很多,但绝大多数文献中采用的方法都比较单一。所有的摩擦补偿方法中,并没有一种可以被认为是本质上优于其他方法的。因此在进行摩擦补偿时,为了获得更好的补偿效果,不能单一采用某种补偿方法,而是根据系统的具体情况将不同的补偿方法结合起来使用。对于 MSCMG 框架伺服系统这种特殊的摩擦,也应该采用相应的摩擦补偿方法。

10.2.2　框架伺服系统的非线性摩擦建模与分析

从框架系统的机械结构来看,有以下两个环节存在摩擦力:①支承框架系统的轴承摩擦力;②导电滑环的摩擦力。其中导电滑环的摩擦力和波发生器与柔轮之间的摩擦力可以看为一个常值,与框架角位置和角速率没有关系。轴承摩擦力受陀螺耦合力矩的影响,与框架角位置及框架角速率有关系,下面主要分析轴承摩擦力对框架转速的影响。

从结构上看,MSCMG 大体可以分为高速转子部分和框架部分。高速转子在陀螺房内高速旋转,具有角动量 $H = J_r \cdot \Omega$,其中 J_r 为转子的转动惯量,Ω 为转子的转速。如图 10-2 所示,当转子高速旋转,框架转动时,由于陀螺效应,转子角动量方向发生改变,对外输出陀螺力矩。即 $M = H \times \omega_g$,其中,ω_g 为框架转动的角速度。

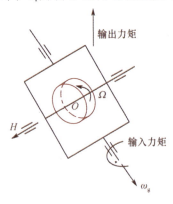

图 10-2 控制力矩陀螺
原理示意图

陀螺坐标系如图 10-3 所示,$Ox_g y_g z_g$ 为框架坐标系,Oz_g 与转子转轴重合。$Ox_j y_j z_j$ 为基座坐标系,Ox_g 与 Ox_j 重合,θ 为 Oz_g 与 Oz_j 的夹角。当高速转子以角速度 ω_r 旋转,框架电机绕 Ox_g 轴以角速度 ω_g 旋转时,由于陀螺效应,陀螺房将力矩 M 传给框架,在轴承的 A、B 两点产生压力 F_a、F_b。规定 $OA = OB = R$,则可以得到

$$F_a \cdot R + F_b \cdot R = M \qquad (10-1)$$
$$F_a = F_b \qquad (10-2)$$

由于实验在地面上进行,需要考虑重力的影响,如图 10-4 所示。

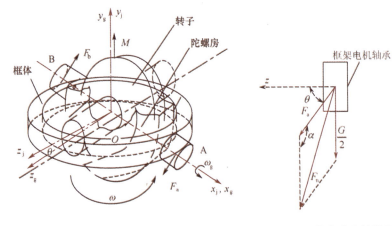

图 10-3 陀螺坐标系

10-4 考虑重力情况下,
陀螺框架受力示意图

转子受到的重力为 G,作用在两个轴承上,再加上陀螺效应产生的力,作

用在每个轴承上的正压力为

$$F_n = \sqrt{(F_a)^2 + \left(\frac{G}{2}\right)^2 + 2 \times F_a \cdot \frac{G}{2} \cdot \cos\alpha} \qquad (10-3)$$

$$\alpha = 90° + \theta \qquad (10-4)$$

$$F_a = \frac{M}{2R} \qquad (10-5)$$

考虑到滚动轴承的摩擦力,应用 Palmgreen 提出的经验公式,即

$$M_f = M_0 + M_1 \qquad (10-6)$$

式中:M_0 为与轴承类型、转速和润滑剂性质有关的摩擦力矩;M_1 为与轴承载荷有关的摩擦力矩。

由于框架电机工作在非高速情况下,可以得到如下表达式:

$$M_0 = 1.60 \times 10^{-5} \times f_0 D_{pw}^3 \qquad (10-7)$$

$$M_1 = f_1 F_n D_{pw} \qquad (10-8)$$

式中:f_0 为与轴承类型和润滑方式有关的系数;f_1 为与轴承类型和载荷有关的系数;D_{pw} 为钢球中心圆直径。所以摩擦力可以表示为

$$M_f = 1.60 \times 10^{-5} \times f_0 D_{pw}^3 + f_1 F_n D_{pw} \qquad (10-9)$$

将式(10-3)代入式(10-9)得

$$M_f = 1.60 \times 10^{-5} \times f_0 D_{pw}^3 + f_1 \sqrt{\left(\frac{M}{2R}\right)^2 + \left(\frac{G}{2}\right)^2 + 2 \times \frac{M}{2R} \cdot \left(\frac{G}{2}\right) \cdot \cos\alpha} D_{pw}$$

$$(10-10)$$

从式(10-10)可以看出,M 与框架的角速率有关,α 是与框架的角位置有关的量,因此摩擦力是与框架的角速率和角位置都有关的量。

由框架电机的力矩平衡方程得

$$J_g \frac{d\omega}{dt} = K_m I - M_f \qquad (10-11)$$

式中:J_g 为框架系统的转动惯量;K_m 为框架力矩电机的力矩系数;I 为电机绕组电流;ω 为框架转速。

离散化得方程

$$J_g \frac{\omega(k+1) - \omega(k)}{T} = K_m I(k) - M_f(k) \qquad (10-12)$$

将式(10-10)代入式(10-12)得

$$J_{\mathrm{g}}\frac{\omega(k+1)-\omega(k)}{T}$$

$$=K_{\mathrm{m}}I(k)-1.60\times10^{-5}\times f_0 D_{\mathrm{pw}}^3+f_1\left(\sqrt{\left(\frac{M}{2R}\right)^2+\left(\frac{G}{2}\right)^2+2\times\frac{M}{2R}\cdot\frac{G}{2}\cdot\cos\alpha}\right)D_{\mathrm{pw}}$$

$$(10-13)$$

✎ 10.2.3　基于 CMAC 的非线性摩擦补偿算法

CMAC 网络是仿照小脑控制肢体运动的原理而建立的神经网络模型,模拟小脑皮层使系统感受、获得并处理、存储信息,从而实现联想记忆。其基本思想在与学习系统特征的近似值,然后产生合适的控制信号。本质上就是一种查表的方法,而且结构简单,容易实现,具有一定的适应能力和泛化能力。目前 CMAC 网络已在机器人控制及信号处理等方面得到了成功的应用。

CMAC 的基本结构如图 10-5 所示,它可以逼近任意的非线性关系。若需要逼近的函数为 $Y=f(x)$,$\boldsymbol{Y}=\begin{bmatrix}y_1 & y_2 & \cdots & y_m\end{bmatrix}^{\mathrm{T}}$。

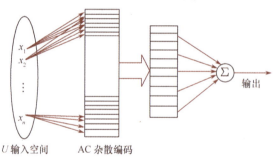

图 10-5　CMAC 结构示意图

CMAC 通过两个映射来完成上面的关系。

(1) $X\rightarrow AC$,即 $\alpha=D(X)$。

$\boldsymbol{\alpha}=\begin{bmatrix}\alpha_1 & \alpha_2 & \cdots & \alpha_n\end{bmatrix}^{\mathrm{T}}$ 是 m 维相连空间 AC 中的向量,α 的元素只取 1 或 0 两个值。对于特定的 x_i 才为 1,大部分元素为 0。$\alpha=D(X)$ 实现的是一个非线性映射。

(2) $AC\rightarrow Y$,即 $Y=W\alpha$。

该功能由 CMAC 网络的输出层来实现,这是一个线性映射。
其中

$$\boldsymbol{W} = \begin{bmatrix} w_{11} & w_{12} & \cdots & w_{1n} \\ w_{21} & w_{22} & \cdots & w_{2n} \\ \vdots & \vdots & & \vdots \\ w_{r1} & w_{r2} & \cdots & w_{rn} \end{bmatrix} \qquad (10-14)$$

$$\boldsymbol{\alpha} = \begin{bmatrix} \alpha_1 \\ \vdots \\ \alpha_n \end{bmatrix} \qquad (10-15)$$

第 i 个输出为

$$y_i = \sum_{j=1}^{n} w_{ij}\alpha_j \qquad (10-16)$$

在式(10-13)中,J_g、K_m、D_{pw}、M、G、R、T 都为已知量,框架电机绕组电流 I 可以通过电流传感器测得,ω 通过位置传感器获得的位置信号进行差分求得。将第 K 时刻和第 $K-1$ 时刻的电机的角速率和第 $K-1$ 时刻的电流值作为 CMAC 的输入量,便可经过不断的学习,得到摩擦力与角速度和角位置的关系。采用 δ 学习算法来调整权值,用 $\boldsymbol{I}_0$ 表示对应 x 的期望的输出矢量,$\boldsymbol{I}_0 = (I_{01}, I_{02}, \cdots, I_{0r})$,权值的调整公式为

$$\delta_i = I_{0i} - I(X) \qquad (10-17)$$

$$w_{ij}(t+1) = w_{ij}(t) + \eta \frac{\delta_j}{|A^*|} \qquad (i=1,2,\cdots,n;j=1,2,\cdots,r)$$

$$(10-18)$$

基于 CMAC 摩擦补偿控制框图如图 10-6 所示,其中,K_d 为速度环放大倍数,K_u 为 PWM 放大倍数,K_i 为电流反馈系数,C_e 为电机反电动势系数,K_v 为速度反馈系数,L 为电机绕组电感,R 为电机绕组电阻,J_g 为框架系统的转动惯量。框架电机采用三环控制,电流环和速度环都采用一个比例环节控制,位置环采用增量式 PID 控制算法。$G(S)$ 为补偿环节的传递函数,CMAC 的输出补到速度环的输入口上。

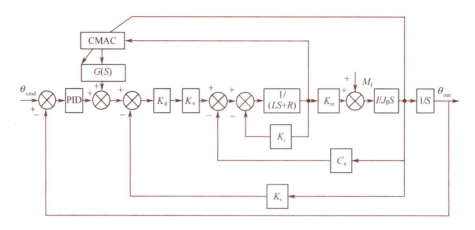

图 10 - 6　基于 CMAC 摩擦补偿的控制框图

10.2.4　仿真和实验研究

1. 仿真研究

为了验证上述 CMAC 方法对陀螺框架系统摩擦的补偿情况,本书以北京航空航天大学 MSCMG – Ⅵ 为对象进行仿真验证,系统仿真参数如表 10 – 1 所列。

表 10 – 1　系统仿真参数

参数	参数值	参数	参数值
电机力矩系数/(N/A)	0.84	电压反馈系数	1
电机电枢电阻/Ω	8	电流环比例增益	1
框架系统转动惯量/(kg/m²)	0.138	速率环比例增益	6.2
转子转速/(r/min)	20000	位置环比例增益	70
转子转动惯量/(kg·m²)	0.10229	位置环积分系数	0.1
陀螺房质量/(kg)	30	位置环微分系数	1.5
PWM 放大倍数	11	—	—

为验证基于 CMAC 的摩擦补偿算法的有效性,利用 Matlab 编写了 M 代码的仿真程序,图 10 - 7 为该程序的流程图。

首先对框架系统输入正弦位置命令信号,得到以下利用 CMAC 网络进行摩擦补偿的结果和不进行摩擦补偿的结果,其中虚线表示速度命令,实线表示

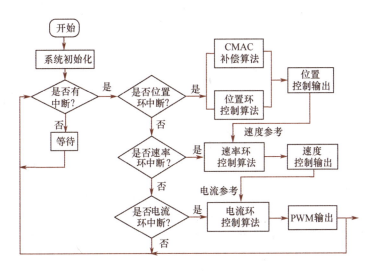

图 10 - 7　流程图

速度输出。

从图 10 - 8 ~ 图 10 - 10 可以清晰地看到,当输入位置指令为正弦命令时,系统会引起类似于正弦波的摩擦力矩,系统在速度过零点时会出现速率曲线的扭曲现象,当加入 CMAC 摩擦补偿后基本上可以完全抑制摩擦的影响。

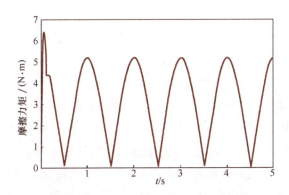

图 10 - 8　正弦输入命令时的摩擦模型

系统采用的是电流环、速率环和位置环的三环控制算法。速率的阶跃响应时考验系统角速率跟踪情况的一个重要手段。下面对系统输入角位置的斜坡信号(角速率的阶跃信号)得到系统的摩擦模型如图 10 - 11 所示。

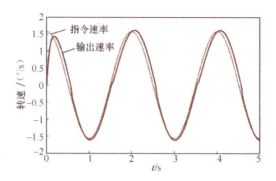

图 10 - 9　有加补偿时的正弦速度输入和输出

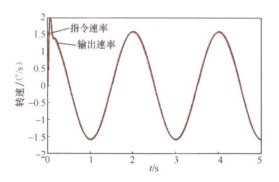

图 10 - 10　加入补偿后的正弦速度输入和输出

由图 10 - 11 ~ 图 10 - 13 可以看到,当角位置指令为斜坡信号时,系统的摩擦在起始阶段比较明显,比较没有加入和加入摩擦补偿的仿真结果,可以看到没有加入摩擦补偿时的上升时间为 0.16s,加入摩擦补偿的上升时间为 0.075s。

航天器要求 CMG 输出力矩精度高,响应速度快,因此要求框架伺服系统具有高稳定度的速率输出和快速的响应能力。陀螺框架伺服系统主要工作在低速状态,因此对零速附近框架系统的工作状态要求特别高,根据输入正弦命令的仿真及实验结果可以看出,基于 CMAC 的摩擦补偿方法加入后能够很好地提高系统在零速附近跟踪命令的能力,消除框架系统在零速附近的爬行现象。从系统的阶跃响应的仿真图形来看,当加入摩擦补偿后,系统的响应速度加快了,因此所提出的摩擦补偿方式能够提高控制力矩陀螺的输出精度,加快其相应速度。

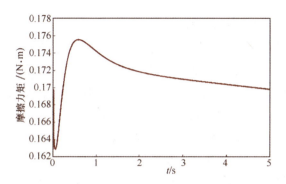

图 10 – 11   斜坡输入命令下的摩擦模型

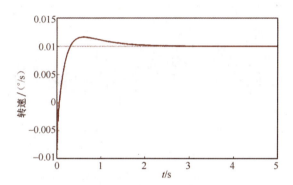

图 10 – 12   没有加入摩擦补偿时速度输入和输出

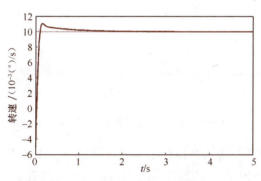

图 10 – 13   加入摩擦补偿后速度输入和输出

2. 实验研究

为了验证基于 CMAC 的摩擦补偿方法实际补偿效果,以北京航空航天大学的 MSCMG-Ⅵ为对象进行实验,陀螺的具体参数见表 10-1。框架电机采用直流力矩电机,角位置传感器采用海德汉公司的 RON285 型码盘,码盘的位置信号经过轴角卡(IK410)后变为数字量送到 DSP 控制板,然后经过控制器上的 14 位 D/A 转换成模拟量,利用示波器存储 D/A 转换的速率波形。

框架系统的非线性摩擦力主要影响框架伺服系统的低速精度,为了验证在低速情况下基于 CMAC 摩擦补偿算法的效果进行了以下实验。在转子转速 20000r/min 的情况下,给定框架角速率指令 0.2°/s,无摩擦补偿的角速率波形如图 10-14 所示;有摩擦补偿的角速率波形如图 10-15 所示。

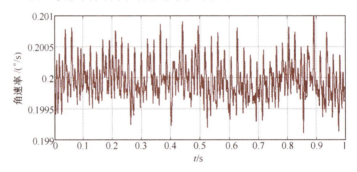

图 10-14 0.2°/s 无摩擦补偿的角速率波形

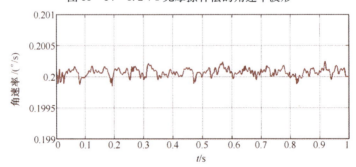

图 10-15 0.2°/s 有摩擦补偿的角速率波形

图 10-14 中没有加入摩擦补偿算法,框架系统在 0.2°/s 速率指令下的角速率波动量为 0.01992~0.0201°/s;由图 10-15 可以看到,加入摩擦补偿后框架系统在 0.2°/s 速率指令下的角速率波动量为 0.01999~0.02001°/s,速率

的波动量减小了 79% 。

　　给定陀螺框架角速率指令为 – 10 ~ 10°/s、频率为 3Hz 的正弦命令,其中角速率指令和角速率反馈值利用 14 位 D/A 输出,实验结果如图 10 – 16、图 10 – 17所示。

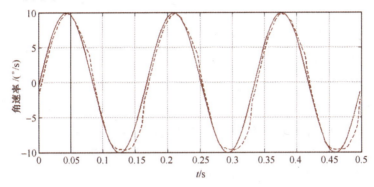

图 10 – 16　无摩擦补偿的角速率波形

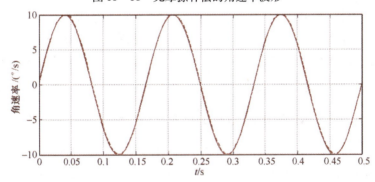

图 10 – 17　有摩擦补偿的角速率波形

　　图中实线表示角速率指令,虚线表示实际反馈角速率。从图 10 – 16 中可以看到,没有加入摩擦补偿时,实际反馈角速率不能完全跟踪角速率指令;从图 10 – 17 中可以看到,加入摩擦补偿后,实际反馈角速率能够比较完好地跟踪角速率指令。

10.3　基于自适应逆的高频小增益扰动力矩抑制方法

　　近年来,基于自适应逆控制的问题以其众多的优点成为一个活跃的研究领域,由于自适应逆控制具有噪声消除的最优性,文献[47,48]分别探索了线性自适应逆控制的噪声消除问题,并取得了一定的进展。但是这些成果仍未在 MSCMG 高精度伺服系统中进行很好的应用,本章提出了将扰动消除器设计方法应用于 MSCMG 的高精度伺服系统来解决各种干扰对框架系统的可靠工作所造成的破坏问题。克服了以下不确定性:

(1) 磁悬浮高速转子的不平衡力矩对框架伺服系统的干扰;

(2) 传感器的噪声对框架控制器信号的污染;

(3) 来自于航天器等载荷的高频扰动。

在以上扰动消除器设计的基础上,本章将模糊神经网络智能算法应用于自适应逆控制中,提出了一种高精度的智能非线性扰动消除器,由于该控制算法应用了模糊神经网络能够任意逼近非线性函数的特性,因此,模糊神经网络算法能够对实际的框架伺服系统进行高精度的建模和逆建模,增强了框架伺服控制系统对高频扰动的抑制作用,但由于该算法精度高、算法复杂,训练速度比上一种较慢,不易于工程化实现,但是随着数字控制器的计算速度迅猛发展的态势,智能算法应用于实际 MSCMG 框架伺服系统的时间不会太远。本章基于智能算法的 MSCMG 框架伺服控制系统的提出是前沿理论的探索和实际应用的基础。

☒ 10.3.1 高频小增益扰动力矩的建模与分析

MSCMG 与机械 CMG 的不同之处在于内部的高速转子为磁轴承支承。磁悬浮高速转子本身存在强陀螺效应和强非线性问题,在系统受到干扰时,出现失稳和不平衡振动,这些扰动力矩随即影响 MSCMG 的框架伺服系统,导致整个 MSCMG 输出力矩的不精确。因此,高精度的 MSCMG 框架控制系统是保证其高精度力矩输出的必要条件。MSCMG 框架伺服系统的高频扰动除了传感器噪声和电路之间的电磁干扰之外,陀螺房内部磁悬浮高速转子不平衡振动产生的陀螺效应也是影响控制精度的主要因素。下面对转子不平衡振动进行详细的分析和对该扰动进行精确建模。

对图 10 - 18 的坐标系进行以下定义:惯性主轴坐标 $Oxyz$ 为 s 系,框架轴坐标 $Ox_gy_gz_g$ 为 b 系。磁悬浮转子以瞬时角速率 $\boldsymbol{\omega}$ 运动,对中心 O 点的动量矩表示为

$$\begin{bmatrix} H_x^b \\ H_y^b \\ H_z^b \end{bmatrix} = \begin{bmatrix} A & -F & -E \\ -F & B & -D \\ -E & -D & C \end{bmatrix} \begin{bmatrix} \omega_x^b \\ \omega_y^b \\ \omega_z^b \end{bmatrix} \qquad (10-19)$$

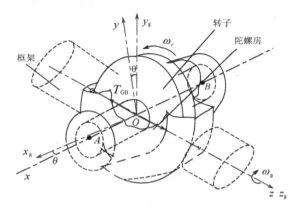

图 10 – 18   MSCMG 的惯性主轴坐标 xyz 和框架轴坐标 $x_g y_g z_g$

当磁悬浮转子起动后,在驱动转矩作用下绕定轴 z 连续转动,有

$$\boldsymbol{\omega}_{sb}^b = \begin{bmatrix} 0 \\ 0 \\ \omega_z^b \end{bmatrix} \qquad (10-20)$$

由式(10 – 19)动量矩为

$$\boldsymbol{H}^b = \begin{bmatrix} -E\omega_z^b \\ -D\omega_z^b \\ C\omega_z^b \end{bmatrix} \qquad (10-21)$$

得陀螺力矩为

$$\boldsymbol{M}_z = \begin{bmatrix} 0 & -\omega_z^b & 0 \\ -\omega_z^b & 0 & 0 \\ 0 & 0 & 0 \end{bmatrix} \begin{bmatrix} -E\omega_z^b \\ -D\omega_z^b \\ C\omega_z^b \end{bmatrix} = \begin{bmatrix} D(\omega_z^b)^2 \\ E(\omega_z^b)^2 \\ 0 \end{bmatrix} \qquad (10-22)$$

磁悬浮高速转子不平衡振动产生的陀螺力矩会施加于 x 轴、y 轴和 z 轴,这些力矩对框架精度影响最大的主要是对 z 轴的作用力,因此,不平衡力矩的扰动主要分析垂直于 z 轴与 x 轴和 y 轴平行的陀螺力矩的分力矩。由于 b 系

相对于 s 系不停地转动,所以陀螺力矩相对于 s 系也不断转动,假定转子绕 x 轴的角速度为 ω_z,同时绕 z 轴转动 θ,即在 Oxy 平面 x_g 与 x,y_g 与 y 之间的夹角为 θ,于是,有

$$C_s^b = \begin{bmatrix} \cos\theta & 0 & -\sin\theta \\ 0 & 1 & 0 \\ \sin\theta & 0 & \cos\theta \end{bmatrix} \quad (10-23)$$

式中:C_s^b 为方向余弦矩阵,s 系代表 $Oxyz$,b 系代表 $Ox_gy_gz_g$。

在 b 系中的惯性张量

$$J_{ij}^b = \begin{bmatrix} A & 0 & 0 \\ 0 & B & 0 \\ 0 & 0 & C \end{bmatrix} \quad (10-24)$$

利用相似变换

$$J_{ij}^s = \begin{bmatrix} A^s & -F^s & -E^s \\ -F^s & B^s & -D^s \\ -E^s & -D^s & C^s \end{bmatrix} = \begin{bmatrix} \cos\theta & 0 & \sin\theta \\ 0 & 1 & 0 \\ -\sin\theta & 0 & \cos\theta \end{bmatrix} \begin{bmatrix} A^b & 0 & 0 \\ 0 & B^b & 0 \\ 0 & 0 & C^b \end{bmatrix} \begin{bmatrix} \cos\theta & 0 & -\sin\theta \\ 0 & 1 & 0 \\ \sin\theta & 0 & \cos\theta \end{bmatrix}$$

$$(10-25)$$

由式(10-25),可以得到

$$D^s = 0$$

$$E^s = (A^b - C^b)\sin\theta\cos\theta = \frac{1}{2}(A^b - C^b)\sin(2\theta) \quad (10-26)$$

$$F^s = 0$$

由式(10-26)得在 z 轴上的不平衡力矩为

$$M_{unbalance} = \frac{1}{2}(A^b - C^b)\omega_z^2\sin(2\theta) \quad (10-27)$$

假定,MSCMG 磁悬浮转子绕 x 轴的转速 $\omega_r = \omega_z$,则由上面分析可以得到不平衡力矩传递到框架轴的扰动力矩分量为

$$F_r(\theta,\omega_r,t) = M_{unbalance}\sin(\omega_r t) = \frac{1}{2}(A^b - C^b)\omega_r^2\sin(2\theta)\sin(\omega_r t)$$

$$(10-28)$$

MSCMG 框架伺服系统的扰动力矩分量由式(10-28)计算得到,实际上,式(10-28)为磁悬浮高速转子和框架之间的陀螺效应。MSCMG 输出力矩的

原理源于磁悬浮高速转子和框架伺服系统之间的陀螺效应,陀螺效应是指产生陀螺力矩的一种现象,陀螺力矩是磁悬浮高速转子内所有质点的哥氏惯性力所形成的惯性力矩,此力矩不是作用于转子本身,而是作用在对转子施加外力的物体上。陀螺效应对整个系统的影响分为有益和有害两种情况。MSCMG 正是应用了陀螺效应的原理输出力矩,然而实际的磁悬浮转子不能够达到理想的标准形状,当其高速旋转时所产生的不平衡振动通过陀螺效应传给外面的框架伺服系统,给框架伺服系统的控制精度带来损害。因此,由不平衡振动产生的陀螺效应对于框架伺服系统为扰动力矩,影响框架的控制精度,必须消除。

10.3.2　基于自适应逆控制算法的扰动力矩消除

抑制式(10 - 28)类型的高频小增益扰动力矩,学者们提出了很多扰动抑制方法,基于自适应逆控制算法的自适应扰动消除器是最佳选择之一。本节提出了框架伺服系统扰动力矩消除方案,并从该扰动消除器的工作原理入手,对其扰动消除的最优性进行了理论证明,最后进行了仿真验证。

1. 自适应扰动消除器的工作原理

自适应逆控制是 20 世纪 90 年代刚刚发展起来的一种全新的控制方法,它的控制系统和调节器的设计是新颖的。由于基于自适应逆控制原理设计的自适应对象扰动消除器是目前最好的噪声消除系统,所以自适应逆控制的发展和应用逐渐引起了人们的关注。

在控制理论中,最通常的是将对象响应和对象扰动的控制放在一个过程中进行。然而,利用自适应逆控制,将这两个问题单独进行处理是很方便的。在这种方式中,动态控制过程就不会因需要减小对象而做出牺牲,对象扰动减小的过程也不会就动态控制的需要而做出折中。消除被控对象噪声和扰动环节的自适应控制系统如图 10 - 19 所示。

由图 10 - 19 可见,对象输出存在着扰动和测量噪声,为使对象输出或动态响应中不存在噪声和扰动,提高对象输出的动态品质,想办法将其去掉。图 10 - 19 给出了消除办法:将辨识出的对象模型与对象并联在同一个对象输入作用下比较其输出,则两者的偏差便近似等于对象扰动和测量噪声之和,在辨识的模型是理想的情况下,二者之差便完全等于对象扰动和测量噪声之和。

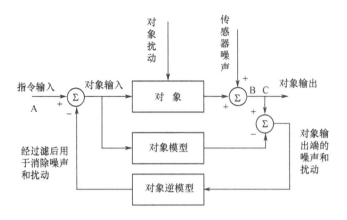

图 10 - 19　消除被控对象噪声和扰动环节的自适应逆控制系统

如果对象输出到对象输入没有反馈时,则对象扰动和噪声便不受任何抑制的混在对象输出响应中,使对象动态响应变坏。为了消除这个扰动和噪声,如果在对象输入端加一个扰动和噪声的值与对象本身的扰动和测量噪声大小相等方向相反的信号,则二者便相互抵消,这就完成了扰动和噪声的消除。这个信号最好的取法就是取对象和它的辨识模型之差。如果用二者之差直接反馈,则必须通过对象后才能抑制扰动和噪声,这样通过了对象后的这个信号会有所改变,如果在其反馈回路中加入一个对象的逆模型,这时信号通过整个串联的一反一正对象模型和对象后将保持近似不变,若在逆模型是理想的情况下会完全不变,即这个串联回路具有增益,就可将对象扰动和测量噪声基本消除掉或完全消除掉。

　　为了不失一般性,在控制中常将对象扰动和测量噪声加在一起放在对象输出端称为加性噪声作为对象的扰动。在近理想的条件下,可以证明:对象传感器噪声的注入点 B 到对象输出点 C 的传递函数接近于零,这就说明对象扰动和测量噪声之和基本上被消除掉了,还可以证明:此时对象输出的动态响应基本上不变。

　　如图 10 - 20 所示为一种新的用于消除对象扰动自适应系统。用该系统所完成的消除对象扰动是这样来实现的:复制的 $\hat{p}_k$(非常接近于无扰动的 p)和对象 p 有相同的输入,受到扰动的对象输出与 $\hat{p}_k$ 的无扰动输出之差就非常近似于对象输出扰动 n_k,这个近似的 n_k 然后输入给滤波器 Q_k,这个滤波器是 $\hat{p}_k$ 的一个最优最小二乘的逆,再将 Q_k 的输出从对象输入中减去,从而达到消除对象扰动。放在 Q_k 前面的单位延时是考虑这一点,即数字反馈链路在环绕的每一个回路上都必须至少要有一个单位的延时。因此,对象扰动 n_k 的当前值仅能用来消除对象扰动的将来值,而不能用作瞬时的自身消除。当系统运行在高采样率下,这些单位延时的影响是很小的。图 10 – 20 的系统由两部分组成。一部分是完成真正的扰动消除,而另一部分则是完成 $\hat{p}_k$ 的逆建模以求得 Q_k。实际上还有第三部分在图中未画出,这就是对象建模以得到 $\hat{p}_k$。

图 10 – 20 所示的消除系统对象扰动的自适应明显地不同于常规自适应噪声消除器。常规的噪声消除器从外部获取它的噪声参考信号,再用这个信号按前馈滤波并减去它来完成噪声消除;而对象扰动消除则是从对象输出中获得它的扰动参考信号,再用这个信号按反馈滤波并从对象输入中减去它,来完成扰动消除。对象扰动消除器是企图要消除掉它自身的扰动参考信号,而在常规的自适应噪声消除系统中是不会发生这样的事情的。消除对象扰动的自适应系统是一种完全不同的噪声(扰动)控制类型,代表了在噪声消除上的一种全新概念。

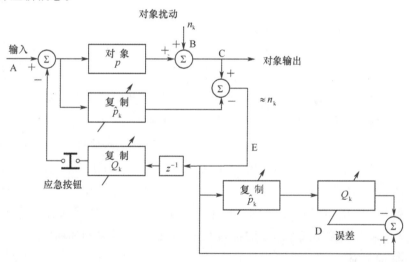

图 10 – 20　一种新的用于消除对象扰动的自适应系统

可以用代数的方法来说明系统是如何真正消除对象扰动的。假定系统已经收敛,而 $\hat{p}_k$ 和 Q_k,现在都已固定下来,由图 10 – 20 可以得到从 A 点的输入到 C 点的输出之间的传递函数是

$$H_{AC} = \frac{P}{1 + P \cdot Q_k - \hat{p}_k \cdot Q_k} \qquad (10-29)$$

从这个传递函数能够看出,当 $\hat{p}_k = p$ 时,从 A 点到 C 点的传递函数就等于对象本身的传递函数 p。因此,对象扰动消除器的反馈回路,当 $\hat{p}_k$ 与 p 匹配时,不管 Q_k 为何值都不会改变对象的动态响应。

再者,当 $\hat{p}_k$ 与 p 匹配时,可以确保系统的稳定性(注意:p 本身已经假定是稳定的)。另一方面,如果 $\hat{p}_k$ 与 p 不匹配,那么就很容易求出使对象扰动消除器变为不稳定的 Q_k 的值。最为重要的是在闭合扰动消除反馈以前,使 $\hat{p}_k$ 收敛并接近于 p。在运行当中,如果在 p 上有一个突然大的变化,可能就有必要切断反馈,直到 $\hat{p}_k$ 有可能回锁到 p 上为止。应急按钮开合应该包括在反馈路径内以防不稳定的情况发生。当然,对象扰动所带来的影响只是短暂的,若没有引起不稳定就更好。下面是从对象扰动 n_k 的输入点 B 到对象输出点 C 的传递函数。容易证得

$$H_{BC} = \frac{1 - \hat{p}_k \cdot Q_k}{1 + p \cdot Q_k - \hat{p}_k \cdot Q_k} \qquad (10-30)$$

另外,从 B 点到 D 点的传递函数得出为

$$H_{BD} = \frac{1 - \hat{p}_k \cdot Q_k}{1 + p \cdot Q_k - \hat{p}_k \cdot Q_k} \qquad (10-31)$$

可以看出从 B 点到 D 点的传递函数与从 B 点到 C 点的传递函数是完全一样的。所以,可以推出,在 D 点的对象扰动分量就等于在 C 点的对象扰动分量。就可以得出:当 $\hat{p}_k$ 完全与 p 匹配时,在 E 点仅存在对象扰动,而在 D 点仅存在滤波过的对象扰动。按照求 Q_k 的自适应过程所完成的使 D 点的功率最小,就是使得 D 点的对象扰动分量的功率达到最小。这就相当于在对象输出的 C 点上对象扰动功率也是最小的。因此,该自适应过程所得到的最优 Q_k 值就在为追求对象输出扰动最小的扰动消除反馈过程中被复制和利用。

2. 问题描述

MSCMG 框架系统是电机直接驱动的伺服系统,考虑陀螺房内部磁悬浮高速转子的不平衡振动和传感器噪声及机械谐振模态的情况,采用如下微分方程描述:

$$\frac{d^n\theta}{dt^n} + a_{n-1}\frac{d^{n-1}\theta}{dt^{n-1}} + \cdots + a_1\frac{d\theta}{dt} + a_0\theta = b_0 u - b_1 f(\theta, \omega_r, u) \qquad (10-32)$$

式中:θ 为系统输出转角;u 为控制电压;ω_r 为陀螺房内部转子的角速率,且

$$0 \leqslant a_i \qquad (i = 0, 1, \cdots, n-1) \qquad (10-33)$$

$$0 \leqslant b_0 \qquad (10-34)$$

$$0 \leqslant b_1 \qquad (10-35)$$

式(10-32)中的 $f(\theta, \omega_r, u)$ 为陀螺房内部磁悬浮高速转子的不平衡振动、传感器噪声及外部的高频干扰力矩,在控制系统中统一称为扰动,表示为

$$f(\theta, \omega_r, u) = F_r(\theta, \omega_r, t) + n(t) \qquad (10-36)$$

$$F_r(\theta, \omega_r, t) = \frac{1}{2}(A^b - C^b)\omega_r^2 \sin(2\theta)\sin(\omega_r t) \qquad (10-37)$$

式中:$n(t)$ 为量测噪声序列,高斯正态分布白噪声;$F_r(\theta, \omega_r, t)$ 为有界函数;A^b 和 C^b 分别为陀螺房内部磁悬浮转子在 b 系中的惯性张量矩阵系数;ω_r 为陀螺房内部转子的角速度($0 \leqslant \omega_r \leqslant \overline{\omega_r}$),且对于框架转速范围内的任意角速度 ω_g 和角位置 θ 有

$$\begin{cases} |F_r(\theta, \omega_r, t)| \leqslant \overline{F_r} \\ |n(t)| \leqslant \overline{N_0} \end{cases} \qquad (10-38)$$

对于式(10-32),引入如下渐近稳定参考模型:

$$\frac{\mathrm{d}^n \theta_m}{\mathrm{d}t^n} + \alpha_{n-1}\frac{\mathrm{d}^{n-1}\theta_m}{\mathrm{d}t^{n-1}} + \cdots + \alpha_1\frac{\mathrm{d}\theta_m}{\mathrm{d}t} + \alpha_0\theta_m = \beta r \qquad (10-39)$$

式中:θ_m 为模型输出;r 为输入;$\alpha_{n-1}, \alpha_{n-2}, \cdots, \alpha_0, \beta$ 为正实数。定义误差信号 $e = \theta_m - \theta$,寻找控制 u,使得对于任意初态和扰动存在的情况下,误差 e 满足 $\lim\limits_{t \to \infty} e(t) = 0$。

对上述带有噪声的 MSCMG 框架伺服系统,提出了一种基于自适应逆扰动消除控制的设计方法。该控制器采用将被控对象动态控制和对象扰动控制分离处理的方法研究了 MSCMG 框架伺服系统的非线性高频测量噪声、陀螺房内部磁悬浮高速转子系统不平衡振动对框架伺服系统产生的干扰等问题。设计的自适应逆扰动消除器大大改善了框架伺服系统的控制性能,提高了系统的速率输出精度。最后仿真结果表明,提出的扰动力矩抑制方法是可行的,具有很强的鲁棒性。

3. 框架伺服系统扰动消除器

MSCMG 系统主要分两个部分:①内部高速旋转的磁悬浮转子;②高精

度角速率输出的 CMG 框架系统。为了保证整个 CMG 系统的高精度力矩输出,则框架系统高精度的角速率和角位置输出是其必要条件。由于低速时,速率信号的实时测量非常困难,所有直接用实际位置的差分或测速机信号作为扰动模型的输入难免会产生较大的补偿误差。目前,较为常用的方法是闭环外加入前馈控制器,当跟踪误差很小时,直接用位置指令差分或速度指令代替实测转速,作为扰动模型输入,这种方法的缺点是前馈环节本身必然引入跟踪误差从而影响扰动抑制效果,本书提出一种新的扰动消除办法,用在速率环加入自适应逆扰动消除器来代替扰动的前馈控制器(图 10 - 21)。

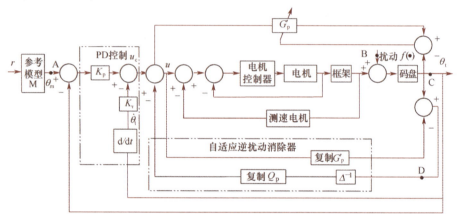

图 10 - 21　基于自适应逆控制的 MSCMG 框架伺服系统

在实际系统中,整个框架系统分为三环控制结构:电流环、速率环和位置环。速率信号提取采用测速电机,位置信号采用光电编码盘。把电流环和速率环统一作为被控对象 G_p,对其进行的建模和逆建模用来构建自适应逆扰动消除器。图 10 - 21 中,θ_m 为给定角位置信号,θ_t 为角位置输出信号,G'_p 为电机控制器、电机、框架、测速电机和码盘统一作为被控对象的实时在线建模传递函数,Q_p 为离线训练得到的逆模型。

4. 扰动消除器最优性分析

下面对以上控制结构用代数方法来说明消除噪声的最优性。假定系统已经收敛,G'_p 和 Q_p 都已经固定下来,如图 10 - 21 所示,求得从 A 点的输入到 C 点的输出和从 B 点的输入到 C 点的输出之间的传递函数如下:

$$G_{AC} = \frac{G_p(K_p + K_v s)}{1 + \Delta^{-1} G_p \cdot Q_p - \Delta^{-1} G'_p Q_p} \qquad (10-40)$$

$$G_{BC} = \frac{(1 - \Delta^{-1} G'_p \cdot Q_p)(K_p + K_v s)}{1 + \Delta^{-1} G_p \cdot Q_p - \Delta^{-1} G'_p Q_p} \qquad (10-41)$$

从这个传递函数可以看出,当 $G'_p = G_p$ 时,从 A 点到 C 点的传递函数就等于对象本身的传递函数 $G_p(K_p + K_v s)$。因此,干扰消除器的反馈回路,当 G'_p 与 G_p 匹配时,不管 Q_p 为何值都不改变对象的动态响应。G_{BC} 为从干扰 n 的注入点 B 到对象输出 C 的传递函数。当 G'_p 与 G_p 完全匹配时,D 点仅存在对象扰动。此外,若 Q_p 为无限逼近 G'_p 的逆时,有

$$\| \Delta^{-1} G_p \cdot Q_p - \Delta^{-1} G'_p \cdot Q_p \| \leqslant \varepsilon \to 0 \qquad (10-42)$$

$$\| 1 - \Delta^{-1} G'_p \cdot Q_p \| \to 0 \qquad (10-43)$$

成立,则

$$\| f(\cdot) \cdot G_{BC} \| \leqslant \| f(\cdot) \| \cdot \left\| \frac{(1 - \Delta^{-1} G'_p \cdot Q_p)(K_p + K_v s)}{1 + \Delta^{-1} G_p \cdot Q_p - \Delta^{-1} G'_p Q_p} \right\|$$

$$\leqslant \| \overline{F_r} \cdot \overline{N_0} \| \cdot \frac{\| (1 - \Delta^{-1} G'_p \cdot Q_p) \| \cdot \| (K_p + K_v s) \|}{\| 1 + \Delta^{-1} G_p \cdot Q_p - \Delta^{-1} G'_p Q_p \|}$$

$$(10-44)$$

式 $(10-44)$ 中,$f(\cdot) = f(\dot{\theta}_t, \omega_r, u)$,当 $\Delta^{-1} G_p \cdot Q_p - \Delta^{-1} G'_p \cdot Q_p \leqslant 0$ 时,有

$$\| 1 + \Delta^{-1} G_p \cdot Q_p - \Delta^{-1} G'_p \cdot Q_p \| = \| 1 - | \Delta^{-1} G_p \cdot Q_p - \Delta^{-1} G'_p \cdot Q_p | \|$$

$$\geqslant \| 1 \| - \| \Delta^{-1} G_p \cdot Q_p - \Delta^{-1} G'_p \cdot Q_p \|$$

$$\geqslant 1 - \varepsilon \qquad (10-45)$$

所以

$$\| f(\cdot) \cdot G_{BC} \| \leqslant \| \overline{F_r} \cdot \overline{N_0} \| \cdot \frac{\| (1 - \Delta^{-1} G'_p \cdot Q_p) \| \cdot \| (K_p + K_v s) \|}{1 - \varepsilon} \to 0$$

当 $\Delta^{-1} G_p \cdot Q_p - \Delta^{-1} G'_p \cdot Q_p > 0$ 时,有

$$\| 1 + \Delta^{-1} G_p \cdot Q_p - \Delta^{-1} G'_p \cdot Q_p \| = \| 1 - | \Delta^{-1} G'_p \cdot Q_p - \Delta^{-1} G_p \cdot Q_p | \|$$

$$\geqslant \| 1 \| - \| \Delta^{-1} G'_p \cdot Q_p - \Delta^{-1} G_p \cdot Q_p \|$$

$$\geqslant 1 - \varepsilon \qquad (10-46)$$

所以得出

$$\| f(\cdot) \cdot G_{BC} \| \leqslant \| \overline{F_r} \cdot \overline{N_0} \| \cdot \frac{\| (1 - \Delta^{-1} G'_p \cdot Q_p) \| \cdot \| (K_p + K_v s) \|}{1 - \varepsilon} \to 0$$

整个控制器的设计达到了消除干扰的目的。

5. 带扰动的框架伺服系统建模

实际系统建模和逆建模的精确性直接决定了自适应逆扰动消除器的性能。在自适应逆扰动消除系统中，控制器是离散的，这就需要数字控制系统有一个零阶保持环节。现在对包括 DAC 在内的已镇定对象进行建模。离散时间的建模将对输入/输出进行采样，并自动地调节该系统内部参数以产生一个采样输出，这个采样输出与对象输入样本作为模型输入的所得对象的输出样本非常接近，即对象及其模型都产生相类似的输出信号时，该模型就是实际对象一个好的表示。由于不平衡振动传递的扰动力矩和各种测量噪声的不确定性和非线性，本书采用一种改进的非线性参数估计递推最小二乘算法来对实际系统进行建模。图 10 – 22 为实际系统与正模型的输出曲线，可以看到两条输出曲线在很短的训练时间内近于重合。

控制器用数字控制系统实现，被控对象的模拟信号经过 A/D 采样变为离散信号，因此，选取改进递推最小二乘算法的准则函数为

$$J(w) = \frac{1}{2}\sum_{k=1}^{n}\left[\theta_t(k+1) - \theta'_p(k+1,w)\right]^2 + \mu\|w(k+1) - \hat{w}(k)\|^2$$

$$(10 – 47)$$

式中：$\theta'_p(k+1,w) = G'_p(\theta'_p(k),u(k),w(k+1))$；$w(k)$ 为时不变或慢时变参数；μ 为权重因子。

式(10–47)中 $\mu\|w(k+1) - \hat{w}(k)\|^2$ 的引入是为了保证参数向量 $\boldsymbol{w}$ 不会过大变化。将 $G'_p(\theta'_p(k),u(k),w(k+1))$ 在 $\hat{w}(k)$ 处做一阶泰勒级数展开得

$$G'_p(\theta'_p(k),u(k),w(k+1))$$
$$\cong G'_p(\theta'_p(k),u(k),\hat{w}(k)) + \boldsymbol{\Phi}^T(k) \times [w(k+1) - \hat{w}(k)]$$

$$(10 – 48)$$

其中，$\boldsymbol{\Phi}(k) = \left.\dfrac{\partial G'_p(\theta'_p(k),u(k),w)}{\partial w}\right|_{w=\hat{w}(k)}$，将式(10–48)代入式(10–47)，求解方程 $\dfrac{\partial J}{\partial w(k+1)} = 0$，并应用矩阵求逆引理，即得

$$\hat{w}(k+1) = \hat{w}(k) + \frac{\eta_k\boldsymbol{\Phi}(k)}{\mu + \|\boldsymbol{\Phi}(k)\|^2} \times [\theta_t(k+1) - G'_p(\theta'_p(k),u(k),\hat{w}(k))]$$

$$(10 – 49)$$

6. 框架伺服系统逆建模

对象的逆模型最终是要作为控制器的。由于自适应逆扰动消除器是将对象响应和扰动分开处理的方法,因此逆模型是处理扰动量直接补偿被控对象的扰动输出。为了得到实际系统 $\hat{G}_p$ 较严格的逆模型,在训练逆模型过程中建模信号的选用值得注意,逆模型的输入信号应为类扰动信号。严格来说,稳定的非线性系统也可以求其逆模型精确解。由于非线性模型传递函数的不可交换性,训练的逆模型应该在复制正模型的前方。逆模型的实际训练过程中会有一定的传输延迟,而实际对象都不能做到即时响应指令输入的突变。因此,本书采用将控制器自适应提供一个对于建模信号的延时对象响应,结构如图 10 - 21 所示。由于被控对象是直接建模以求得 $\hat{G}_p$ 的,所以各种干扰不影响建模的 Wiener 解。然而用一般方法做逆建模时,干扰就要影响 Wiener 解。在干扰功率较高时,要将逆建模的训练速度放慢以保持在权系数上较小的噪声。如图 10 - 22 所示,逆模型在训练 0.17s 后输出建模曲线有很小的误差,有效地证明了这个 Wiener 解的逆模型是一个很好的控制器。整个系统的逆建模训练算法可以应用上面改进的非线性系统建模方法,即式(10 - 47) ~ 式(10 - 49)。

7. 仿真研究

对 MSCMG - Ⅷ框架伺服系统进行仿真研究。采用自适应滤波算法对框架系统进行动态实时建模和逆建模。由频率特性拟合得到对象方程

$$\ddot{\theta} + 220\dot{\theta} + 12100 = 1000u - 150.0f(\dot{\theta}_t, \omega_r, u) \qquad (10-50)$$

取参考模型为

$$\ddot{\theta}_m + 220\dot{\theta}_m + 1350\theta_m = 1350r \qquad (10-51)$$

式(10 - 50)中的扰动项 $f(\dot{\theta}_t, \omega_r, u)$ 部分参数分别为 $\overline{N_0} = 0.1$,$D_V = 0.3$,$A^b = 0.1321 \times 10^{-3}$,$C^b = 0.1320 \times 10^{-3}$,$\overline{\omega}_r = 2093.3 \text{rad/s}$,对框架系统有一个反作用的耦合扰动力矩,其方向与框架的转动方向相反:$\omega_r = - \text{sgn}(\dot{\theta}) \cdot |\omega_r|$。选取以上参数对(式(10 - 50))进行仿真研究,取角位置 PD 控制器的参数为 $K_P = 200$,$K_D = 0.07$。$\theta_m = \sin(t/5)$ 的给定角位置信号得到如图 10 - 22 的实际系统建模曲线和图 10 - 23 的逆建模曲线(用类扰动的白噪声建模)。图 10 - 24 为加入角位置比例微分和自适应逆扰动消除器后整个系统角速率输

出的阶跃响应曲线,框架系统角速率的跟踪误差曲线如图 10 - 25 所示。由图 10 - 24 和图 10 - 25 的曲线可以看出,本书设计的建模和逆建模方法能够精确地对实际系统进行建模和逆建模,设计的自适应逆扰动消除器能够有效地消除扰动对框架伺服系统精度的影响,且在最大扰动的输入下仍能够保持良好的鲁棒性。

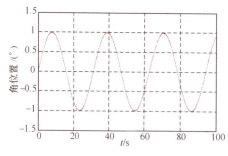

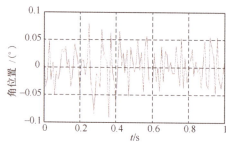

图 10 - 22 实际系统与正模型的输出曲线 图 10 - 23 扰动消除器逆模型的建模曲线

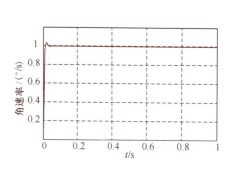

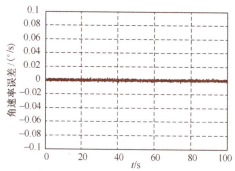

图 10 - 24 加入控制器后整个
系统的阶跃响应

图 10 - 25 扰动消除后框架系统
角速率的跟踪误差曲线

以上仿真结果表明,自适应扰动消除器能够在 0.01s 内将幅值为 ±0.07° 高频扰动抑制在百分之几,使得框架伺服系统的角速率误差在 ±0.005°/s 之间。该控制方案的特点是响应速度快,虽然这个结果对于快速姿态机动的航天器,已经远远达到要求。但是对于高精度稳定的航天器,精度仍然不足。针对此问题,一种改进的高精度框架伺服系统扰动消除方法被提出。

8. 实验研究

MSCMG 框架伺服系统的独特性在于存在传感器等高频小幅值干扰外,还存在陀螺房内部磁悬浮高速转子不平衡振动的耦合扰动力矩,磁悬浮高速转子的不平衡振动和传感器、外界噪声等干扰严重影响了 MSCMG 的力矩输出精度。图 10 - 26、图 10 - 28 和图 10 - 30 分别为在磁悬浮转子悬浮、转速 10000r/min 和转速为 20000r/min 状态下,当框架伺服系统角速率给定值为 0.01°/s 时的实测角速率输出;图 10 - 27、图 10 - 29 和图 10 - 31 是与图 10 - 26、图 10 - 28 和图 10 - 30 实测角速率输出相对应的实测角位置输出值。从图 10 - 26、图 10 - 28 和图 10 - 30 给出的实验数据,可以得到当框架伺服系统角速率输出值为 0.01°/s 时,由于受高频噪声的影响,实测角速率输出分别在 [-0.15,0.15]、[-0.4,0.4]和[-0.9,0.9]之间。在经过自适应扰动消除算法后,式(10 - 50)的角速率和角位置实测信号如图 10 - 32 和图 10 - 33 所示。

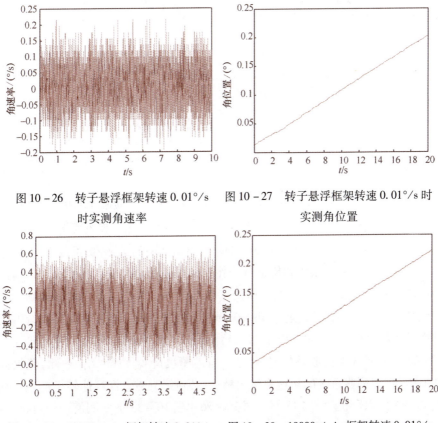

图 10 - 26　转子悬浮框架转速 0.01°/s 时实测角速率

图 10 - 27　转子悬浮框架转速 0.01°/s 时实测角位置

图 10 - 28　10000r/min 框架转速 0.01°/s 时实测角速率

图 10 - 29　10000r/min 框架转速 0.01°/s 实测角位置

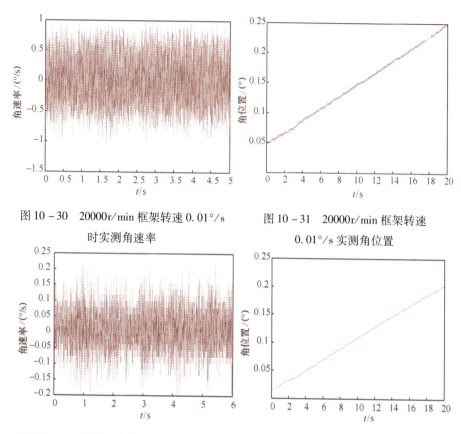

图 10 - 30   20000r/min 框架转速 0.01°/s
时实测角速率

图 10 - 31   20000r/min 框架转速
0.01°/s 实测角位置

图 10 - 32   转子转速为 20000r/min 加入扰
动消除器后框架转速 0.01°/s 时实测角速率

图 10 - 33   转子转速为 20000r/min 框架
转速 0.01°/s 时实测角位置

分析图 10 - 26 ~ 图 10 - 31 MSCMG 输出角速率的实际值,可以得到,磁悬浮高速转子的不平衡振动和传感器等外界噪声使框架伺服系统的角速率输出精度降低 80% 以上,且随着陀螺房内部磁悬浮转子转速的升高对框架精度的影响越大。磁悬浮转子转速为 10000r/min 时比转子悬浮时框架伺服系统的角速率输出精度降低了 60% 以上,磁悬浮转子转速为 20000r/min 时比转速为 10000r/min 时框架伺服系统的角速率输出精度降低了 60%。因此,若提高 MSCMG 框架伺服系统的角速率输出精度,必须解决磁悬浮高速转子的不平衡振动引起的耦合扰动力矩问题。图 10 - 26 ~ 图 10 - 33 的实测值比较可得,自适应扰动消除不但很好地抑制了磁悬浮高速转子的不平衡振动引起的扰动影响,而且比转子悬浮状态下输出的速率精度更高。由此可得本章设计的控制方法有效、实用、可行。

给定频率为 3Hz、幅值为 10.7323°/s 的正弦信号 $r(t) = 10.7323\sin$ $\left(\dfrac{1}{3}t - 0.045\right)$ 作为框架伺服系统的角速率给定信号,图 10 – 34 为经过自适应扰动消除器后框架伺服系统角速率的输出信号,图 10 – 35 为图 10 – 34 的局部放大图。由图中的实验数据中可以得到,框架伺服系统能够在工程要求的带宽和角速率最大输出值内保证系统的角速率精度输出和跟踪。

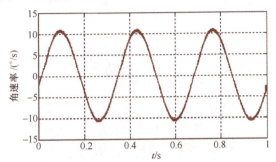

图 10 – 34　转子转速为 20000r/min 加入扰动消除器后框架的给定和实测角速率

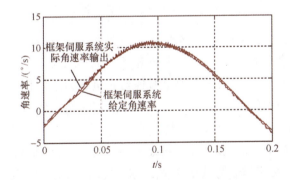

图 10 – 35　图 10 – 34 的局部放大图

10.4　基于扩张状态观测器的谐振抑制方法

双框架 MSCMG 工作时,由于强陀螺效应,会引起磁悬浮转子、内框架系统及外框架系统的强耦合。与单框架 MSCMG 的框架系统不同,双框架 MSCMG 的框架系统需要克服耦合力矩。而为了保证整机系统的体积和质量,一般需要加入减速机构对力矩进行放大[49]。

由于谐波减速器具有结构简单、零件少、体积小、传动比大且范围宽、传动精度高、承载力大等特点,在能源、通信、机床、仪器仪表、机器人、汽车、造船、常规武器、纺织、医疗器械等领域得到广泛应用,尤其是谐波减速器可以在密闭空间和介质辐射的工况下传递运动,并在真空条件下具有足够高的工作能力,使得它能够应用于空间技术领域[50],因此是中小型双框架 MSCMG 框架伺服系统的最佳选择。谐波减速器由波发生器、柔轮和钢轮组成,如图 10 - 36 所示。

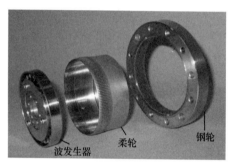

图 10 - 36　谐波减速器组件

谐波齿轮传动与其他齿轮传动的区别主要在于具有能产生可控变形的柔轮[51]。由于柔轮这个弹性环节的引入,给系统带来一个机械谐振点,影响了框架伺服系统的稳定性。尤其是谐波减速器在负载力矩比较小的情况下其扭转刚度也较小,谐振频率相应也较小,谐波减速器扭转刚度的非线性滞回特性又引起谐振频率的非线性变化。

在工业控制和机器人机械手臂控制中,针对谐振的抑制问题,一些学者提出过很多方法。按照控制方式的不同,一般可以将这些方法分为两类。第一类是通过算法控制参考输入,使其不含有谐振频率的分量。K. L. Hillsley 等提出一种利用限波滤波器对系统参考进行滤波的方法来消除振动[52]。这种方式需要对系统建立比较准确的模型,当系统参数变化时,这种方法的效率会降低,相应系统的鲁棒性也会降低。

第二类是通过反馈环来抑制振动,如力矩反馈、位置反馈、速度反馈或者是加速度反馈等。这些方法一般来说比较有效而且对系统参数不是很敏感,但实现起来比较复杂。K. Sugiura 等利用估计的扭转力矩进行反馈并将其用到二质量和三质量系统中[53]，但所提出的力矩估计方法对测量噪声非常敏感，如果采用滤波方式，系统的动态性能则会下降。一些学者将检测的轴的扭矩加入到反馈环中，可以抑制系统的波动[54-59]，J. M. Pacas 等将输出轴前后的角速率差值也引入到反馈环节中，该方法能够很好地抑制速率的波动，但牺牲了系统的动态特性，特别是对负载的大惯量系统。另一种抑制扭转振动的方法是利用干扰观测器增加一个反馈环[60]，该方法的应用前提是设计一种快速的干扰观测器，观测器各个状态的估计延迟时间必须小于扭转振动的周期。Y. Hori[61] 和 S. Komada[62] 给出了基于扰动观测器的更加完善的控制方法，将负载变化、滞回及库仑摩擦加入到系统中，使系统能够达到更高精度的控制。

对于扭转谐振问题，最好的解决办法是利用全维状态反馈，将输出轴扭矩、负载速率、输入轴扭矩都作为状态量进行反馈。但对这些量都进行直接反馈是不现实的，一个系统中很难加入这么多的传感器对各个状态量进行实时检测。因此对不可测量的状态变量进行估计成为人们研究的重点之一。在很多文献中，龙贝格观测器被用来对不可直接测量的状态变量进行观测，但也有很多学者提出观测条件只适用于参数时不变且测量噪声小的线性系统。为了提高系统的动态响应特性，K. Peter 等提出一种非线性龙贝格观测器[63]，但是该方法需要知道系统的非线性模型，这一点对于很多系统是不可行的。有些文献提出利用卡尔曼滤波器的效果比龙贝格观测器的要好[64,65]，但是卡尔曼滤波也受参数变化和测量噪声的影响，因此有的学者提出采用非线性卡尔曼滤波器[66]。利用卡尔曼滤波器，所测量状态的协方差矩阵的准确性非常重要，有的学者利用遗传算法来保证矩阵的最佳设置[67]。

近年来，随着非线性理论及计算机应用技术的发展，很多学者将一些先进的非线性控制算法应用到解决扭转振动问题上[68,71]。针对参数的时变特性，为提高系统的鲁棒性，滑模变结构控制和模糊控制[68,69]应用到系统中提高了系统的抗干扰能力。为了获得更好的控制参数，有些学者也利用遗传算法对控制参数进行更新[70,71]。相比经典的控制方式，前面提到这些先进的控制方式理论上能使系统获得更好的动态响应，但在实际系统中还没有得到广泛的应用，有待于进一步进行实验验证。

对于带有谐波减速器的框架伺服系统来说，与直接驱动的框架伺服系统不完全相同[72]。谐波减速器是一个柔性环节，其扭转刚度也是随负载变化而变化的一个非线性变量。尤其是陀螺的工作状态也是在低速的正反转情况下,这样谐波减速器正好工作在非线性最强的一段工作范围。经过实验验证,在这段范围内整个框架系统的谐振频率比较低,因此有必要研究一种新的控制方法对带有谐波减速器的框架伺服系统进行扭转振动的抑制。

✍ 10.4.1 基于谐波减速器的框架伺服系统建模与问题描述

内、外框架伺服系统结构如图 10 – 37 所示,从数学模型的角度考虑,内、外框架的区别仅仅是负载的转动惯量大小不同。执行机构为永磁直流无刷力矩电机,I_m 为电机电枢电流,R_m、L_m 分别为电枢绕组电阻和电感,T_m 为电机的电磁力矩,J_m 为电机端转动惯量,J_1 为负载端转动惯量,i 为减速比,θ_m、θ_1 分别为电机端和负载端光电码盘检测的角位置信号,K_1 为谐波减速器的扭转刚度。

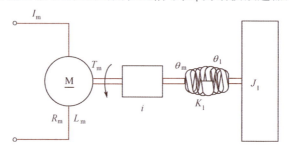

图 10 – 37　框架伺服系统结构

为简化考虑,忽略框架力矩电机本体模型不准确的影响,认为框架力矩电机在电流环闭环的工作情况下为理想的力矩器,转矩系数为 K_m,则电机的电磁转矩表达式为

$$T_m(s) = K_m I_m(s) \qquad (10 - 52)$$

假设系统中由于弹性变形折合到电机轴上的力矩为 M,则对电机轴分析,由牛顿定律可以得到

$$T_m(s) = J_m s \theta_m(s) - \frac{M(s)}{i} \qquad (10 - 53)$$

由于谐波减速器输入角位置为 θ_m,输出角位置为 θ_1,减速比为 i,则由胡克定律,由弹性变形产生的力矩可以写为

$$M(s) = K_1(\theta_m/i - \theta_1) \qquad (10 - 54)$$

令负载轴上的粘性摩擦系数为 b_1,对负载轴进行动力学分析,由牛顿定律

可以得到

$$M(s) = J_1 s^2 \theta_1(s) - b_1 s \theta_1(s) \qquad (10-55)$$

由式(10-52)~式(10-55),则该系统的控制框图如图 10-38 所示。

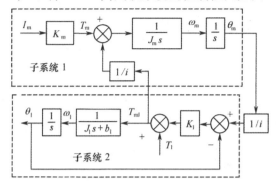

图 10-38　框架伺服系统控制框图

T_{ml}—作用到负载上的力矩;ω_m—电机轴角速率;ω_1—电机轴角速率。

由图 10-38 可以得到由 I_m 到 θ_1 的传递函数为

$$\frac{\theta_1(s)}{I_m(s)} = \frac{iK_1 K_m}{i(J_m s^2(J_1 s + b_1) + K_1 s(J_1 s + b_1) + i^2 K_1 J_m s^2)} \qquad (10-56)$$

由于负载端由高精度轴承支承,因此阻尼系统很小,忽略负载端阻尼 b_1 的影响,则式(10-56)可以写为

$$\frac{\theta_1(s)}{I_m(s)} = \frac{iK_1 K_m}{s^2(i^2 J_m J_1 s^2 + K_1 J_1 + i^2 K_1 J_m)} \qquad (10-57)$$

由式(10-57)可知,系统存在二阶振荡环节,振荡周期为

$$T = i\sqrt{\frac{J_m J_1}{K_1 + i^2 K_1 J_m}} \qquad (10-58)$$

由式(10-58)可以明显看出,当电机轴与负载的转动惯量一定的情况下,框架系统机械谐振频率与减速比 i 及扭转刚度 K_1 有关。通常减速比以框架力矩电机输出力矩最小为目的来进行选择。在传动比一定的情况下,谐振频率的大小仅与扭转刚度的大小有关。而谐波减速器的扭转刚度并不是一个定值,国内外的实验研究表明,谐波齿轮的传动系统有着特殊的"磁滞"回线状的扭转刚度特性,由图 10-39 可以看出,谐波减速器的扭转刚度曲线是加载过程和卸载过程的一个滞回曲线。而由内、外框架动力学方程可得,陀螺正常工作

时,经常出现作用在框架轴上的耦合力矩由正变负的过程,因此谐波减速器经常工作在扭转刚度比较低(K_1比较小)的情况下,这样系统的谐振频率比较低。

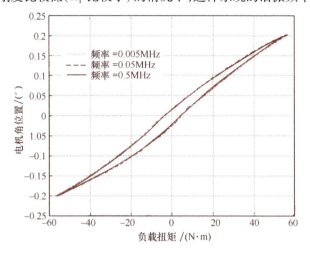

图 10-39　扭转刚度随负载变化曲线

下面通过仿真分析 K_1 的大小对谐振频率的影响,振动抑制系统仿真参数如表 10-2 所列。利用 Matlab 进行仿真,绘制系统的 Bode 图如图 10-40 所示。

表 10-2　振动抑制系统仿真参数

参数	参数值	参数	参数值
电机轴转动惯量/$(kg \cdot m^2)$	0.00046	力矩电机反电势系数	0.074
负载端转动惯量/$(kg \cdot m^2)$	0.081	谐波扭转刚度系数/$(N \cdot m/rad)$	1000 ~ 3000
负载端阻尼系数	0.01	谐波减速器减速比	100
电机力矩系数	0.72		

从图 10-40 中可以明显看出 K_1 的大小直接影响了系统谐振频率的大小,K_1 取 1000N·m/rad、3000N·m/rad、5000N·m/rad 的时候,系统的谐振频率分别为 17.7Hz、30.6Hz 与 39.5Hz。

下面分析式(10-56)中忽略的负载阻尼 b_1 对系统谐振点的影响。利用 Matlab 进行仿真,分别令 $b_1=0.01$、$b_1=0.1$、$b_1=1$,绘制图 10-38 系统的 Bode 图如图 4-41 所示。从图中可以看出,b_1 的值并没有改变系统谐振频率的大小,但改变了谐振频率的峰值,b_1 越小谐振峰越高。

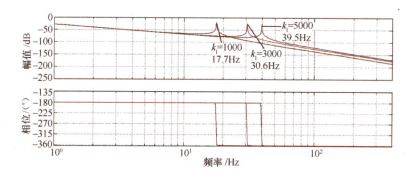

图 10-40　不同 K_1 下的 Bode 图

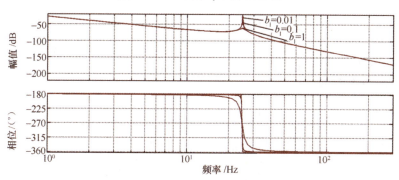

图 10-41　不同 b_1 下的 Bode 图

　　由图 10-38 可知,由于谐波减速器这个柔性环节的引入,系统中存在电机端与负载端(谐波减速器的输入与输出端)力矩的耦合,而耦合力矩 T_{ml}/i 与负载轴上的扰动力矩 T_l 及扭转刚度 K_1 都有关,无法直接测量。若能够设计观测器对子系统 1 实时观测出 T_{ml}/i,则可以通过补偿方式设计控制器使 θ_m 完全跟踪命令 θ_{mref}。如果子系统 1、2 之间没有力矩的耦合,而且 θ_m 可以直接测量,则可以把从 θ_m/i 到 θ_l 看作子系统 2。子系统 2 中存在不确定的参数 K_1 和外部扰动 T_l,通过扩张状态观测器可以观测出这两个不确定量对系统的综合扰动,通过前馈补偿到 θ_{mref} 可以抑制系统的振动。

✑ 10.4.2　扩张状态观测器

　　"自抗扰"控制技术是中国科学院系统科学研究所韩京清研究员于 1998 年提出的一种非线性鲁棒控制技术。扩张状态观测器是"自抗扰"控制技术的核心,它不仅可以使控制对象的状态量重现,而且可以估计出控制对象模型的不确定因素和干扰的实时值,该实时值被称为"扩张状态"。如果在控制律中对扰动的估计值进行补偿,就可以实现非线性不确定系统的反馈线性化与确定化。

对于受未知扰动影响的非线性不确定系统,其数学表达式可以表示为

$$x^{(n)} = f(x, x^{(1)}, x^{(2)}, \cdots, x^{(n-1)}, t) + w(t) + bu(t) \qquad (10-59)$$

式中:$f(x, x^{(1)}, x^{(2)}, \cdots, x^{(n-1)}, t)$为未知函数;$w(t)$为未知扰动;$u(t)$为控制输入量;$x, x^{(1)}, x^{(2)}, \cdots, x^{(n-1)}$为系统的状态变量;$x(t)$可测或可以间接测量。令$x_1 = x(t), x_2 = x'(t) x_n = x^{n-1}(t)$,则式(10-59)可以表示为

$$\begin{cases} \dot{x}_1 = x_2 \\ \dot{x}_2 = x_3 \\ \vdots \\ \dot{x}_n = f(x_1, x_2, \cdots x_n) + w(t) + bu(t) \end{cases} \qquad (10-60)$$

构造非线性系统如下:

$$\begin{cases} \varepsilon(t) = z_1 - x(t) \\ \dot{z}_1 = z_2 - g_1(\varepsilon(t)) \\ \dot{z}_2 = z_3 - g_2(\varepsilon(t)) \\ \vdots \\ \dot{z}_n = z_{n+1} - g_n(\varepsilon(t)) \\ \dot{z}_{n+1} = -g_{n+1}(\varepsilon(t)) \end{cases} \qquad (10-61)$$

令$a(t) = f(x(t), t) + w(t)$,若选择的非线性函数$g(z)$合适,则能够使式(10-61)系统中的各个变量正确跟踪式(10-60)中各个变量,z_{n+1}正确跟踪综合扰动$a(t)$,在控制系统中加入相应的补偿,使系统具有较强的适应能力。令$g_i(z) = k_i g(z)(i = 1, 2, \cdots, n-1)$,其中$g(z)$为非线性函数,则式(10-61)可以表示为

$$\begin{cases} \varepsilon(t) = z_1 - x(t) \\ \dot{z}_1 = z_2 - k_1 g(\varepsilon(t)) \\ \dot{z}_2 = z_3 - k_2 g(\varepsilon(t)) \\ \vdots \\ \dot{z}_n = z_{n+1} - k_n g(\varepsilon(t)) \\ \dot{z}_{n+1} = -k_{n+1} g(\varepsilon(t)) \end{cases} \qquad (10-62)$$

其中，$g(z)$ 的选取规则为：① $g(z)$ 连续可微；② $g(0)=0$；③ $g'(z)\neq 0$。

因此选定非线性函数 $g(z)=\dfrac{1-\mathrm{e}^{-z}}{1+\mathrm{e}^{-z}}$，下面主要考虑 $k_1,k_2,\cdots,k_{n+1}$ 的设计问题。

⊿ 10.4.3　扩张状态观测器参数设计

下面设计三阶扩张状态观测器的参数，即设计 k_1,k_2,k_3，令 $n=1,2,3$，用式(10-62)减去式(10-60)可得

$$\begin{cases}\delta\dot x_1=\delta x_2-k_1g(\delta x_1)\\ \delta\dot x_2=\delta x_3-k_2g(\delta x_1)\\ \delta\dot x_3=-k_3g(\delta x_1)-a'(t)\end{cases} \qquad (10-63)$$

由于 $g(0)=0,g'(z)=\dfrac{\mathrm{d}g(z)}{\mathrm{d}z}\neq0$，$a'(t)$ 为 $a(t)$ 的导数，假定 $a'(t)$ 有界，则式(10-63)可以写为

$$\begin{cases}\delta\dot x_1=\delta x_2-k_1g'(\delta x_1)\delta x_1\\ \delta\dot x_2=\delta x_3-k_2g'(\delta x_1)\delta x_1\\ \delta\dot x_3=-k_3g'(\delta x_1)\delta x_1-a'(t)\end{cases} \qquad (10-64)$$

令 $k_i=\dfrac{l_i}{g'(\delta x_1)}(i=1,2,3)$，则式(10-64)的状态空间表达式为

$$\begin{bmatrix}\delta\dot x_1\\ \delta\dot x_2\\ \delta\dot x_3\end{bmatrix}=\begin{bmatrix}-l_1&1&0\\ -l_2&0&1\\ -l_3&0&0\end{bmatrix}\begin{bmatrix}\delta x_1\\ \delta x_2\\ \delta x_3\end{bmatrix}+\begin{bmatrix}0\\ 0\\ -1\end{bmatrix}a'(t) \qquad (10-65)$$

令 $A=\begin{bmatrix}-l_1&1&0\\ -l_2&0&1\\ -l_3&0&0\end{bmatrix}$，则 A 的特征值全部为负时，式(10-65)表示的系统在扰动 $a'(t)$ 存在的情况下渐进稳定。设式(10-65)表示的系统期望特征值分别为 p_1、p_2、p_3，则 l_1、l_2、l_3 可通过式(10-66)确定：

$$|sI - A| = \prod_{i=1}^{3}(s - p_i) \qquad (10-66)$$

⊿ 10.4.4　基于扩张状态观测器的控制器设计

取图 10-38 中子系统 1 的 $I_m = u$ 为输入量，$\omega_m = x_2$、$\theta_m = x_1$ 为状态量，则该系统的状态方程可以写为

$$\begin{cases} \dot{x}_1 = x_2 \\ \dot{x}_2 = \dfrac{K_m}{J_m}u - \dfrac{1}{iJ_m}T_{ml} \end{cases} \qquad (10-67)$$

令 $a(t) = \dfrac{-T_{ml}}{iJ_m}$ 为作用在子系统 1 上的综合扰动项。由式 (10-60) 可知，若能观测出综合扰动项 $a(t)$ 并进行前馈补偿，则子系统 1 就变为二阶线性模型。式 (10-67) 的三阶扩张状态观测器可以表示为

$$\begin{cases} \varepsilon(t) = z_1 - x_1(t) \\ \dot{z}_1 = z_2 - \dfrac{l_1 g(\varepsilon(t))}{g'(\varepsilon(t))} \\ \dot{z}_2 = z_3 - \dfrac{l_2 g(\varepsilon(t))}{g'(\varepsilon(t))} + \dfrac{K_m}{J_m}I_m \\ \dot{z}_3 = -\dfrac{l_3 g(\varepsilon(t))}{g'(\varepsilon(t))} \end{cases} \qquad (10-68)$$

式中：z_1 为 x_1 的状态观测量；z_2 为 x_2 的状态观测量；z_3 为 $a(t)$ 的状态观测量。

对子系统 2，令 $\theta_m = U$ 为输入量，$\theta_L = X_1$、$\omega_L = X_2$ 为状态量，则状态方程可以写为

$$\begin{cases} \dot{X}_1 = X_2 \\ \dot{X}_2 = -\dfrac{K_L}{J_L}X_1 - \dfrac{b_L}{J_L}X_2 + \dfrac{K_L}{iJ_L}U + \dfrac{1}{J_L}T_L \end{cases} \qquad (10-69)$$

令 $A(t) = -\dfrac{K_L}{J_L}X_1 - \dfrac{b_L}{J_L}X_2 + \dfrac{1}{J_L}T_L$，则式 (10-69) 的扩张状态观测器可以表示为

$$\begin{cases} \varepsilon(t) = Z_1 - X_1(t) \\[2mm] \dot{Z}_1 = Z_2 - \dfrac{L_1 g(\varepsilon(t))}{g'(\varepsilon(t))} \\[2mm] \dot{Z}_2 = Z_3 - \dfrac{L_2 g(\varepsilon(t))}{g'(\varepsilon(t))} + \dfrac{K_L}{iJ_L} U \\[2mm] \dot{Z}_3 = -\dfrac{L_3 g(\varepsilon(t))}{g'(\varepsilon(t))} \end{cases} \tag{10-70}$$

式中：Z_1 为 X_1 的观测量；Z_2 为 X_2 的观测量；Z_3 为 $A(t)$ 的观测量。

根据前面设计的扩张状态观测器,对子系统 1,由可测量的角位置 θ_m 及输入量电流 I_m,可以估计出 ω_m 及耦合力矩 T_{ml}/i。对子系统 2,由可测量的角位置 θ_l 及输入量电流 θ_m/i,可以估计出扰动力矩 T_l。因此通过对子系统 1 的速率和角位置的闭环控制及耦合力矩 T_{ml}/i 与对子系统 2 的扰动补偿,系统可以稳定跟踪角速率命令 ω_{ref}。设计的控制系统框图如图 10-42 所示。

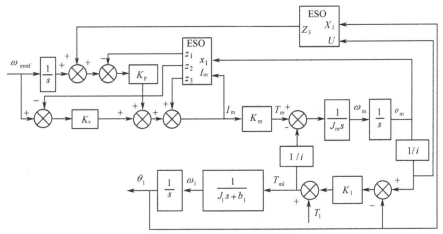

图 10-42　基于 ESO 控制器的框架伺服系统

根据以上分析,下面给出基于 ESO 的框架伺服系统控制器的具体设计步骤：

（1）根据式(10-68)、式(10-70)设计子系统 1、2 的扩张状态观测器。

（2）预设 $p_1,p_2,p_3 < 0$,根据式(10-66)确定两个三阶扩张状态观测器的参数 l_1、l_2、l_3 及 L_1、L_2、L_3。

（3）仿真及实验过程中调节 p_1、p_2、p_3 的大小,使 z_1、z_2 正确跟踪 x_1、x_2,Z_1、

Z_2 正确跟踪 X_1、X_2。

（4）按图 10 - 42 设计反馈及前馈控制器。

🗸 10. 4. 5　仿真和实验研究

1. 仿真研究

根据 10.4.3 节和 10.4.4 节介绍的扩展状态观测器的设计方法对图 10 - 38 系统建立扩张状态观测器,对于子系统 1,其扩张状态观测器为

$$\begin{cases} \varepsilon(t) = z_1 - x_1(t) \\ \dot{z}_1 = z_2 - \dfrac{60(1 - e^{-2(\varepsilon(t))})}{2e^{-\varepsilon(t)}} \\ \dot{z}_2 = z_3 - \dfrac{1200(1 - e^{-2(\varepsilon(t))})}{2e^{-\varepsilon(t)}} + \dfrac{K_m}{J_m}I_m \\ \dot{z}_3 = -\dfrac{8000(1 - e^{-2(\varepsilon(t))})}{2e^{-\varepsilon(t)}} \end{cases} \quad (10-71)$$

由式（10 - 68）及式（10 - 66）,令 $p_1 = p_2 = p_3 = -20$,则 $l_1 = 60$、$l_2 = 1200$、$l_3 = 8000$,同理,对于子系统 2,令 $p_1 = p_2 = p_3 = -10$,则 $L_1 = 30$、$L_2 = 300$、$L_3 = 1000$,子系统 2 的扩张状态观测器为

$$\begin{cases} \varepsilon(t) = Z_1 - X_1(t) \\ \dot{Z}_1 = \dot{Z}_2 - \dfrac{30(1 - e^{-2(\varepsilon(t))})}{2e^{-\varepsilon(t)}} \\ \dot{Z}_2 = Z_3 - \dfrac{300(1 - e^{-2(\varepsilon(t))})}{2e^{-\varepsilon(t)}} + \dfrac{K_m}{J_m}I_m \\ \dot{Z}_3 = -\dfrac{1000(1 - e^{-2(\varepsilon(t))})}{2e^{-\varepsilon(t)}} \end{cases} \quad (10-72)$$

为验证前面设计的控制器及扩张状态观测器的有效性,首先利用 Matlab 进行仿真研究,参数如表 10 - 2 所列。

给定指令为 10°/s、3Hz 的正弦指令,从图 10 - 43 ~ 图 10 - 46 中可以看出,所设计的扩张状态能够正确跟踪电机端和负载端的角位置与角速率信号。

图 10 - 47 和图 10 - 48 分别为对应图 10 - 38 系统与图 10 - 42 系统的 Bode 图,从图中可以看出,当扭转刚度系数为 2800N·m/rad 时,在没有加入基于扩张状态观测器的控制器的系统有一个 30.5Hz 的谐振频率点,加入控制

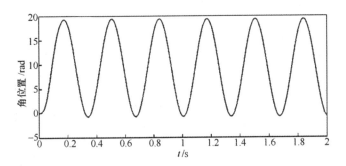

图 10 - 43　电机端角位置的跟踪

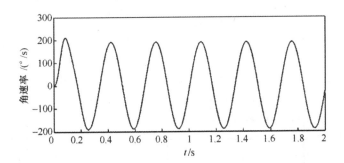

图 10 - 44　电机端角速率的跟踪

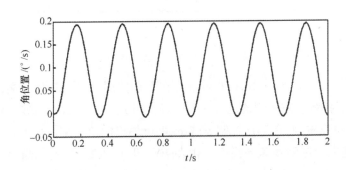

图 10 - 45　负载端角位置的跟踪

器后该谐振点消失。

　　CMG 在工作时接收姿控计算机的速率指令,一般来说速率指令带宽在 3Hz 以内,本书给定频率为 3Hz、幅值为 - 10 ~ 10°/s 的正弦指令对系统进行仿

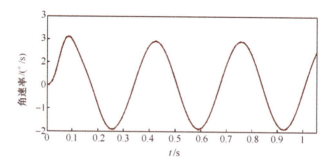

图 10 - 46　负载端角速率的跟踪

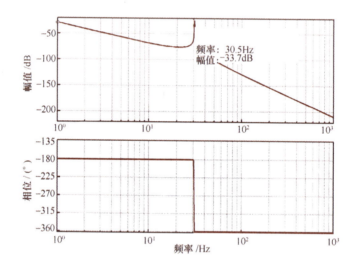

图 10 - 47　框架伺服系统 Bode 图

真研究。图 10 - 49 和图 10 - 50 分别为在 PID 控制方式下的负载端角速率输出及在基于扩张状态观测器的控制器的控制方式下的负载端角速率输出。由图 10 - 49 可以看到,在 PID 控制方式下,实际输出的角速率波形出现了一定的畸变,不能完全跟踪角速率指令。由图 10 - 50 可以看到,实际输出速率能够完全跟踪正弦速率命令。可以看出基于扩张状态观测器控制方式下的速率跟踪精度高于 PID 控制方式下的速率跟踪精度。

2. 实验研究

利用北京航空航天大学研制的 DG - Ⅱ型双框架 MSCMG 进行实验,实验系统如图 9 - 20 所示,具体的技术指标见表 9 - 3。

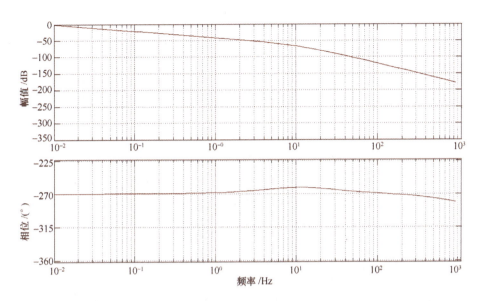

图 10 - 48　基于 ESO 控制器的框架伺服系统 Bode 图

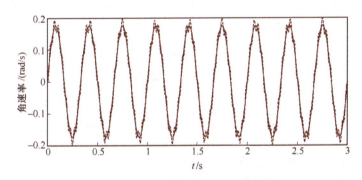

图 10 - 49　PID 控制方式下的指令速率与实际速率

实线:指令速率; 虚线:实际速率。

　　采用基于 DSP(VC33)与 FPGA 的数字控制系统,利用 VC33 的高速浮点运算能力实现内、外框架的控制算法,利用 FPGA 实现控制系统中的逻辑运算,硬件控制框图如图 10 - 51 所示,DSP 的程序流程如图 10 - 52 所示。

　　为了验证由于谐波减速器非线性扭转刚度引起扭转振动对双框架 MSCMG 系统的影响,进行了以下实验。在转子转速 30000r/min 的情况下,外框架保持静止,内框架以 1°/s 旋转到与外框架正交位置。图 10 - 53 为在该位置处检测到的系统谐振波形,其中示波器采到的波形从上到下依次对应磁轴

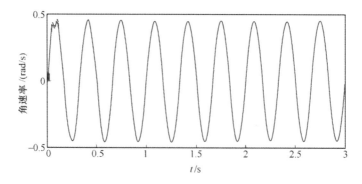

图 10 - 50　基于 ESO 控制器的指令速率与实际速率

实线:指令速率; 虚线:实际速率。

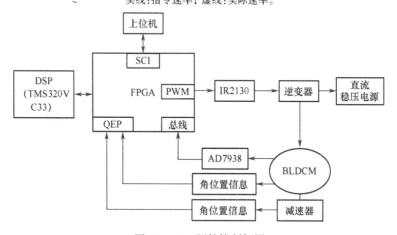

图 10 - 51　硬件控制框图

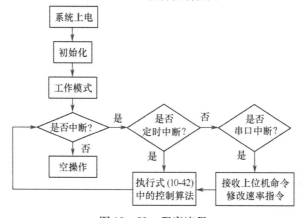

图 10 - 52　程序流程

承 A_x、磁轴承 A_y、内框架角速率和外框架角速率。从图中可以看到,在系统耦合力矩最大处容易引起谐振,谐振频率为 41Hz。

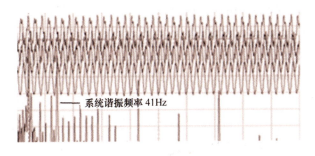

图 10 - 53　系统谐振波形

为了直观地观测到谐振频率点,在转子转速为零的情况下,在电流闭环的条件下给频率为 1Hz、幅值为 0.3A 的正弦电流参考命令,检测外框架谐波减速器输出端的角速率,采样频率为 1kHz,电流闭环下的系统输出如图 10 - 54所示。由图 10 - 54(a)可以看到,系统中负载端输出角速率有明显波动,通过对实际响应的数据作 FFT 变换可以得到系统存在 32.7Hz 的谐振频率(图 10 - 54(b))。

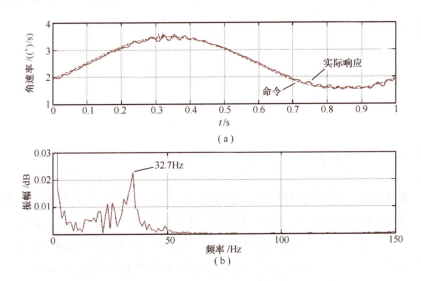

图 10 - 54　电流闭环下的系统输出

(a)时间域;(b) FFT。

为了验证基于 ESO 的振动抑制控制器的效果,按图 10 - 48 所示控制方法建立控制器,转子转速为 30000r/min,内、外框架初始为正交位置,外框架给定角速率为零,内框架输入指令角速率 ω_{ref} 为 1Hz 的正弦指令,测得的内框架电机端和负载端角速率及负载端角速率的 FFT 变换图(图 10 - 55)。从图 10 - 55(a)可以看到,负载端角速率能够跟踪电机端角速率而且负载端角速率没有波动。从图 10 - 55(b)可以看到,在这种控制方式下没有产生32.7Hz 的振动。

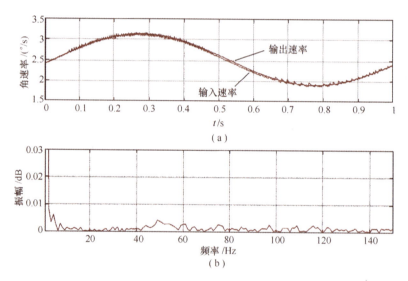

图 10 - 55   基于 ESO 控制器的伺服系统输出
(a)时间域;(b) FFT。

▶ 10.5   本章小结

本章首先分析了框架伺服系统的非线性摩擦力矩特性及其对框架伺服系统控制精度的影响,设计了摩擦力矩的实时现场精确补偿方法,基于最小二乘算法实现了框架伺服系统非线性模型参数的优化。其次,针对 MSCMG 框架伺服系统的高频小增益扰动力矩进行了建模和系统的分析研究,并提出了基于自适应逆的高频小增益扰动抑制方法。最后,针对谐波干扰问题,提出了基于扩张状态观测器的控制方法。以上研究均得到了仿真和实验验证。

参 考 文 献

[1] 于灵慧. 高精度磁悬浮控制力矩陀螺系统的非线性控制研究[D]. 北京:北京航空航天大学,2008.

[2] 徐向波,房建成,李海涛,等. 控制力矩陀螺框架系统的谐振抑制与精度控制[J]. 光学精密工程,2012,20(2)：305 – 312.

[3] Miyazaki T,Ohishi K. Robust speed control suppressing vibration caused by angular transmission error of planetary gear[A]. The 25th Annual Conference of the IEEE Industrial Electronics Society[C]. San Jose,CA,USA,1999:1051 – 1056.

[4] Golder I,Inoue M,Ninomiya T. Robustness comparison of control schemes with disturbance observer and with acceleration control loop[A]. Proceedings of the IEEE International Symposium on Industrial Electronics[C]. Bled,Slovenia,1999:1035 – 1040.

[5] Dhaouadi R,Ghorbel F H,Gandhi P S. A new dyanmic model of hysteresis in harmonic drives[J]. IEEE Transactions on Industrial Electronics,2003,50(6):1165 – 1171.

[6] Khayati K,Bigras P,Dessaint L – A. A multistage position/force control for constrained robotic systems with friction：Joint – space decomposition,linearization,and multiobjective observer/controller synthesis using LMI formalism[J]. IEEE Transactions on Industrial Electronics,2006,53(5):1698 – 1712.

[7] 刘强,扈宏杰. 高精度飞行仿真转台的鲁棒自适应控制[J]. 控制工程与电子技术,2001,23(10)：35 – 37.

[8] Peng K,Chen B M,Cheng G,et al. Modeling and compensation of nonlinearities and friction in a micro hard disk drive servo system with nonlinear feedback control[J]. IEEE Transactions on Control Systems Technology,2005,13(5)：708 – 721.

[9] 李海涛,房建成. 基于 CMAC 的 CMG 框架伺服系统摩擦补偿方法研究[J]. 系统仿真学报,2008,20(7)：1887 – 1891.

[10] Lee H S. Robust Digital tracking controllers for high – speed/accuracy positioning systems [D]. University of California at BERKELEY Dissertation,1994：1 – 20.

[11] Armstrong B,Dupont P,Canudas W C. A survey of models,analysis tools and compensation methods for the control of machines with friction [J]. Automatica, 1994, 30 (7)：1083 – 1138.

[12] Rabinowiez. The intrinsic variables affecting the stick – slip process[C]. Proc. Physical Society of London. 1958,71(4):668 – 675.

[13] Dupont P E. Friction modeling and control in boundary lubrication[C]. Proc. ACC. San Francisco,1993:1910 – 1914.

[14] Canudas C. A New model for control of systems with friction[J]. IEEE Transactions on

Automatic,1995,40(3):419 – 425.

[15] Brain A H. Stick and control in low – speed motion[J]. IEEE Transactions on Automatic, 1993,38(10):1483 – 1496.

[16] Canudas D W C. Comment on a new model for control of systems with friction[J]. IEEE Transactions on Automatic Control,1998,43(8):1189 – 1190.

[17] Gilbart J W,Winstion G C. Adaptive compensation for an optical tracking telescope[J]. Automatica,1974,10(1):125 – 131.

[18] Annaswamy A M,Wong J E. Adaptive control in the presence of saturation non – linearity [J]. International Journal of Adaptive Control and Signal Processing, 1997, 11 (1): 3 – 19.

[19] 刘强,冯姝婷,尔联洁. 高精度机械伺服系统的一种自适应滑模控制方法[J]. 控制理论与应用,2004,21(2):239 – 241.

[20] Brandenburg G,Schafer U. Stability analysis and optimization of a position – controller elastic two – mass – system with backlash and coulomb friction[A]. Proc. 12th World Congress [C],IMACS,1988:220 – 223.

[21] Brandenburg G,Schafer U. Influence and compensation of coulomb friction in rndustrial pointing and tracking systems[A]. Proc. of the Indus. App. Soc. Annual Meeting[C]. 1991:1407 – 1413.

[22] Tan K K,Huang S N,Lee T H. Robust adaptive numerical compensation for friction and force ripple in permanent magnet lineat motors[J]. IEEE Transactions On Magnetics, 2002,38(1):221 – 228.

[23] Canudas C W,Lischinsky P. Adaptive friction compensation with partically known dysnmic friction model[J]. Int. Journal of Adaptive Control and Signal Processing,1997,11(1): 65 – 80.

[24] Dupont P E,Dunlap E P. Friction modeling and control in boundary lubrication[A]. Proc. Of the American Control Conference[C]. 1993:1910 – 1914.

[25] Bliman P A. Mathematical study of the dahl's friction model[J]. European Journal of Mechanics,1993,11(6):835 – 848.

[26] Canudas C W,Olsson H,Astrom K J,et al. Dynamic Friction Models and Control Design [A]. Proc. of the American Control Conference,1993:1920 – 1926.

[27] Fridland B,Park Y J. On adaptive friction compensation[J]. IEEE Transactions on Automatic Control,1992,37(10):1609 – 1612.

[28] 陈宗雨,王有庆,李从心. 基于模型参考自适应滑模控制的直线电机速度环研究[J]. 电机与控制学报,2006,10(2):174 – 178.

[29] Tung E D,Anwar G,Tomizuka M. Low velocity friction compensation and feedforward solutin based on repetitive control[J]. Transactions On ASME J. of Dynamic Systems, Meas-

urement and Control,1993,115(2):279 – 284.

[30] WIT C C,Ischinsky P. Adaptive friction compensation with partially known dynamic friction model[J]. Proc. of International Journal of Adaptive Control and Signal,1997,11(1):65 – 85.

[31] Vedagrabha P,Dawson J M,Feemster M. Tracking control of mechanical system in the presence of nonlinear dynamic friction effects [J]. IEEE Transactions on Control Systems Technology,1999,7(4):446 – 456.

[32] 王永富,柴天佑. 一种补偿动态摩擦的自适应模糊控制方法[J]. 中国电机工程学报,2005,25(2):139 – 143.

[33] Kuc T Y,Nam K,Lee J S. An iterative learing control of robot manipulators[J]. IEEE Transactions On Robotics and Automation,1991,7(6):835 – 842.

[34] Dupont P E. Avoiding stick – slip through PD control[J]. IEEE Transactions on Automatic Control,1994,39(5):1094 – 1097.

[35] B Armstrong,D Neevel,T Kusik. New result in NPID control:tracking,integral control,friction compensation and experimental result[J]. IEEE Transactions on Control Systems Technology. 2001,9(2):399 – 406.

[36] Horowitz L,Oidak S,A Shapiro. Extensions of dithered feedback systems[J]. International Journal of Control,1991,54(1):83 – 109.

[37] S Yang,M Tomizuka. Adaptive pulse width control for precise positioning under influence of sticktion and coulomb friction[J]. Journal of Dynamics Systems,Measurement,and Control 1988,110(3):221 – 227.

[38] Tesfaye A,Lee H S,Tomizuka M. A sensitvity optimization approach to design of a disturbance observer in digital motion control systems[J]. IEEE/ASME Transactions on Mechatronics,2000,5(1):32 – 28.

[39] Kornodi P,Szemes P T,Hasimoto H. Sliding mode friction Ccompensation for a 20 DOF sensor glove[J]. Journal of Dynamics Systems, Measurement,and Control. 2000,122(4):611 – 615.

[40] Du H,Nair S S. Modeling and Compensation of Low – velocity Friction with Bounds[J]. IEEE Transactions on Neural Networks,1992,3(6):837 – 863.

[41] Teeter J T,Chow M Y,Brickley J J. A novel fuzzy friction compensation approach to imrprove the performance of a DC motor control system[J]. IEEE Transactions on Industrial Electronics,1996,43(1):113 – 120.

[42] Tung E D,Anwar G,Tomizuka M. Low velocity friction compensation and feedforward solution based on repetitive control[J]. Journal of Dyanmics Systems,Measurement and Contrd,2003,115(7):279 – 284

[43] 丛爽. 机电系统中模糊与模糊神经元网络控制策略的研究[J]. 中国电机工程学报,

1999,19(7):30-32.

[44] 何波,姜复兴. 光栅实验台的模糊神经网络补偿器设计[J]. 系统工程与电子技术,2000,22(7):82-85.

[45] Larsen G A,Centinkunt S,Donmez A. CMAC neural network control for high precision motion control in the Presence of Large Friction[J]. ASME Journal of Dynamic Systems,Measurement,and Control. 1995,117(1):415-420.

[46] Kim Y H,Lewis F L. Reinforcement adaptive learning neural-net based friction compensation control for high speed and precision[J]. IEEE Transactions on Control Systems Technology,2000,8(1):18-126.

[47] Mihaielov M. Single gimbal control moment gyroscope system [M]. Lecture Notes,Beijing,1995.

[48] Bedrossian,Nazareth S,Paradiso J,Bergmann E V. Redundant single gimbal control moment gyroscope singularity analysis [J]. Jornal of Guidance and control,1990,13:1096-1101.

[49] 李海涛,房建成. 基于扩张状态观测器DGMSCMG框架伺服系统振动抑制方法[J]. 航空学报,2010,31(6):1213-1219.

[50] Krishnan S,Voorhees C. The use of harmonic drives on NASA's mars exploration rover [R]. NASA,Jan 2001.

[51] Iwasaki M Yamamoto M. Modeling and compensation for angular transmission error of harmonic drive gearings in high precision positioning[C]. IEEE/ASME International Conference on Advanced Intelligent Mechatronics,2009:662-667.

[52] Hillsley K L,Yurkovich S. Vibration control of a two-link flexible robot arm[A]. Proceedings of the IEEE Intl. Conference on Robotics and Automation[C]. Sacramento,CA,USA,1991:2121-2126.

[53] Sugiura K,Hori Y. Vibration suppression in 2-and 3-mass system based on the feedback of imperfect derivative of the estmated torsional torque[J]. IEEE Transaction Industrial Electronics,1996,43(1):56-64.

[54] Zhang G. Comparison of control shcemes for two-inertia system[A]. in Proc. Int. Conf. PEDS[C]. Hong Kong,1999:573-578.

[55] Szabat K,Orlowska-Kowalska T. Comparative analysis of different PI/PID control structures for two-mass system[A]. in Proc. 7th Int. Conf. Optim. Electr. And Electron. Equipment,OPTIM[C]. Brasov,Romania,2004:97-102.

[56] Orlowska-Kowalska T,Szabat K. Control of the drive system with stiff and slastic couplings using adaptive neuro-fuzzy approach[J]. IEEE Transactions on Industrial Electronics,2007,54(1):228-240.

[57] Gierlotka K,Zalesny P,Hyla M. Additional feedback loops in the drives with elastic joints

[J]. in Proc. Int. Conf. EDPE,Kosice,Slovakia,1996,2(1): 558 – 563.

[58] O'Sullivan T, Bingham C C, Schofield N. High – performance control of dual – inertia servo – drive systems using low – cost integrated SAW torque transducers[J]. IEEE Transactions on Industrial Electronics,2006,53(4): 1226 – 1237.

[59] Pacas J M, Armin J, Eutebach T. Automatic identification and damping of torsional vibrations in high – dynamic – drives[A]. in Proc. ISIE[C]. Cholula – Puebla, Mexico,2000: 210 – 206.

[60] Ohmahe T, Matsuda T, Kanno M. A Microprocessor – based motor speed regulator using fast – response state observer for reduction of torsional vibration[J]. IEEE Transactions on Industrial Appllications,1987,23(5): 863 – 871.

[61] Hori Y, Sawada H, Chun Y. Slow resonance ratio control for vibration suppression and disturbance rejection in torsional system[J]. IEEE Transactions on Industrial Electronics, 1999,46(1): 162 – 168.

[62] Komada S, Imama H, Yubai K. Suppression of limit cycle and improvement of robust performance in two – mass resonant systems with nonlinearity[A]. The 27th Annual Conference of the IEEE Industrial Electronics Society[C]. 2001: 1704 – 1709.

[63] Peter K, Schoeling I, Orlik B. Robust output – feedback H control with a nonlinear observer for a two – mass system[J]. IEEE Transactions on Industrial Appllications,2003,39(3): 637 – 644.

[64] Ji J K, Sul S K. Kalman filter and LQ based speed controller for torsional vibration suppression in a two – mass motor drive system[J]. IEEE Transactions on Industrial Electronics, 1995,42(6): 564 – 571.

[65] Beineke S, Schutte F, Grotstollen H. Comparison of methods for state estimation and on – line identification in speed and position control loops[A]. Proc. Int. Conf. EPE[C]. 1997: 3364 – 3369.

[66] Szabat K, Orlowska – Kowalska T, Dyrcz K. Extended Kalman filters in the control structure of two – mass drive system[J]. Bulletin of the Polish Academy of Science Chemistry, 2006,54(3): 315 – 325.

[67] Korondi P, Hashimoto H, Utkin V. Direct torsion control of flexible shaft in an observer – based discrete – time sliding mode[J]. IEEE Transactions on Industrial Electronics,1998, 45(2): 291 – 296.

[68] Hsu Y C, Chen G, Li H X. A fuzzy adaptive variable structure controller with applications to robot manipulators[J]. IEEE Transactions on Systems, Man, and Cybernetics, Part B: Cybernetics,2001,31(3): 331 – 340.

[69] Fischle K, Schroder D. Stable model reference neurocontrol for electric drive systems[A]. in Proc. Int. Conf. EPE[C]. 1997: 2432 – 2437.

[70] Janabi – Sharifi F,Liu J. Design of a self – adaptive fuzzy tension controller for tandem rolling[J]. IEEE Transactions on Industrial Electronics,2005,52(5): 1428 – 1438.

[71] Itoh K,Iwasaki M,Matsui N. Optimal design of robust vibration suppression controller using genetic algorithms [J]. IEEE Transactions on Industrial Electronics, 2005, 52 (1): 300 – 305.

[72] 徐向波,李海涛,薛立娟,等. 控制力矩陀螺框架高精度周期随动控制[J]. 北京航空航天大学学报,2012,38(8): 1017 – 1021.

第 11 章
总结与展望

▶ 11.1 概述

随着我国航天事业的飞速发展,对航天器平台提出了超稳超静的迫切需求,研制航天器姿态控制用高精度微振动磁悬浮惯性执行机构被提上重要日程。作者及其科研团队自"九五"末开始了磁悬浮惯性动量轮和 MSCMG 的研究,取得了一系列的研究成果:研制成功我国第一个五自由度磁悬浮惯性动量轮型号产品,首次在新技术试验卫星 SJ – 9A 上成功搭载并交付使用;研制出国内首台 MSCMG 工程样机和双框架 MSCMG 原理样机。目前,单框架 MSCMG正在进行型号产品的研制。

作者基于 10 多年的研究成果,结合国内外的最新技术进展,撰写成《磁悬浮惯性动量轮技术》[1]和《磁悬浮控制力矩陀螺技术》两部专著。其中,《磁悬浮惯性动量轮技术》一书已由国防工业出版社于 2012 年出版发行,并获得2014 年国防工业出版社优秀图书一等奖。下面将《磁悬浮惯性动量轮技术》和《磁悬浮控制力矩陀螺技术》两书的主要成果分理论方法和技术实现两方面进行简述,并对需要进一步解决的问题进行探讨。

11.2 在理论方法方面的成果

1. 新型永磁偏置磁轴承研究方面的成果

针对永磁偏置磁轴承，综合考虑承载力、刚度、功耗等主要性能指标，围绕永磁、电磁的比例分配问题以及永磁、电磁的磁路耦合问题，从永磁电磁混合因子和磁路耦合度两个角度对永磁偏置磁轴承的磁力特性进行了详细分析，重点介绍了基于混合因子的永磁偏置磁轴承的设计方法以及磁路解耦设计方法，并给出了多种新型结构的永磁偏置磁轴承[2-6]。此外，针对永磁偏置磁轴承的旋转损耗问题，建立了基于旋转损耗机理的解析模型，进行了分析与设计，并指出了进一步降低磁轴承旋转损耗的方法[7,8]。

2. 强陀螺效应磁悬浮转子稳定性分析方面的成果

（1）提出了基于复变量频率特性的强陀螺效应磁悬浮转子章动和进动的稳定性分析方法，给出了章动和进动稳定裕度的解析表达式[9-12]，解决了高速磁悬浮转子章动和进动稳定裕度解析分析的理论难题，为 MSCMG 控制系统的定量设计提供了依据。

（2）针对强陀螺效应磁悬浮转子系统的稳定性分析和控制问题，提出了基于分散 PID 控制的转速自适应滤波交叉反馈控制方法[13]和交叉反馈矫正参数的保相角裕度设计方法[14,15]；针对弹性模态振动，提出了基于陷波器的磁悬浮高速转子弹性振动模态抑制方法[16-19]。

（3）提出了磁悬浮转子系统的通道解耦[20-21]和模态解耦[22,23]控制方法，解决了系统高稳定度和快响应之间的突出矛盾。为进一步简化模态解耦控制算法，方便工程应用，在模态解耦控制的基础上，结合磁悬浮转子系统的物理特性，提出了基于动态反馈－前馈控制的磁悬浮转子系统的高精度快响应偏转控制方法[24]。

3. 多体动力学解耦控制方面的成果

（1）针对陀螺效应和动框架效应对磁悬浮转子系统稳定性和控制精度的影响，提出了一种基于框架角速率－轴承电流前馈的动框架位移抑制方法[25-28]。在此基础上，提出了动框架条件下 MSCMG 的反馈线性化解耦控制方法[20]，并利用磁悬浮转子的涡动模态稳定判据给出了定量的设计方法。

（2）针对 MSCMG 高动态条件下磁轴承弹性支承严重影响磁悬浮转子系统稳定性、控制精度和响应速度的突出问题，提出了基于模态分离和转动模态解耦的 MSCMG 高带宽高精度控制方法[23]，给出了转动模态补偿滤波器的定量设计方法，实现了对磁悬浮转子刚度和阻尼的独立调节，缓解了现有控制方法高稳定度和快响应控制之间的矛盾。

（3）针对双框架 MSCMG 多体动力学耦合且具有强非线性的突出问题，对框架与陀螺房组合体结构模态进行有限元仿真，对磁轴承控制系统进行建模与通道耦合分析[29-31]。在此基础上，提出了一种通过非参数频域辨识方法，对框架模态引起的转子模态振动进行辨识，选择合适的加权函数。最后应用结构奇异值理论，设计结构模态振动控制器[32,33]。

4. 框架伺服系统高精度高带宽控制方面的成果

（1）针对 MSCMG 框架伺服系统的高带宽控制问题，提出了一种基于非线性微分跟踪器的控制方法[34,35]，对框架伺服系统的角位置信号进行精确还原，并通过选取的李雅普诺夫函数证明其稳定性。

（2）分析了框架伺服系统的非线性摩擦力矩特性及其对框架伺服系统控制精度的影响，设计了摩擦力矩的实时现场精确补偿方法，基于最小二乘算法实现了框架伺服系统非线性模型参数的优化[35-40]。针对 MSCMG 框架伺服系统的高频小增益扰动力矩进行了建模和系统的分析研究，并提出了基于自适应逆的高频小增益扰动抑制方法。针对谐波传动影响速率精度的问题，提出了基于扩张状态观测器的谐波干扰抑制方法[41-48]。

11.3　在技术实现方面的成果

（1）进行了普通磁体结构的永磁被动磁轴承以及具有高刚度的 Halbach 磁体结构永磁被动磁轴承的分析与设计，发明了 4 类 19 种永磁偏置混合磁轴承结构[49-64]。

（2）攻克了磁悬浮转子系统的多目标优化技术，给出了高速磁悬浮转子的强度和模态分析方法及多学科优化设计方法，研制成功小型、中型和大型的磁悬浮惯性动量轮和各型 MSCMG。

（3）研制成功磁悬浮惯性动量轮和 MSCMG 的工程化控制电路。针对数控系统延时问题,提出了基于不对称采样电阻网络的磁轴承系统的自适应相位补偿方法[65,66],通过采样电阻网络的不对称设计,在不增加任何软件和硬件资源的条件下,解决了国外对我国实行宇航级高速 CPU 芯片严密封锁而导致系统章动失稳的严重问题。

(4)磁悬浮转子主动振动控制方面的成果。

① 提出一种基于零位移控制的无试重现场动平衡方法[67-69],利用零位移控制方法使转子绕几何轴旋转在磁轴承磁中心位置。此外,针对动平衡后的残余不平衡扰动,提出给定不平衡振动位移阈值的最小不平衡振动力和力矩控制策略[70-77],通过设计改进的幅值相位调节器实现对功率放大器同频幅值和相位误差的自适应高精度补偿,有效保证了磁悬浮转子系统不平衡振动控制的效果。

② 为有效抑制磁悬浮转子系统的多谐波电流和多谐波振动,建立了含转子不平衡和 Sensor Runout 的磁悬浮转子系统动力学模型,并分析了静不平衡、动不平衡和 Sensor Runout 通过电流刚度、位移刚度、控制器、感应电动势引起多谐波电流、振动力和力矩的机理。提出了一种基于重复控制的复合控制方法[78-81],通过对磁铁绕组电流的直接控制,实现了多谐波电流抑制;并通过重复控制器、陷波器和前馈控制器进一步对同频振动力和力矩进行了抑制,实现了多谐波振动的抑制。

(5)在磁悬浮惯性执行机构的工程样机和型号产品的研制过程中,通过了包括振动、可靠性、高低温、热循环等环境力学实验考核。

(6)研制成功磁悬浮转子的锁紧机构,突破了多次可重复锁紧技术[82]。

11.4 需进一步研究的问题

鉴于磁悬浮惯性执行机构技术还在进一步研究和不断发展中,尽管在理论和技术上已做了很多工作,但在工程型号应用和前沿技术探索方面,还有一些需要进一步深入研究的问题。

在工程型号应用方面,磁悬浮惯性动量轮已实现型号产品的应用,同时 MSCMG 正处在型号产品的研制过程中。为了加快推进我国 MSCMG 型号产品的研制和应用步伐,目前北京航空航天大学已经与北京控制工程研究所、上海航天控制技术研究所和北京航天控制仪器研究所开展合作和技术转让。下一步研究重点放在高速磁悬浮转子的主动振动控制上,以更好地发挥磁悬浮惯性执行机构极微振动的优越性。

在前沿技术方面,从单框架 MSCMG 到双框架 MSCMG,再到多框架 MSCMG,是一个值得尝试的方向;另外,融合磁悬浮速率陀螺的姿态角速率检测功能和 MSCMG 的力矩输出功能,研制新型磁悬浮惯性机构,将是一个值得探索的方向;除此之外,利用大力矩飞轮的万向偏转输出的高精度、高带宽力矩来进行航天器平台的主动振动控制,也是一个值得深入研究的方向。我们的总目标是通过磁悬浮惯性技术的研究为未来航天器超稳、超静控制提供理论依据和技术支持,为我国航天器姿态控制技术的跨越式发展做出新的贡献。

参 考 文 献

[1] 房建成,孙津济,樊亚洪. 磁悬浮惯性动量轮技术[M]. 北京:国防工业出版社,2012.

[2] 孙津济. 磁悬浮飞轮用新型永磁偏置主动磁轴承结构与设计方法研究[D]. 北京:北京航空航天大学,2010.

[3] 王曦. 磁悬浮惯性执行机构用新型永磁偏置及永磁被动磁轴承研究[D]. 北京:北京航空航天大学,2011.

[4] Sun J,Fang J. A novel structure of permanent – magnet – biased radial hybrid magnetic bearing[J]. Journal of Magnetism and Magnetic Materials,2011,323(2): 202 – 208.

[5] Fang J,Sun J,Liu H,et al. A novel 3 – DOF axial hybrid magnetic bearing[J]. IEEE Transactions on Magnetics,2010,46(12): 4034 – 4045.

[6] Fang J,Sun J,Xu Y,et al. A new structure of permanent magnet biased axial hybrid magnetic bearing[J]. IEEE Transactions on Magnetics,2009,45(12): 5319 – 5325.

[7] Sun J,Chen D,Ren Y. Stiffness measurement method of repulsive passive magnetic bearing in SGMSCMG[J]. IEEE Transactions on Insstrumentation and Measurement,2012,62(11): 2960 – 2965.

[8] Sun J,Ren Y,Fang J. Passive axialmagnetic bearing with Halbach magnetize darray in magnetically suspended control moment gyro application[J]. Journal of Magnetism and Magnetic Materials,2011,323: 2103 – 2107.

[9] 任元. 大型控制力矩陀螺磁悬浮转子系统高稳定度高精度控制方法及实验研究[D]. 北京:北京航空航天大学,2012.

[10] Fang J,Ren Y,Fan Y. Nutation and precession stability criterion of magnetically suspended rigid rotors with gyroscopic effects based on positive and negative frequency characteristics

[J]. IEEE Transactions on Industrial Electronics,2014,61(4):2003 - 2014.

[11] Ren Y,Su D,Fang J. Stability analysis of whirling modes for a magnetically suspended fly-wheel with time delay using complex coefficient frequency characteristics[J]. IEEE Transactions on Power Electronics,2013,28(12):5890 - 5901.

[12] Ren Y,Fang J. Complex - coefficient frequency domain stability analysis method for a class of cross - coupled antisymmetrical systems and its extension in MSR systems[J]. Mathematical Problems in Engineering,2014,DOI:10. 1155/2014/765858.

[13] Fan Y,Fang J. Experimental research on the nutational stability of magnetically suspended momentum flywheel in control moment gyroscope (CMG)[C]. in Proc. 9th Int. Symp. Magn. Bearings,Lexington,USA,Aug. 2004.

[14] 田希晖. 磁悬浮飞轮磁轴承数字控制技术与应用研究[D]. 北京:北京航空航天大学,2008.

[15] 郑世强,房建成. MSCMG 磁轴承 μ 综合控制方法与实验研究[J]. 仪器仪表学报, 2010,31(6):1375 - 1380.

[16] 魏彤,房建成. 磁悬浮控制力矩陀螺高速转子高频自激振动的抑制[J]. 宇航学报, 2006,27(2):291 - 296.

[17] 魏彤,房建成. 基于双频 Bode 图设计磁悬浮弹性转子陷波器[J]. 光学精密工程, 2008,16(5):789 - 796.

[18] 魏彤. CMG 磁悬浮转子控制系统稳定性分析与实验研究[D]. 北京:北京航空航天大学,2006.

[19] 魏彤,房建成. 高速大惯量磁悬浮转子系统章动交叉控制的保相角裕度设计[J]. 光学精密工程,2007,15(6):858 - 865.

[20] Fang J,Ren Y. High - precision control for a single gimbal magnetically suspended control moment gyro based on inverse system method[J]. IEEE Transactions on Industrial Electronics, 2011,58(9):4331 - 4342.

[21] Fang J,Ren Y. Docoupling control of magnetically suspended rotor system in control moment gyros based on inverse system method[J]. IEEE/ASME Transactions on Mechatronics. 2012,17(6):1133 - 1144.

[22] 俞文伯,栾胜,房建成. CMG 磁悬浮转子的模型与控制律[J]. 航空学报,2003,24 (6):541 - 545.

[23] Ren Y,Fang J. High - precision and strong - robustness control of a MSCMG based on modal separation and rotation motion decoupling strategy[J]. IEEE Transactions on Industrial Electronics,2014,61(3):1539 - 1550.

[24] Ren Y,Fang J. High - stability and fast - response twisting motion control for the magnetically suspended rotor system in a control moment gyro[J]. IEEE/ASME Transactions on Mechatronics. 2013,18(5):1625 - 1634.

［25］霍甲,魏彤,房建成. 基于简化 FXLMS 算法的磁悬浮控制力矩陀螺动框架效应精确补偿方法实验研究［J］. 宇航学报,2010,31(3): 786 – 792.

［26］樊亚洪. 空间用磁悬浮飞轮磁轴承系统高稳定度高精度控制方法与实验研究［D］. 北京:北京航空航天大学,2011.

［27］魏彤,房建成,刘珠荣. 双框架磁悬浮控制力矩陀螺动框架效应补偿方法［J］. 机械工程学报,2010,46(2): 159 – 165.

［28］郑世强,房建成. 提高双框架磁悬浮控制力矩陀螺动态响应能力的磁轴承补偿控制方法与实验研究［J］. 机械工程学报,2010,46(24): 22 – 28.

［29］房建成,郑世强,王英广,等. 一种双框架磁悬浮控制力矩陀螺结构模态振动控制方法［P］. 中国专利: ZL200910243818. 5,2012 – 06 – 06.

［30］郑世强. 双框架磁悬浮控制力矩陀螺磁轴承控制及应用研究［D］. 北京航空航天大学,2011.

［31］郑世强,房建成. 提高双框架 MSCMG 动态响应能力的磁轴承补偿控制方法与实验研究［J］. 机械工程学报,2010,46(24): 22 – 28.

［32］Zheng S,Han B. Parameter hierarchical identification for magnetic bearing control system using frequency response testing method［J］. Advanced Science Letters,2011,4 (8): 3052 – 3056.

［33］Zheng S,Han B,Guo L. Composite hierarchical anti – disturbance control for magnetic bearing system subject to multiple external disturbances［J］. IEEE Transactions on Industrial Electronics,2014,61(12): 7004 – 7012.

［34］李海涛. 双框架磁悬浮控制力矩陀螺框架伺服系统的高精度控制方法研究［D］. 北京:北京航空航天大学,2009.

［35］徐向波,李海涛,薛立娟,等. 控制力矩陀螺框架高精度周期随动控制［J］. 北京航空航天大学学报,2012,38(8): 1017 – 1021.

［36］徐向波,房建成,杨莲慧. 控制力矩陀螺框架系统高精度复合控制研究［J］. 载人航天,2012,18(5): 19 – 23.

［37］李海涛,房建成. 基于 CMAC 的 CMG 框架伺服系统摩擦补偿方法研究［J］. 系统仿真学报,2008,20(7): 1887 – 1891.

［38］李海涛,房建成. 一种双框架磁悬浮控制力矩陀螺框架伺服系统扰动抑制方法研究［J］. 宇航学报,2009,30(6): 2199 – 2205.

［39］李海涛,房建成. 基于 CMAC 的 CMG 框架伺服系统摩擦补偿方法研究［J］. 系统仿真学报,2008,20(7):1887 – 1891.

［40］徐向波,房建成,李海涛,等. 控制力矩陀螺框架系统的谐振抑制与精度控制［J］. 光学精密工程,2012,20(2): 305 – 312.

［41］韩邦成,马纪军,李海涛. 谐波减速器的非线性摩擦建模及补偿［J］. 光学精密工程. 2011,19(5): 1095 – 1103.

[42] 王鹏,房建成.磁悬浮控制力矩陀螺框架伺服系统非线性摩擦力矩建模与实验研究[J].宇航学报,2007,28(3):613-618.

[43] 于灵慧,房建成.磁悬浮控制力矩陀螺框架伺服系统扰动力矩分析与抑制[J].宇航学报,2007,28(2):287-291.

[44] 于灵慧,房建成.一种非线性自适应逆噪声控制器设计及其仿真[J].系统仿真学报,2006,18(1):165-168.

[45] 李海涛,房建成.基于扩张状态观测器DGMSCMG框架伺服系统振动抑制方法研究[J].航空学报,2010,31(6):1213-1219.

[46] Yu L,Fang J. Magnetically suspended control moment gyro gimbal servo-system using adaptive inverse control during disturbances[J]. IEE Electronics Letters,2005,41(17):21-22.

[47] Yu L,Fang J. Non-linear adaptive inverse noise canceller based on fuzzy neural networks[J]. International symposium on test and measurement,2005,1307-1311.

[48] 于灵慧,房建成.磁悬浮控制力矩陀螺框架伺服系统扰动力矩分析与抑制[J].宇航学报,2007,28(2):287-291.

[49] 房建成,孙津济,马善振.一种Halbach磁体结构无刷直流电动机[P].中国专利:ZL200510011242.1.2006-12-20.

[50] 房建成,孙津济,马善振,等.一种无定子铁芯无刷直流电动机[P].中国专利:ZL200410101898.8,2004-12-30.

[51] 房建成,孙津济,马善振.一种Halbach磁体结构无刷直流电动机[P].中国专利:ZL200510011242.1,2005-01-24

[52] 房建成,孙津济,马善振.一种永磁偏置内转子径向磁轴承[P].中国专利:ZL200510011530.7,2005-04-06.

[53] 孙津济,房建成,马善振.一种永磁偏置外转子径向磁轴承[P].中国专利:ZL200510011690.1,2005-05-09.

[54] 孙津济,房建成,韩邦成.一种永磁偏置外转子径向磁轴承[P].中国专利:ZL200510086223.5,2005-08-11.

[55] 孙津济,房建成,韩邦成.一种永磁偏置外转子径向磁轴承[P].中国专利:ZL200510086213.1,2005-08-08.

[56] 房建成,孙津济,马善振.一种低功耗永磁偏置外转子混合径向磁轴承[P].中国专利:ZL200510086832.0,2005-11-10.

[57] 房建成,孙津济,王曦.一种小体积低功耗永磁偏置外转子径向磁轴承[P].中国专利:ZL200510086831.6,2005-11-10.

[58] 房建成,孙津济,王鹏,等.一种永磁偏置内转子径向磁轴承的设计方法[P].中国专利:ZL200610114267.9,2006-11-03.

[59] 房建成,孙津济,杨磊,等.一种永磁偏置外转子径向磁轴承的设计方法[P].中国专

利: ZL200610114266. 4,2006 – 11 – 03.

[60] 房建成,孙津济,王曦,等. 一种永磁偏置轴向磁轴承的设计方法[P]. 中国专利:
ZL200610114270. 0,2006 – 11 – 03.

[61] 孙津济,房建成,韩邦成,等. 一种永磁偏置内转子径向混合磁轴承的设计方法[P].
中国专利: ZL200610114269. 8,2006 – 11 – 03.

[62] 孙津济,房建成,王曦,等. 一种永磁偏置外转子径向混合磁轴承的设计方法[P]. 中
国专利: ZL200610114268. 3,2006 – 11 – 03.

[63] 孙津济,房建成,刘虎,等. 一种永磁偏置轴向磁轴承[P]. 中国专利: ZL
200710098748. X,2007 – 04 – 26.

[64] 房建成,孙津济,刘虎,等. 一种磁悬浮飞轮用轴向磁轴承[P]. 中国专利: ZL
200710098749. 4,2007 – 04 – 26.

[65] Fang J,Ren Y. Self – adaptive phase – lead compensation based on unsymmetrical current
sampling resistance network for magnetic bearing switching power amplifiers[J]. IEEE
Transactions on Industrial Electronics,2012,59(2): 1218 – 1227.

[66] Ren Y,Fang J. Current sensing resistor network design to include current derivative in
PWM H – bridge unipolar switching power amplifiers for magnetic bearings[J]. IEEE
Transactions on Industrial Electronics. 2012,59(12): 4590 – 4600.

[67] Wang Y,Fang J,Zheng S. A field balancing technique based on virtual trial – weights meth-
od for a magnetically levitated flexible rotor[J]. ASME,Journal of Engineering for Gas Tur-
bines and Power,doi:10. 1115/1. 4027214.

[68] Fang J,Wang Y,Han B,et al. Field balancing of magnetically levitated rotors without trial
weights[J]. Sensors,2013,13(12): 16000 – 16022.

[69] 王英广,房建成,郑世强,等. 磁悬浮电机的高效高精度在线动平衡[J]. 光学精密工
程,2013,21(11): 2884 – 2892.

[70] Xu X,Fang J Wei T. Stability analysis and imbalance compensation for active magnetic
bearing with gyroscopic effects[C]. The 8th IEEE International Symposium on Instrumen-
tation and Control Technology,London,UK,2012: 295 – 300.

[71] Liu B,Fang J,Liu G. Self – tuning control based on RBF neural network observer in sup-
pression of imbalance vibration of magnetically suspended flywheels[C]. The 2nd Interna-
tional Symposium on Systems and Control in Aerospace and Astronautics,2008: 1 – 5.

[72] 刘彬. 五自由度全主动大力矩磁悬浮飞轮磁轴承系统控制方法与实验研究[D]. 北
京: 北京航空航天大学,2011.

[73] 田希晖,房建成. 磁悬浮飞轮转子不平衡力非线性抑制研究[J]. 装备指挥技术学院
学报,2010,21(2): 47 – 52.

[74] 刘彬,房建成,刘刚,等. 磁悬浮飞轮不平衡振动控制方法与试验研究[J]. 机械工程
学报,2010,46(12): 188 – 194.

[75] Tang J, Liu B, Fang J, et al. Suppression of vibration caused by residual unbalance of rotor for magnetically suspended flywheel[J], Journal of Vibration and Control, 2012, 19(13), 1962 – 1979.

[76] Fang J, Xu X, Tang J, et al. Adaptive complete suppression of imbalance vibration in AMB systems using gain phase modifier[J]. Journal of Sound and Vibration, 2013, 332: 6203 – 6215.

[77] Fang J, Xu X, Xie J. Acitve vibration control of rotor imbalance in active magnetic bearing systems[J]. Journal of vibration and control, 2013, DOI: 10. 1177/1077546313488792.

[78] Xu X, Fang J, Liu G, et al. Model development and harmonic current reduction in AMB systems with rotor imbalance and sensor runout[J]. Journal of Vibration and Control, 2013, DOI: 10. 1177/1077546313513624.

[79] Xu X, Fang J, Li H, et al. Acitve suppression of imbalance vibration in the magnetically suspended control moment gyro [J]. Journal of Vibration and Control, 2013, DOI: 10. 1177/1077546313494955.

[80] 刘彬, 房建成, 刘刚, 等. 磁悬浮飞轮不平衡振动控制方法与试验研究[J]. 机械工程学报, 2010, 46(12): 188 – 194.

[81] 徐向波. 磁悬浮控制力矩陀螺主动振动控制研究[D]. 北京: 北京航空航天大学, 2013.

[82] 刘强. 磁悬浮飞轮用新型可重复锁紧机构技术实验研究[D]. 北京: 北京航空航天大学, 2012.

内 容 简 介

磁悬浮控制力矩陀螺(MSCMG)技术是未来航天器姿态控制系统实现跨越式发展的一个前沿核心技术。MSCMG 具有高精度、长寿命,以及能够实现极微振动和低噪声控制等显著的技术优势,是高分辨率对地观测卫星、激光通信卫星和空间望远镜等超稳、超静航天器平台以及空间站等大型长寿命航天器实现高精度、高稳定度姿态控制的关键执行机构。

本专著是在作者及其研究团队 15 年来取得的研究成果和国内外姿态控制执行机构领域最新研究成果的基础上撰写而成,突出基础性、创新性和前瞻性的研究成果及工程应用中的关键技术研究内容。

全书共 11 章,分为六部分。第一部分包括第 1 章和第 2 章,主要介绍 MSCMG 的工作原理和总体结构。第二部分包括第 3 ~ 第 5 章,主要介绍高速磁悬浮转子系统的稳定性分析和高稳定度高精度控制方法及主动振动控制方法。第三部分包括第 6 章和第 7 章,分别研究了单框架 MSCMG 的高稳定度控制方法和高精度高带宽控制方法。第四部分包括第 8 章和第 9 章,分别介绍双框架 MSCMG 的解耦控制与结构弹性模态振动抑制方法。第五部分由第 10 章组成,主要介绍 MSCMG 框架伺服系统的高精度控制问题。第六部分由第 11 章组成,对磁悬浮惯性执行机构技术进行了总结与展望。

本书可供从事相关专业技术研究和应用领域的工程技术人员参考,也可作为高等学校相关专业研究生的教材或教学参考书。

Magnetically suspended control moment gyroscope (MSCMG) technology is a cutting – edge core technology to realize cross generation development for spacecraft attitude control system. As a new generation high performance inertial actuator, a MSCMG is becoming a promising alternative to the traditional mechanical control moment gyroscope due to its inherent superior features such as high precision, micor vibration, adjustable bearing stiffness and damping. It becomes a key actuator to realize high precision of space orientation and high stability of the attitude control for

$\blacktriangleright$ 451

high resolution earth observation satellite, laser communication satellite, space telescope, and other "super stable and super micro vibration" platforms.

The monograph is developed on the basis of the more than 15 years research results of the author and his groups, and the latest developments in attitude control actuator fieldat home and abroad. It is focus on the key technology of basic, prospective and innovative research results and engineering applications.

The monograph is composed of 11 chapters, which can be divided into six parts. Part 1 includes chapter 1 and 2, which presents the working principles and overall design of the MSCMG. Part 2 includes chapter 3 to 5, which introduces stability criteria, high – stability and high – precision control method, and unbalance active vibration control method for high speed magnetically suspended rotor with strong gyroscopic effects. Part 3 is composed of chapter 6 and 7, which describes high – precision and high – bandwidth decoupling control methods for single – gimbal MSCMGs. Part 4 includes chapter 8 and 9, which describes high – precision and high – stability decoupling control methods for double – gimbal MSCMGs. Part 5 consists of chapter 10, which mainly introduces the high – precision control issue of the gimbal servo control system. Part 6 consists of chapter 11, which mainly introduces the summary and outlook of the magnetically suspended intertial actuators technology.

The monograph is not only provided for the materials and reference books for the related graduates in colleges and universities, but also for the references for the engineering and technical researchers in the related fields.